Introduction to UAV Systems

4th Edition

무인항공기 시스템 설계

Paul Gerin Fahlstrom
UAV Manager US Army Material Command (ret)
Thomas James Gleason
Gleason Research Associates, Inc

권태화, 나승혁 옮김

좋은땅

제목	무인항공기 시스템 설계
원제	Introduction to UAV System, 4th Edition
발행일	2020년 10월 10일 초판 1쇄 발행
지은이	Paul Gerin Fahlstrom, Thomas James Gleason
옮긴이	권태화, 나승혁
펴낸이	이기봉
발행처	도서출판 좋은땅
주소	서울특별시 마포구 성지길 25 보광빌딩 2층
전화	02-374-8616
팩스	02-374-8614
이메일	gworldbook@naver.com
홈페이지	www.gworld.co.kr
인쇄	신사고하이테크
ISBN	979-11-6536-904-0
가격	23,000원 (파본은 구입하신 서점에서 교환해 드립니다.)

목차

저자 서문 xi
저자 인사말 xiv
역자 서문 xv
추천사 xvi
약어 xvii

1 부 개요 (Introduction) 1

제 1 장 역사와 개요 (History and Overview) 3
1.1 개요 3
1.2 역사 3
1.2.1 초기 역사 3
1.2.2 베트남 전쟁 5
1.2.3 부활 6
1.2.4 통합 운용 7
1.2.5 사막의 폭풍 7
1.2.6 보스니아 8
1.2.7 아프가니스탄과 이라크 8
1.3 UAV 시스템 개요 8
1.3.1 비행체 10
1.3.2 임무계획 및 통제 스테이션 10
1.3.3 론치 및 회수 장비 11
1.3.4 페이로드 11
1.3.5 데이타 링크 12
1.3.6 지상 지원 장비 13
1.4 The Aquila 13
1.4.1 Aquila 임무 및 요구조건 14
1.4.2 비행체 15
1.4.3 지상 통제 스테이션 15
1.4.4 론치 및 회수 16
1.4.5 페이로드 16
1.4.6 기타 장비 16

1.4.7 요약 16
참고문헌 18

제 2 장 UAV 등급 및 임무 (Classes and Missions of UAVs) 19
2.1 개요 19
2.2 UAV 시스템 사례 19
2.2.1 초소형 UAV 20
2.2.2 소형 UAV 22
2.2.3 중형 UAV 24
2.2.4 대형 UAV 29
2.3 소모성 UAV 33
2.4 UAV 시스템 등급 33
2.4.1 항속거리와 체공시간에 따른 분류 33
2.4.2 크기에 따른 소형 UAV 의 비공식적인 분류 35
2.4.3 티어 시스템 35
2.4.4 추가적인 분류법 변경 36
2.5 임무 36
참고문헌 39

2 부 비행체 (The Air Vehicle) 41

제 3 장 공기역학 기본 (Basic Aerodynamics) 43
3.1 개요 43
3.2 기본적인 공기역학 방정식 43
3.3 항공기 극곡선 47
3.4 실제 날개와 비행기 47
3.5 유도항력 49
3.6 경계층 51
3.7 플래핑 날개 54
3.8 전체 비행체 항력 56
3.9 요약 56
참고문헌 57
추가 참고자료 57

제 4 장 성능 (Performance) 59
4.1 개요 59

4.2 상승 비행 59
4.3 항속거리 61
4.3.1 프로펠러 추진 항공기에 대한 항속거리 62
4.3.2 제트 추진 항공기에 대한 항속거리 64
4.4 항속시간 65
4.4.1 프로펠러 추진 항공기에 대한 항속시간 65
4.4.2 제트 추진 항공기에 대한 항속시간 66
4.5 활공 비행 67
4.6 요약 67

제 5 장 조종안정성 (Stability and Control) 69
5.1 개요 69
5.2 안정성 69
5.2.1 세로안정성 70
5.2.2 가로안정성 72
5.2.3 동안정성 73
5.2.4 요약 73
5.3 조종 74
5.3.1 공기역학적 조종 74
5.3.2 피치 조종 74
5.3.3 가로방향 조종 75
5.4 자동조종 75
5.4.1 센서 76
5.4.2 제어기 76
5.4.3 액추에이터 76
5.4.4 기체 조종 76
5.4.5 내부 및 외부 루프 77
5.4.6 비행조종의 분류 77
5.4.7 전반적인 작동 모드 78
5.4.8 자동조종을 지원하는 센서 78

제 6 장 추진 (Propulsion) 81
6.1 개요 81
6.2 추력 발생 81
6.3 동력형 양력 83
6.4 동력원 86

6.4.1 2 싸이클 엔진 87
6.4.2 로터리 엔진 89
6.4.3 가스터빈 91
6.4.4 전기모터 92
6.4.5 전기 동력의 출처 93

제 7 장 하중과 구조 (Loads and Structures) 99
7.1 개요 99
7.2 하중 99
7.3 동하중 102
7.4 재료 104
7.4.1 샌드위치 구조 104
7.4.2 외피 또는 강화 재료 105
7.4.3 레진 재료 105
7.4.4 코어 재료 106
7.5 제작 기법 106

3 부 임무계획 및 통제 (Mission Planning and Control) 107

제 8 장 임무계획 및 통제 스테이션 (Mission Planning and Control Station) 109
8.1 개요 109
8.2 MPCS 아키텍처 114
8.2.1 근거리 통신망 115
8.2.2 LAN 의 구성요소 116
8.2.3 통신 수준 116
8.2.4 브리지와 게이트웨이 119
8.3 물리적 형상 120
8.4 계획과 항법 123
8.4.1 계획 123
8.4.2 항법 및 목표물 위치 파악 125
8.5 MPCS 인터페이스 127

제 9 장 비행체 및 페이로드 제어 (Air Vehicle and Payload Control) 129
9.1 개요 129
9.2 제어 모드 130
9.3 비행체 조종 130

9.3.1 원격 조종 131
9.3.2 자동조종 보조 제어 131
9.3.3 완전한 자동화 132
9.3.4 요약 133
9.4 페이로드 제어 134
9.4.1 신호 중계 페이로드 134
9.4.2 대기, 방사능 및 환경 모니터링 135
9.4.3 영상 및 유사 영상 페이로드 136
9.5 임무의 통제 137
9.6 자율성 139

4 부 페이로드 (Payloads) 143

제 10 장 정찰/감시 페이로드 (Reconnainsance/Surveillance Payloads) 141
10.1 개요 145
10.2 영상 센서 146
10.2.1 목표물 탐지, 인식 및 식별 146
10.3 탐색 과정 160
10.4 기타 고려사항 166
10.4.1 가시선 안정화 166
참고문헌 170
추가 참고자료 170

제 11 장 무기 페이로드 (Weapon Payloads) 171
11.1 개요 171
11.2 치명적인 무인 항공기의 역사 172
11.3 무장 유틸리티 UAV 의 임무 요구조건 175
11.4 무기의 운반 및 전달과 관련된 설계 문제 175
11.4.1 페이로드 용량 175
11.4.2 구조 문제 176
11.4.3 전기 인터페이스 178
11.4.4 전자기 간섭 180
11.4.5 기존 무기에 대한 론치 구속조건 180
11.4.6 안전한 분리 181
11.4.7 데이타 링크 181
11.5 전투 운용과 관련된 기타 문제 182

11.5.1 시그니처 감소 182
11.5.2 자율성 193
참고문헌 196

제 12 장 기타 페이로드 (Other Payloads) 197
12.1 개요 197
12.2 레이다 197
12.2.1 일반적인 레이다 고려사항 197
12.2.2 합성 개구 레이다 199
12.3 전자전 200
12.4 화학물 탐지 201
12.5 핵 방사 센서 202
12.6 기상 센서 202
12.7 유사 위성 202

5 부 데이타 링크 (Data Links) 207

제 13 장 데이타 링크 기능 및 속성 (Data Link Functions and Attibutes) 209
209
13.1 개요 209
13.2 배경 209
13.3 데이타 링크 기능 211
13.4 바람직한 데이타 링크 속성 212
13.4.1 전세계 가용성 213
13.4.2 비의도적 간섭에 대한 저항 214
13.4.3 저피탐 214
13.4.4 보안 215
13.4.5 기만에 대한 저항 215
13.4.6 대방사 무기 216
13.4.7 대전파방해 216
13.4.8 디지털 데이타 링크 218
13.5 시스템 인터페이스 문제 218
13.5.1 기계적 및 전기적 218
13.5.2 데이타율 제한 219
13.5.3 제어루프 지연 220
13.5.4 상호운용성, 상호교환성 및 공용성 222

참고문헌 224

제 14 장 데이타 링크 마진 (Data Link Margin) 225

14.1 개요 225

14.2 데이타 링크 마진의 출처 225

14.2.1 전송기 출력 225

14.2.2 안테나 이득 226

14.2.3 처리 이득 233

14.3 AJ 마진의 정의 238

14.3.1 재머 지오메트리 239

14.3.2 AJ 능력의 시스템 적용 243

14.3.3 대전파방해 업링크 246

14.4 전파 (Propagation) 247

14.4.1 전파 경로의 장애물 247

14.4.2 대기 흡수 248

14.4.3 강우 손실 248

14.5 데이타 링크 신호대 잡음 버짓 249

참고문헌 251

제 15 장 데이타율 감소 (Data Rate Reduction) 253

15.1 개요 253

15.2 압축대 절단 253

15.3 비디오 데이타 254

15.4 비디오 이외의 데이타 262

15.5 데이타율 감소 기능의 위치 264

참고문헌 265

제 16 장 데이타 링크 트레이드오프 (Data Link Tradeoffs) 267

16.1 개요 267

16.2 기본적인 트레이드오프 267

16.3 데이타 링크 문제를 연기하는 단점 270

16.4 미래 기술 270

6 부 론치 및 회수 (Launch and Recovery) 271

제 17 장 론치 시스템 (Launch Systems) 273

17.1 개요 273
17.2 기본적인 고려사항 273
17.3 고정익 기체에 대한 UAV 론치 방법 277
17.3.1 레일 론처 278
17.3.2 공기압 론처 279
17.3.3 유압/공기압 론처 282
17.3.4 UAV 의 무활주 RATO 론치 283
17.4 수직 이착륙 UAV 론치 287

제 18 장 회수 시스템 (Recovery Systems) 289
18.1 개요 289
18.2 전형적인 착륙 289
18.3 수직 네트 시스템 290
18.4 낙하산 회수 292
18.5 VTOL UAV 295
18.6 공중 회수 296
18.7 선상 회수 298

제 19 장 론치 및 회수 트레이드오프 (Launch and Recovery Tradeoffs) 301
19.1 UAV 론치 방법 트레이드오프 301
19.2 회수 방법 트레이드오프 304
19.3 종합적인 결론 306

용어 번역 308

저자 서문

UAV 시스템 설계 4 판은 무인 항공기 시스템 입문자뿐 아니라, 특정 분야에 대한 설명은 초보적인 수준이라고 받아들일 수도 있지만 전반적인 개론을 추구하며 또한 UAV 시스템에 기여하는 다른 분야에 대한 중요한 이해를 얻기를 원하는 UAV 업계 경험자의 요구까지도 만족하기 위해서 준비되었다. 내용은 대학교 저학년생과 UAV 분야에 종사하는 기술 및 비기술분야 종사자 모두 쉽게 이해할 수 있도록 준비되었고, 표준 공학 서적에 기반했을뿐 아니라 해당 분야에 종사하는 동안 저자들이 개발했던 자료에 근거해서 작성되었다. 대부분의 수식은 증명이 없이 제공되며, 이 책이 완전한 설계 핸드북으로 만들어지도록 시도된 것은 아니기 때문에 독자는 실제 설계 또는 해석에 참여하는 경우 각 분야의 표준 자료를 참고하도록 추천한다.

이 책은 또한 공기역학이나 영상 센서 또는 데이타 링크에 대한 입문용 교과서를 목적으로 서술된 것은 아니다. 오히려, 이와 같은 각 영역과 또 다른 분야에 대한 충분한 정보를 제공하고, 완전한 UAV 시스템의 설계를 지원하는데 함께 역할을 이루는 방법을 보여주며, 또한 독자로 하여금 전체 시스템 설계를 지배하는 시스템 수준의 트레이드오프에 영향을 미치는 방법을 이해할 수 있도록 하기 위한 목적이다. 이와 같이, 전문 자료를 위한 시스템 수준의 설명을 제공하기 위해서 모든 전문 영역에 대한 과정에서 보충 자료로 사용될 수 있을 것이다.

입문 학생을 위해서는 기술 영역의 최소한 한 분야 이상에 대해서 이해하고자 하는 욕구를 북돋우며, 시스템 설계 과정에서 반드시 나타나는 트레이드오프를 이해할 수 있도록 이러한 분야에서 가장 단순한 수학적 처리가 가진 능력을 보여줄 수 있기를 기대한다.

UAV 사용자 또는 운용자를 위해서는 시스템 기술이 UAV 가 그 목적을 달성하는 방식 및 운용자가 이를 위해서 사용해야만 하는 기법에 어떠한 영향을 미치는가에 대한 이해를 제공할 수 있기를 바란다.

UAV 시스템 설계와 관련된 영역의 해당분야 전문가의 경우, 시스템 전체의 성공을 위해서 해당 전문분야가 작동해야만 하는 상황과, 자신에게는 중요하지 않아보이는 부분에 다른 전문가들이 몰두하고 있는 이유를 보다 잘 이해할 수 있기를 기대한다.

마지막으로, 기술 관리자에게는 모든것이 어떻게 통합되는지, 서브시스템의 기본적인 선택 과정에서 통합 문제가 고려될 수 있도록 설계과정의 초기에 시스템 통합 문제를 고려하는 것이 얼마나 중요한지, 각 분야의 전문가의 주장이 무엇을 의미하는지 이해하고, 그리고 아마도 개발 과정의 중요한 시점에서 올바른 질문을 할 수 있도록 도움을 주기를 기대한다. 1 부의 제 1 장에서는 UAV 에 대한 간단한 역사와 개요, 그리고 제 2 장에서는 UAV 의 종류와 임무에 대한 논의가 포함되어 있다.

2 부에서는 3 장에서부터 제 7 장까지 기본적인 공기역학, 성능, 안정성과 조종성, 추진 및 하중, 구조와

재료에 대해서 논의한다.

3 부는 임무계획과 통제 기능을 다루는 제 8 장과 운용 제어를 다루는 제 9 장으로 구성된다.

4 부는 페이로드에 대해서 설명하는 세 개의 장으로 구성된다. 제 10 장에서는 가장 일반적인 종류의 페이로드인 정찰 및 감시 센서에 대해서 논의한다. 제 11 장에서는 약 10 여년 전에 도입된 이후 중요성을 갖게된 페이로드 종류인 무기 페이로드를 논의한다. 제 12 장에서는 UAV 에 사용될 수 있는 여러가지 다른 종류의 페이로드 중의 일부를 설명한다.

5 부는 비행체와 지상 제어를 연결하고, 비행체 페이로드에서 수집된 데이타를 전달하는데 사용되는 통신 서브시스템인 데이타 링크를 다룬다. 제 13 장에서는 기본적인 데이타 링크의 기능과 속성을 설명하고 논의한다. 제 14 장은 의도적인 그리고 비의도적인 간섭의 영향을 포함한 데이타 링크의 성능에 영향을 미치는 요소를 다룬다. 제 15 장은 사용 가능한 대역폭의 제한을 수용하는 데이타 링크의 데이타율 요구조건을 감소시키는 다양한 접근방법이 운용자와 시스템 성능에 미치는 영향을 설명한다. 제 16 장은 전체 시스템 트레이드오프에서 중요한 요소 중의 하나인 데이타 링크 트레이드오프를 요약한다.

6 부에서는 일반적인 이륙과 착륙을 포함하지만 유인 항공기에는 사용되지 않는 많은 접근방법까지 확장되는 UAV 의 론치 및 회수에 대한 접근방법을 설명한다. 제 17 장은 론치 시스템을, 제 18 장은 회수 시스템을 설명한다. 제 19 장은 여러가지 서로 다른 론치 및 회수 접근방법 사이의 트레이드오프를 정리하고 있다.

세상에는 많은 일이 벌어져 왔다. 2 판(1998 년)의 머리말에서 저자들은 전략 UAV 에 대한 개발 과정에 추가적인 문제가 있었지만, 보스니아 평화유지 임무의 지원에 UAV 를 사용하는 것에 일부 긍정적인 신호가 있었으며, UAV 에 대한 관심을 처음으로 보이기 시작했던 미 공군 내에서 무인 전투 비행체의 사용 가능성에 대한 일부 논의까지도 있었다고 언급했었다. 당시 저자들은 일부 관심과 몇몇 영역에서의 실질적인 진전에도 불구하고 전체 분야는 여전히 채택되기 위해서 고전하고 있으며, 또한 UAV 는 아직 성숙되지 못했으며 또한 검증되고 확립된 도구로 자리잡지는 못한 것으로 결론을 내렸다.

이렇게 설명한 이후 14 년 동안 상황은 극적으로 달라졌다. UAV 가 군용 세계에 널리 적용되었고, 무인 전투 비행체가 배치되어 저녁 뉴스에서도 자주 등장할 정도로 상당히 눈에 띄는 방법으로 사용되고 있으며, 무인 시스템은 이제 차세대 전투기와 폭격기에 대한 진정한 경쟁자인 것으로 보인다.

일반 공역상에서 유인기와 무인기가 혼재되는 것과 관련된 매우 실실적인 문제로 인해서 민간 영역에서의 응용은 여전히 지연되고 있지만, 군사 적용에서의 성공은 이러한 문제를 해결하고 무인항공기에 대한 비군사적인 용도를 확립하려는 시도를 도모하게 되었다.

이번에 발간되는 4 판은 대폭적으로 개정 및 재구성되었다. 이번 개정에서는 일부 내용을 보다 명확하고 이해하기 쉽게 설명하였고, 또한 비행체에 추가될 수 있는 전기추진, 무기 페이로드, 그리고 다양한 수준의 자동화와 같이 지난 약 10여년에 걸쳐 UAV 세계에서 보다 부각된 영역에 많은 새로운 주제를 추가하였다. 또한 분명하게 달라진 상황으로 인해서 많은 세부사항이 개정되었고, 새로운 용어, 개념, 그리고 지난 14 년에 걸쳐서 등장한 특정 UAV 시스템의 일부를 소개하기 위해서 최신 정보로 개편되었다. 그러나, UAV 시스템의 시스템을 구성하는 기본적인 서브 시스템은 크게 달라지지 않았고, 이 책이 이에 대해서 설명하는 수준에서 기본적인 문제와 설계 원칙은 초판이 출판된 이후로 변경되지 않았다.

저자들은 초기 UAV 프로그램에서 심각한 문제를 진단하고 해결하기 위한 시도였던 레드팀에 참여하는 동안 만나게 되었다. 최종적인 진단은 설계 과정 동안 시스템 엔지니어링이 과도하게 부족했으며 다양한 서브시스템이 시스템 수준의 성공에 필요한 정도로 함께 작동하지 않은 것으로 나타났다. 이 책은 이러한 경험 동안 터득한 교훈의 최소한 일부를 기록하고, 향후 UAV 시스템을 설계하는 사람들이 사용할 수 있도록 하려는 바램에서 시작되었다.

이러한 교훈의 대부분은 오래전 터득했을 시기와 마찬가지로 오늘날에도 여전히 적용될 수 있을 정도로 충분히 보편적이라고 생각하며, 이 책이 미래의 UAV 시스템 설계자가 이를 적용하고, 또한 다시 이러한 과정을 어렵게 배워야만 하지 않도록 하는데 도움이 되기를 기대한다.

Paul G. Fahlstrom
Thomas J. Gleason
January 2012

저자 인사말

비행체 및 장비에 대한 그림, 다이어그램, 그리고 기타 정보를 제공해주신 Engineering Arresting System Corporation (ESCO) (Aston, PA), Division of Zodiac Aerospace, 그리고 General Atomics Aeronautical Systems, Inc.에 감사드립니다.

초판을 준비하는 동안 일반적인 정보를 제공해주신 Joint UAV Program Office (Patuxent River Naval Air Station, MD), 그리고 US Army Aviation and Missile Command (Huntsville, AL)에 감사드립니다.

ESCO 에 근무하는 동안 론치 및 회수에 대한 자료의 원본을 제공해주신 Mr. Robert Veazey 와 초안에 대한 조언 및 건설적인 제안을 주셨던 이전 Lear Astronics 의 Mr. Tom Murley 와 Mr. Bob Sherman 에게 특히 감사드립니다. 4 판에 대한 원고를 검토해 주시고 스타일과 문법과 관련된 많은 유용한 제안을 주셨던 Mr. Geoffrey Davis 에게 감사드립니다.

Wiley 를 통해서 개정판을 출간하도록 처음으로 제안해 주시고 작업이 완성될 수 있는 방법에 대한 세부사항을 처리하는 과정동안 매우 친절하게 기다려 주셨던 John Wiley and Sons 의 Executive Commissioning Editor 인 Mr. Eric Willner 에게 감사드립니다. John Wiley and Sons 의 Project Editor 인 Elizabeth Wingett 가 원고 준비를 통해서 안내를 제공해 주셨습니다.

저자 소개

Colonel Paul Louis Gerin "Spike" Fahlstrom (USMC, Retired)

Fahlstrom 대령은 미네소타 대학과 조지워싱턴 대학을 졸업하였고 기계공학 석사학위를 가지고 있다. Fahlstrom 대령은 16 세에 처음 비행을 배웠고, 비행기 추락으로 가장 친한 친구를 잃었음에도 불구하고 비행에 대한 관심을 놓지 않았다. 미네소타 대학 졸업후 US Marine Corps 장교과정에 입학하여 조종사 장교로 임관하였다. 일선에서 퇴역한 직후 USMC Reserve 에 합류하였고, 퇴임 직전 Full Colonel 계급을 획득하였다. Fahlstrom 대령은 엔지니어로써 미 정부와 근무한 오랜 경력을 가지고 있다. 그는 NASA 에서는 Langley AFB 의 Mercury 프로젝트, Goddard Space Flight Centre 의 Advanced Orbiting Solar Observatory 에 참여하였고, FAA 에서는 Supersonic Transport(SST) 비행제어 시스템, DoD 의 DARCOM 에서는 무기시스템 매니저로써 무인항공기와 항공전자 및 무기 전문가로 근무하였다. 1986 년 미 정부에서 은퇴하였다.

Dr. Thomas James Gleason

Gleason 박사는 존홉킨스 대학을 졸업했으며 물리학 박사학위를 가지고 있다. Gleason 박사는 미 육군 지휘참모 대학(Command & General staff College)을 통해서 군사교육을 이수하였고, US Army Reserve 에서 중령(Leutenant Colonel)으로 퇴역하였다. Gleason 박사는 Harry Diamond Labs and System Planning Corporation 에서 근무하면서 Aquila UAV 의 목표물 획득 센서와 레이저 지정기에 대한 해석을 담당하였다. Gleason 은 이후 Gleason Research Associate(GRA)를 설립하고 미사일과 센서 시스템에 관련된 해석 및 평가를 수행하였다. Gleason 은 American Physical Society 회원으로, GRA 의 Faculty Security Office 로써 Outstandign Industrial Security Program 에 대해서 Harry Diamond Laboratories R&D Achievement Award 와 Cogswel Award 를 수여받았다. 그는 특히 레이저 및 적외선 시스템과 관련된 전문분야에 대한 약 100 여편의 기술논문의 저자/공저자이다.

역자 서문

첨단 기술의 발전으로 인해서 무인항공기 시스템 분야 역시 하루가 다르게 발전하고 있는 추세이며, 무인기의 운용 특성상 비행체 보다는 페이로드 및 운용에 대한 전자 및 통신 분야에서 기술을 주도하고 있습니다.

무인항공기에 대한 많은 훌륭한 영문 원서가 출시되었으나 대부분 최신 제어/통신/네트워크 기법에 치중하고 있습니다. 이와는 다르게 2012 년에 4 판으로 출간된 본 무인항공기 시스템 설계는 시간이 좀 지난 감이 없지 않으나 무인항공기 시스템의 기본 구성 요소인 비행체와 데이타 링크 그리고 지상 통제 스테이션에 대해서 원저자의 실제 개발 경험을 바탕으로 상세하게 설명하고 있습니다. 특히 군용 무인기 설계에서 중요한 사항인 론치 및 회수에 대한 체계적인 설명은 다른 자료에서 찾아보기 어려운 내용으로, 이 책의 특징을 잘 보여주고 있다고 생각합니다.

일반적으로 무인기에 적용되는 최신 기술에 집중하고 있는 다른 서적과는 달리 본 무인항공기 시스템 설계는 기본적인 공학 원리에 대한 설명이 많은 부분을 차지하고 있습니다. 시간이 지남에 따라서 변경될 수 있는 최신 기술 또는 기법과는 달리 시간이 지나더라도 변함없이 적용되는 공학적인 원리를 이해하는 것이 무엇보다도 중요하다는 것을 감안하면 본 무인항공기 시스템 설계는 전문가에게도 훌륭한 지침서가 될 것으로 생각합니다. 또한, 영문 원서의 원문에 충실하면서도 일부 내용은 원문의 내용을 해치지 않는 범위 내에서 업데이트가 되었습니다.

본 무인항공기 시스템 설계는 복잡한 수식이 최대한 배제되어 있으며 본문상의 내용 설명에 필수가 아니기 때문에 무인항공기 시스템에 관심이 있는 일반인이더라도 수식에 구애받지 않고 어렵지 않게 접근할 수 있을 것으로 생각합니다. 이와 같은 일반 독자를 위해서 책의 뒷부분에 영문과 번역된 한글 용어를 별도로 추가하였습니다.

본 책자가 나오기까지 여러가지 조언과 격려를 주셨던 많은 분들께 감사드립니다. 특히, 많은 까다로운 영문 표현을 쉽게 이해할 수 있도록 도와준 권인규 군에게도 감사합니다.

2020 년 10 월 9 일

역자 일동

추천사

항공의 역사가 그러하듯 무인항공기의 경우에도 역시 주로 군용기를 중심으로 이루어져 왔으나, 최근 들어서는 4 차 산업혁명, 인공지능, 자율비행 등의 기술과 융합되어 민간 영역으로도 확대되고 있습니다.

세계 무인기 역사를 살펴보면 1849 년 오스트리아의 Bombing by Balloon, 1863 년 뉴욕에서 찰스 펄리의 Perley's Aerial Bomber, 1883 년 영국 더글라스 아치볼드의 항공사진 촬영 Eddy's Surveillance Kite, 1918 년 미국 찰스 케터링의 폭격용 무인항공기 Bug, 1 차 대전 당시 영국의 Queen Bee, 미국의 Radio Plane, 1924 년 영국 로우 교수의 무선조종비행, 2 차 대전 당시 독일 V-1, 미국의 PB4Y, BQ-7, 베트남전 미국의 Ryan-34 Firebee, 1988 그리고 이후에 이스라엘의 Scout/Firebird 2001, 미국의 Pathfinder, RQ-1 Predator, RQ-4 Global Hawk, Helios 등이 사용되었습니다. 이러한 군용 이외에도 선진국들은 Taranis, Helicam, Prime Air, Solara 50 등을 개발하여 상용화에 박차를 가하고 있습니다.

그러나 한국 무인기 역사는, 선진국들에 비해 역사는 늦었지만, 1977 년 국방과학연구소의 솔개, 1993 년 도요새, 2000 년 송골매(정찰용 군단급), 2011 항우연의 스마트 무인기, RemoEye(유콘), Crow-B/M(한화), 2019 년 500 무인헬기(KUS-VH) 등이 개발되었고, 현재는 자율비행 군집드론에 대한 연구개발도 적극적으로 진행 중에 있습니다.

이렇게 우리나라에서도 기술 개발이 활발히 이루어지고 있으며 기술자료도 많이 축적되었으나, 아직까지 국내에서는 무인항공기에 대한 입문 및 설계에 대한 책자가 발간된 적이 없었습니다. 다행히도 이번에 무인항공기 시스템 개발에 대한 오랜 경험을 가진 전문가인 Paul Fahlstrom 과 Thomas Gleason 이 저술한 Introduction to UAV Systems 의 번역서가 출간되어 국내 독자들에게 무인항공기에 대한 체계적인 내용을 소개할 수 있게 되었습니다.

이 책은 무인항공기 시스템에 대한 역사와 개요에서부터 분류 및 임무, 비행체에 대한 공기역학, 성능, 안정성 및 조종성 등의 공학 이론, 추진, 구조, 임무계획 및 제어, 임무장비, 데이타 링크, 발사 및 회수 등의 내용을 담고 있어서 입문자나 연구개발 전문가에게도 유용한 책자라고 할 수 있습니다.

아무쪼록 본 번역서가 독자 여러분들에게 많은 도움이되기를 바라면서 추천사를 끝맺고자 합니다. 감사합니다.

2020 년 10 월 9 일

한국항공우주학회장

이재우

약어

AC Alternating Current, 교류전류

ADT Air Data Terminal, 대기 데이타 터미널

AJ Anti-Jam, 대전파방해

AOA Angle of Attack, 받음각

AR Aspect Ratio, 종횡비

ARM Antiradiation Munition, 대방사 무기

AV Air Vehicle, 비행체

BD Bidirectional, 양방향

CARS Common Automatic Recovery System, 공용 자동 회수 시스템

CCD Charge-Coupled Device, 전하 결합소자

CG Center of Gravity, 무게중심

CLRS Central Launch and Recovery Section

CP Center of Pressure, 압력중심

COMINT Communication Intelligence, 통신정보

C rate Charge/Discharge Rate 충전/방전율

CW Continuous Wave, 연속파

dB decibel, 데시벨

dBA dBs relative to the lowest pressure difference that is audible to a person 가청데시벨

dBmv dBs relative to 1 mv, 1mv 에 대한 데시벨

dBsm dB relative to 1 square meter, $1m^2$ 에 대한 데시벨

DF Direction Finding, 방향 탐지

ECCM Electronic Counter-Countermeasures, 대 대전자수단

ECM Electronic Countermeasure 대전자수단

ELINT Electronic Intelligence, 전자정보

EMI Electromagnetic Interference, 전자기 간섭

ERP Effective Radiated Power, 유효 복사전력

ESM Electronic Support Measure, 전자 지원 수단

EW Electronic Warfare, 전자전

FCS Forward Control Section, 전방 통제반

FLIR Forward-Looking Infrared, 전방감시 적외선

FLOT Forward Line of Own Troops, 아군 전방 배치선

FOV Field of View, 시야각

fps frames per second, 초당 프레임

FSED Full Scale Engineering Development, 체계개발

GCS Ground Control Station, 지상 통제 스테이션

GDT Ground Data Terminal, 지상 데이타 터미널

GPS Global Positioning System, 위성항법 시스템

GSE Ground Support Equipment, 지상 지원 장비

Gyro Gyroscope, 자이로스코프

HELLFIRE Helicopter Launched Fire and Forget Missile, 헬리콥터 론치 파이어 포겟 미사일, 헬파이어

HERO Hazards of Electromagnetic Radiation to Ordnance, 무장에 대한 전자기 복사의 위험도

HMMWV High Mobility Multipurpose Wheeled Vehicle, 고기동 다목적 차륜 차량

I Intrinsic, 진성

IAI Israeli Aerospace Industries, 이스라엘 항공 산업

IFF Identification Friend or Foe, 피아식별

IMC Image Motion Compensation, 영상 움직임 보상

IR Infrared, 적외선

ISO International Organization for Standardization, 국제 표준 기구

JATO Jet Assisted Take-Off, 제트 보조 이륙

JII Joint Integration Interface, 공용 통합 인터페이스

JPO Joint Project Office, 통합 프로젝트 사무국

JSTARS Joint Surveillance Target Attack Radar System, 통합 감시 및 목표물 공격 레이다 시스템

LAN Local Area Network, 근거리 통신망

Li-ion Lithium ion, 리튬 이온

Li-poly Lithium polymer, 리튬 폴리머

LOS Line of Sight, 가시선

LPI Low-Probability of Intercept, 저피탐

MARS Mid-Air Recovery System, 공중 회수 시스템

MART Mini Avion de Reconnaissance Telepilot,

MET Meteorological, 기상

MICNS Modular Integrated Communication and Navigation System, 모듈화 통합 통신 및 항법 시스템

MPCS Mission Planning and Control Station, 임무계획 및 통제 스테이션

MRC Minimum Resolvable Contrast, 최소 분해가능 대비

MRDT Minimum Resolvable Delta in Temperature, 최소 분해가능 온도차

MRT Minimum Resolvable Temperature, 최소 분해가능 온도

MTF Modulation Transfer Function, 변조 전달함수

MTI Moving Target Indicator, 이동 목표물 표시기

N Negative, N 형

NASA National Aeronautics and Space Administration 미 항공우주국

NDI Nondevelopmental Item, 비개발 항목

NiCd Nickel Cadmium, 니켈 카드뮴

NiMH Nickel Metal Hydride, 니켈 수소 하이브리드

OSI Open System Interconnection, 개방형 시스템 상호 연결

OT Operational Test, 운용 테스트

P Positive, P 형

PGM Precision Guided Munition, 정밀 유도무기

PIN positive intrinsic negative, PIN 형

PLSS Precision Location and Strike System, 정밀 위치확인 공격 시스템

RAM Radar-Absorbing Material, 레이다 흡수 재료

RAP Radar-Absorbing Paint, 레이다 흡수 페인트

RATO Rocket Assisted Takeoff, 로켓 보조 이륙

RF Radio Frequency, 라디오 주파수

RGT Remote Ground Terminal, 원격 지상 터미널

RMS Root Mean Square, 제곱 평균 제곱근

RPG Rocket Propelled Grenade, 로켓추진 유탄

RPM Revolutions Per Minute, 분당 회전수

RPV Remotely Piloted Vehicle, 원격 조종 기체

SAR Synthetic Aperture Radar, 합성 개구 레이다

SEAD Suppression of Enemy Air Defense, 적 방공망 억제

shp Shaft Horsepower, 축마력

SIGINT Signal Intelligence, 신호정보

SLAR Side-Looking Airborne Radar, 측면 감시 공중 레이다

SOTAS Stand-Off Target Acquisition System, 단독 목표물 획득 시스템

SPARS Shipboard Pioneer Arrestment and Recovery System 선상 Pioneer 어레스팅 회수 시스템

TADARS Target Acquisition/Designation and Aerial Reconnaissance System, 목표물 획득/지정 및 공중

	정찰 시스템
TUAV	Tactical UAV, 전술 UAV
UAS	Unmanned Aerial System, 무인 항공기 시스템
UAV	Unmanned Aerial Vehicle, 무인 항공기
UCAV	Unmanned Combat Aerial Vehicle, 무인 전투 비행체
UD	Unidirectional, 단방향
VTOL	Vertical Take Off and Landing, 수직 이착륙

1 부 개요

Introduction

1 부에서는 UAV 시스템 또는 무인 항공기 시스템(Unmanned Aerial System, UAS)으로 부르는 무인 비행체 시스템의 기술에 대한 소개를 위한 일반적인 배경을 제공한다.

제 1 장은 UAV 의 간단한 역사를 설명한다. 그리고 일반적인 UAS 에 존재할 수 있는 주요 구성요소(서브시스템)의 기능을 알아보고 설명한다. 마지막으로, 개별 서브시스템의 상당한 성공에도 불구하고 배치된 UAS 를 생산하는데에는 실패했던 주요 UAS 개발 프로그램에 대한 간단한 역사를 설명하고, UAS 서브시스템의 상호 관계와 상호작용, 그리고 전체 시스템 수준에서 시스템 성능 요구조건의 적용을 이해하는 중요성에 대한 교훈을 제공한다. 이러한 내용은 UAV 시스템과 UAS 라는 용어상에서 시스템이라는 단어의 중요성을 강조하기 위해서 설명되는 것이다.

제 2 장은 사용되었거나 현재 사용되고 있는 UAV 에 대한 연구를 포함하며, 크기, 항속시간 및/또는 임무에 따라서 UAV 시스템을 분류하는데 사용되는 다양한 방안을 논의한다. 항공공학 세계의 주변에 장기간 머물렀던 이후로 UAV 가 점점 더 주류가 되어감에 따라서 UAV 서브시스템의 많은 기술은 급격하게 진화하고 있기때문에 이번 장의 정보는 시간상 오래된 것일 수도 있다. 그럼에도 불구하고, 설계와 시스템 통합에 대한 문제점에 대한 보다 최근의 논의를 설명에 반영하기 위해서는 많은 다양한 UAV 의 개념과 종류에 대한 다소간의 이해가 필요할 것이다.

제 1 장 역사와 개요
History and Overview

1.1. 개요

이번 장의 첫 부분에서는 가장 초창기 엉성했던 비행 물체에서부터 UAV 에 대해서는 기념비적인 기간이었던 지난 10 년을 거쳐오는 동안에 대한 UAV 시스템의 역사를 돌아볼 것이다.

이번 장의 두 번째 부분에서는 완전한 UAS 에 기여하는 다양한 개별 기술의 이후 논의에 대한 프레임워크을 제공하기 위해서 완전한 UAV 시스템 형상을 구성하는 서브시스템을 설명할 것이다. 비행체는 구조, 공기역학적 성분(날개와 조종면), 추진 시스템, 그리고 제어 시스템을 포함하는 그 자체로 복잡한 시스템이다. 이에 추가해서, 전체 시스템은 센서와 기타 페이로드, 통신 패키지, 그리고 론치 및 회수 서브시스템을 포함한다.

마지막으로, 교훈적인 이야기를 통해서 UAV 를 개별 구성요소와 서브시스템에 집중하는 대신 시스템 전체로 고려하는 것이 중요한 이유를 설명할 것이다. 이는 약 1975 년에서 1985 년 사이에 개발되었고, 시스템 관점에서 보기에 UAS 커뮤니티에서 그동안 수행되었던 완성도를 위한 가장 야심찬 시도일 수도 있는 UAS 에 대한 이야기이다. 이는 모든 주요 UAS 구성요소를 완전히 자체적으로 완비된 형태로 포함하고 있으며, 캐터펄트 론치와 네트 회수 시스템이 위치될 수 있을 정도로 상대적으로 작은 개방된 필드 이상의 어떠한 공간상의 인프라구조도 필요하지 않은 전적인 이동식 시스템으로 작동하도록 처음부터 새롭게 설계되었다. Aquila 원격조종 비행체(Remotely Piloted Vehicle, RPV) 시스템으로 부르는 이 시스템은, 10 억 달러에 이르는 비용으로 약 10 년여 기간에 걸쳐서 개발되고 테스트되었다. Aquila UAS 는 매우 고가이며, 운송을 위해서는 5 톤 트럭으로 이루어진 대규모 호송이 필요한 것으로 드러났다. 가장 중요한 사실로는, 이는 개발이 진행되는 10 여년에 걸쳐 구축되었던 일부 비현실적인 기대를 완전히 만족하지 못했다. 이는 생산에 돌입하지도 실전에 배치되지도 못했다. 그럼에도 불구하고, 이는 저자가 알고 있기로는 그 자체로 완전해지도록 시도되었던 유일한 UAS 로 남아있으며, 그러한 야망이 무엇을 의미했는지, 그리고 이로 인해서 비용이 적게 들고 적은 지상 지원 장비만을 필요로 하는, 완성도는 떨어지지만 자체적으로 완비되고 능력있는 UAS 시스템을 추구하기 위해서 최종적으로 시스템의 폐지로 이어지도록 비용과 복잡성을 초래했던 방법에 대해서 이해할 가치가 있을 것이다.

1.2 역사

1.2.1 초기 역사

역사적으로 UAS 시스템은 일단 개발과 테스트가 군사용 영역에서 이루어진 후에 민간영역의 응용이

뒤따르는 경향을 보이는 다른 많은 기술 영역과 마찬가지로 군사용 목적에 의해서 선도되는 경향을 보여왔다.

최초의 UAV 는 선사시대에 원시인이 던진 돌멩이 또는 아마도 13 세기 발사되었던 중국의 로켓이라고 얘기할 수도 있을 것이다. 이러한 기체에는 제어가 거의 또는 전혀 없었으며, 따라서 필수적으로 탄도 궤적을 가졌다. 만약 관심 대상의 기체를 공기역학적 양력 및/또는 약간의 제어를 갖는 것으로 한정한다면, 아마도 연이 최초의 UAV 정의에 어울릴 것이다.

1883 년 영국의 Douglas Archibald 는 연의 줄에 풍속계를 부착하고 최대 1,200ft 의 고도에서 바람의 속도를 측정하였다. Archibald 는 1887 년 연에 카메라를 장착하였고, 이로써 세계 최초의 정찰용 UAV 가 되었다. William Eddy 는 미국-스페인 전쟁(Spain-American War) 동안 연으로부터 수백 장의 사진을 찍었고, 이는 UAV 가 전쟁에서 사용된 최초의 사례일 것이다.

그러나, 세계 1 차 대전이 되어서야 UAV 가 시스템으로 인식되기 시작했다. Charles Kettering(General Motors, GM)은 육군 통신대를 위한 복엽 UAV 를 개발하였다. 이는 개발에 3 년이 걸렸으며 Kettering Aerial Torpedo 로 불렸지만, Kettering Bug 또는 그냥 Bug 로 더 유명하다. 그림 1.1 과 같은 Bug 는 55mph 의 속도로 거의 40mile 을 비행할 수 있었고, 180lb 의 고폭탄을 운반할 수 있었다. 비행체는 지정된 조종에 따라서 목표물로 유도되었고, 목표물 상공에서 동체가 지상으로 폭탄과 같이 낙하할 수 있도록 해제될 수 있는 분리 가능한 날개를 가지고 있었다. 또한 1917 년에는, Lawrence Sperry 가 Kettering 의 것과 유사한 Sperry-Curtis Aerial Torpedo 로 불렀던 해군을 위한 UAV 를 개발하였다. 이는 Sperry 사의 Long Island 활주로 밖으로 몇 차례 비행에 성공했지만, 전쟁에서 사용되지는 않았다.

그림 1.1 Kettering Aerial Torpedo

초기 항공기를 개발했던 UAV 개척자에 대한 이야기를 종종 듣지만, 다른 개척자도 시스템의 중요한 부분을 발명하고 개발하는데 핵심적인 역할을 했다. 그 중에서 한 명이 데이타 링크를 개발한 Archibald Montgomery Low 이다. 1988 년 영국 출생인 Low 교수는 라디오 유도 시스템의 아버지로 알려져 있다. 그는 최초의 데이타 링크를 개발하였고, UAV 엔진으로부터 발생되는 간섭 문제를 해결하였다. 그의 첫

UAV 는 추락했지만, 1924 년 9 월 3 일 그는 세계 최초의 무선조종 비행에 성공하였다. 그는 창의적인 작가이자 발명가로, 1956 년 사망하였다.

1933 년 영국군은 세 대의 복원된 Fairey Queen 복엽기를 선박으로부터 원격조종으로 비행하였다. 두 대는 추락했지만 세 번째 비행기는 성공적으로 비행을 마침으로써, 특히 한 대를 타겟으로 사용하기로 결정하고 이를 격추시키지 못한 후에 영국이 UAV 의 가치를 완전히 인식한 최초의 국가가 되도록 만들었다.

그림 1.2 Fairey Queen 의 발전형인 Queen Bee

1937 년 또 다른 영국인 Reginald Leigh Denny 와 두 명의 미국인 Walter Righter 와 Kenneth Case 는 RP-1, RP-2, RP-3 그리고 RP-4 로 불리던 일련의 UAV 를 개발하였다. 이들은 1939 년 Radioplane Company 라는 회사를 설립했고, 이후 Northrop-Ventura Division 의 일부가 되었다. Radioplane 은 세계 2 차 대전 동안 수천 대의 타겟 드론을 제조하였다. (초기 조립자 중의 한 명은 후에 Marilyn Monroe 로 불리운 Norma Jean Daugherty 였다.) 물론 독일군도 전쟁 후반기에 치명적인 UAV(V-1 과 V-2)를 사용하였지만, 베트남 전쟁 시대에 이르러서야 UAV 가 정찰 용도로 성공적으로 사용되었다.

1.2.2 베트남 전쟁

베트남 전쟁(Vietnam War) 시기 동안 UAV 가 전투에 광범위하게 사용되었지만 주로 정찰 임무로만 한정되었다. 비행체는 일반적으로 C-130 으로부터 공중에서 론치되었고 낙하산으로 회수되었다. 비행체는 종심 침투기로 부를만한 것이었고, 기존의 타겟 드론으로부터 개발되었다.

동남아시아에서의 운용에 대한 자극은 UAV 가 정찰용으로 개발되었지만 사용이 가능해지기 전에 분쟁이 종료되어 실제로는 사용되지 않았던 쿠바 미사일 위기(Cuban Missile Crisis) 동안의 활동으로부터 발생되었다. 147A 로 알려진 Ryan 사와 공군 사이의 첫 번째 계약 중 하나는 Ryan Firebee 타겟 드론(연장된 버전)을 기반으로 하는 기체에 대한 것이었다. 이는 1962 년의 일이었고, 이를 Firefly 로 불렀다. 147A 모델인 Firefly 가 쿠바 위기 동안 운용되지는 않았지만, 147B 를 포함한 이후 모델은 베트남으로 무대를 옮겼다. Northrop 사에서는 또한 실질적으로 모형 비행기였던 초기 설계를 제트 추진 종심 침투기로 개선하였지만 대부분 타겟 드론으로 이용되었다. Ryan Model 147B 를 포함한 후기 모델인 Lightning Bug 는 동남아시아에서 사용된 주요 비행체였다.

그림 1.3 Ryan Model 147SC TOMCAT

총 3,435 쏘티의 비행이 이루어졌고, 이들의 대부분은 (2,873 회 또는 거의 84%) 회수되었다. 이 중에서 한 기체인 TOMCAT 은 손실되기 전까지 68 회의 임무를 성공적으로 완수하였다. 또 다른 기체는 저고도, 실시간 사진 촬영 임무의 97.3%를 완수하였다. 1972 년 베트남 전쟁이 종료되기 전까지 비행체는 90%의 성공율을 거두었다[1].

1.2.3 부활

베트남 전쟁이 종료되면서 UAV 에 대한 일반적인 관심은 이스라엘이 1982 년 Bekaa Valley 에서 정찰, 전파방해, 그리고 디코이를 목적으로 UAV 를 사용해서 시리아 대공 방어 시스템을 무력화시킬 때까지 줄어들었다. 실제로 이스라엘의 UAV 는 많은 사람들이 생각하는 것처럼 기술적으로 성공적이지는 못했고, 이들의 운용상의 성공은 기술적인 정교함 보다는 기습적인 요소를 통해서 성취되었다. 비행체는 기본적으로 신뢰할 수 없었고 야간에는 비행할 수 없었으며, 데이타 링크 전송은 유인 전투기의 통신과 간섭되었다. 그러나, 이들은 운용 환경에서도 UAV 가 가치있는 실시간 전투 임무를 수행할 수 있다는 것을 증명하였다.

미국은 군사과학 위원회에서 포병의 목표물 탐지 및 레이저 지시를 위해서 소형 RPV 를 추천했던 1971 년 8 월 UAV 에 대한 연구를 재개하였다. 1974 년 2 월 육군의 군수 사령부는 RPV 무기 시스템 관리 사무소를 설립하면서, 그 해 말 12 월에는 Lockheed Aircraft Company 사와 시스템 기술 실증(Systems Technology Demonstration) 계약이 체결되었고, 비행체는 Developmental Sciences Incorporated(이후 DSC, Lear Astronics, Ontario, CA)사와 하청계약을 맺었다. 론처는 All American Engineering(이후 ESCO-Darton)사에서, 회수 네트 시스템은 당시 분단상태였던 서독의 Dornier 사에서 제작되었다. 프로그램에 총 10 곳의 입찰이 참가했다. 실증은 상당히 성공적이었으며, 개념이 실현될 수 있다는 것을 증명하였다. 시스템은 육군 요원에 의해서 비행되었고, 300 시간 이상의 비행이 누적되었다.

1978 년 9 월 이른바 목표물 획득/지정 및 공중 정찰 시스템(Target Acquisition/Designation and Aerial Reconnaissance System, TADARS)에 대한 작전 운용성능(Required Operational Capability, ROC)이 승인되었고, 약 1 년 후 1979 년 8 월, 43 개월의 체계개발(Full Scale Engineering Development, FSED) 계약이 Lockheed 사의 단독 입찰로 맺어졌다. 이 시스템은 Aquila 로 명명되었고, 이에 대해서는 이번 장의 후반에 보다 자세히 다룰 것이다. UAV 시스템 개발자에게 중요한 교훈을 제공하는 여러가지 이유로 인해서 Aquila 개발은 수년간 연장되었지만 시스템은 배치되지 못했다.

1984 년 부분적으로는 긴급한 요구의 결과로 또한 부분적으로는 육군이 Aquila 에 대한 일부 경쟁을 원했기 때문에 육군에서는 Gray Wolf 라는 프로그램에 착수하였다. 이는 UAV 에 대해서는 전투조건이라고 부를만한 상황에서 최초로 수백 시간의 야간 운용을 실증하였다. 아직까지 부분적으로 기밀로 취급되고 있는 이 프로그램은 부족한 자금지원으로 인해서 중단되었다.

1.2.4 통합 운용

미국 해군과 해병대는 1985 년 Mazlat/Israel Aerospace Industries(IAI)사와 AAI Pioneer 시스템을 구매하는 것으로 UAV 무대에 진입했다. 이는 상당히 증가하는 문제를 겪었지만 여전히 운용되고 있다. 그러나 이 시점까지도 의회는 불안했고, 군대 사이의 공용성과 상호운용성을 극대화하기 위해서 통합 프로젝트 사무국(Joint Project Office, JPO)의 구성을 요구했다. JPO 는 해군 부서의 관리 지휘하에 들어갔다. 이 사무국은 임무의 정의뿐 아니라 군대에서 요구하는 시스템 각 종류에 대한 바람직한 특성을 서술하는 마스터플랜을 개발하였다. 이 플랜의 일부 요소는 제 2 장 UAV 시스템의 분류에서 논의될 것이다.

미 공군은 타겟 드론 무인 항공기에 대한 풍부한 경험에도 불구하고 초기에는 UAV 를 수용하는데 주저했다. 그러나 이러한 태도는 1990 년대 동안 상당히 변화되어 공군은 다양한 목적에 대한 UAV 의 개발뿐 아니라 사용에도 매우 적극적이었을 뿐 아니라, 네 개의 미국 군대 중에서 모든 UAV 프로그램과 미국 군대 내의 자산에 대한 통제권을 잡으려는 시도에서도 가장 적극적이었다.

1.2.5 사막의 폭풍

쿠웨이트/이라크 전쟁으로 인해서 군사 정책가들은 전투 조건에서 UAV 를 사용할 수 있는 기회를 갖게 되었다. 이들은 당시 사용 가능했던 시스템의 성능이 여러가지 면에서 만족스럽지는 못했음에도 UAV 가 상당히 바람직한 자산이라는 것을 발견하였다. (1) 미군의 Pioneer, (2) 미군의 Ex-Drone, (3) 미군의 Pointer, (4) 프랑스군의 Mini Avion de Reconnaissance Telepilot(MART), 그리고 영국군의 CL 89 와 같은 다섯 개의 UAV 시스템이 작전에 사용되었다.

엄청난 성과에 대한 수 많은 일화와 설명이 회자되었지만, 실제로 UAV 가 전쟁에서 결정적인 또는 중추적인 역할을 하지는 못했다. 예를 들어, 1991 년 11 월 발간된 Naval Proceedings 기사에 따르면,

해병대는 지상공격 동안 UAV 에서 획득한 목표물에 단 한 차례도 발사하지 못했다[2]. 그러나, 무엇을 할 수 있었는가의 실현에 대한 군대 커뮤니티 사고의 깨우침을 터득하게 되었다. 사막의 폭풍 작전(Operation Desert Storm)에서 배운점은 UAV 가 잠재적으로 주요 무기 시스템이라는 것으로, 이로 인해서 지속적인 개발이 보장되었다.

1.2.6 보스니아

보스니아에서 NATO UAV 운용은 감시 및 정찰의 하나였다. NATO 의 1995 년 보스니아-세르비아 군 시설물에 대한 공습 이후 폭격으로 인한 피해 평가가 성공적으로 수행되었다. 항공사진으로부터 세르비아 탱크와 폭격으로 인한 빌딩의 피해를 분명히 볼 수 있었다. 야간 정찰은 가장 은밀한 작전이 수행되었던 어둠을 틈탄 무렵이었기 때문에 특히 중요했다. 보스니아에서는 사용된 주요 UAV 는 헝가리의 공군기지로부터 출격한 Predator 였다.

1.2.7 아프가니스탄과 이라크

이라크 전쟁(Iraq War)은 UAV 의 지위를 적과 임무를 탐색하는 잠재적인 주요 무기 시스템으로부터 네 개의 모든 군의 작전에서 중심적인 많은 역할을 수행하는 주요 무기 시스템으로써의 적정한 위치로 전환시켰다. 전쟁 초기에 UAV 는 여전히 개발 중인 다소 불확실한 존재였지만, 많은 개발 중인 UAV 가 이라크 자유 작전(Operation Iraqi Freedom)에 투입되었다. Global Hawk 는 개발 초기 단계였음에도 불구하고 첫 해 동안 효과적으로 사용되었다. Pioneer, Shadow, Hunter, 그리고 Pointer 가 광범위하게 사용되었다.

해병대는 팔루자 전투 동안 목표물 위치를 추적하고 표시하며 반란군을 추적하기 위해서 Pioneer 를 이용한 수백 회의 임무에 대한 비행을 했다. 이는 특히 야간에 효과적이었고, 해당 전투에서 가장 결정적인 무기 중의 하나로 고려될 수 있었다.

Predator 의 무장 버전, Dragon Eye 와 같은 미니 UAV, 그리고 다양한 종류의 기타 UAV 시스템이 아프가니스탄과 이라크 전장에서 사용되었고, UAV 의 군사적인 가치를 입증하였다.

1.3 UAV 시스템 개요

미사일을 제외하고 조종사가 없이 비행하는 세 가지 종류의 항공기가 있다. 이는 무인 항공기(Unmanned Aerial Vehicle, UAV), 원격조종 기체(Remotely Piloted Vehicle, RPV), 그리고 드론이다. 물론, 모두 무인이기 때문에 무인 항공기 또는 UAV 라는 용어가 일반적인 명칭으로 생각될 수도 있다. 일부는 RPV 와 UAV 를 서로 호환해서 사용하기도 하지만, 순수하게 원격조종 기체는 원격 위치로부터 조종 또는 제어되기 때문에 RPV 는 항상 UAV 이지만, 자동화된 또는 미리 프로그램된 임무를 수행할 수 있는 UAV 가 항상 RPV 일 필요는 없다.

과거 이러한 항공기는 모두 Webster 사전에 따르면 조종사가 없이 라디오 신호에 의해서 조종되는 비행기인 드론이라고 불렀다. 오늘날 UAV 개발자와 사용자 커뮤니티에서는 정교한 임무를 수행하는데 있어서 유연성이 제한되며 타겟드론과 같이 지속적으로 둔하고 단조롭게 비행하는 기체를 제외하고는 드론이라는 용어를 사용하지 않는다. 하지만 이로 인해서 언론이나 일반 대중이 UAV 에 대해서 기술적으로는 부정확하더라도 편리함을 이유로 드론이라는 단어를 일반적인 용어로 선택하는 것을 막지는 못했다. 따라서, 상당한 반자동 기능을 가진 가장 정교한 비행체라고 하더라도 아침 신문이나 저녁 뉴스상에서는 드론이라는 제목으로 등장할 가능성이 높다.

UAV 가 수동으로 조종되는가 또는 미리 프로그램된 항법시스템에 따라서 조종되는가에 무관하게, 반드시 조종기술을 가진 누군가에 의해서 제어되어 비행해야만 한다고 생각할 필요는 없다. 군에서 사용하는 UAV 는 일반적으로 자세, 고도, 그리고 지상추적을 자동으로 유지하는 자동조종과 항법시스템을 가지고 있다.

수동 제어는 일반적으로 스위치, 조이스틱 또는 지상 스테이션에 위치한 다른 종류의 지정장치(마우스 또는 트랙볼)로 수동으로 조절되는 헤딩, 고도, 속도 등에 따라서 UAV 의 위치를 제어하지만, 원하는 경로에 도달하면 자동비행을 통해서 기체의 안정과 조종이 가능한 것을 의미한다. 위성항법 시스템(Global Positioning System, GPS), 라디오, 관성과 같은 다양한 종류의 항법시스템을 통해서 미리 프로그램된 임무가 가능하며, 이는 수동으로 오버라이드가 허용될 수도 그렇지 않을 수도 있다.

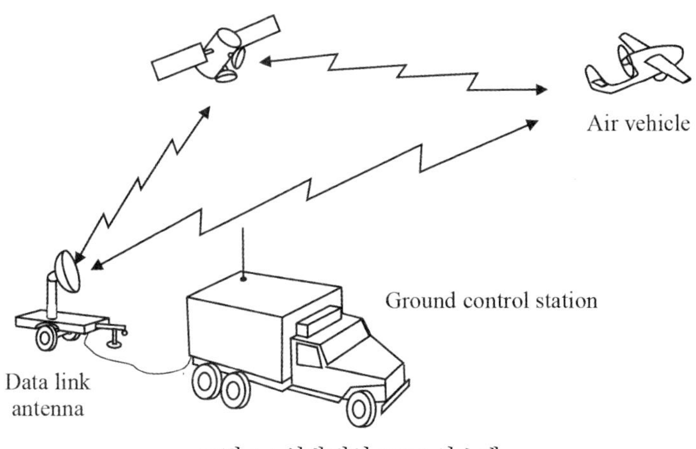

그림 1.4 일반적인 UAV 시스템

최소한으로, 전형적인 UAV 시스템은 비행체, 하나 또는 그 이상의 지상 통제 스테이션(Ground Control Station, GCS) 및/또는 임무계획 및 통제 스테이션(Mission Planning and Control Station, MPCS), 페이로드, 그리고 데이타 링크를 갖는다. 뿐만 아니라, 많은 시스템은 론치 및 회수 서브시스템, 비행체 운반장치, 그리고 기타 지상 취급 및 정비 장비를 포함한다. 매우 단순한 일반적인 UAV 시스템의 구성이 그림 1.4 에 나와 있다.

1.3.1 비행체

비행체는 시스템 중에서 공중 부분으로 기체, 추진장치, 비행조종, 그리고 전기동력 시스템을 포함한다. 대기 데이타 터미널은 비행체에 탑재되며, 통신 데이타 링크의 공중 부분도 마찬가지이다. 페이로드 또한 비행체에 탑재되지만, 이는 흔히 다른 비행체와 쉽게 교환될 수 있으며, 하나 또는 그 이상의 다양한 임무를 수행하기 위해서 특화되어 설계될 수 있는 독립된 서브시스템으로 간주된다. 비행체는 고정익 비행기, 회전익, 또는 덕티드팬 형태일 수 있다. 공기보다 가벼운 비행체 또한 UAV 로 부를 수 있다.

1.3.2 임무계획 및 통제 스테이션

GCS 로 부르기도 하는 MPCS 는 비디오, 명령, 그리고 비행체로부터의 원격측정 데이타가 처리되고 시현되는 UAV 시스템의 운용 제어센터이다. 일반적으로 이러한 데이타는 데이타 링크의 지상 부분에 해당하는 지상 터미널을 통해서 중계된다. MPCS 셸터는 임무계획 시설, 제어와 시현을 위한 콘솔, 비디오 및 원격측정 계기, 컴퓨터와 신호처리 그룹, 지상 데이타 터미널, 통신장비, 그리고 환경조절 및 생존성 보호 장비를 포함한다.

그림 1.5 MPCS 사례

MPCS 는 또한 임무계획을 수행하고, 지원되는 본부로부터 임무 배정을 받고, 또한 무기의 발사 방향, 정보, 또는 명령 및 제어와 같이 획득한 데이타와 정보를 적절한 유닛으로 보고하는, 예를 들어 임무 사령관과 같은 요원을 위한 지휘본부로 사용될 수도 있다. 스테이션은 일반적으로 그림 1.5 와 같이 비행체 및 임무 페이로드 운용자가 모니터링과 임무실행 기능을 수행할 수 있는 좌석을 가지고 있다.

일부 소형 UAS 의 경우 지상 통제 스테이션은 백팩으로 운반되면서 지상에 설치될 수 있는 케이스에 수납되며, 내장된 마이크로 프로세서 또는 견고화된 랩톱 컴퓨터로 관리되어 보강될 수도 있는 원격제어와 일종의 디스플레이로 구성된다.

이와는 다른 극단적인 경우로, 일부 지상 스테이션은 비행체가 비행하는 곳으로부터 수천 마일 떨어진 영구적인 구조물에 위치하며, 비행체와 통신을 유지하기 위해서 위성 중계를 이용하기도 한다. 이러한 경우, 운용자의 콘솔은 대형 빌딩의 내부 방에 위치하면서 지붕의 위성 접시 안테나에 연결될 수도 있다.

전형적인 실전 MPCS 의 단면도가 그림 1.6 에 나와있다.

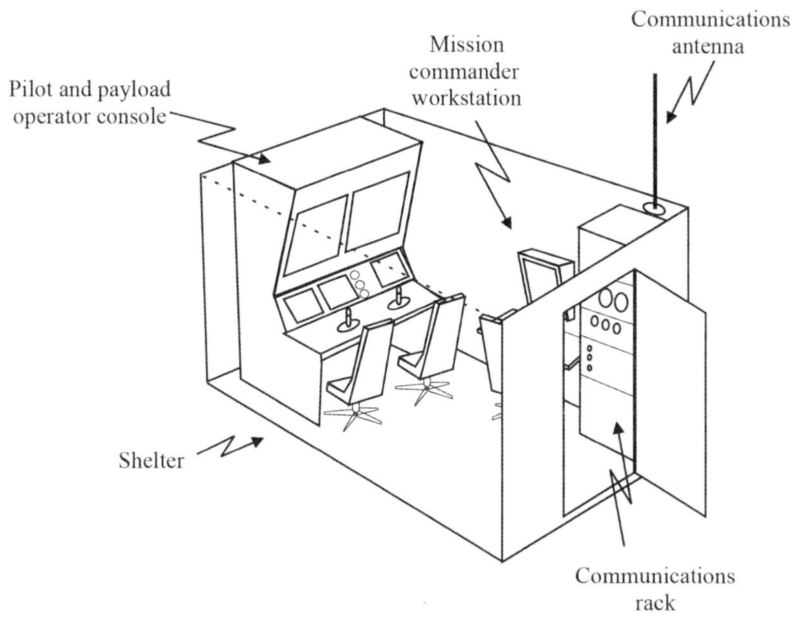

그림 1.6 임무계획 및 통제 스테이션

1.3.3 론치 및 회수 장비

론치 및 회수는 포장된 사이트에서의 전형적인 이륙과 착륙으로부터 회전날개 또는 팬 시스템을 사용한 수직 하강까지 수 많은 기법으로 수행될 수 있다. 파이로테크닉 또는 공기압/유압의 조합을 이용한 캐터펄트 또한 비행체의 론치에 널리 사용되는 방법이다. 일부 소형 UAV 는 손으로 론치되기도 하는데, 실질적으로 이는 장난감 글라이더처럼 대기중으로 던져지는 것이다.

네트와 어레스팅 기어가 좁은 공간에서 고정익 비행체를 잡아주는데 사용된다. 낙하산과 패러포일은 지점 회수를 위한 좁은 지역의 착륙에 사용된다. 회전날개 또는 팬으로 작동하는 기체의 한 가지 장점은 정교한 론치 및 회수 장비가 일반적으로 필요하지 않다는 것이다. 그러나, 상하 피칭하는 선박 데크에서의 운용은 회전날개 기체라고 하더라도 선박의 움직임이 최소가 아니라면 고정하는 장치가 필요할 것이다.

1.3.4 페이로드

페이로드를 운반하는 것이 UAV 시스템을 이용하는 궁극적인 이유이고, 페이로드는 보통 UAV 에서 가장 고가의 서브시스템이다. 페이로드는 주로 정찰 및 감시 임무를 위한 주간 또는 야간 (영상 증폭기 또는 열 적외선) 비디오 카메라를 포함한다. 과거에는 필름 카메라가 UAV 시스템에 널리 사용되었지만 오늘날에는 비디오 영상이 사용되는 모든 영역에서와 같이 대부분 전자식 영상 수집과 저장장치로 대체되었다.

만약 목표물 지시가 필요하다면 레이저가 영상 기기에 추가되고 비용은 급격하게 증가한다. 이동 목표물 지시기(Moving Target Indicator, MTI) 및/또는 합성 개구 레이다(Synthetic Aperture Radar, SAR)를 사용하는 레이다 센서 또한 정찰 임무를 수행하는 UAV 에 대해서 중요한 페이로드이다. 또 다른 주요 페이로드 종류로는 전자전(Electronic Warfare, EW) 시스템이 있다. 여기에는 모든 스펙트럼의 신호정보(Signal Intelligence, SIGINT)와 전파방해 장비가 포함된다. 기상과 화학물 감지 장치와 같은 다른 센서가 UAV 페이로드로 제안되었다.

무장 UAV 는 발포, 투하, 그리고 론치될 무기를 운반한다. 치명적인 UAV 는 폭발물 또는 다른 종류의 탄두를 운반하며, 목표물에 의도적으로 충돌할 수도 있다. 이 책의 다른 부분에서 논의된 것과 같이 UAV, 순항미사일, 그리고 기타 종류의 미사일 사이에는 상당한 중복이 존재한다. 한 차례 비행의 종료시점에서 자신도 폭파되도록 만들어진 일발 시스템인 미사일에 대한 설계 문제는 재사용이 가능한 UAV 의 문제와는 다르며, 이 책에서는 재사용 가능한 시스템에 집중할 것이다. 이에 대해서 언급되는 많은 부분이 소모성 시스템에도 여전히 적용된다.

UAV 의 또 다른 용도는 UAV 제어와 UAV 사용자에게 데이타를 반송하는데 사용되는 데이타 링크를 포함한 가시선 라디오 주파수 시스템의 거리와 커버리지를 확대하기 위해서 데이타와 통신 중계를 위한 플랫폼으로 사용하는 것이다.

1.3.5 데이타 링크

데이타 링크는 모든 UAV 에 대해서 핵심적인 서브시스템이다. UAV 시스템을 위한 데이타 링크는 요구에 따라서 또는 지속적으로 양방향 통신을 제공한다. 수 kHz 의 데이타율을 갖는 업링크는 비행체의 비행경로에 대한 제어와 이의 페이로드에 대한 명령을 제공한다. 다운링크는 명령에 대한 확인응답과 비행체의 상태정보를 전송하기 위한 낮은 데이타율 채널과, 비디오 및 레이다와 같은 센서데이타를 위한 높은 데이타율(1~10MHz) 채널을 모두 제공한다. 데이타 링크는 또한 지상스테이션 안테나로부터의 방위각과 거리를 결정하는 것으로 비행체의 위치를 측정하기 위해서 요구될 수도 있다. 이러한 정보는 항법과 정확한 비행체 위치의 결정을 지원하는데 사용된다. 만약 전투시 효율성을 확실히 하려고 한다면, 데이타 링크는 일종의 대전파방해와 대기만 능력이 필요하다.

지상 데이타 터미날은 때로는 위성 또는 다른 중계를 통한 MPCS 와 비행체 사이의 가시선 통신을 제공하는 일반적으로 마이크로파 전자 시스템과 안테나이다. 이는 MPCS 셸터와 같이 위치할 수 있고 또는 이로부터 원격에 위치할 수도 있다. 원격 위치인 경우, 이는 일반적으로 하드와이어(흔히 광섬유 케이블)로 MPCS 에 연결된다. 지상터미널은 유도와 페이로드 명령을 송신하고, 비행상태 정보(고도,

속도, 방향 등)와 임무 페이로드의 센서 데이타(비디오 영상, 목표물 거리, 방위각 등)를 수신한다.

대기데이타 터미널은 데이타 링크의 공중 부분이다. 이는 비디오와 비행체 데이타의 송신을 위한 송신기와 안테나, 그리고 지상으로부터의 명령 수신을 위한 수신기를 포함한다.

1.3.6 지상 지원 장비

UAV 시스템은 전자적으로 정교하고 기계적으로 복잡한 시스템이기 때문에 지상 지원장비(Ground Support Equipment, GSE)의 중요성이 날로 증가하고 있다. GSE 는 테스트와 유지장비, 예비 부품과 다른 소모품의 공급, 특정 비행체에 필요한 연료공급과 재급유 장비, 만약 UAV 가 인력으로 이동될 수 없거나 착륙장치로 굴러가도록 되어있지 않다면 비행체를 지상에서 이동하는 취급장비, 그리고 모든 나머지 지원장비에 전력을 제공하는 발전기를 포함한다.

만약 UAS 지상 시스템이 빌딩 내에 위치한 고정된 지상 스테이션이 아닌 지상에서의 이동성을 갖기 위해서는, GSE 는 앞에서 열거된 모든 항목에 대한 운송뿐 아니라 예비 비행체와 생활 및 근무 셸터와 음식, 의류, 그리고 기타 개인장구를 포함한 지상요원을 이루는 인력을 위한 운송까지도 포함한다.

알 수 있는 것과 같이, 완전히 독립된 이동식 UAS 는 많은 지원 장비와 다양한 종류의 트럭이 필요할 수 있다. 이는 3~4 명이 들어 운반할 수 있도록 설계된 비행체에 대해서도 역시 해당할 수 있다.

1.4 The Aquila

Aquila 로 부르는 미국의 UAS 는 전체가 통합된 시스템의 독특한 초기 개발이었다. 이는 론치, 회수 및 전술 운용을 위한 특화된 구성요소를 갖도록 계획되고 설계된 최초 UAV 시스템 중의 하나이다. Aquila 는 앞에서 설명되었던 일반적인 시스템의 구성요소를 모두 포함했던 시스템의 사례이다. 이는 또한 UAS 의 모든 부품이 함께 조합되고, 함께 작동하며, 이로 인해서 시스템의 비용, 복잡성 그리고 지원비용이 총체적으로 상승되는 방법을 필수적으로 고려해야만 하는 이유를 보여주는 훌륭한 사례이기도 하다. 이에 대한 이야기가 여기서 간략이 논의될 것이다. UAS 에 대한 요구조건을 설정하고 이러한 요구조건을 만족하도록 시스템을 설계하고 통합하는데 참여하는 관련자에게는 여전히 중요한 문제점을 보여주기 위해서 Aquila 프로그램 동안 엄청난 비용을 통해서 배웠던 교훈을 이 책의 전반에 걸쳐서 참조할 것이다.

이스라엘군이 Bekka Valley 에서 성공을 거두기 10 년 이상 이전인 1971 년, 미 육군은 실증용 UAV 프로그램에 성공적으로 착수하였고, 최신 기술의 센서와 데이타 링크를 포함하도록 이를 확장시켰다. 센서와 데이타 링크 기술은 탐지, 통신, 그리고 통제 능력에서 새로운 지평을 열었다. 1978 년 이 프로그램은 양산 준비된 시스템을 생산하기 위한 43 개월 계획의 정식 개발로 이어졌다. 이 프로그램은 엄청나게 복잡한 모듈화 통합 통신 및 항법 시스템(Modular Integrated Communication and Navigation System, MICNS) 데이타 링크가 문제를 겪으면서 지연되었기 때문에 52 개월로 연장되었다. 이후,

업계에는 알려지지 않은 이유로 인해서 육군은 프로그램을 완전히 종료하였다. 그리고 이는 (약 1982 년경) 의회에 의해서 다시 재개되었지만, 70 개월 프로그램으로 연장되는 비용을 치루어야 했다. 이후 모든 것은 내리막길로 내려갔다.

그림 1.7 Aquila UAV

1985 년 시스템의 검토를 위해서 구성된 레드팀은 이 시스템이 생산으로 이어지는데 필요한 성숙도를 입증하지 못했을뿐 아니라, 시스템 엔지니어링이 데이타 링크, 제어시스템, 그리고 페이로드 통합의 결함을 적절히 해결하지 못했고, 아마도 어쨌든 이는 작동하지 않을 것이라는 결론에 이르렀다. 정부와 계약자의 추가 2 년간 집중적인 노력이 지난 이후 문제의 많은 부분이 수정되었지만, 그럼에도 불구하고 이는 운용시험(Operational Test, OT) II 동안 당시 필요했던 요구성능 전부를 입증하는데 실패했고, 결국 생산에 돌입하지 못했다.

Aquila 프로그램으로부터 배운 교훈은 운용 요구조건의 설정, UAS 의 설계 또는 통합과 관련된 모두에게 여전히 중요하다. Aquila 의 시스템 수준에 대한 문제는 주로 정찰 및 감시, 그리고 데이타 링크 서브시스템을 이해하고, 이들이 서로 각각, 외부 세계, 그리고 지상 컨트롤러를 비행체 및 이의 서브시스템과 연결하는 제어루프와 같은 기본적인 핵심 과정과 상호작용하는 방식의 영역이었기 때문에, 이 책은 정찰과 감시 페이로드 그리고 특히 데이타 링크를 설명하는 장에서는 이를 참조할 것이다.

1.4.1 Aquila 임무 및 요구조건

Aquila 시스템은 지원되는 지상군에 대한 가시선 밖의 목표물과 전투정보를 실시간으로 획득하기 위해서 설계되었다. 모든 단일 임무 동안 Aquila 는 공중 표적 획득과 위치 추적, 정밀 유도 무기(Precision Guided Munition, PGM)을 위한 레이저 지시, 목표물의 피해 평가, 그리고 전장 정찰(주간 및 야간)을 수행할 수 있었다. 이는 매우 정교한 요구조건이다.

이를 수행하기 위해서 Aquila 포대는 95 명의 병력, 25 대의 5 톤 트럭, 9 대의 소형 트럭, 그리고 다수의 트레일러와 기타 장비가 필요했고, 이를 항공기로 전개하기 위해서는 몇 쏘티의 C-5 가 필요했다. 이와 같은 모든 것을 통해서 13 대의 비행체를 운용하고 제어할 수 있었다. 운용 개념은 론치, 회수, 그리고 정비가 수행되는 중앙 론치 회수반(Central Launch and Recovery Section, CLRS)을 이용하였다. 비행체는 아군 전방 배치선(Forward Line of Own Troop, FLOT)을 향해서 비행하였고, 주로 지상 통제 스테이션으로 구성되고 전투 작전을 수행하는 전방 통제반(Forward Control Section, FCS)에 인계되었다. 궁극적으로는 FLOT 인근에서 운용되는 경우 이동성을 개선하고 목표물의 크기를 감소시키기 위해서 FCS 를 갖는 지상 통제 스테이션은 최소화되고 고기동성 다목적 차륜 차량(High Mobility Multipurpose Wheeled Vehicle, HMMWV)으로 수송될 수 있도록 계획되었다. Aquila 포대는 군단에 소속되었다. 포대가 사단을 지원했기 때문에 CLRS 는 포병사단에 배속되었다. FCS 는 기동여단에 배속되었다.

1.4.2 비행체

Aquila 비행체는 26 마력 2 싸이클 엔진이 후방에 장착된 푸셔 프로펠러 방식의 무미익 플라잉윙 형상이다. 그림 1.8 은 Aquila 비행체를 보여주고 있다. 동체는 약 2m 길이에 날개 스팬은 3.9m 였다. 기체는 케블라-에폭시 복합재료로 제작되었지만, 레이다파가 외피에 침투하고 내부의 정사각형 전기박스에서 반사되는 것을 방지하기 위해서 금속화되었다. 이륙 총중량은 약 265lb 이고, 고도 약 12,000ft, 속도 90~180km/h 로 비행할 수 있었다.

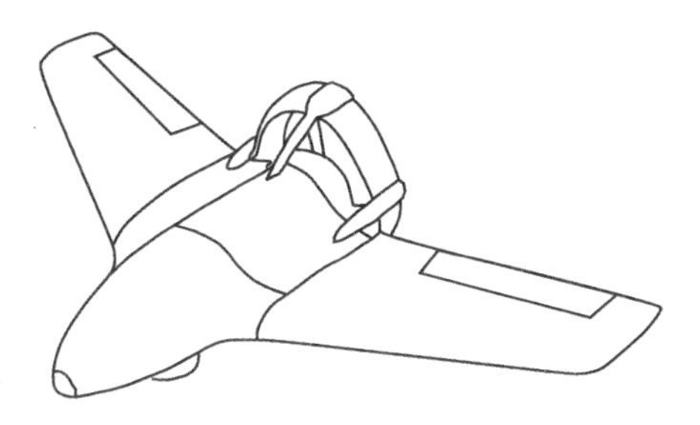

그림 1.8 Aquila 비행체

1.4.3 지상 통제 스테이션

Aquila 지상 통제 스테이션은 세 개의 통제 및 디스플레이 콘솔, 비디오와 원격측정 계기, 컴퓨터와 신호처리 그룹, 내외부 통신장비, 지상 데이타 터미널 제어 장비, 그리고 생존성 보호장비를 가지고 있다.

GCS 는 임무 사령관을 위한 지휘본부였고, 기체 운용자, 페이로드 운용자, 그리고 임무 사령관을 위한 디스플레이와 제어콘솔을 가지고 있었다. GCS 는 30kW 의 발전기로 전력이 공급되었다. 백업 용도로 추가의 30kW 발전기가 제공되었다. 원격 지상 터미널(Remote Ground Terminal, RGT)은 750m 의 광섬유 케이블로 GCS 에 연결되었다. RGT 는 추적용 접시 안테나, 송신기, 수신기, 그리고 기타 전자장비가 모두 트레일러에 탑재되는 단일 유닛으로 구성되었다. RGT 는 비행체로부터 비행상태 정보, 페이로드 센서 데이타, 그리고 비디오의 형태로 다운링크 데이타를 수신하였다. RGT 는 유도명령과 임무 페이로드 명령을 모두 비행체에 전송했다. RGT 는 비행체와 가시선 접촉을 유지해야만 했다. 이는 또한 항법의 목적으로 비행체까지의 거리와 방위각을 측정해야만 했고, 시스템의 전체 정확도는 장착대의 안정성에 따라서 달라졌다.

1.4.4 론치 및 회수

Aquila 론치 시스템은 RGT 와 연결된 초기화 장치를 가지고 있었고, 관성 플랫폼의 초기화를 포함한 론치 과정의 절차를 제어하였다. 캐터펄트는 공기압/유압 시스템으로, 비행체를 적절한 속도로 공중으로 론치하였다.

비행체는 5 톤 트럭에 장착된 네트 장벽으로 회수되었다. 네트는 유압으로 작동하고 접히는 암으로 지지되었고, 또한 비행체를 네트로 자동으로 안내하기 위한 유도장비를 포함하고 있었다.

1.4.5 페이로드

Aquila 페이로드는 목표물을 지시하기 위한 보어사이트 레이저가 장착된 주간 비디오 카메라였다. 일단 목표물에 록온되면 목표물이 이동하거나 정지되어 있거나 거의 놓치지 않았다. 레이저 거리측정기/지시기는 비디오 카메라와 광학적으로 정렬되어 자동적으로 조준되었다. 장면 및 특성 추적 모드는 정확한 위치 및 이동하는 또는 고정된 목표물의 추적을 위한 가시선 안정화와 자동추적을 제공하였다. 적외선 야간 페이로드 또한 Aquila 에 사용을 위해서 개발되고 있었다.

1.4.6 기타 장비

비행체를 취급하는 트럭은 포대 지상지원 장비의 일부였고, 리프팅 크레인을 포함하였다. 리프팅 크레인은 비행체가 과도하게 무거워서가 아니라, 이를 운송하는 박스가 핵 방사를 차단하기 위해서 납을 포함하고 있었기 때문이었다. 뿐만 아니라, 역시 5 톤 트럭에 탑재되는 정비 셸터도 부대 수준 정비에 사용되었고 포대의 일부였다.

1.4.7 요약

Aquila 시스템은 무활주 론처, 네트를 이용한 무활주 자동 회수, 대전파방해 데이타 링크, 그리고 표적 지시기를 갖춘 주간 및 야간 페이로드를 포함해서 완전한 UAV 시스템으로 부를 수 있는 상상 가능한 모든 것을 가지고 있었다. 이를 위해서는 금전적인 비용뿐 아니라 인력, 트럭, 그리고 장비에 대해서도 매우 높은 댓가가 필요했다. 완전한 시스템은 규모가 커지면서 통제하기 힘들어졌고, 이로 인해서 내리막길로 가는데 기여하게 되었다. 핵폭발 및 방사에 대한 상당한 생존성 수준 (셸터와 RGT 마운트의 크기와 중량에 대한 큰 기여 요인)을 포함한 육군에서 Aquila 시스템에 부여한 정교한 운용 및 설계 요구조건을 만족하기 위해서는 이러한 모든 장비가 필요했다. 결국, 시스템의 많은 구성요소를 소형화 및 경량화하고 5 톤 트럭 대신 HMMWV 에 장착할 수 있는 것으로 결정되었지만, 그때까지 전체 시스템은 다음과 같은 좋지 않은 평판을 갖게 되었다.

- 10 년 이상 개발됨
- 매우 고가임
- 상당한 인력과 이동성을 위한 중형 트럭의 대규모 수송, 그리고 집중적인 지원이 필요함
- (데이타 링크, 비행체 서브시스템, 그리고 무활주 회수 시스템의 복잡성으로 인한) 신뢰성 기록이 부족한 것으로 널리 인식됨
- 시스템 개발자가 시스템의 한계를 이해하지 못했기 때문에 비현실적이었음에도 개발 프로그램 동안 구축되도록 허용되었던 일부 운용상 기대를 만족하는데 실패함

운용상의 실망 중에서 가장 큰 것은 Aquila 가 도보로 이동하는 병력은 말할 것도 없이 소규모 그룹의 침입차량에 대한 넓은 지역의 탐색을 수행할 수 없는 것으로 밝혀졌다는 것이다. 이러한 실패는 센서의 시야각과 해상도, 그리고 탐색 능력의 시스템 수준 적용에 대한 부족함의 한계 때문이었다. 이는 또한 부분적으로는 UAV 의 영상 센서를 이용한 사물의 탐색이 제공된 이미지의 탐색과 해석을 위한 기법에 대한 특별한 훈련을 받은 요원을 필요로 한다는 것을 이해하지 못했기 때문이기도 하다. 이러한 문제점의 원인과 지역 탐색에 대한 향상된 시스템 수준 적용을 통해서 이러한 문제를 감소시키는 일부 방법에 대해서는 4 부의 영상 센서와 5 부의 데이타 링크에 대한 논의에서 설명될 것이다.

Aquila 프로그램은 개별적으로는 모든 요구조건을 만족했던 많은 서브시스템과 구성요소를 생산하는데 성공했음에도 불구하고 실패로 종료되었다. 미 육군 레드팀은 프로그램의 정의 및 설계 단계 동안 시스템 엔지니어링의 전반적인 부족이 있었다고 결론내렸다. 이러한 실패는 전술 UAS 를 전 육군 기반으로 배치하려는 미국의 노력을 후퇴시켰지만, 증가하는 이른바 가내수공업 UAV 공급업체로부터 개발되고 제공되는 저가이며 덜 복잡한 비행체를 이용한 일련의 소규모 실험에 대한 기회를 열어준 계기가 되었다.

이러한 비행체는 일반적으로 전형적인 형상의 확대된 모형비행기 또는 축소된 경비행기로, 만약 지상에 기반한다면 활주로에서 이륙하고 착륙하도록 되었고, 레이다 시그니처의 감소에 대한 시도는 없었으며, 만약 있다면 일부 감소된 적외선 또는 음향 시그니처를 가질 수 있었고, 레이다 지시기나 무기의 유도에 능동적으로 참여하는 다른 장치는 거의 갖지 않았다.

이들은 일반적으로 명시적인 대규모 지원 구조를 갖지 않았다. 이들도 Aquila 시스템과 동일한 지원의 대부분을 필요로 했지만, 주로 시스템과 같이 전개되는 계약인력으로부터 문제 발생시에 한해서 지원을 받았다.

Aquila 를 따랐던 UAV 요구조건에서는 Aquila 설계를 극단으로 방향으로 이끌었던 자급에 대한 요구조건의 일부를 완화하는 것으로 완전한 독립형 시스템에 대한 비용을 인정하게 되었다. 특히, 많은 지상기반 UAV 는 현재 손으로 론치하고 부드러운 충돌착륙으로 회수될 수 있을 정도로 소형이거나 활주로상에서 이륙하고 착륙하도록 설계된다. 모든 또는 대부분은 항법을 위해서 위성항법 시스템을 사용한다. 다수는 지상 스테이션을 운용 지역에서 멀리 떨어진 고정된 시설에 배치할 수 있고, 또한

UAS 의 일부로 간주되는 서브시스템으로써의 데이타 링크를 제거할 수 있도록 위성을 통한 데이타 전송을 이용한다.

그러나, Aquila 의 문제점에서 중심이 되었던 제한된 시야각과 영상 센서에 대한 해상도, 다운링크에 대한 데이타율 제한, 그리고 지상에서 공중으로의 제어루프상 레이턴시와 지연 문제는 여전히 존재하며, 지구 주위를 도는 위성 데이타 전송과 제어루프를 사용하는 것으로 악화될 수 있다. UAV 프로그램 관리자, 설계자, 시스템 통합자, 그리고 사용자에게 이와 같은 그리고 다른 유사한 UAV 시스템 설계와 통합에 대한 일반적인 문제점을 소개하는 것이 이 책의 목적 중의 하나이다.

참고문헌

1. Wagner W and Sloan W, *Fireflies and Other UAVs*. Tulsa, Aerofax Inc., 1992.
2. Mazzarra A, *Supporting Arms in the Storm, Naval Proceedings*, V. 117, United States Naval Institute, Annapolis, November 1991, p. 43.

제 2 장 UAV 등급 및 임무

Classes and Missions of UAV

2.1 개요

이번 장에서는 현재 시스템에 큰 영향을 주었던 초기 설계를 포함한 무인기 시스템의 대표적인 사례를 설명할 것이다. UAS 의 크기와 종류의 범위는 손바닥에 내려 앉을 수 있을 정도로 작은 비행체(Air Vehicle, AV)로부터 공기보다 가벼운 대형인 기체까지 포함한다. 이번 장에서는 이 책의 나머지와 마찬가지로 모형 비행기에서부터 중급 크기 항공기까지 범위의 UAV 에 집중할 것이다.

초기 개발 UAS 의 대부분은 정부와 군사 요구조건에 의해서 추진되었고, 이러한 프로그램을 관리했던 관료들은 비행체의 능력에 대한 다양한 종류의 UAS 를 설명하는 표준 용어를 정립하기 위해서 계속되는 노력을 해왔다. 표준 용어가 지속적으로 진화하고 종종 갑자기 달라지기도 하는 반면, 이 중의 일부는 UAV 커뮤니티에서 일반적으로 사용되고 있으며 이에 대해서 간단히 설명한다.

마지막으로 이번 장에서는 또한 UAV 가 사용되었던 또는 고려되고 있는 응용 분야에 대한 요약을 시도할 것이고, 이는 이 책의 주요 주제인 설계 트레이드오프를 추진하는 시스템 요구조건에 대한 배경을 제공할 것이다.

2.2 UAV 시스템 사례

전 세계적으로 설계, 시험, 그리고 배치가 이루어졌던 또는 진행 중인 여러가지 종류의 UAV 에 대한 광범위한 검토를 제공하려고 한다. 이러한 검토의 목적은 UAV 세계에 입문하는 독자를 위해서 1980 년대 시작되었던 UAV 에 대한 관심의 재개 이후 수십 년에 걸쳐 등장했던 다양한 종류의 시스템에 대해서 소개하는 것이다.

UAV 에 대해서 알아볼 수 있는 다양한 안내 자료가 존재하며 상당한 양의 정보가 인터넷에 올라가 있다. 여기서는 현재 UAV 에 대한 정량적인 특성에 대한 출처로 *The Concise Global Industry Guide*[1]를 이용하고, 그리고 더 이상 생산되지 않는 시스템에 대한 정보는 다양한 공개자료와 자체적으로 보유하고 있는 화일을 이용할 것이다.

일반적인 구성 원칙으로 여기서는 가장 작은 UAV 에서 시작해서 비지니스 제트기 크기와 유사한 종류로 진행할 것이다. 1980 년대 UAV 에 대한 초기 노력은 2~3m(6.6~9.8ft)의 전형적인 크기를 갖는 AV 에 집중되었다. 비록 이후에는 가능해졌지만, 이는 부분적으로는 당시 소형화에 대한 기술이 최신 상태에 이르지 못했던 센서와 전자장비를 운반할 필요가 있었기 때문이다. 보다 최근에는 UAV 크기의 범위를 가장 작은 것으로는 곤충 크기의 장치로부터 반대편 가장 큰 것으로는 중형 여객기 크기까지 확대하는데 관심이 증가하고 있다.

보다 작은 UAV 를 추구하는 동기의 일부는 이를 인력으로 운반할 수 있도록 만들어서 병사 또는 국경수비대가 모형비행기 크기의 UAV 를 운반, 론치 및 조종해서 전방에 위치한 언덕 너머나 빌딩 뒷편에 대한 감시가 가능하도록 하려는 것이다. 작은 새 또는 곤충 정도의 크기까지로 만드는 추가적인 소형화는 UAV 가 건물 내부를 비행하거나 창틀이나 지붕 물받이에 내려앉아서 건물 내부 또는 좁은 거리를 감시할 수 있도록 하려는 목적이다.

소형 UAV 의 영역은 유인 비행체와는 경쟁이 되지 않는 부분이다. 이는 손바닥에서 이륙과 착륙을 할 수 있고, 인간의 크기로는 접근할 수 없는 위치까지 도달할 수 있는 비행체를 통해서 세상을 볼 수 있도록 하기위해서 센서 및 전자장비의 초소형화로 인한 장점을 이용하는 기체에 특화된 것이다.

보다 대형인 UAV 에 대한 동기는 기지로부터 먼 거리를 비행하고 이후 뭔가를 탐색하거나 또는 일부 지역에 대한 감시를 유지할 수 있도록 대형 센서 배열을 이용해서 해당 영역에서 장시간 로이터할 수 있는 능력과 함께 고고도에서 긴 체공시간을 부여하려는 것이다. 군사용 적용의 경우 대형 UAV 는 또한 큰 무기 페이로드를 장거리로 운반하고, 이를 목표 지역으로 전달할 수 있는 능력이 점점 더 증가하고 있다.

대규모 항공 운송, 폭격, 그리고 무인 시스템을 이용한 승객 운송까지도 포함하는 임무를 수행하는 것에 대한 논의가 증가하고 있다. 이러한 논의에 대한 결과가 어떤 것일지라도 궁극적으로는 모든 크기의 무인 시스템이 존재할 수 있을 것이다.

다음 섹션에서는 어떤 의미에서도 표준화된 것은 아니지만 이번 논의에 대한 편의를 위해서 직관적인 크기 분류를 이용할 것이다.

2.2.1 초소형 UAV

이번 논의의 목적으로 초소형 UAV 는 큰 곤충과 비슷한 정도의 마이크로 크기에서부터 30~50cm(12~20in) 수준의 크기를 갖는 비행체까지의 범위를 의미한다. 두 가지 주요 소형 UAV 종류가 있다. 한 가지 종류는 플래핑 날개를 이용해서 곤충 또는 새처럼 비행하는 것이고, 다른 하나는 일반적으로 마이크로 크기에 대해서는 회전익을 사용하는 다소 전형적인 항공기 형상을 사용하는 것이다. 플래핑 날개 또는 회전날개에 대한 선택은 주로 호버링에 필요한 에너지를 사용해야만 할 필요가 없이 계속해서 좁은 표면에 착륙 또는 걸터앉을 수 있는 요구조건의 영향을 받는다. 플래핑 날개의 또 다른 장점은 은밀성으로, 이러한 UAV 는 새 또는 곤충과 상당히 비슷하게 보이고 또한 자신이 실제로는 센서 플랫폼이라는 사실을 드러내지 않은채 평면상에서 감시의 대상이 되는 물체에 상당히 근접해서 비행 또는 자리를 잡을 수 있기 때문이다.

이러한 종류 중에서 가장 작은 것과 플래핑 날개의 경우 소형 UAV 가 비행할 수 있도록 하는 공기역학과 관련된 많은 특별한 문제가 있다. 그러나, 기본적인 공기역학 원리와 방정식은 모든 경우에 그대로 적용되기 때문에 초소형 크기 또는 플래핑 날개와 관련된 특별한 조건으로 넘어가기 전에 이를 먼저 이해하는 것이 필요하다. 이 책의 2 부에서는 기본적인 공기역학과 소형 및 플래핑 날개에 대한 문제점과 관련된 일부 논의를 소개할 것이다.

초소형 UAV 의 사례로는 단일 트랙터형 프로펠러가 장착된 타원형 플라잉윙인 이스라엘 IAI 사의 Malat Mosquito, 조종을 위한 추력 벡터링을 제공하기 위해서 기울어질 수 있는 두 개의 트랙터형 엔진/프로펠러 조합을 사용하는 직사각형 플라잉윙 형태인 미국 Aurora Flight Sciences 사의 Skate, 그리고 정사각형 형태로 배열된 네 개의 덕티드팬을 갖는 호주 Cyber Technology 사의 CyberQuad Mini 가 포함된다.

Mosquito 의 날개/동체는 길이 35cm(14.8in)에 전체 스팬은 35cm(14.8in)이다. 이는 배터리로 작동하는 전기모터를 이용하고, 40 분의 체공시간을 가지며, 약 1.2km(0.75mi)의 작전반경을 갖는다. 이는 수동으로 또는 번지로 론치되며 회수를 위해서 낙하산을 전개할 수 있다.

Skate 의 동체/날개는 약 60cm(24in)의 날개 스팬과 33cm(13in)의 길이를 갖는다. 이는 운반과 보관을 용이하게 하기 위해서 중심선을 따라서 반으로 접을 수 있다. 두 개의 전기모터가 위 또는 아래로 기울어질 수 있는 앞전에 장착되어 수직 이륙 및 착륙(VTOL), 그리고 효율적인 수평비행으로의 전환이 가능하다. 조종면은 없으며 모든 조종은 모터/프로펠러 조합의 경사와 두 개 프로펠러의 속도를 조절하는 것으로 이루어진다. 이는 약 1.1kg(2lb)의 총 이륙중량을 가지며 227g(8oz)의 페이로드를 운반할 수 있다.

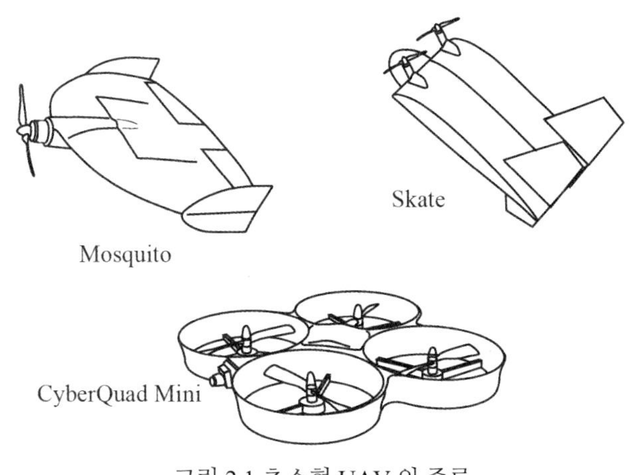

그림 2.1 초소형 UAV 의 종류

CyberQuad Mini 는 각 팬의 직경이 20cm(7.8in)보다 다소 작은 네 개의 덕티드팬을 가지고 있으며, 팬 셔라우드를 포함한 전체 바깥쪽 치수가 약 42×42cm(16.5×16.5in)가 되도록 장착되어 있다. 동체의 정사각형 중심에 위치하는 페이로드와 배터리를 포함한 전체 높이는 20cm(7.8in)이다. 이 AV 는 현재 미국의 Brookstone 으로 알려진 고급 상점 체인에서 약 300 달러에 판매되는 Parrot AR Drone 이라고 부르는 비행 장난감과 유사하다. CyberQuad Mini 는 저조도 수준 전자 카메라 또는 열영상 카메라와 완전한 자율적인 경로지점 항법을 지원하는 조종시스템을 포함한다. 이 UAV 에 장착된 두 개의 온보드 카메라는 하나의 전방, 다른 하나는 하방을 향하고, 태블릿 컴퓨터 또는 스마트폰과 같은 소형 디지탈 장치로부터 비디오 게임과 상당히 유사하게 조종된다.

이러한 UAV 의 종류가 그림 2.1 에 나와 있다.

2.2.2 소형 UAV

소형 UAV 라고 부르는 종류는 적어도 한 치수는 50cm(19.7in)를 넘어서 1~2 미터까지 증가할 수 있다. 이러한 많은 UAV 는 고정익 모형항공기의 형상을 가지며 장난감 글라이더를 날리는 것과 비슷하게 운용자가 손으로 공중에 던지는 방식으로 수동으로 론치된다.

소형 UAV 의 사례로는 미국 AeroVironment 사의 Raven 과 터키 Baykar Makina 사의 Bayraktar Mini 가 있는데 모두 전형적인 고정익 기체이다. 이러한 크기 그룹에는 또한 많은 수의 회전익 UAV 도 존재하지만, 이들은 기본적으로 다음 장에서 논의될 중형 회전익 시스템의 축소 버전으로 이 그룹에서는 사례로 다루지 않을 것이다.

RQ-11 Raven 은 모형비행기 크기 범위인 UAV 의 사례이다. 이는 1.4m(4.6ft)의 날개 스팬을 가지며 길이는 약 1m(3.3ft) 정도이다. 중량은 2kg(4.4lb)보다 약간 작으며, 장난감 글라이더를 날리는 것과 매우 유사한 방법으로 운용자가 이를 공중으로 던지는 것으로 론치되어 비행에 들어간다. 이는 전기추진을 사용하며 거의 한 시간 반 정도 비행할 수 있다. Raven 과 이의 조종 스테이션은 운용자가 등에 메고 운반할 수 있으며, 정찰을 위한 가시, 근거리 적외선(Near-Infrared, NIR), 그리고 열영상 시스템뿐 아니라 지상요원에게 목표지점을 지시하기 위한 레이저 조사기도 갖는다. 이는 레이저 유도무기를 위한 레이저가 아닌 영상강화 야시장비를 사용하는 사람들에게 물체를 지시하기 위해서 NIR 에서 작동하는 레이저 포인터에 더 가깝다는 것에 주의해야 한다.

그림 2.2 AeroVironment RQ-11 Raven

가장 최근 모델인 RQ-11B Raven 은 2005 년 시작되었던 경쟁에서 미 육군의 소형 UAV(Small UAV, SUAV) 프로그램에 추가되었다. AeroVironment 사에서 제작한 Raven B 는 향상된 센서, 가벼운 지상 제어 시스템, 그리고 온보드 레이저 조사기의 추가를 포함해서 초기 Raven A 로부터 많은 개선이 이루어졌다. 전장 통신 네트워크와의 상호운용성과 마찬가지로 체공시간도 향상되었다.

Bayraktar Mini UAV 는 터키 업체인 Baykar Makina 사에 의해서 개발되었다. 이는 전형적인 형상을 갖는 전기동력 AV 로, 길이는 1.2m(3.86ft)에 날개 스팬은 2m(5.22ft)로 Raven 에 비해서 다소 대형이며, 중량은 이륙시 5kg(10.5lb)이다. 이는 대역 확산과 함께 상당히 바람직하지만 상용품 UAV 로는 특이한 특성인 암호화된 데이타 링크를 갖는 것으로 홍보되었다. 데이타 링크는 20km(12.4mi)의 거리를 가지며, 이 책의 5 부인 데이타 링크에서 상세히 논의될 내용인 지역적 지형과 지상 안테나의 위치에 따라서 달라질 수 있지만 이는 해당 거리 이내로 운용이 제한될 것이다.

그림 2.3 Bayraktar Mini UAV

Bayraktar Mini 는 짐벌을 갖는 주간 또는 야간 카메라를 가지고 있다. 이는 GPS 또는 다른 라디오 항법시스템을 통한 경로지점 항법을 제공한다.

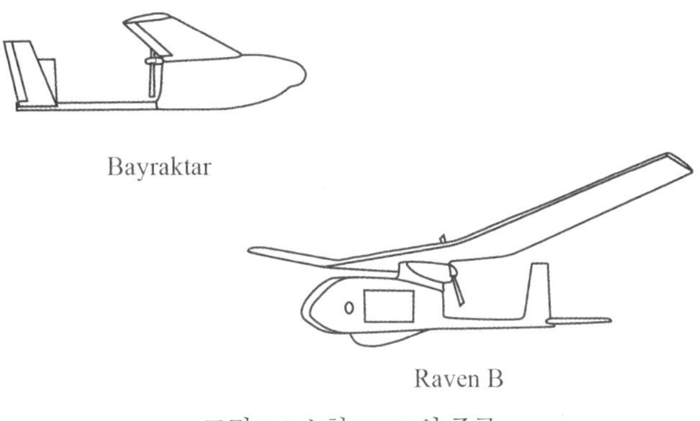

그림 2.4 소형 UAV 의 종류

약간 더 큰 크기와 중량에도 불구하고 이는 Raven 과 상당히 비슷한 방법으로 론치된다. 이는 스키드 착륙 또는 내부 낙하산을 이용해서 회수될 수 있다. Bayraktar Mini 는 소규모 육군 부대에 배치되었고, 2006 년경 배치된 이후 터키 육군에서 상당히 많이 사용되었다. 이러한 소형 UAV 의 사례가 그림 2.4 에 나와 있다.

2.2.3 중형 UAV

한 사람이 운반할 수 없을 정도로 크지만 경항공기 보다는 여전히 작은 UAV 를 중형이라고 부를 것이다. 이러한 모든 비공식적인 크기 표현과 마찬가지로 이와 같은 정의에 대한 엄격함을 주장하지는 않을 것이다. UAV 의 표준화 및 일반적 분류에 대한 몇 가지 시도에 대해서는 이번 장의 후반부에서 설명된다.

현재와 같은 관심의 부활을 촉발시킨 Pioneer 와 Skyeye 같은 UAV 가 중형 등급에 해당한다. 이들은 5~10m(16~32ft) 정도 크기의 전형적인 날개 스팬을 가지며, 100~200kg(220~440lb) 이상의 페이로드를 운반한다. 상당히 많은 수의 UAV 가 이러한 크기 등급에 해당한다. 중형 크기의 고정익 UAV 에 대한 보다 최근의 사례로는 이스라엘-미국의 Hunter 그리고 영국의 Watchkeeper 가 있다.

이 크기 등급에는 많은 수의 회전익 UAV 또한 포함된다. 로터 직경이 2m(6.4ft) 정도인 일련의 전형적인 헬리콥터가 영국의 Advanced UAV Technologies 사에서 개발되었다. CyberQuad Mini 와 상당히 유사한 형상이지만 단위는 cm 가 아닌 m 로 측정되는 수준의 치수를 갖는 다수의 덕티드팬 시스템도 있다.

마지막으로, 틸트윙 기술을 사용하는 것으로 유명한 중형 크기의 VTOL 시스템인 미국 Boeing 사의 Eagle Eye 에 대해서 언급한다.

그림 2.5 RQ-2 Pioneer

RQ-2 Pioneer 는 유인 경항공기보다는 작지만 일반적으로 모형비행기라고 생각하는 것보다는 큰 AV 의 사례이다. 이는 오랜 기간 동안 미국의 전술 UAV 로 매우 널리 사용되어 왔다. 본래 이스라엘에서 설계되어 미국의 AAI 에서 제작되었고, 1985 년 미 해군에서 구매하였다. Pioneer 는 지상 사령관을 위해서 실시간 정찰과 정보를 제공하였다. 포격과 함포사격 조정, 그리고 피해 평가를 위한 고품질 주간 및 야간 영상이 주요 운용상 임무였다. 중량 205kg(452lb)에 날개 스팬 5.2m(17ft)인 AV 는 전형적인 항공기 형상을 가지고 있다. 이는 200km/h 의 속도로 순항하며 220kg(485lb)의 페이로드를 운반했다. 최대 고도는 15,000ft(4.6km)였다. 체공시간은 5.5 시간이었다. 지상 통제 스테이션은 고기동 다목적 차륜 차량(High Mobility Multipurpose Wheeled Vehicle, HMMWV)이나 트럭의 셸터에 제공되었다. 유리섬유 복합재인 비행체에는 26hp 엔진이 장착되었고 선상 운용이 가능했다. 이는 피스톤 그리고 로터리 엔진의 옵션을 가지고 있었다.

Pioneer 는 공기압 또는 로켓 론처, 또는 포장된 활주로에서 휠을 이용하는 전형적인 이륙으로 론치될 수 있었다. 회수는 어레스팅 후크 또는 네트와 함께 휠을 이용한 전형적인 착륙으로 수행되었다. 선상 회수는 네트 시스템을 이용하였다.

BAE Systems 사의 Skyeye R4E UAV 시스템은 1980 년대에 배치되었고 Pioneer 와 대략적으로 동시대 기종으로 일부 공통된 특성을 가지고 있지만, 비행체의 크기면에서 훨씬 대형이기 때문에 전반적인 능력이 확장될 수 있었다. 이는 Pioneer 와 유사한 론처를 사용하지만 네트 회수 능력은 갖지 않는다. 이는 원칙적으로 Pioneer 와 유사한 지상 통제 스테이션을 이용한다. 이는 이집트와 모로코에서 여전히 운용중에 있다.

그림 2.6 BAE Skyeye

Skyeye 비행체는 경량 복합재료로 제작되었고, 모듈화 구조로 인해서 지상 운송을 위한 조립과 분해가 용이했다. 이는 7.32m(24ft)의 날개 스팬과 4.1m(13.4ft)의 길이를 가졌다. 이는 높은 신뢰성과 낮은 진동을 제공하는 52hp 로터리 엔진(Teledyne Continental Motors)으로 추진되었다. 최대 론치 중량은 570kg(1,257lb)이고, 8~10 시간 정도 비행할 수 있으며, 고도는 4,600m(14,803ft)까지 상승할 수 있다. 최대 페이로드 중량은 약 80kg(176lb)이다.

실제로 배치되었을 당시 Skyeye 의 가장 독특한 특성은 아마도 다양한 방법으로 회수할 수 있다는 것이었다. Skyeye 에는 큰 레이다 반사파를 발생하거나 또는 페이로드의 시야를 가로막는 랜딩기어가 없다. 노즈 랜딩기어는 주로 직접 전방을 바라보는 페이로드 카메라의 시야를 방해해서 카메라의 렌즈를 통한 시야에 기반한 착륙을 배제시키기 때문에 이를 제거하는 것이 특히 중요하다. 그러나 Skyeye 는 페이로드 후방에 위치한 접이식 스키드를 이용해서 비포장 표면에도 착륙할 수 있다. 이를 위해서는 최종 접근 동안 비행체를 외부에서 관찰하는 것으로 착륙을 제어할 필요가 있다. 이는 야간 운용시 특히 위험하다.

착륙 활주거리 또는 보다 정확하게는 스키드 아웃은 약 100m(332ft) 정도이다. BAE Skyeye 는 또한 대안의 회수 시스템으로써 패러포일 또는 낙하산을 장착할 수 있다. 패러포일은 회수 영역에서 전개되어 비행체가 훨씬 느리게 착륙할 수 있도록 하는 근본적으로 부드러운 날개의 형태이다. 패러포일 회수는 선박이나 바지선과 같이 이동하는 플랫폼에 착륙하는 경우에 효과적일 수 있다. 낙하산은 대안의 착륙 수단 또는 긴급 장치로써 사용될 수 있다. 그러나 낙하산을 사용하면 바람으로 인한 예측불가 상황에 맡겨지기 때문에 이는 주로 긴급 회수를 위한 용도로 사용된다. 이러한 모든 회수에 대한 접근방법이 현재 다양한 고정익 UAV 에 제공되고 있지만, 한 시스템에서 모든 방법을 옵션으로 갖는 경우는 여전히 흔하지 않다.

RQ-5A Hunter 는 미 육군을 위한 표준 단거리 UAS 로, 종료된 Aquila 시스템을 대체하기 위한 첫 UAS 였다. Hunter 는 회수 네트 또는 론처가 필요하지 않았기 때문에 전반적으로 최소로 전개되는 형상을 상당히 단순화했고 Skyeye 에서 필요했던 론처의 필요성도 제거했다. 적정한 조건하에서 이는 도로 또는 활주로에서 이륙과 착륙을 할 수 있다. 이는 비상상황을 위한 낙하산 회수와 함께 착륙시 어레스팅 케이블 시스템을 이용한다. Hunter 는 네트 회수시 손상 또는 파손될 수 있고 또한 이를 잡아주기 위한 네트에도 손상을 줄 수 있는 트랙터형 프로펠러를 가지고 있기때문에 네트 회수는 가능하지 않다. 이는 또한 적절한 도로 또는 활주로를 사용할 수 없는 상황에서도 론치할 수 있도록 로켓 보조 이륙 옵션을 가지고 있다.

그림 2.7 RQ-5A Hunter UAV

Hunter 는 경량 복합재료로 제작되었기 때문에 용이한 수리가 가능하다. 이는 10.2m(32.8ft)의 날개 스팬과 6.9m(22.5ft)의 길이를 가지고 있다. 이는 연료분사와 개별 컴퓨터 제어를 이용하는 두 개의 4 싸이클, 2 실린더(V-형식), 수냉식 Moroguzzi 엔진으로 추진된다. 두 개의 엔진은 트랙터형식과 푸셔형식이 직렬로 장착되어, 한 엔진만 작동시에도 비대칭 조종의 문제가 없이 비행체에 쌍발 엔진의 신뢰성을 제공한다. 비행체의 중량은 이륙시(최대) 약 885kg(1,951lb)이며, 약 12 시간의 체공시간을 가지며 순항속도는 120kts 이다.

그림 2.8 Hermes Watchkeeper

Hermes 450/Watchkeeper 는 전천후, 정보, 감시, 목표물 획득, 그리고 정찰용 UAV 이다. 이의 크기는 Hunter 와 유사하다. Watchkeeper 는 프랑스 업체인 Thales 와 이스라엘 업체인 Elbit System 의 조인트 벤처에 의해서 영국에서 제작되었다. 이의 중량은 150kg(331lb)의 페이로드 용량을 포함해서 450kg(992lb)이다.

Hermes Watchkeeper 는 2011 년 후반 영국군이 아프가니스탄에서 운용을 시작하는 것으로 예정되어 있었다.

AT10, AT20, AT100, AT200, AT300, 그리고 AT1000 으로 부르는 일련의 회전익 UAV 가 영국 업체인 Advanced UAV Technology 사에 의해서 개발되었다. 이는 모두 단일 메인로터와 요 안정성 및 조종을 위한 테일로터가 장착된 테일붐을 갖는 전형적인 형상의 헬리콥터이다. 로터의 직경은, AT10 의 경우 1.7m(5.5ft)에서부터 AT1000 에서는 2.3m(7.4ft)까지 길이가 증가한다. 속도와 상승한도는 시리즈의 뒤로 갈수록 증가되며, 페이로드 능력과 페이로드 옵션도 역시 마찬가지이다. 모두 수직 이륙으로 론치하도록 만들어졌으며, 모두 이동하는 차량에 자율 착륙할 수 있는 능력을 가진 것으로 알려져 있다.

Northrop Grumman 사의 MQ-8B Fire Scout 는 전형적인 형상을 갖는 VTOL UAV 의 사례이다. 이는 일반적인 경헬리콥터와 유사한 외형을 갖는다. 이의 길이는 (전체 길이가 추가되지 않도록 하기 위해서 블레이드가 접힌 상태에서) 9.2m(30ft)이고, 높이는 2.9m(9.5ft), 그리고 로터 직경은 8.4m(27.5ft)이다. 이는 420shp 의 터빈 엔진으로 추진된다. Fire Scout 는 두 명의 승무원과 두 명의 승객이 탑승하는 OH-58 Kiowa 정찰 헬리콥터와 대략 유사한 크기이다. 270kg(595lb)의 최대 페이로드를 갖는 Fire Scout 와 비교해서 Kiowa 는 약 630kg(1,389lb)의 최대 페이로드를 갖지만, 만약 승무원 및 승무원과 관련된 다른 항목의 중량을 제외한다면 Fire Scout 의 총 페이로드 능력은 유인 헬리콥터와 유사한 수준이다.

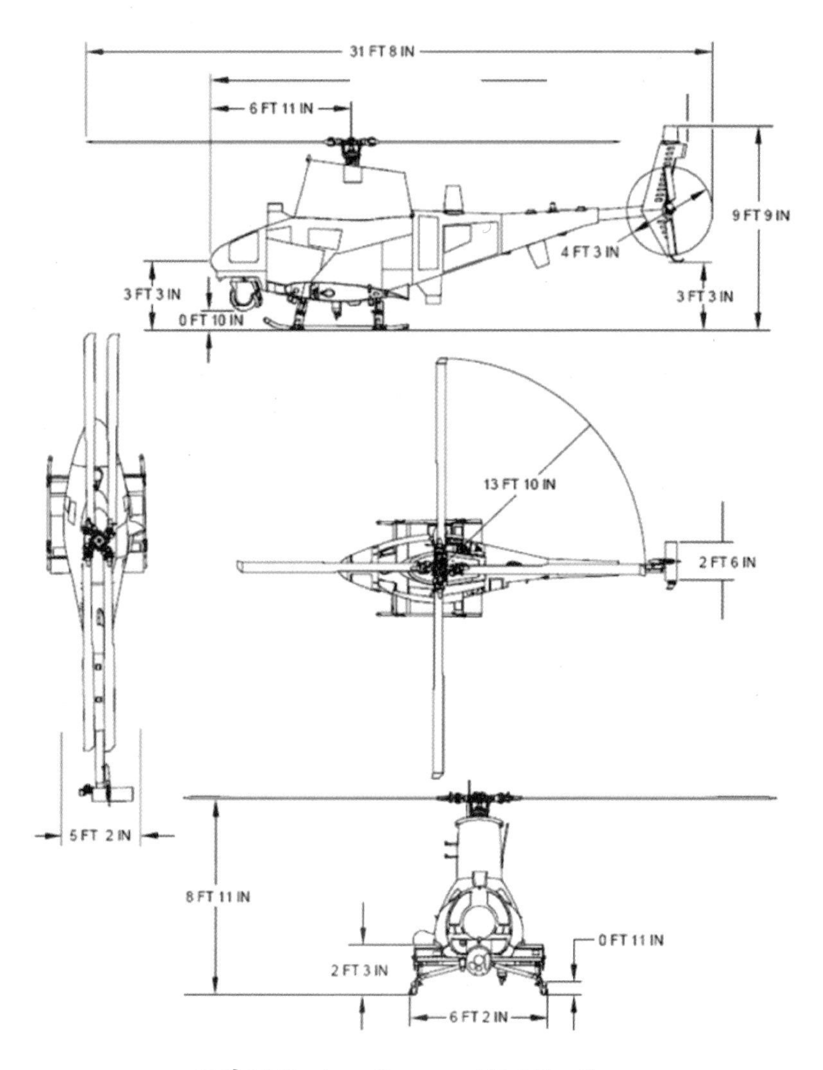

그림 2.9 Northrop Grumman MQ-8 Fire Scout

Fire Scout 는 유사한 크기의 유인 헬리콥터가 수행하는 임무과 비슷한 다양한 임무에 대해서 미 육군과 해군에서 테스트가 진행 중이다. 틸트로터인 Bell 사의 Eagle Eye 는 1990 년대에 개발되었다. 이는 프로펠러가 날개의 앞전에 위치해서, 이륙과 착륙을 위해서는 위를 향할 수 있고 수평비행을 위해서는 전방으로 회전할 수 있는 틸트윙 기술을 이용한다. 이로 인해서 틸트윙 항공기가 순항을 위해서 로터에서 발생하는 양력보다 더 효율적인 날개에서 발생하는 양력을 이용할 수 있지만, VTOL 능력을 위해서는 여전히 헬리콥터와 유사한 운용이 가능하다.

Eagle Eye 는 길이가 5.2m(16.7ft)이고 중량은 약 1,300kg(2,626lb)이다. 이는 약 345km/h(186kts)의 속도까지 비행할 수 있고 고도는 6,000m(19,308ft)까지 상승할 수 있다.

여러가지 중형 UAV 의 종류 중 일부가 다음 그림 2.10 에 나와 있다.

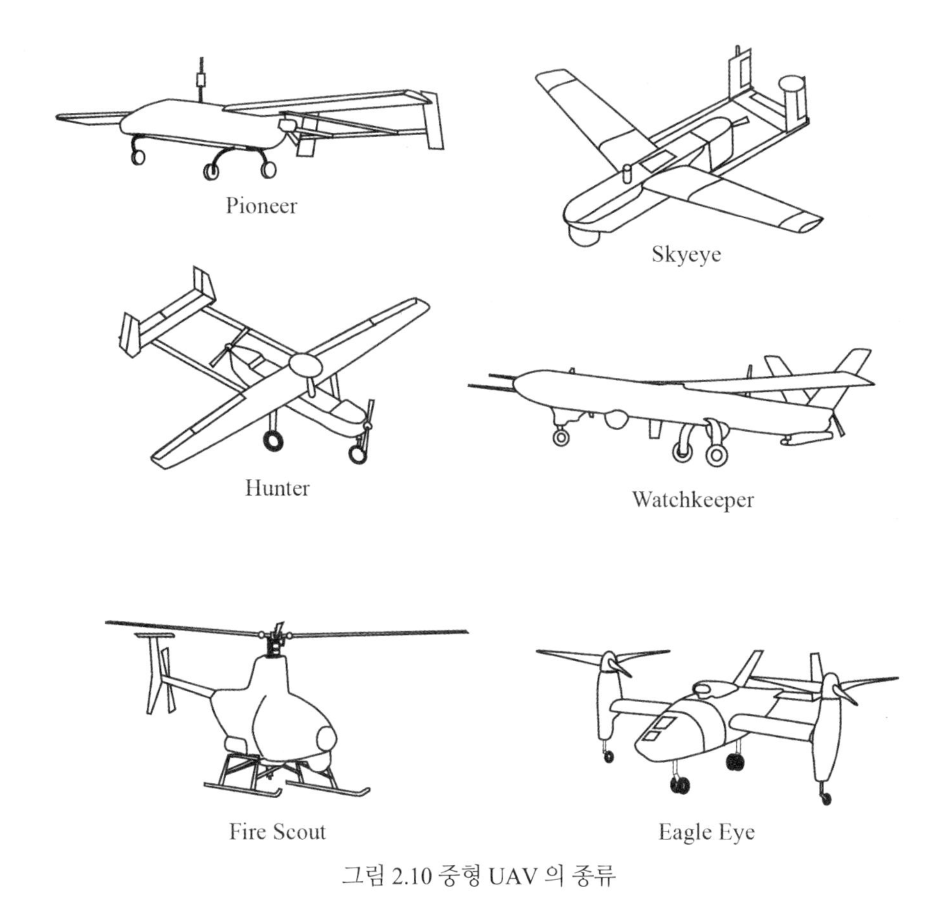

그림 2.10 중형 UAV 의 종류

2.2.4 대형 UAV

현재 설명되는 비공식적인 크기별 분류는 세부적으로 구분되지 않으며, 여기서는 전형적인 소형 유인 항공기보다 큰 모든 UAV 를 대형으로 부를 것이다.

이는 특히 기지로부터 먼 거리를 비행하고 감시기능을 수행하기 위해서 장시간 로이터할 수 있는 UAV 그룹이다. 이는 또한 상당한 양의 무기를 운반할 수 있을 정도로 충분히 대형이다. 이러한 시스템의 하한 범위에는, 상당한 항속거리와 체공시간을 갖지만, 현재 사용되는 중량의 미사일을 단 두 개만 운반할 수 있는 미국 General Atomics 사의 Predator A 가 포함된다. 두 개의 미사일에 대한 제한은 장착된 두 미사일을 모두 발사하고 나면 UAV 는 무기를 운반할 능력을 상실했거나 또는 재무장을 위해서 기지로 귀환해야만 한다는 것을 의미하기 때문에 심각한 것이다. 이러한 이유로 인해서, Predator 와 유사한 임무를 위해서 설계된 Predator B 모델을 포함한 2 세대 UAV 는 보다 대형이며, 단일 비행에서 더 많은 무기를 운반할 수 있는 것으로 보인다.

Cassidian 사의 Harfang 은 Predator A 와 상당히 유사한 시스템의 사례이며, 역시 Cassisian 사에서 만든 Talarion 은 Predator A 에 대한 떠오르는 후계자의 사례이다.

이와 같은 크기 그룹의 가장 상단에는 세계 어디든 자체적으로 비행할 수 있는 능력을 갖는 매우 긴 항속거리와 체공시간을 위해서 설계된 훨씬 대형인 UAV 의 사례로 미국 Northrop Grumman 사의 Global Hawk 가 있다.

일반에게 공개되는 정보가 매우 한정되는 많은 특별한 군사 및 정보 시스템이 존재한다. 이에 대한 사례로는 미국 Lockheed Martin 사의 Sentinel 이 있다. 이 시스템에 대한 신뢰할만한 정보는 거의 또는 전혀 없으며, 이에 대한 어떤 정보가 있는지에 대해서는 독자가 인터넷을 통해서 살펴보도록 남겨둔다.

MQ-1 Predator A 는 개인용 단발 경항공기보다 크고, 고해상도 비디오, 적외선 영상, 그리고 합성 개구 레이다(Synthetic Aperture Radar, SAR)를 이용해서 중고도에서 실시간 감시를 제공한다. 날개 스팬은 17m(55ft), 길이는 8m(26ft)이다. 이는 소형 UAV 와 비교해서 훨씬 더 높은 상승한도(7,620m 또는 24,521ft)와 긴 체공시간(40hr)을 갖는다. GPS 와 관성 시스템으로 항법을 제공받으며, 위성을 통해서 제어된다. 속도는 220km/h(119kts)이고 비행체는 기지로부터 925km(575mi) 거리에 걸쳐 24 시간 동안 임무 대기를 유지할 수 있다. 이는 200kg(441lb)의 내부 페이로드와 136kg(300lb)의 외부 (날개 아래에 장착되는) 페이로드를 운반할 수 있다.

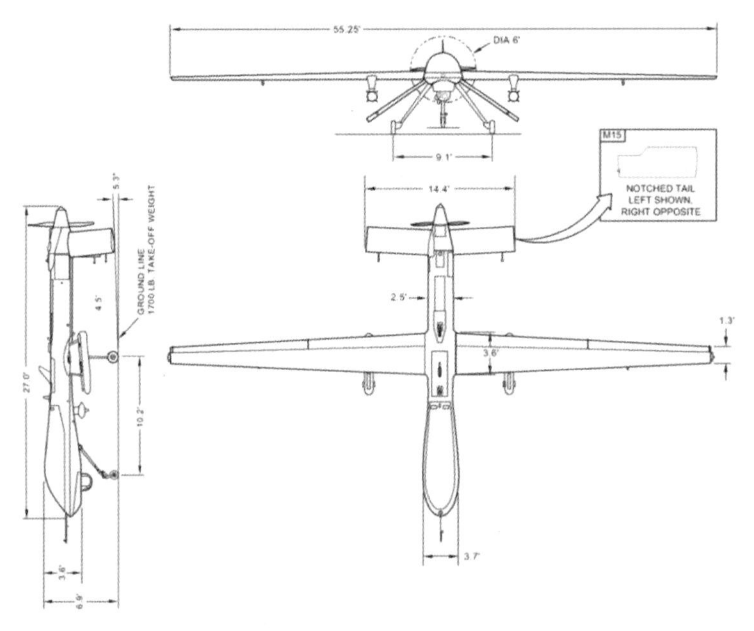

그림 2.11 General Atomics MQ-1 Predator

Harfang UAV 는 프랑스 업체인 EADS 산하 Cassidian 사에서 제작되었다. 이는 Predator 와 대략 동일한 크기이고, 유사한 임무를 위해서 설계되었다. 형상은 달라서 이중 테일붐 구조를 적용하고 있다. 다양한 가능한 페이로드를 사용할 수 있다. 발표된 성능은 Predator 와 유사하지만, 보다 짧은 24 시간의 체공시간을 갖는다. 이는 활주로에서 휠을 사용하는 전형적인 방법으로 이륙하고 착륙한다. 제어는 위성을 통해서 이루어질 수 있다.

Talarion 은 Cassidian 사에서 개발 중인 Predator/Harfang 등급 UAV 의 2 세대 후계 기종이다. 이는 두 개의 터보제트 엔진을 이용하며, 800kg(1,764lb)까지의 내부 페이로드와 1,000kg(2,205lb)의 외부 페이로드를 운반할 수 있으며, 고도는 15,000m(49,215ft) 이상에 속도는 약 550km/h(297kts)이다.

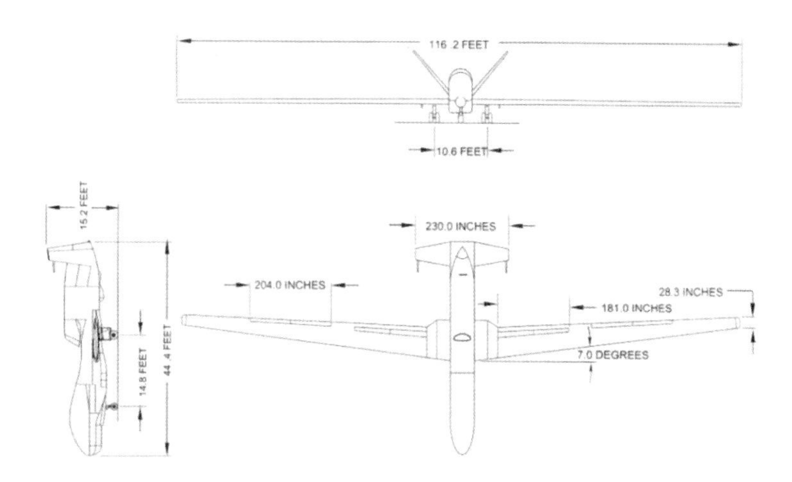

그림 2.12 Northrop Grumman RQ-4 Global Hawk

RQ-4 Global Hawk 는 Northrop Grumman Aerospace Systems 사에서 제작되었다. 이는 고고도에서 비행하며, 정찰용도를 위해서 레이다, 전자광학 그리고 적외선 센서를 이용한다. 이는 터보팬 엔진을 사용하며 레이다 시그니처를 감소시키는 형상을 갖는 것으로 보이지만 스텔스 항공기는 아니다. 길이는 14.5m(47ft)에 날개 스팬은 40m(129ft)이고, 이륙시 최대 중량은 14,628kg(32,250lb)이다. 이는 575km/h(310kts)로 로이터할 수 있고, 32 시간의 체공시간을 갖는다. 이는 잠재적인 모든 종류의 페이로드를 탑재할 수 있으며, 통상적으로 위성 링크를 통해서 제어되는 것으로 보인다.

그림 2.13 Lockheed Martin RQ-170 Sentinel

RQ-170 Sentinel 은 Lockheed Martin 사에 의해서 제작된 스텔스 기체로 알려졌다. 공식적으로 존재하는 데이타는 없지만, 최근 보도된 사진에 따르면 이는 B-2 폭격기와 상당히 유사하고 중대형 크기 등급의 플라잉윙 형상에 날개 스팬은 약 12~13m(38~42ft) 정도인 것으로 보인다. 이와 같은 대형 UAV 의 일부 사례가 다음 그림 2.14 에 나와 있다.

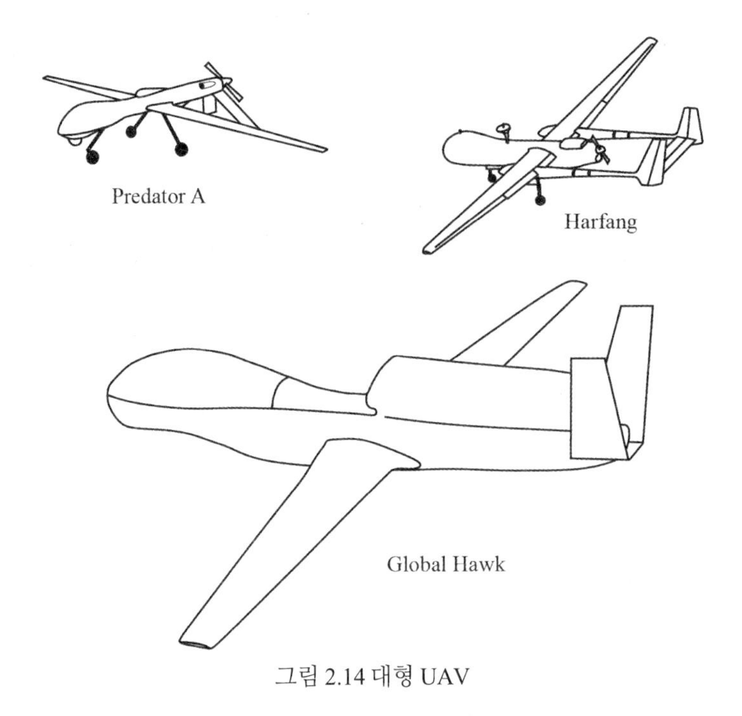

그림 2.14 대형 UAV

아래 그림 2.15 는 General Atomics 사에서 개발한 Predator 의 발전형인 MQ-9A Reaper 로 2007 년 배치되었다. 이는 길이 11m(36ft)에 날개 스팬은 20m(66ft)이고, 1,700kg(3,800lb)의 페이로드를 포함해서 최대 이륙중량은 4,760kg(10,494lb)이다. 900hp 출력의 Honeywell TPE331-10 터보프롭 엔진으로 추진되고, 고도는 약 15,000m(50,000ft)이고, 최대속도는 480km/h(260kts)이며, 항속거리는 1,900km(1,200mi)에 체공시간은 14 시간이다.

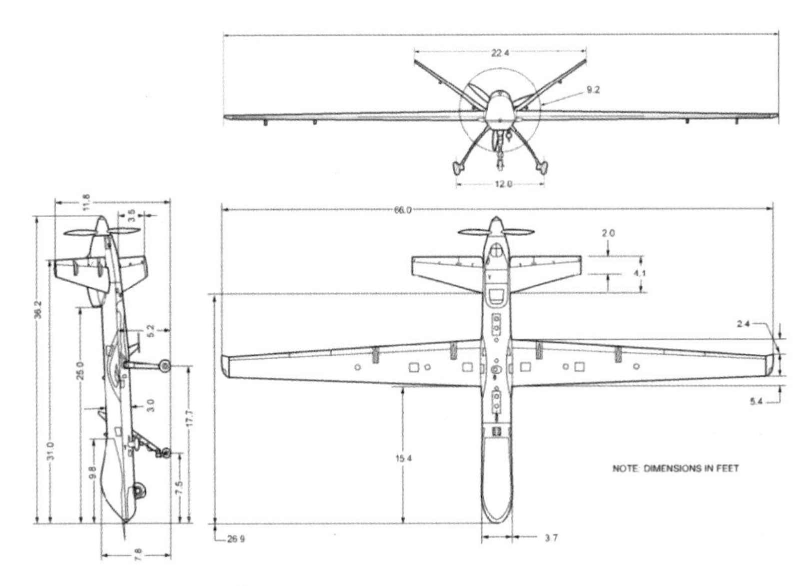

그림 2.15 General Atomics MQ-9A Reaper

2.3 소모성 UAV

소모성 UAV 는 임무를 수행한 이후 귀환하도록 설계되지 않는다. 군용 세계에서 이는 주로 내부에 탄두를 포함하고 목표물과 자신을 파괴하기 위해서 충돌하도록 의도된 것을 의미한다. 이와 같은 소모성의 종류는 제 11 장에서 추가로 논의될 것이고, 이는 실제로 UAV 가 아닌 일종의 미사일이라는 주장을 펼칠 것이다. 항공 시대의 초창기 UAV 는 대부분 유도무기였다는 사실로부터 알 수 있듯이 유도미사일과 UAV 사이에는 상당히 중복되는 영역이 존재한다.

소모성의 또 다른 정의로는, 이는 가능하다면 회수될 수 있지만 (그리고 회수되어야 하지만) 매우 높은 손실율을 가질 수 있다는 것이다.

소모성이지만 회수가능한 UAV 의 사례로는 2.2.2 장에서 설명되었던 전기모터로 구동되는 Raven 이 있다. 이는 수동으로 론치되며 수동으로 운반되는 지상 통제 스테이션을 사용한다. Raven 은 약 5km 거리까지의 정찰임무를 수행하기 위해서 사용되었지만, 만약 돌아오지 않거나 착륙 도중에 추락하더라도 이러한 손실은 허용될 수 있는 것으로 간주된다.

2.4 UAV 시스템 등급

군용기를 일반적으로 수송기, 관측기, 전투기, 공격기, 화물기 등으로 구분하는 것과 유사하게 UAV 분류에 대해서도 일반적으로 합의된 방법을 갖는 것이 편리하다.

2.4.1 항속거리와 체공시간에 따른 분류

미 군사용 UAV 프로그램의 주 관리자로 임명된 직후 통합 UAV 프로그램 사무국에서는 UAV 의 용어의 표준화에 대한 일부 기준을 제공하기 위한 과정에서 UAV 의 분류를 정의했다. 이는 다음과 같다.

- 초저비용 근접 거리: 해병대와 아마도 육군에서는 약 5km(3mi) 항속거리와 기체당 약 $10,000 의 가격을 요구하였다. 이 UAV 시스템은 모형비행기로 부를만한 정도 크기의 시스템 종류에 해당하며, 성능과 비용 모두에 대한 가능성이 증명되지는 않았지만 이후 Raven 과 Dragon Eye 와 같은 시스템으로 입증되었다.

- 근접 거리: 모든 군에서 필요로 하지만 이의 운용 개념은 각 군에 따라서 상당히 달라진다. 공군의 용도는 활주로 피해 평가의 역할일 것이고, 자체 활주로 상공에서 운용될 것이다. 육군과 해병대는 이를 언덕 너머 상황을 살피는데 사용할 것이고, 전장에서 이동과 운용이 용이한 시스템을 원했다. 해군에서는 이를 프리깃함과 같은 소형 선박에서 운용하기를 원했다. 아군 전방 배치선으로부터는 30km(19mi), 항속거리는 50km(31mi)로 계획되었다. 요구되는 체공시간은 임무에 따라서 1~6 시간이었다. 모든 군에서 우선 임무는 주간 및 야간의 정찰과 감시로 합의되었다.

- 단거리: 근접 거리 UAV 와 마찬가지로, 주/야간 정찰 및 감시 임무를 최우선으로 하는 단거리 UAV

또한 모든 군에서 필요로 했다. 이를 위해서는 FLOT 너머로 150km(93mi)의 항속거리가 필요했지만, 300km(186mi)가 요청되었다. 체공시간은 8~12 시간이었다. 해군에서는 상륙강습함 및 전함급의 대형 선박에서 론치 및 회수가 가능한 시스템을 필요로 했다.

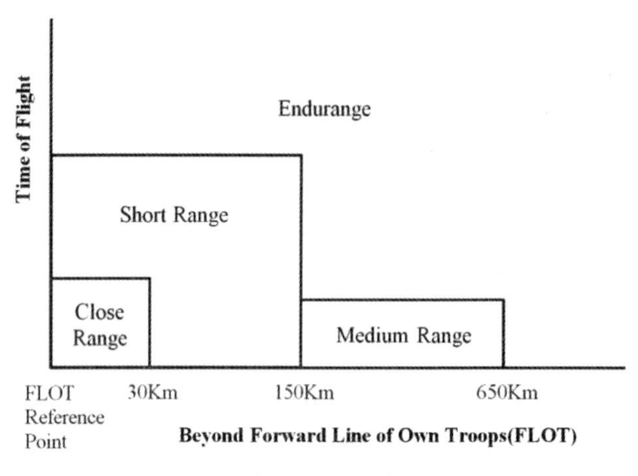

그림 2.16 UAV 분류

- 중거리: 중거리 UAV 는 육군을 제외한 모든 군에서 필요로 했다. 이는 지상 또는 공중에서 론치될 수 있어야 했지만 로이터는 필요하지 않았다. 후자 요구조건으로 인해서 비행체는 고속 종심 침투기였고, 실제로 속도에 대한 요구조건은 고아음속이었다. 작전반경은 650km(404mi)였고, 이는 주/야간 정찰과 감시 용도로 사용될 계획이었다. 중거리에 대한 2 차 임무는 기상데이타의 수집이었다.
- 장기체공: 장기체공 UAV 는 모든 군에서 필요로 했고, 그 명칭에서 알 수 있듯이 최소한 36 시간 이상의 로이터 능력을 가져야 했다. 비행체는 지상 또는 해상에서 운용될 수 있어야 했고, 작전반경은 약 300km(186mi)이었다. 임무는 주/야간 정찰이 첫 번째였고, 통신 중계가 두 번째였다. 속도는 지정되지 않았지만 이는 고고도에서 경험할 수 있을 강한 바람에서도 임무 대기를 유지할 수 있어야만 했다. 고도 요구조건도 지정되지 않았지만 아마도 30,000ft(9.14km) 또는 이상이었을 것으로 생각되었다.

이러한 분류 시스템은 이미 대체되었다. 그러나 용어와 개념의 일부, 특히 UAV 등급을 정의하기 위한 거리와 임무의 조합된 사용은 오늘날에도 지속되고 있기때문에, 해당 분야의 관련자라면 UAV 커뮤니티에서 비공식적인 전문용어의 일부가 되어버린 이와 같은 용어에 대한 일반적인 지식을 갖는 것이 유용할 것이다.

다음 섹션에서는 UAV 를 분류하는데 사용되는 보다 최근의 용어의 일부를 다룰 것이다. 모든 정부기관에서 정하는 분류법은 시간이 지남에 따라서 변화하는 프로그램 관리자의 수요를 만족하기 위해서 변화할 것이므로, 만약 정부 분류법에 대한 현재의 표준이 필요하다면 독자는 인터넷에서 관련 문헌을 검색해 보기를 추천한다.

2.4.2 크기에 따른 소형 UAV 시스템의 비공식적인 분류

2.4.2.1 마이크로

마이크로는 이 책을 쓰는 시점을 기준으로 여전히 대체로 개념 또는 개발의 초기 단계에 있는 UAV 의 종류에 대한 용어이다. 이는 큰 곤충에서부터 1ft 정도 날개 스팬을 갖는 모형비행기 크기까지의 범위를 가질 것으로 예상된다. 마이크로 UAV 의 등장으로 스케일 계수 중에서도 특히 레이놀즈수와 경계층 현상과 관련된 완전히 새로운 종류의 문제가 발생하였다. 페이로드와 동력장치 문제는 해결이 가능하다고 가정하더라도, 이러한 기체 종류에 대한 낮은 익면하중은 가장 온순한 환경 조건을 제외한 모든 상황에서의 운용을 제한할 수 있다. 이러한 문제의 일부와 해결방법은 이 책의 2 부에서 논의될 것이다.

이전 사례 중에서 설명되었던 Wasp 마이크로 UAV 는, 마이크로 UAV 로 부를 수 있는 크기의 종류 중에서 최상단 한계에 있는 사례라고 할 수 있다.

2.4.2.2 미니 UAV

이 분류는 오래된 소모성 정의에서 시작된 것으로, 수동 론치뿐 아니라 일부 종류의 론처를 갖는 소형 UAV 까지도 포함한다. 이는 JPO 에서 공식적으로 정의하는 UAV 의 종류는 아니지만, 지난 오랜 시간 동안 많은 실증과 실험이 수행되어 왔다. 이 장의 앞부분에 나왔던 일부 UAV 의 사례 중에서, 전기 동력의 Raven 과 Bayraktar 미니 UAV 가 전형적인 사례이다.

2.4.3 티어 시스템

UAV 커뮤니티에서 널리 사용되는 일련의 정의는 미국의 각 군에서 UAV 에 대한 요구조건의 서열을 정의하려는 시도에서 비롯되었다. 이러한 계층구조의 수준을 티어라고 부르고, 티어 II 와 같은 용어가 특정 UAV 를 분류하거나 또는 UAV 의 전체 시스템을 설명하는데 흔히 사용된다.

티어 구분은 미군의 각 군대마다 달라서 일부 혼동을 일으킬 수도 있는데, 이러한 구분이 간단한 설명과 함께 아래에 정리되어 있다.

■ **미 공군 티어**

티어 N/A: 소형/마이크로 UAV

티어 I: 저고도 장기체공 UAV

티어 II: 중고도 장기체공(Medium Altitude Long Endurance, MALE) UAV 로, 사례로는 MQ-1 Predator

티어 II+: 고고도 장기체공(High Altitude Long Endurance, HALE) 전형적인 형상의 UAV 로, 고도 60,000~65,000ft(19,800m), 속도 300kts(500km/h) 이하, 항속거리 3,000nm(6,000km), 24 시간 임무대기 능력을 가지며, Tier II 는 Tier III 항공기와 상호보완적이고, 사례로는 RQ-4 Global Hawk

티어 III−: HALE 저피탐(Low Observable, LO) UAV 로, LO 가 추가된 Tier II+와 동일하고, 사례로는 RQ-3 DarkStar

- **미 해병대 티어**

티어 N/A: 마이크로 UAV 로, 사례로는 Wasp

티어 I: 미니 UAV 로, 사례로는 Dragon Eye

티어 II: 사례로는 RQ-2 Pioneer

티어 III: 중거리 UAV 로, 사례로는 Shadow

- **미 육군 티어**

티어 I: 소형 UAV 로, 사례로는 RQ-11A/B Raven

티어 II: 단거리 전술 UAV 로, RQ-7A/B Shadow 200 으로 해결될 수 있는 역할

티어 III: 중거리 전술 UAV

2.4.4 추가적인 분류법 변경

이전의 티어 시스템이 여전히 존재하지만, 미국에서 사용되고 있는 가장 최근의 구분은 임무와 관련된다. 총 18 가지의 임무가 소형, 전술, 전구 [1], 그리고 전투와 같은 4 가지 등급의 UAV 와 관련된다. 이는 미 군사 요구조건에 상당히 특화된 것으로 이 책에서는 다루지 않는다.

2.5 임무

UAV 에 대한 임무의 정의는 (1) 너무나 많은 가능성이 존재하고, (2) 모든 가능성을 개발할 수 있을 정도로 충분한 시스템이 배치된 적이 없었기 때문에 어려운 작업이다. 분류 체계의 일부로 포괄적인 리스트를 작성하려는 노력이 반복되어왔기 때문에 이러한 문제에 대해서 고려된 적이 없었다는 의미는 아니다. 그러한 모든 리스트는 이를 작성한 UAV 커뮤니티의 일부에 한정되려는 경향을 가지며, 또한 새로운 임무 개념이 지속적으로 등장함에 따라서 구식이 되는 경향도 갖는다.

UAV 에 대한 임무의 두 가지 주요 영역은 민간용과 군사용이지만, 둘 사이의 정찰 및 감시 영역에는 상당한 중복이 존재한다. 민간에서는 이를 수색과 감시 또는 관측으로 부르기도 하며, 이는 민간과 군사 용도에서 모두 UAV 의 단일 목적 중에서 가장 큰 부분을 차지한다.

UAV 의 개발은 군사용도에 의해서 추진되어 왔으며, 또한 동일한 민간용도가 존재하는 잠재적인 군사용 임무로 오랫동안 인식되어온 다른 분야도 있다. 여기에는 방사능 및/또는 화학물질에 대한 대기 샘플링, 가시선 통신 시스템을 위한 중계 제공, 그리고 기상측정이 포함된다.

군용과 민간용 모두에 관심인 영역은, 지구상의 한 지점 상공에서 무한대로 체공할 수 있는 능력을

[1] 전구(theater)는 중요한 군사 이벤트가 발생 또는 진행 중인 영역(전쟁 구역)을 의미한다.

가지며, 저비용과 정비 또는 업그레이드를 위한 착륙 및 필요한 경우 세계 어디에서도 운용을 위해서 전개될 수 있는 능력과 함께 위성의 많은 기능을 수행할 수 있는 고고도 플랫폼을 제공하는 것이다.

군사 영역의 경우, 지난 10 여년 동안 다른 임무 분야가 부각되고 있다. 군사용 UAV 에 대해서 증가하는 임무는 치명적인 무기의 전달이다. 이러한 임무는 AV 설계 영역에서 비치명적인 임무와는 여러가지 상당한 차이를 가지며, AV 의 작동에 대한 인간의 제어 수준과 관련된 새로운 문제점을 제기한다.

물론 모든 미사일이 무인 비행체이지만, 여기서는 내부 탄두를 목표물에 전달하고, 목표물을 파괴하는 동안 자신도 파괴되는 시스템은 무기로 고려하고, 이를 다수의 비행을 위해서 회수하고 재사용할 수 있도록 의도된 비행체와는 구분할 것이다. 이 책의 뒷편에서 논의될 것과 같이, 비행하는 무기와 재사용 가능한 항공기 사이에는 공통된 영역이 존재하지만, 무기와 항공기에 대한 설계 트레이드오프 사이에는 많은 서로 다른 영역 또한 존재한다.

이 글을 쓰는 시점을 기준으로, 무장 UAV 의 주요 형태는 Predator 와 같이 정밀 유도무기 및 영상 센서와 레이저 지시기와 같이 관련된 목표물 획득 및 화기통제 시스템을 운반하는 무인 플랫폼이다. 이는 소형 유도폭탄과 다른 형태의 소모성 탄약의 투하를 포함하도록 진화하고 있다. 이러한 시스템은 무인 지상 공격 항공기로 간주될 수 있다. 미래에는 유인 항공기를 보조하거나 또는 대체하는 역할로써 무인 전투기와 폭격기를 보유할 것으로 보인다.

UAV 가 어떤 무기도 운반하거나 론치하지 않지만, 무기가 목표물을 타격할 수 있도록 유도를 제공하는 모호한 종류의 군사 임무가 존재한다. 이는 유인 항공기로부터 발사되거나 포병대로부터 발포되는 레이저 유도 무기에게 목표물을 정확하게 지정하는 AV 상에 장착된 레이저 지시기를 이용해서 이루어질 수 있다. 이미 살펴본 바와 같이, 이러한 임무는 1970 년대 후반 미 육군의 UAV 에 대한 관심이 부활된 주요 요인이기도 하다. 이는 군에서 사용하고 있는 많은 소형 전술 UAV 의 주요 임무로 남아있다.

근접거리, 단거리, 중거리, 그리고 장기체공과 같은 UAV 의 등급은 그 명칭만으로도 임무를 내포하고 있지만, 각 군에서는 보통 이러한 분류를 각 명칭과 관련된 단 한 가지 임무만이 존재한다고 얘기하기 불가능한 독특한 방법을 채택하고 있다. 예를 들어서, 공군의 활주로 전투 파손평가 임무와 육군의 목표물 지시 임무는 모두 (예를 들어, 동일한 중량과 형상을 갖는) 유사한 기체를 이용할 수 있지만, 전적으로 다른 항속거리, 체공시간, 속도, 그리고 페이로드 능력을 요구할 것이다. 정찰과 같은 일부 임무는 모든 군에 대해서 공통인 것으로 나타나지만, 육군은 30km 까지 밖으로 나가는 근접 정찰을 원하는 반면 해병대는 5km 가 적절하다고 판단하고 있다.

군사용과 민간용도 모두에 대한 UAV 의 핵심 임무로는 정찰(수색)과 감시가 있고, 이는 주로 복합적으로 사용되지만 다음 정의에서 볼 수 있는 것과 같이 방법에서 중요한 차이점을 갖는다.

- 정찰: 시각적인 또는 다른 탐지 방법을 통해서 특정 지점 또는 일부 영역에 존재하거나 또는 발생 중인 사항에 대한 정보를 획득하는 활동

- 감시: 시각, 청각, 전자적, 광학적 또는 다른 방법을 이용한 공중, 표면 또는 지표면 아래의 영역, 지역, 사람 또는 사물에 대한 체계적인 관측

따라서, 감시는 군사용 목적으로는 UAV 가 긴 시간 동안 상공에 머물 수 있도록 하는 긴 체공시간과 다소 은밀한 운용을 의미한다. 감시와 정찰 사이의 상호관계로 인해서 일반적으로 두 가지 임무를 수행하는데 동일한 자산이 사용된다.

이러한 임무는 페이로드와 데이타 링크에 대한 논의에서 살펴볼 것과 같이 고정되고 이동하는 목표물의 주간 및 야간의 탐지와 식별을 포함한 상당히 어려운 작업을 의미한다. 탐지와 식별 능력을 위한 하드웨어 요구조건은 비행체뿐 아니라 지상 스테이션의 거의 모든 서브시스템에 영향을 미친다. 각 UAV 사용자에 따라서 UAV 기지로부터 탐색될 지역까지의 거리, 탐색되어야만 하는 영역의 크기, 그리고 감시를 위해서 필요한 임무 대기시간에 대한 요구조건을 가질 수 있기때문에 정찰/감시 임무와 하드웨는 상당히 달라질 수 있다.

군용뿐 아니라 민간용에서도 모두 지상기반 및 공중기반 임무가 존재한다. 지상기반 운용 기지는 고정되거나 또는 운송될 수 있어야 할 필요가 있다. 만약 운송될 수 있다면, 이동성의 수준은 백팩으로 운반될 수 있는 정도에서부터 대형 트럭이나 기차에 포장되어 운송되고 나서 새로운 기지에서 며칠간 또는 몇 주일에 걸쳐서까지 재조립되는 정도가 될 수도 있다. 이러한 각 수준은 AV 의 크기, 론치 및 회수방법, 그리고 시스템 설계의 거의 모든 다른 부분에 대한 다양한 접근방법 사이의 트레이드오프에 영향을 미친다.

선상 운용은 거의 항상 AV 의 크기에 대한 상한선을 부여할 것이다. 만약 선박이 항공모함이라면 크기에 대한 한도는 그다지 제한적이지는 않겠지만, 뒤에서 살펴볼 것과 같이 장기체공 항공기의 경우에는 전형적인 가늘고 긴 날개를 분리 또는 접을 수 있어야 하는 요구조건을 포함할 수도 있다.

목표물 또는 포병대의 탐색은 군용 정찰 임무와 관련된다. 특정 목표물이 발견되면 정밀 유도무기의 안내를 돕기 위해서 레이저로 지시된 상태에서 발사될 수 있다. 전형적인 (비유도) 포격의 경우 각 연속된 발포물이 목표물에 보다 근접하도록 또는 타격하도록 발사가 조정될 수 있다. 정확한 포격, 함포사격, 그리고 근접 항공지원은 이러한 방법으로 UAV 를 이용해서 수행될 수 있다. 이러한 모든 임무는, 정밀유도 무기를 제어하려는 경우 레이저 지시기 특성이 반드시 추가되어야만 하는 것을 제외하고 정찰 및 감시 페이로드로 수행될 수 있다. 이때 추가되는 특성은 페이로드의 비용을 상당히 증가시킨다.

군사 및 정보 영역에서 중요한 임무로는 전자전(Electronic Warfare, EW)이 있다. 적군의 송신(통신 또는 레이다)을 청취하고, 그리고 다음으로 이에 대한 전파방해를 하거나 이의 전송 특성을 분석하는 것이 EW 의 분류에 해당된다.

요약하면, 정찰/감시 임무는 최근까지 UAV 활동의 대부분을 설명하며 이의 센서와 데이타 링크는 오늘날 많은 개발의 관심대상이다. 목표물 탐색이 이를 근접하게 따르고 있으며 EW 는 세 번째이다.

그러나 가시성과 치명성에 대해서는 무기 전달이 가장 높은 관심을 받는 분야이고 미래 개발의 주요 대상이다. 다른 임무는 현재 활발히 수행되고 있는 적용과 임무의 성공에 따라서 기반을 다지면서 적절한 시기에 자체적으로 진입할 것이다.

참고문헌

1. Kemp I (editor), Unmanned Vehicles, *The Concise Global Industry Guide*, Issue 19, The Shephard Press, Slough, Berkshire, UK, 2011.

2 부 비행체

The Air Vehicle

2 부에서는 모든 UAV 의 중심이 되는 서브 시스템인 비행체에 대해서 소개할 것이다. 이를 위해서 기본적인 공기역학에 대한 간단한 논의로 시작해서 이러한 기본적인 공기역학을 통해서 비행체 성능과 안정성 및 조종성의 주요 영역을 이해할 수 있는 방법을 보여줄 것이다. 회전익과 덕티드팬 개념의 주제에 대한 소개를 포함해서 UAV 에서 흔히 사용되는 다양한 추진 방법을 살펴볼 것이다. 마지막으로, UAV 설계자에게 중요한 일부 구조와 하중에 대한 주제를 설명한다.

제 3 장 공기역학 기본

Basic Aerodynamics

3.1 개요

비행체에 작용하는 주요 힘으로는 추력, 양력, 항력, 그리고 중력(중량)이 있다. 이러한 힘이 그림 3.1 에 나와 있다. 또한 피치, 롤, 그리고 요 축에 대한 각방향 모멘트는 기체를 이러한 축에 대해서 회전하도록 한다. 양력, 항력, 그리고 회전하는 모멘트는 동압, 날개 면적, 그리고 무차원 계수로부터 계산된다. 이러한 양에 대한 표현이 비행체의 성능을 지배하는 기본적인 공기역학 방정식이다.

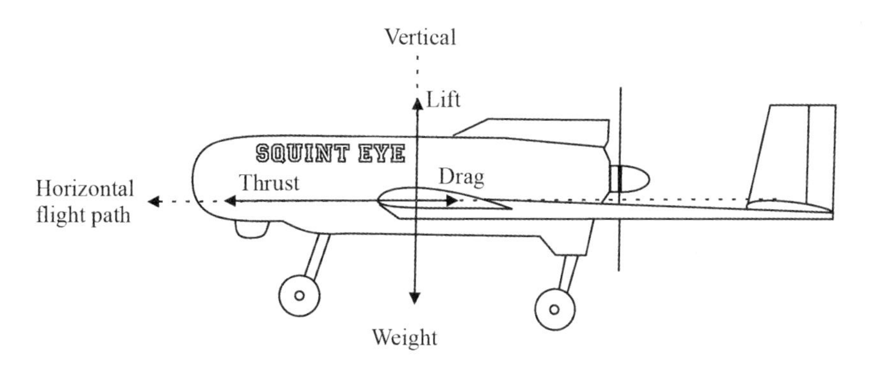

그림 3.1 항공기에 작용하는 힘

3.2 기본적인 공기역학 방정식

이동하는 공기흐름의 동압 q 는 다음과 같이 주어진다

$$q = \frac{1}{2}\rho V^2 \tag{3.1}$$

여기서 ρ 는 공기의 밀도이고 V 는 속도이다. 비행기 날개에 작용하는 힘은 동압 q , 날개 면적 S , 그리고 레이놀즈수, 마하수 및 날개의 단면 형상에 따라서 달라지는 무차원 계수(C_l , C_d 및 C_m)의 함수이다. 첫 두 가지 힘인 양력과 항력은 다음과 같이 표현할 수 있다.

$$L = C_l q S \tag{3.2}$$

$$D = C_d q S \tag{3.3}$$

이러한 세 개의 공기역학 힘 중에서 세 번째 힘은 모멘트를 발생시키는 차원을 설명하는 추가적인 항을 포함해야만 하는 피칭모멘트이다. 날개 시위 c 가(그림 3.2 참조) 모멘트암으로 선택되는 일반적인 거리이다. 피칭모멘트 정보는 안정성과 조종성의 이해에서 결정적으로 중요하다.

$$M = C_m qSc \tag{3.4}$$

모든 특정 에어포일 단면에 대해서 C_l, C_d, 그리고 C_m 은 양력, 항력, 그리고 모멘트를 특성화하고 UAV 설계자에게 주요 관심이 되는 공기역학 계수이다. 안정성 미계수로 부르는 다른 계수도 있지만, 이는 비행체의 동역학 특성에 영향을 미치는 특별한 함수이고 이에 대한 논의는 이 책의 범위를 벗어난다.

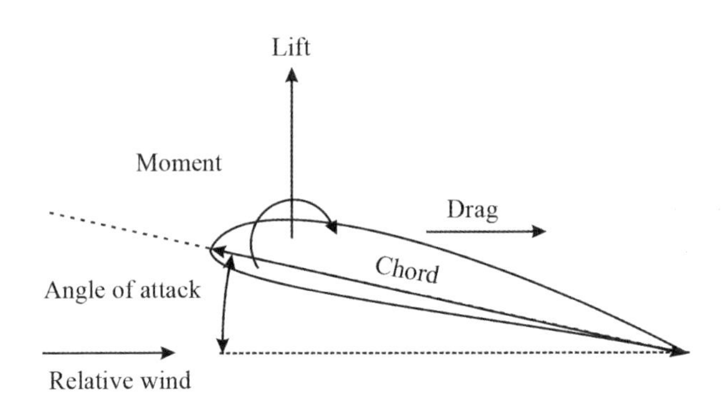

그림 3.2 에어포일 지오메트리

특정 에어포일의 단면 형상은 받음각(Angle of Attack, AOA)과 레이놀즈수에 따라서 달라지는 양력, 항력 및 모멘트 계수에 대한 특성 곡선 세트를 갖는다. 이는 풍동 테스트로부터 결정되며 소문자인 하첨자로 지정된다. 그림 3.2 는 에어포일 단면의 지오메트리와 양력 및 항력의 방향을 보여주고 있다. 상대풍의 방향에 대해서 양력은 항상 수직이고 항력은 항상 평행이다. 모멘트는 어떤 지점에 대해서도 취할 수 있지만, 전통적으로 날개의 앞전으로부터 약 25% 후방에서 취하고 이를 1/4 시위이라고 한다.

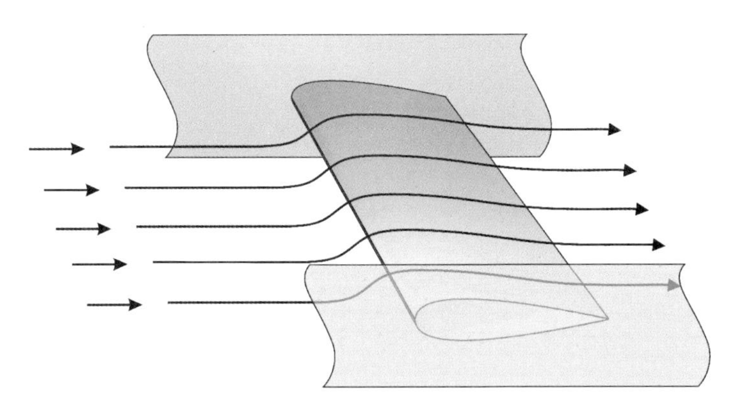

그림 3.3 무한 스팬 날개

기본적인 공기역학 데이타는 일반적으로 그림 3.3 에 나온 것과 같이 풍동 내의 벽과 벽 사이에서 연장된 날개로부터 측정된다. 날개를 양쪽 벽 사이로 연장하면 스팬방향의 공기흐름을 방지함으로써 진정한 2 차원 형태의 공기압이 나타난다. 무한한 스팬을 갖는 날개의 경우 스팬방향 공기흐름을 생성하고 날개에 작용하는 공력을 표현하기 위해서 필요한 시작점인 2 차원 압력분포를 교란시키는 끝단 주위의 공기흐름을 가질 수 없기때문에 이러한 개념을 무한스팬 날개라고 부른다. 실제 비행기 날개는 유한한 스팬과 아마도 테이퍼와 비틀림을 가질 것이지만, 공력 해석은 2 차원 계수로부터 시작하고 다음으로 실제 날개의 3 차원 특성을 설명할 수 있도록 조정된다.

에어포일 단면과 이에 대한 2 차원 계수는 NASA(National Aeronautics and Space Administration)의 전신인 NACA(National Advisory Committee for Aeronautics)에서 개발된 표준 시스템으로 구분되고, 대부분의 공기역학 교과서에서 설명되고 있는 NACA 의 번호 체계에 따라서 식별된다.

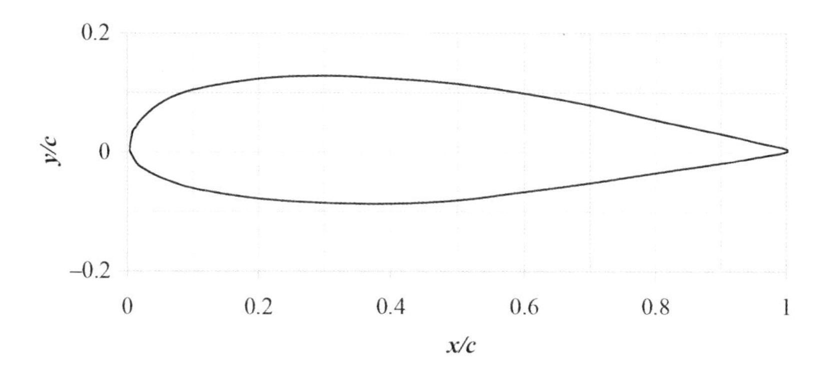

그림 3.4 NACA 23021 에어포일 형상

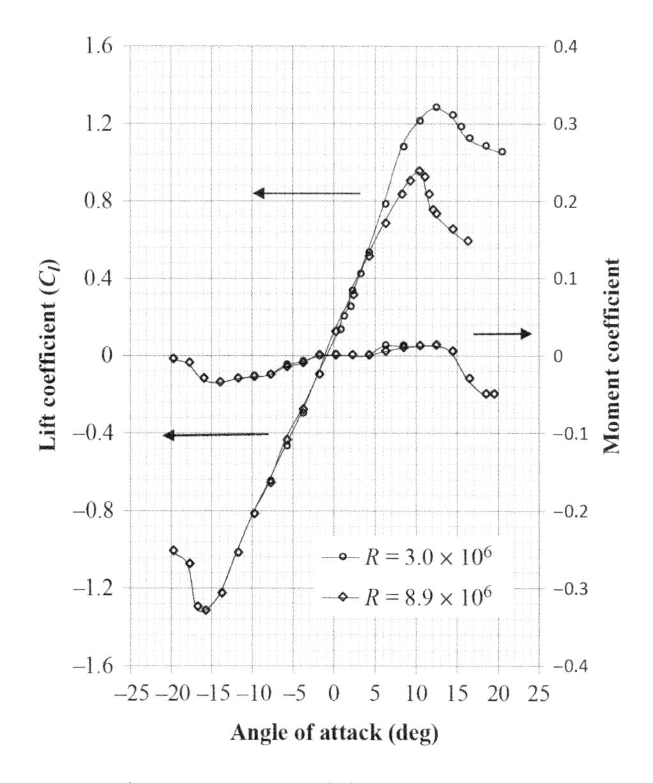

그림 3.5 NACA 23021 에어포일의 받음각대 계수

그림 3.4~3.6 은 많은 에어포일 설계에 대해서 사용할 수 있는 정보의 사례로써 NACA 23021 에 대한 NACA 데이타베이스의 요약 그래프를 보여주고 있다. 그림 3.4 는 에어포일의 단면 형상을 보여주고 있다. 표면의 x (수평방향)와 y (수직방향) 좌표가 x/c 와 y/c 로 그려져 있고, 여기서 c 는 에어포일의 앞전에서부터 뒷전까지의 전체 길이인 시위이다.

이 에어포일에 대한 2 차원 양력계수와 모멘트 계수가 두 가지 레이놀즈수로 구분되어 받음각의 함수로 그림 3.5 에 그려져 있다.

모멘트와 이들이 정의되는 방법에 대해서는 3.4 장에서 추가로 논의될 것이다. 그래프상의 모멘트 계수는 앞에서 언급된 것과 같이 1/4 시위선상에 위치한 축이 중심이다.

그림 3.5 는 각 계수에 대한 두 개의 곡선을 보여주고 있다. 각 곡선은 특정 레이놀즈수에 대한 것이다. NACA 데이타베이스는 두 가지 이상 레이놀즈수에 대한 데이타를 포함하고 있지만, 그림 3.5 는 $R = 3.0 \times 10^6$ 과 $R = 8.9 \times 10^6$ 에 대한 것만 보여주고 있다. 두 모멘트 곡선은 서로 거의 중복되어 있어서 구분하기 어렵다.

그림 3.6 은 2 차원 항력 계수와 모멘트 계수를 양력 계수의 함수로 보여주고 있다. 양력대 항력의 곡선은 3.3 장에서 추가로 논의된다.

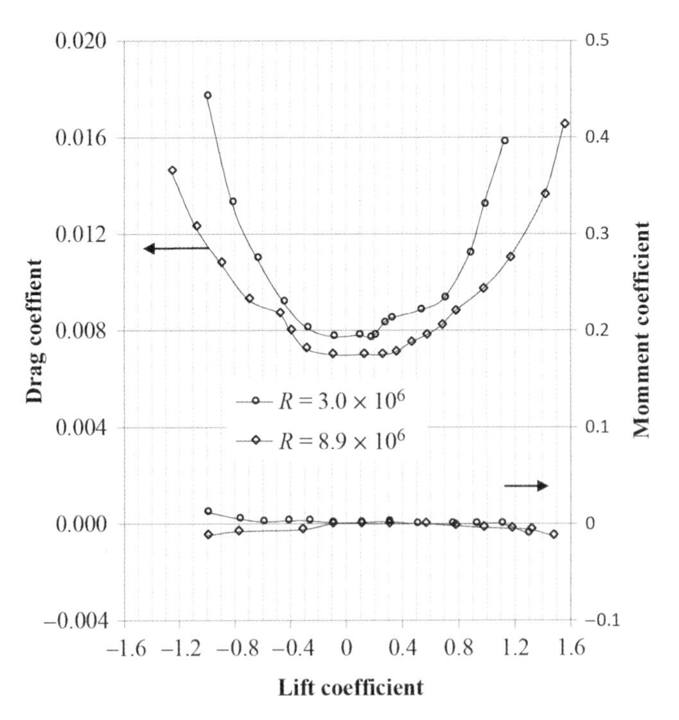

그림 3.6 NACA 23021 에어포일 양력 계수대 항력 계수

흥미로운 질문으로는, 비행기가 여전히 비행할 수 있는 최소 속도가 얼마인가 하는 것이다. 이는 이륙, 착륙, 캐터펄트로부터의 론치, 그리고 어레스트 회수를 이해하는데 있어서 중요하다. 비행기가 비행할 수

있는 최소 속도를 찾기 위해서는 수직힘의 평형을 위해서 식 (3.2)의 양력과 중력이 서로 동일하다고 설정하고, 해당 식을 속도에 대해서 계산한다. 만약 최대 양력 계수, C_{LM} 을 알고 있다면 최소 속도는 익면하중 W/S 의 제곱근에 정비례하는 것으로 볼 수 있다. 언급할 필요도 없이, 큰 날개면적과 낮은 중량을 갖는 비행기는 무겁고 작은 날개의 비행기보다 느리게 비행할 수 있다. 최소 속도에 대한 식은 다음과 같다.

$$V_{min} = \sqrt{\left(\frac{W}{S}\right)\left(\frac{2}{\rho C_{LM}}\right)} \tag{3.5}$$

3.3 항공기 극곡선

3 차원 비행체과 관련된 또 다른 중요한 개념은 오래전 Eiffel 에 의해서 도입된 용어인 항공기 또는 항력 극곡선으로 알려진 C_L 을 C_D 에 대해서 그린 그래프이다. 전형적인 비행기의 극곡선이 그림 3.7 에 나와 있다.

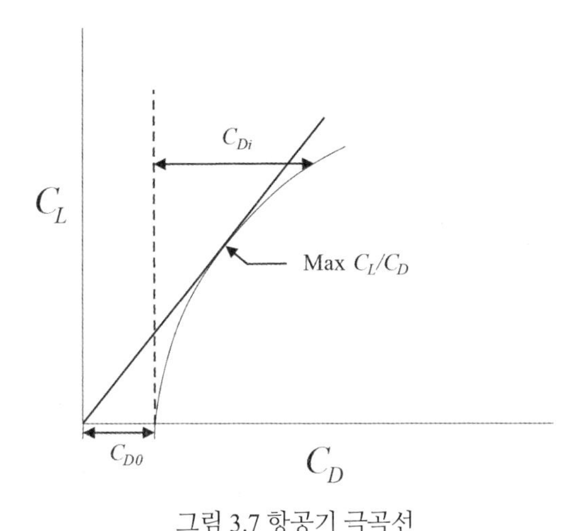

그림 3.7 항공기 극곡선

뒤에서 살펴볼 것과 같이 항력 극곡선은 포물선 형태로도 나타나며, 최소항력 C_{D0} 또는 양력의 발생에 기여하지 않는 항력을 정의한다. 그림 3.7 에 나온 것과 같이 원점에서 극곡선에 접선을 그리면 성취할 수 있는 최대 양항비를 구할 수 있다. 이러한 양항비(L/D)의 역수(D/L)는 비행체의 무동력 활공각의 기울기라는 것을 또한 보여줄 것이다. 양력으로 인해서 발생하는 항력 또는 유도항력 역시 항력 극곡선에 표시될 수 있다.

3.4 실제 날개와 비행기

실제 3 차원 항공기는 일반적으로 날개, 동체, 그리고 꼬리날개로 구성된다. 날개 지오메트리는 위에서 내려다 봤을때 나타나는 평면형상이라고 부르는 형태를 갖는다. 이는 보통 비틀림, 후퇴각, 그리고 상반각(전방에서 봤을때 수평선과 이루는 각도)을 가지며 2 차원 에어포일 단면으로 이루어진다. 무한스팬 날개의 계수로부터 실제 날개 또는 전체 항공기의 계수로 변환하는 자세한 방법은 이 책의 범위를 벗어나지만, 뒤에 이어지는 논의에서 이러한 변환시 고려되어야만 하는 사항에 대한 일부 고찰을 제공할 것이다.

양력과 항력에 대한 전체 해석은 날개의 기여뿐 아니라 꼬리날개와 동체로 인한 기여까지 고려해야만 하고, 변화하는 에어포일 단면 특성과 스팬방향에 대한 비틀림도 설명해야만 한다.

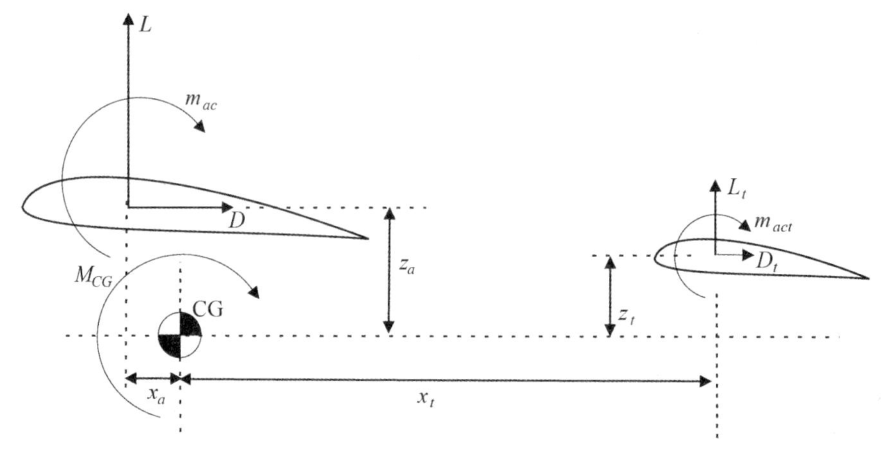

그림 3.8 모멘트 평형 다이어그램

3 차원 모멘트 계수의 결정 또한 항공기의 모든 부품으로부터의 기여를 고려해야만 하는 복잡한 절차이다. 그림 3.8 은 항공기에 작용하는 공기역학적 힘의 단순화된 모멘트 평형 다이어그램을 보여주고 있다. 이러한 힘을 항공기의 무게중심(Center of Gravity, CG)에 대해서 모두 합하면 식 (3.6)과 같다.

$$M_{CG} = Lx_a + Dz_a + m_{ac} - L_t x_t + m_{act} \quad (if\ D_t = 0) \tag{3.6}$$

여기서 m_{ac} 와 m_{act} 는 날개와 꼬리날개에 대한 각각의 모멘트이다.

식 (3.4)를 참고해서 q/Sc 로 나누면 식 (3.7)에 나온 것과 같은 무게중심을 중심으로 하는 3 차원 피칭모멘트 계수를 구할 수 있고, 여기서 S_t 는 꼬리날개 면적이고 S 는 날개 면적이다. 항공기의 무게중심에 대한 토크인 피칭모멘트는 비행체의 피치 안정성에 상당한 영향을 갖는다. 안정성을 유지하기 위해서는 음의 피칭모멘트가 필요하고, 이는 주로 (식에서 마지막 두 항인) 꼬리날개로부터 얻을 수 있다.

$$C_{M_{CG}} = C_L\left(\frac{x_a}{c}\right) + C_D\left(\frac{z_a}{c}\right) + C_{m_{ac}} + C_{fus} - C_{L_t}\left(\frac{S_t}{S}\right)\left(\frac{x_t}{c}\right) + C_{m_{act}} \tag{3.7}$$

무한스팬 날개에 대한 대문자 첨자로 표시되는 3 차원 날개 양력 계수의 (증명이 없이 주어지는) 대략적인 추정은 다음과 같다.

$$C_L = \frac{C_l}{\left(1 + \frac{2}{AR}\right)} \tag{3.8}$$

여기서 AR 은 날개의 가로세로비(Aspect Ratio, 날개 스팬의 제곱을 날개 면적으로 나눈) 또는 b^2/S 이다.

이 시점 이후로는 대문자 첨자를 사용할 것이고, 실제 날개와 항공기에 적용되는 계수를 사용하는 것으로 가정한다.

3.5 유도항력

3 차원 비행기 날개의 항력은 성능에 미치는 영향과 날개 평면형상의 크기 및 형상과의 관계로 인해서 비행기 설계에서 특히 중요한 역할을 한다.

날개에서 발생하는 항력의 가장 중요한 성분은 날개에서 제공되는 양력과는 분리될 수 없는 관계를 갖는 유도항력이다. 이러한 이유로 인해서, 유도항력의 원인과 가장 간단한 형태이지만 유도항력의 크기와 날개에서 발생하는 양력과의 관계를 보여주는 식의 유도에 대해서 다소 자세히 설명될 것이다.

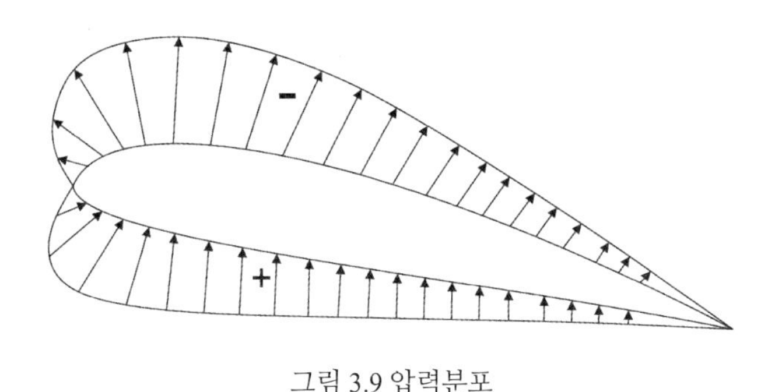

그림 3.9 압력분포

그림 3.9 에 나오는 것과 같은 에어포일에 대한 압력 분포를 고려한다. 날개는 아랫면에서는 양의 압력을, 윗면에서는 (상대적인 개념으로) 음의 압력을 갖는다는 것이 명백하다. 이는 그림 3.10 에서는 날개의 앞전 또는 정면에서 봤을때 아랫면에는 (+) 부호로, 윗면에는 (−) 부호로 표시되어 있다.

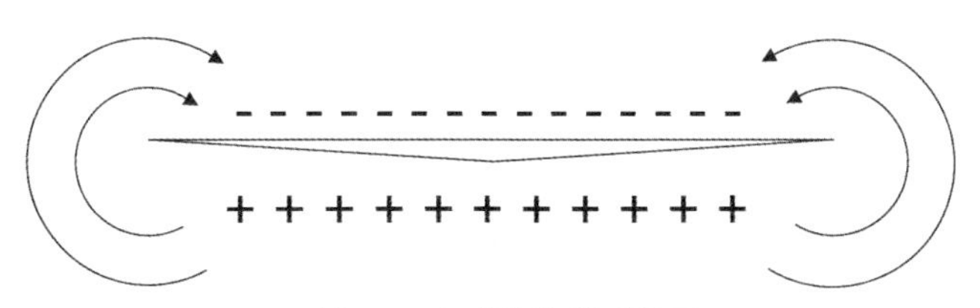

그림 3.10 스팬방향 압력분포

이러한 조건은 공기가 아랫면의 높은 압력으로부터 윗면의 낮은 압력으로 흘러가도록 해서 소용돌이를 만들거나 또는 와류를 형성할 것이다. 소용돌이로 인해서 발생하는 날개 윗면에 대한 아랫방향 속도 또는 다운워시는 그림 3.11 과 같이 끝단에서 가장 크고 날개의 중심으로 갈수록 감소할 것이다.

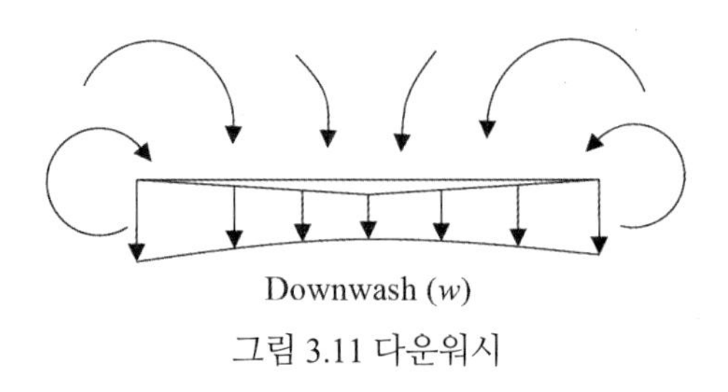

그림 3.11 다운워시

Ludwig Prandtl 은 평면형상이 타원형인 날개는 그림 3.12 와 같이 타원형 양력분포를 가지며 스팬방향을 따라서 일정한 다운워시를 갖는다는 것을 보여주었다. 스팬방향에 대해서 일정한 다운워시 속도(w)의 개념은 3 차원 항력의 영향을 설명하기 위한 시작점이 될 것이다.

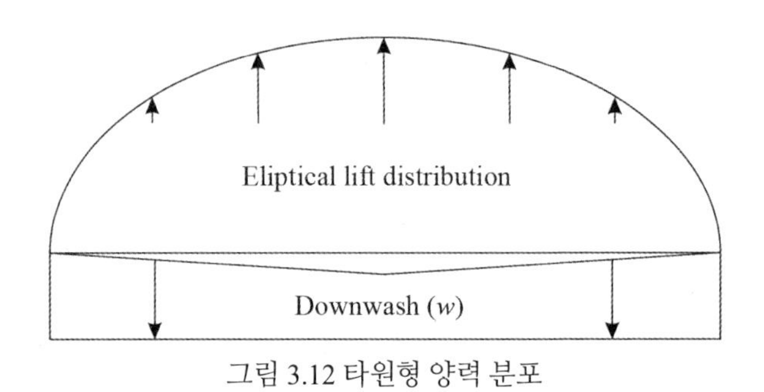

그림 3.12 타원형 양력 분포

그림 3.13 에 나온 것과 같은 다운워시를 갖는 흐름의 지오메트리를 고려하면, 날개를 지나는 공기흐름에 대한 아랫방향 속도 성분(w)이 아래를 향해서 굴절되는 지역 상대풍 흐름을 유발하는 것을 볼 수 있다. 이는 날개를 지나가는 공기 질량이 속도(V)에 w 가 추가되어 유효한 국소 상대풍(V_{eff})을 결정하는 아랫부분에서 보여지고 있다. 따라서, 날개는 다운워시가 없을 때와 비교해서 더 작은 받음각을 갖게 된다.

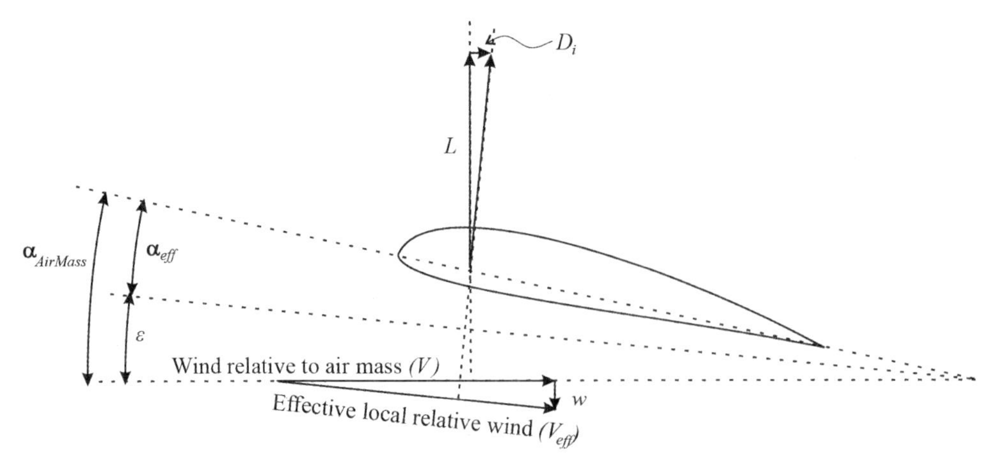

그림 3.13 유도항력 다이어그램

양력(L)은 V 에 수직이고 날개에 작용하는 전체 힘은 V_{eff} 에 수직이다. 이러한 두 벡터 사이의 차이가 유도항력(D_i)으로, 이는 공기 질량을 통과하는 날개의 속도에 평행하지만 방향은 반대가 된다.

이와 같은 받음각의 감소는 다음과 같다.

$$\varepsilon = tan^{-1}\left(\frac{w}{V}\right) \quad (3.9)$$

그림 3.13 으로부터 속도와 힘의 삼각형은 서로 닮은꼴임을 알 수 있고, 따라서 정리하면 다음과 같다.

$$\frac{D_i}{L} = \frac{w}{V}$$

식 (3.1)에서 (3.3)까지 참조해서 양 변을 q 로 나누면 다음과 같다.

$$\frac{C_{Di}}{C_L} = \frac{w}{V}$$

타원형 양력분포의 경우, Ludwig Prandlt 은 다음을 증명하였다.

$$\frac{w}{V} = \frac{C_L}{\pi AR}$$

그러면 유도항력 계수(C_{Di})는 다음과 같이 주어진다.

$$C_{Di} = \frac{C_L^2}{\pi AR} \quad (3.10)$$

이 표현은 짧고 두꺼운 (작은 AR) 날개를 갖는 비행체는 상대적으로 높은 유도항력을 가질 것이고, 따라서 항속거리와 항속시간이 감소할 것임을 보여준다. 예를 들어서, 대부분의 전기모터 구동 UAV 와 같이 장시간 동안 공중에 머물도록 요구되고 또는 한정된 출력을 갖는 비행체는 길고 가느다란 날개를 가질 것이다.

3.6 경계층

유체역학의 근본 원리는 표면 위를 지나가는 유체는 표면에 인접해서 부착되는 매우 얇은 층을 가지며 따라서 속도가 0 이라는 개념이다. 이러한 첫 번째에 인접한 다음 층은 첫 번째 층과 비교해서 매우 작은 속도 차이를 가지며 그 크기는 유체의 점성에 따라서 달라진다. 유체의 점성이 증가하면 각 연속된 층 사이의 속도 차이가 감소한다. 표면에서 수직으로 측정되는 일정 거리 δ 에서의 속도는 유체의 자유흐름 속도와 같아진다. 거리 δ 는 경계층의 두께로 정의된다.

경계층은 표면의 앞전으로부터 (1) 각 층 또는 막이 인접한 층의 위를 차례로 미끄러지면서 유체 내에서 잘 정의되는 전단력을 형성하는 층류 영역, (2) 천이 영역, 그리고 (3) 유체의 입자가 서로 임의로 혼합되어 난류와 소용돌이를 만드는 난류 영역과 같은 세 개의 영역으로 구성된다. 천이 영역은 층류에서 난류가 되기 시작하는 영역이다. 층류 영역의 전단력 그리고 난류 영역의 회오리 및 소용돌이 모두 항력을 발생하지만, 서로 다른 물리적인 과정을 갖는다. 전형적인 경계층의 단면은 그림 3.14 와 같이 보일 것이다.

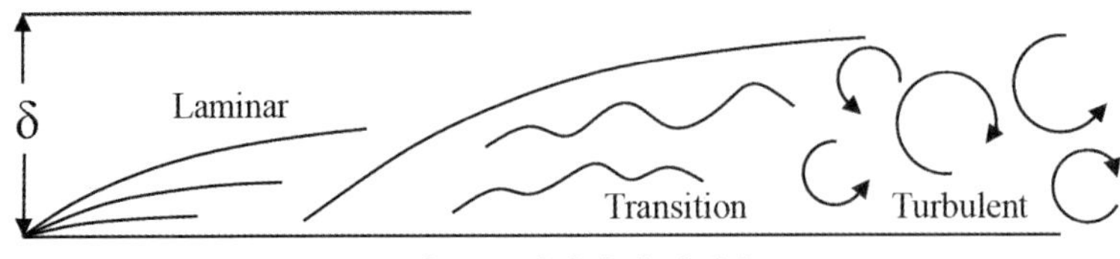

그림 3.14 전형적인 경계층

유체가 표면에 가하는 전단응력을 표면마찰이라고 부르고, 전체 항력에서 중요한 성분이다. 경계층 내에서 구분되는 두 가지 영역(층류와 난류)은 유체의 속도, 표면의 거칠기, 유체 밀도, 그리고 유체의 점성에 따라서 달라진다. 표면 거칠기를 제외한 이러한 요소가 1883 년 Osborne Reynolds 에 의해서 조합되어 수학적으로 다음과 같이 표현되는 레이놀즈수(Reynolds number, R)로 알려지게 되었다.

$$R = \rho V\left(\frac{l}{\mu}\right) \tag{3.11}$$

여기서 ρ 는 유체의 밀도, V 는 유체의 속도, μ 는 유체의 점성, 그리고 l 은 특성 길이이다.

항공공학에서는 보통 날개 또는 꼬리날개의 시위를 특성 길이로 사용한다. 레이놀즈수는 경계층이 층류 또는 난류 조건인가에 대한 중요한 지표이다. 층류는 난류보다 상당히 작은 항력을 발생시키지만, 그럼에도 불구하고 뒤에서 확인할 수 있는것과 같이 작은 표면에 대해서는 어려운 문제를 초래하기도 한다. 전형적인 레이놀즈수는 다음과 같다.

- 일반 항공 항공기 5,000,000
- 소형 UAV 400,000
- 갈매기 100,000
- 활공하는 나비 7,000

층류는 층 사이의 마찰에 의해서 항력을 발생시키고 표면 조건에 특히 민감하다. 일반적으로 층류는 항력을 덜 발생시키고 바람직하다. 난류 경계층의 항력은 Bernoulli 이론의 정보를 따르는 완전히 다른 메커니즘에 의해서 발생한다. Bernoulli 는 (마찰이 없는) 이상적인 유체의 경우 정압(P)과 동압(q)의 합이 일정하다는 것을 보여주었다. 여기서 $q = 0.5\rho V^2$ 이다.

$$P + \frac{1}{2}\rho V^2 = const \tag{3.12}$$

이 원리를 벤추리 내의 흐름에 적용하고 아래 반쪽이 비행기 날개를 나타낸다고 하면 경계층 내의 압력과 속도의 분포를 해석할 수 있다. (비압축성으로 가정된) 유체가 벤추리 내부 또는 날개의 위를 지나가면

이의 속도는 (질량보존의 법칙에 따라서) 증가하고, Bernoulli 이론에 따라서 이의 압력은 감소해서, 바람직한 것으로 알려진 압력구배를 초래한다. 이러한 압력구배는 유체를 경계층 내에서 진행방향으로 밀어내도록 도와주기 때문에 바람직하다. 최대 속도에 이른 후 유체는 느려지기 시작하고 결과적으로 그림 3.15 의 속도 프로파일에서 볼 수 있는 것과 같이 바람직하지 않은 (다시 말해서 경계층의 흐름을 방해하는) 압력구배를 형성한다.

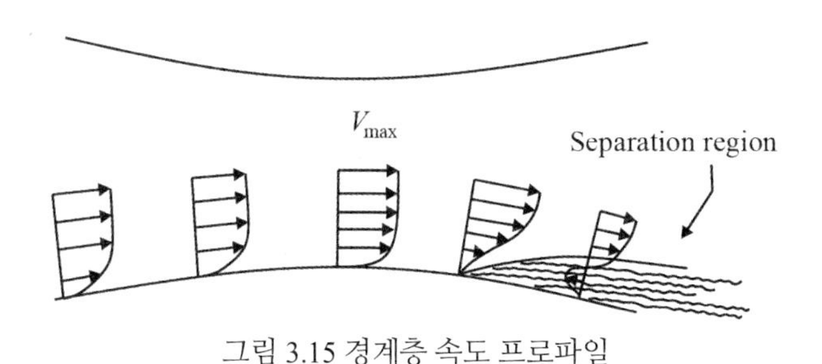

그림 3.15 경계층 속도 프로파일

작은 특성 길이와 낮은 속도는 낮은 레이놀즈수를 초래하고, 따라서 일반적으로 바람직한 조건인 층류를 발생시킨다. 이러한 상황에서는 바람직하지 않은 압력구배가 실제로 경계층 내에서 흐름을 정지시키고 최종적으로는 이를 뒤로 되돌리는 지점에 도달하게 된다. 이와 같은 흐름의 정지와 역전은 난류, 와류, 그리고 일반적으로 유체 입자의 임의적인 혼합을 초래한다. 이 지점에서는 표면으로부터 경계층이 떨어지거나 또는 분리되어 난류 후류를 생성한다. 이러한 현상을 박리라고 하고, 이와 관련된 항력을 압력항력이라고 한다. 날개에 대한 압력항력과 표면마찰(주로 층류로 인한 마찰항력)의 합을 프로파일 항력이라고 한다. 이러한 항력은 전적으로 유체의 점성과 경계층 현상으로 인해서 존재하는 것이다.

경계층이 난류인지 또는 층류인지는 마찰 계수와 마찬가지로 그림 3.16 에 나온 것과 같이 레이놀즈수에 따라서 달라진다.

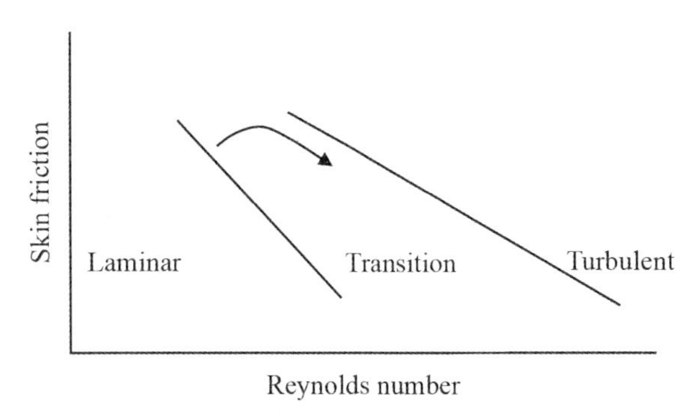

그림 3.16 표면 마찰항력대 레이놀즈수

층류가 (낮은 압력항력을 위해서는) 항상 바람직한 것으로 보이며 일반적으로 그렇지만, 저속으로 비행하는 매우 작은 UAV 에 대한 경우에는 문제가 될 수 있다. 짧은 특성 길이와 낮은 속도로 인해서 낮은 레이놀즈수가 발생하며 따라서 일반적으로 바람직한 조건인 층류가 발생한다. 앞에서 설명된 것과 같이 바람직한 그리고 바람직하지 않은 압력구배는 매우 낮은 속도에서도 또한 모두 존재하기 때문에 이로 인해서 층류 경계층이 박리되었다가 자체적으로 다시 부착되는 것이 가능하다. 이는 표면을 근본적으로는 층류 영역으로 유지시키지만 경계층 내에서 유동의 버블을 생성한다. 이를 층류 박리라고 부르고, 이는 (예를 들어 모형비행기와 매우 작은 UAV 와 같은) 매우 작은 저속 비행기의 날개에 대한 특성이다.

버블은 날개의 표면상에서 받음각, 속도, 그리고 표면 거칠기에 따라서 이동할 수 있다. 이는 크기가 증가할 수 있고 그러면 예상하지 못한 방법으로 터질 수 있다. 버블의 이동과 터짐은 날개 표면의 압력분포를 교란시키고, 심각한 그리고 때로는 제어가 불능한 비행체 운동을 초래할 수도 있다. 크고 빠른 비행기 날개의 대부분은 운용되는 높은 레이놀즈수로 인해서 난류 경계층을 갖기때문에 이는 문제가 되지 않았다. 작은 양력표면이 층류를 유지하기 위해서는 특별하게 설계된 에어포일 또는 난류 유동을 생성하기 위한 트립장치의 사용이 필요하다. 어떤 경우에서든 층류 박리 버블은 이러한 에어포일에 의해서 제거되거나 또는 안정화된다. 층류 박리는 약 75,000 의 레이놀즈수에서 발생한다. 카나드와 같은 작은 조종면은 층류 박리에 특히 취약하다.

작은 새의 속성을 갖는 마이크로 UAV 라고 부르는 새로운 종류의 UAV 가 등장하였다. 새의 크기 정도인 UAV 의 기법에 대한 이해는 참고문헌에 나열된 Hank Tennekes 의 책인 *The Simple Science of Flight from Insects to Jumbo Jets* 에서 찾아볼 수 있다.

3.7 플래핑 날개

새처럼 비행하기 위해서 플래핑 날개를 이용하는 UAV 에 대한 관심이 있다. 플래핑 날개를 이용한 비행의 물리학과 공기역학에 대한 세부사항은 이 책의 범위를 벗어나지만, 기본적인 공기역학은 고정날개에 대해서 설명되었던 공기역학적 힘을 발생시키는 것과 동일한 메커니즘에 기반해서 이해될 수 있다. 다음의 논의는 주로 *Nature's Flyers: Birds, Insects, and the Biomechanics of Flight*[1]에 근거한 것이다.

새의 날개의 플래핑은 흔히 생각하듯 순수한 위아래 또는 후방으로 노를 젓는 방식의 운동이 아니다. 비행하는 새의 날개는 플래핑을 하면서 위아래로 움직이지만, 또한 공기 질량을 통과하는 새의 속도로 인해서 전방으로도 이동한다. 그림 3.17 은 날개가 아래로 이동할때의 결과적인 속도와 힘의 삼각형을 보여주고 있다. 공기 질량을 통과하는 날개의 최종 속도는 새의 몸체의 전진방향 속도(V)와 새의 근육에 의한 날개의 아래방향 속도(w)의 합으로, 이는 날개의 길이방향에 따라서 변화하며 날개 끝단에서 가장 크다. 공기 질량을 통과하는 결과적인 전체 속도는 전방과 하향으로, 이는 상대풍이 후방과 상향이라는 의미이다.

상대풍에 의해서 발생하는 전체 공기역학 힘(F)은 상대풍에 직각이며, 윗방향인 양력(L)과 전방의 추력(T)과 같은 두 개의 성분으로 분해할 수 있다. 날개가 몸체와 연결되는 날개의 뿌리에서는 w 가 거의 0 이고 날개의 끝단에서 최대값을 갖기때문에 속도와 힘의 삼각형은 날개의 길이방향에 따라서 변화하고, 따라서 전체 힘인 F 는 날개의 뿌리에서는 거의 수직이며 끝단에서는 보다 전방으로 기울어진다. 이와 같은 결과로 인해서, 새의 날개에서 뿌리는 주로 양력을 발생시키고 끝단은 주로 추력을 발생시킨다고 설명되기도 한다.

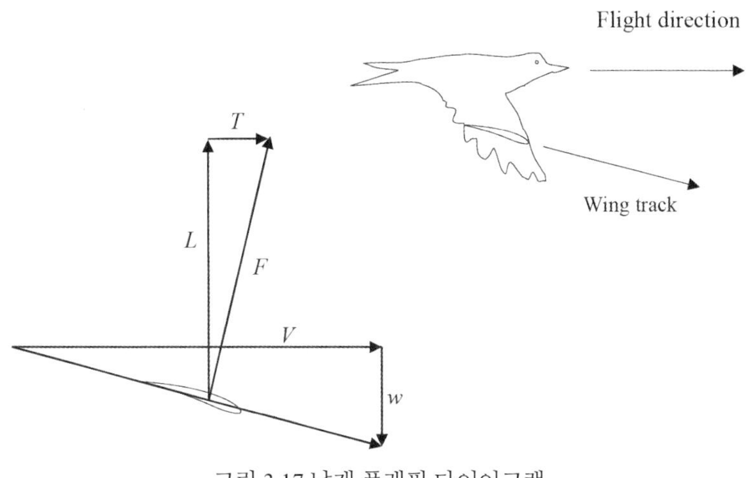

그림 3.17 날개 플래핑 다이어그램

w 가 증가함에 따라서 동일한 받음각을 유지할 수 있고 끝단 근처에서는 상대풍이 보다 위로 기울어질 수 있도록 새가 날개의 길이방향에 대해서 비틀림의 변화를 사용하는 것도 역시 가능하다. 이러한 비틀림은 또한 날개의 길이에 걸쳐서 변화하는 최적 받음각을 생성하는데 사용될 수도 있다. 이는 날개 끝단에서 이용할 수 있는 추력을 증가시키는데 사용될 수 있다.

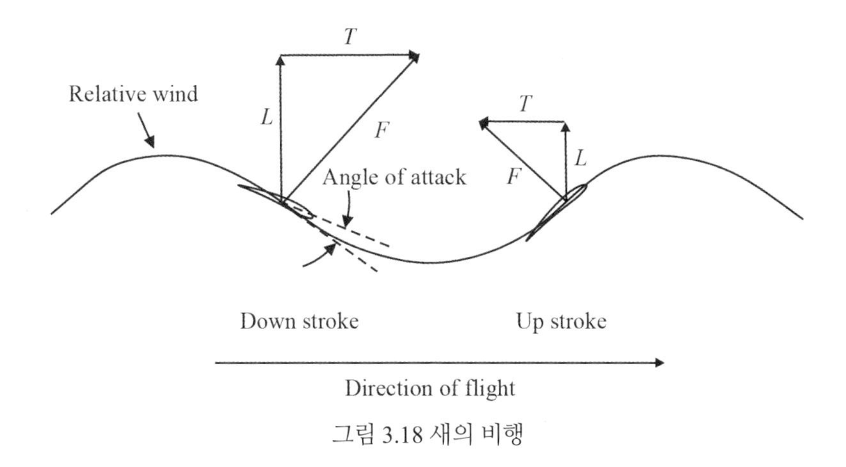

그림 3.18 새의 비행

그림 3.18 은 날개의 위아래 플래핑이 전체 양력과 양의 방향 추력을 제공하는 방법을 보여주고 있다. 상대풍의 방향은 위아래 스트로크에 따라서 변화하는 곡선에 대한 접선 방향이다. 평균 양력과 추력을 최대화하기 위해서, 새는 아래방향 스트로크 동안 받음각이 크도록 결정하며 이로써 큰 전체 공기역학 힘이 생성된다. 이는 큰 양력과 큰 양(+)의 추력을 발생시킨다. 윗방향 스트로크 동안에는 받음각이

감소되어 전체 공기역학 힘은 작아지게 된다. 이는 현재 추력은 음의 값이더라도 전체 플래핑 싸이클에 대한 평균 추력은 양이라는 것을 의미한다. 윗방향 스트로크 동안에 비해서 크기는 작더라도 양력은 양의 방향으로 유지된다.

새는 그림 3.19 와 같이 윗방향 스트로크 동안 날개를 굽힘으로써 윗방향 스트로크에서 음의 추력을 훨씬 작게 만들 수도 있다. 이는 주로 추력에 대해서 가장 중요한 기여인자인 날개의 바깥쪽 부분에 의해서 유도되는 힘은 제거하면서 날개 뿌리 부근에서 발생하는 양력의 대부분은 보존하는 것이다.

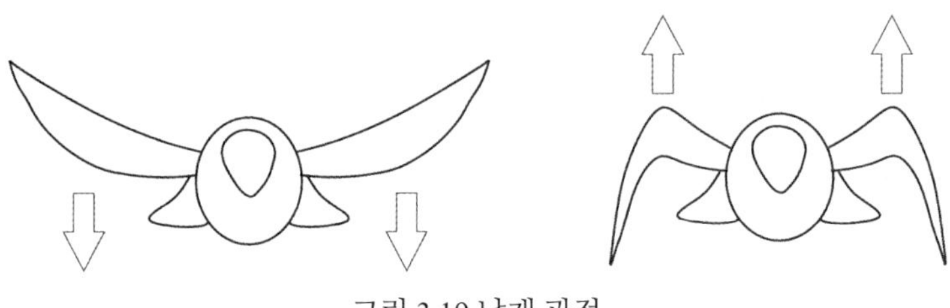

그림 3.19 날개 관절

새가 플래핑 날개를 이용해서 비행하는 방법에 대한 이와 같은 간단한 설명까지가 지금 소개 문단에서 다루려고 하는 범위이다. 새가 비행하는 방법과 곤충이 비행하는 방법 사이에는 일부 상당한 차이가 있으며, 모든 새가 정확히 동일한 방법으로 비행하지도 않는다. 공기보다 무거운 비행의 초창기에는 인간 탑승자을 띄우기 위해서 플래핑 날개를 사용하려는 많은 시도가 있었다. 이러한 모든 시도는 실패하였다. 최근 작은 또는 매우 작은 UAV 에 대한 관심이 증가하면서 새와 곤충의 비행에 대한 생체역학이 면밀히 재검토되고 있으며, 최근에는 기계에 의해서 성공적으로 모방되었다.

3.8 전체 비행체 항력

비행체 날개의 운동에 대한 전체 저항은 양력으로 인한 항력과, 다시 마찰항력과 압력항력으로 구성되는 프로파일 항력 두 가지 성분으로 이루어진다.

비행체 전체에 대해서, 날개를 제외한 모든 부분의 항력을 모두 합해서 유해항력이라고 부른다. 만약 다양한 항력 성분을 항력 계수로 표현한다면, 이의 합에 동압 q 와 특성면적(일반적으로 날개, S)을 곱하면 전체 항력이 된다.

$$D = \frac{1}{2}(C_{D0} + C_{Di})\rho V^2 S \tag{3.13}$$

여기서 C_{D0} 는 모든 프로파일 항력 계수의 합이고, C_{Di} 는 날개의 유도항력 계수로, 이의 이차식 형태로 인해서 극곡선의 포물선 형상을 나타낸다.

3.9 요약

앞의 해석은 2 차원 공기흐름을 유발하는 무한스팬 (다시 말해서, 날개가 풍동의 한쪽 벽에서 다른쪽

벽으로 연장되는) 날개의 풍동 테스트로에서 구한 에어포일 단면적 계수로부터 시작되었다. 여기서는 공기가 주위로 3 차원 형태로 흐르도록 하는 날개 끝단이 없었기 때문에 공기 흐름은 2 차원이었다. 밝혀진 바와 같이, 끝단 주위의 흐름 또는 3 차원 흐름은 비행기의 공기역학 특성에 상당한 영향을 미친다.

기억해야 하는 중요한 트레이드오프는 다음과 같다.

- 높은 가로세로비의 (가늘고 긴) 날개는 우수한 항속거리 및 항속시간에 유리하다.
- 짧고 굵은 날개는 높은 기동성의 전투기에 유리할 수 있지만, 정찰 임무 동안 목표물에 대한 시간의 길이에는 불리하게 된다.

참고문헌

1. Alexander D, *Nature's Flyers: Birds, Insects, and the Biomechanics of Flight.* Baltimore, Johns Hopkins University Press, 2002.

추가 참고자료

The following bibliography applies to all chapters in Part Two.

Anderson J, *Aircraft Performance and Design.* New York, McGraw-Hill Book Company, 1999.
Hale F, *Introduction to Aircraft Performance Selection and Design.* New York, John Wiley & Sons, 1984.
Hemke P, *Elementary Applied Aerodynamics.* New York, Prentice-Hall Inc., 1946.
Kohlman D, *Introduction to V/STOL Airplanes.* Ames, Iowa, Iowa State University Press, 1981.
Millikan C, *Aerodynamics of the Airplane.* New York, John Wiley & Sons, 1941.
Peery D, *Aircraft Structures.* New York, McGraw-Hill Book Company, 1949.
Perkins C and Hage R, *Airplane Performance Stability & Control.* New York, John Wiley & Sons, 1949.
Simons M, *Model Aircraft Aerodynamics.* Hemel Hempstead, England, Argus Books, 1994.
Tennekes H, *The Simple Science of Flight from Insects to Jumbo Jets.* Cambridge, MA, The MIT Press, 1996.

제 4 장 성능

Performance

4.1 개요

이번 장에서는 제 3 장에 나왔던 기본적인 공기역학 수식을 이용해서 항공기의 성능을 예측하는 방법과 성능이 항공기 설계의 중요한 요소와 어떤 관계를 갖는가를 보여줄 것이다. 기본적인 수식이 갖는 힘을 보여주기 위해서 UAV 의 가장 중요한 두 가지 능력인 항속거리와 항속시간에 대한 표현이 유도될 것이다.

4.2 상승 비행

정상 직선 비행 중인 비행기는 그림 4.1 에 나온 것과 같이 작용하는 모든 힘이 평형을 이루는 상태이다.

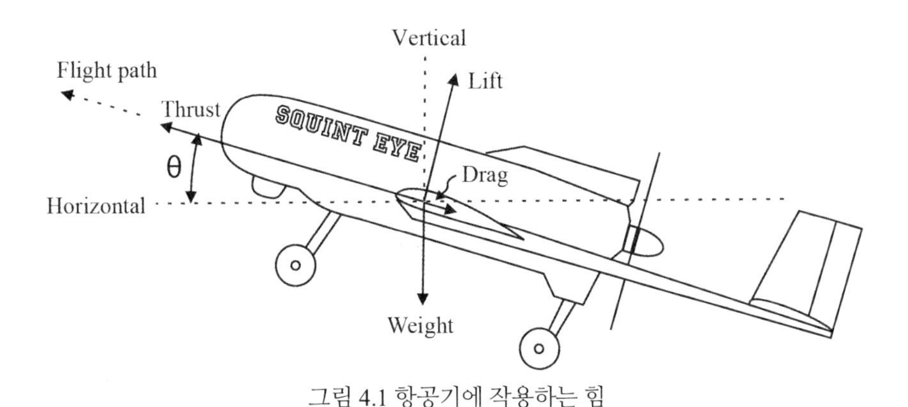

그림 4.1 항공기에 작용하는 힘

이와 같은 조건에 대한 운동 방정식은 다음과 같이 표현될 수 있다.

$$Lift = W\cos\theta \tag{4.1}$$

여기서 W 는 중량이고, 또한

$$Thrust(T) = D + W\sin\theta \tag{4.2}$$

여기서 D 는 항력이다. 두 번째 식의 양 변에 속도 V 를 곱하면 다음과 같이 정리될 수 있다.

$$TV = DV + WV\sin\theta \tag{4.3}$$

여기서 TV 는 추진장치에 의해서 비행체에 전달되는 동력을 나타낸다. 이를 사용가능한 이용동력(Power Available, PA)이라고 하고, DV 는 비행을 유지하는데 필요한 동력인 필요동력(Power Required, PR)과 같다. $V\sin\theta$ 는 상승율인 dh/dt 와 같기때문에 식 (4.3)은 다음과 같이 정리할 수 있다.

$$W\frac{dh}{dt}=PA-PR \tag{4.4}$$

이용동력은 엔진의 축에서 전달되는 동력(P_e)과 프로펠러 효율(η)로부터 다음과 같이 구할 수 있다.

$$PA=P_e\eta \tag{4.5}$$

동력은 흔히 마력으로 표시되지만, 기본적인 단위는 임페리얼 단위계 기준으로는 ft-lb/sec 이고 미터 단위계 기준으로는 Watt 또는 N-m/sec 이다. 여기서는 이와 같은 기본적인 단위를 수식에 사용한다.

PR 은 항력과 속도의 곱과 같기때문에 항력성분을 속도의 함수로 표현했던 이전 설명이 적용될 수 있고, PA 와 PR 모두 그림 4.2 와 같이 속도에 대한 그래프로 나타낼 수 있다. 식 (4.4)로부터 최대 상승율은 두 곡선 사이의 거리가 최대가 되는 속도에서 발생한다. 이는 또한 두 곡선의 기울기 또는 도함수가 동일한 지점이기도 하다. 따라서, 최대 상승율에 대한 속도는 그래프에서 읽을 수도 있고 또한 계산으로 구할 수도 있다. 최대 속도와 최소 속도 또한 그래프에서 직접 읽어서 구할 수 있다.

물론 항력과 동력은 다른 무엇보다도 공기밀도에 따라서 달라지며, 따라서 두 곡선 모두 고도의 영향을 받는다.

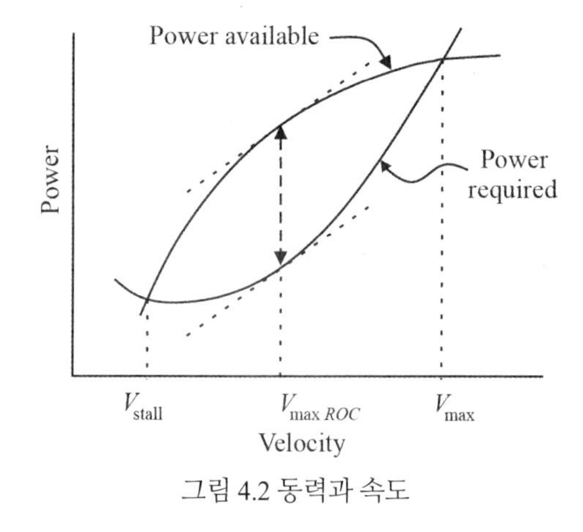

그림 4.2 동력과 속도

그림 4.3 은 고도의 변화에 따른 이용동력과 필요동력의 전형적인 곡선을 보여주고 있다. 고도가 증가하면 두 곡선 사이의 거리뿐 아니라 두 곡선이 만나는 교점 사이의 거리도 비행기가 더 이상 비행할 수 없는 (다시 말해서 PA 가 PR 보다 큰 영역이 없어지는) 지점까지 점차 서로 가까워지는 것을 알 수 있다. 식 (4.4)를 dh/dt 에 대해서 풀면 (다시 말해서 W 로 나누면) 상승율(Rate of Climb, ROC)을 쉽게 구할 수 있다.

$$ROC=\frac{dh}{dt}=\frac{(PA-PR)}{W} \tag{4.6}$$

이와 같은 기본적인 방정식에 일부 사항을 추가하는 것으로 프로펠러와 제트추진 항공기의 항속거리와 항속시간에 대한 적절한 추정값을 제공하는 표현을 유도하는 것이 가능하다. 이 책이 공기역학에 대한 입문 과정을 위한 목적은 아니지만, 비행역학에 대한 단순한 수학적인 표현의 강력함을 보여주고 또한 UAV 의 두 가지 핵심적인 성능특성을 예측하는데 일부 유용한 방정식을 제공하기 위해서 이러한 표현에 대한 단순화된 유도를 다음 부분에서 제공될 것이다.

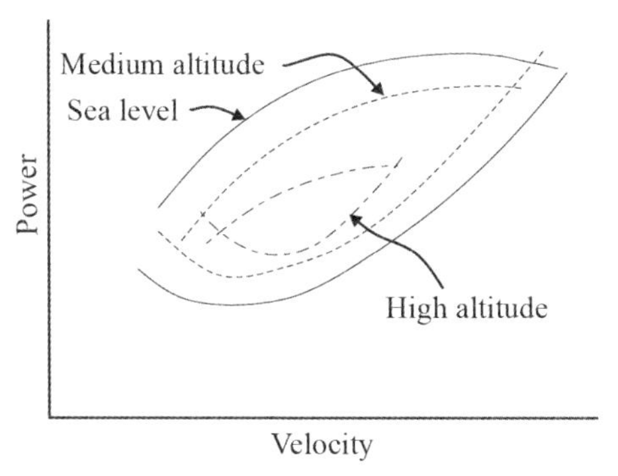

그림 4.3 고도의 변화에 따른 동력과 속도

4.3 항속거리

UAV 의 항속거리는 중요한 성능 특성이다. 이를 적정 수준의 근사로 계산하는 것은 상대적으로 어렵지 않다. 항속거리는 많은 기본적인 항공기 매개변수의 영향을 받으며, 연료는 변화하는 무게중심 조건에서 운용되는 비행체의 능력으로 설정되는 제한된 범위 이내에서 페이로드와 교환될 수 있기때문에 임무 페이로드 중량에 크게 달라진다.

항속거리와 항속시간의 계산을 위한 기본적인 관계는 연료가 소모됨에 따라서 감소하는 비행체의 중량이다.

프로펠러 추진 항공기의 경우, 이러한 관계는 엔진 축에서 발생하는 단위 동력 P_e 당 소모되는 연료의 비율로 정의되는 비연료소모율 c 의 항에 대해서 다음과 같이 나타낼 수 있다.

$$-\frac{dW}{dt} = cP_e \tag{4.7}$$

제트 항공기에 대해서는 연료소모율의 다른 측정 수단인 비추력연료소모율 c_t 를 사용하고, 이는 다음과 같이 제트 엔진에서 발생하는 단위 추력당 소모되는 연료의 비율로 정의된다.

$$-\frac{dW}{dt} = c_t T \tag{4.8}$$

여기서 c 와 c_t 의 단위에 대해서 알아볼 필요가 있다. 이는 엔진에서 발생되는 단위 동력 또는 추력에 대해서 단위 시간당 연소되는 연료의 중량과 같다. 임페리얼 단위계에서 연료소모율 c 의 경우 이는 단위 ft-lb/sec 당 lb/sec 가 된다. 따라서 lb/sec 는 서로 약분되기 때문에 c 의 단위는 1/ft (미터 단위계에서는 1/m)가 된다. 비추력연료소모율 c_t 의 경우 단위 추력 lb 당 lb/sec 이기 때문에 결국 c_t 의 단위는 1/sec 가된다.

동력은 추력과 속도의 곱이므로 c_t 를 c 의 항으로 다음과 같이 표현할 수 있다.

$$c_t = \frac{cV}{\eta} \tag{4.9}$$

4.3.1 프로펠러 추진 항공기에 대한 항속거리

프로펠러로 추진되는 항공기에 대해서는 식 (4.7)로부터 시작한다. 수평비행에 대해서 $PA = \eta P_e$ 이고 $PA = PR = DV$ 이므로 식을 다음과 같이 정리할 수 있다.

$$-\frac{dW}{dt} = \left(\frac{c}{\eta}\right)DV \tag{4.10}$$

$L/D = W/D$ 이고 $D = W/(L/D)$ 이므로, 식 (4.10)의 D 를 대체하고 Vdt 에 대해서 풀면 다음과 같다.

$$Vdt = -\left(\frac{\eta}{c}\right)\left(\frac{L}{D}\right)\frac{dW}{W} \tag{4.11}$$

L/D 와 η/c 가 모두 일정하다고 가정하면, 항속거리 R 은 Vdt 를 전체 비행에 대해서 적분하는 것으로 구할 수 있다. 이를 정리하면,

$$R = \left(\frac{\eta}{c}\right)\left(\frac{L}{D}\right)ln\left(\frac{W_0}{W_1}\right) \tag{4.12}$$

여기서 W_0 는 항공기의 (모든 연료가 소모된) 자체중량이고, W_1 은 이륙시 중량이다. 연료중량을 이륙중량의 분율로 표현하면 다음과 같다.

$$\frac{W_{fuel}}{W_{TO}} = \frac{W_1 - W_0}{W_1} = 1 - \frac{W_0}{W_1} \tag{4.13}$$

위의 식 (4.12)는 항공공학의 초창기에 유도된 것으로 Breguet 항속거리 방정식으로 알려져 있다.

프로펠러 추진 항공기에 대해서 식 (4.12)는 효율, 연료소모율 및 연료량과 같은 항공기의 몇 가지 기본적인 매개변수와 양항비 L/D 에 기반해서 항속거리에 대한 수치를 직접 제공한다. 이 식을 자세히 살펴보면 항공기의 항속거리는 높은 프로펠러 효율, 낮은 비연료소모율, 그리고 높은 연료량(다시 말해서 W_1 과 W_0 사이의 큰 차이)을 갖는다면 증가될 수 있다는 것을 알 수 있다. 이는 모두 상당히 직관적인 부분이다.

이 식에 대한 보다 흥미로운 관찰 결과는, 항속거리를 최대로 하기 위해서는 L/D 의 최대값으로 비행해야만 한다는 사실을 알려주는 것이다. 이는 다음과 같이 주어지는 속도에서 발생하는 것을 알 수 있다.

$$V_{max\,L/D} = \sqrt{\frac{2}{\rho}\frac{W}{S}\sqrt{\frac{1}{\pi eARC_{D0}}}} \tag{4.14}$$

그리고 L/D 의 최대값은 다음과 같다.

$$\left(\frac{L}{D}\right)_{max} = \sqrt{\frac{\pi eAR}{4C_{D0}}} \tag{4.15}$$

식 (4.15)로부터, 만약 보다 긴 항속거리를 원한다면 높은 가로세로비가 필요하고, 따라서 가늘고 긴 날개가 필요하다는 것을 알 수 있다.

프로펠러 추진 항공기에 대한 항속거리 차트가 그림 4.4 에 나와 있다.

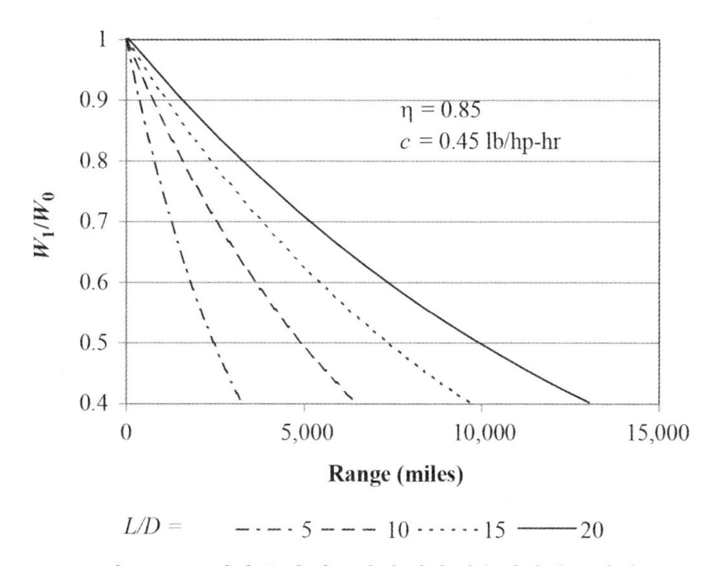

그림 4.4 프로펠러 추진 항공기에 대한 항속거리대 중량비

항공공학에서는 예를 들어 엔진 출력에 대해서는 hp, 추력에 대해서는 lb, 그리고 속도에 대해서는 fps 가 아닌 mph 를 사용하는 것과 같이 다소 혼재된 단위계를 사용하는 것이 일반적이다. 보다 일반적인 혼재된 단위계를 사용하는 경우 정확한 답을 구하기 위해서는 이러한 형태의 방정식을 유도하는 연습이 추천된다.

프로펠러 추진 항공기에 대한 간단한 항속거리 방정식을 유도할때 $L = W$ 라고 가정했기 때문에, 이는 시작부터 종료까지 그러한 조건이 유지되는 비행에만 적용된다. 연료의 연소에 따라서 비행체의 중량은 계속해서 감소하기 때문에, $L = W$ 라는 조건을 유지하기 위해서는 시간에 따라서 양력을 감소시킬 필요가 있다. 이는 시간에 따라서 속도를 감소시키거나 고도를 증가시키는 방법으로 처리될 수 있다. 따라서, 식은 일정한 고도와 감소하는 속도 또는 일정한 속도와 증가하는 고도를 갖는 비행에만 적용될 수 있다. 그럼에도 불구하고, 이는 연료가 없는 비행체 중량에 대해서 사용 가능한 연료의 중량에 기반한 비행체의 항속거리에 대한 빠른 예측을 위한 유용한 방법이다.

4.3.2 제트 추진 항공기에 대한 항속거리

제트추진 항공기에 대해서는 상황이 다소 달라진다. 특별히 제트 항공기에 대한 방정식의 형태를 유도하기 위해서는 식 (4.8)로부터 시작해서 다음과 같이 정리할 수 있다.

$$Vdt = -\left(\frac{1}{c_t}\right)\left(\frac{L}{D}\right)V\frac{dW}{W} \tag{4.16}$$

앞에서와 같은 방법으로 처리하고 비행하는 동안 V 와 L/D 가 일정하다고 가정하면 제트추진 항공기에 대한 단순화된 항속거리 방정식을 구할 수 있다.

$$R = \frac{V}{c_t}\frac{L}{D}ln\left(\frac{W_0}{W_1}\right) \tag{4.17}$$

이 식으로부터 (VL/D)가 최대값으로 비행한다면 최대 항속거리를 얻을 수 있다는 것을 알 수 있다. 수평비행에 대해서 $L = W$ 이므로 다음과 같이 표현할 수 있다.

$$L = W = \frac{1}{2}\rho V^2 SC_L$$

$L/D = C_L/C_D$ 를 이용하면 다음과 같이 정리할 수 있다.

$$V\frac{L}{D} = \sqrt{\frac{2W}{\rho SC_L}\frac{C_L}{C_D}} \tag{4.18}$$

식 (4.17)은 W 에 대해서 적분되었고, VL/D 에 대한 표현이 W 항을 포함하고 있기 때문에 이 식을 직접 대입할 수는 없다. 따라서, 식 (4.18)을 식 (4.16)에 대입하고 $\rho, C_L, S,$ 그리고 $C_L^{1/2}/C_D$ 가 모두 일정하다는 가정으로 적분하면, 제트추진 항공기에 대한 보다 정확한 형태의 항속거리 방정식을 구할 수 있다.

$$R = \frac{1}{c_t}\sqrt{\frac{2}{\rho S}}\frac{C_L^{1/2}}{C_D}(W_0^{1/2} - W_1^{1/2}) \tag{4.19}$$

프로펠러 추진 항공기에서와 마찬가지로, 낮은 비연료소모율(이 경우에는 비추력연료소모율)과 높은 연료량이 필요하다는 것을 알 수 있다. 뿐만 아니라, 제트추진 항공기에 대해서는 가능한 공기밀도의 최소값이 필요하기 때문에 높은 고도에서 비행하는 것이 선호될 것이다.

이와 같은 제트추진 항공기의 항속거리에 대한 간단한 방정식을 구하는데 있어서 여러가지 항목이 일정하다고 가정되었다. 공기밀도 ρ 를 일정하게 유지하기 위해서는 고도가 일정하게 유지되어야만 한다. $C_L^{1/2}/C_D$를 일정하게 유지하기 위해서는 항공기의 중량이 감소함에 따라서 속도가 변경되어야만 한다. 여기서 $C_L^{1/2}/C_D$ 의 최대값은 다음과 같은 속도에서 발생하는 것을 알 수 있다.

$$V(C_L^{1/2}/C_D)_{max} = \left(\frac{2W}{\rho S} \sqrt{\frac{3}{\pi eARC_{D0}}} \right)^{1/2} \quad (4.20)$$

그리고 이 속도에서,

$$\left(\frac{C_L^{1/2}}{C_D} \right)_{max} = \frac{3}{4} \left(\frac{\pi eAR}{3C_{D0}^3} \right) \quad (4.21)$$

프로펠러 추진 항공기와 마찬가지로, 긴 항속거리를 위해서는 높은 가로세로비의 날개가 필요하다.

4.4 항속시간

4.4.1 프로펠러 추진 항공기에 대한 항속시간

항속시간은 연료가 고갈되기 전까지 항공기가 공중에 머물 수 있는 시간을 의미한다. 프로펠러 추진 항공기의 항속시간을 예측하기 위해서는 식 (4.11)로부터 시작한다.

$$Vdt = -\left(\frac{\eta}{c} \right) \left(\frac{L}{D} \right) \frac{dW}{W}$$

이를 다시 정리하면,

$$dt = -\left(\frac{\eta}{cV} \right) \left(\frac{L}{D} \right) \frac{dW}{W}$$

$L = W = 0.5\rho V^2 SC_L$ 을 이용해서 다음과 같이 V 에 대해서 정리할 수 있다.

$$V = \sqrt{\frac{2W}{\rho SC_L}}$$

L/D 대신 C_L/C_D 를 대입하고 dt 에 대해서 정리하면 다음과 같다.

$$dt = -\left(\frac{\eta}{c} \right) \sqrt{\frac{\rho S}{2}} \left(\frac{C_L^{3/2}}{C_D} \right) \left(\frac{dW}{W^{3/2}} \right)$$

앞에서와 마찬가지로 항공기의 중량을 제외한 나머지가 시간에 대해서 모두 일정하다고 가정하면, 이를 적분하는 것으로 항속시간(E)을 다음과 같이 구할 수 있다.

$$E = \left(\frac{\eta}{c} \right) \sqrt{2\rho S} \left(\frac{C_L^{3/2}}{C_D} \right) (W_1^{-1/2} - W_0^{-1/2}) \quad (4.22)$$

이 식을 살펴보면 높은 프로펠러 효율, 낮은 비연료소모율, 그리고 높은 연료량과 같이 최대 항속시간은 최대 항속거리를 위해서 필요한 항공기의 매개변수와 거의 동일한 조건에서 발생하는 것을 알 수 있다. 그러나, 긴 항속거리를 위해서는 높은 고도(낮은 ρ)에서 운용될 필요가 있는 것과는 달리 식 (4.22)에 따르면 긴 항속시간을 위해서는 ρ 가 최대값이 되는 해면고도에서 비행할 필요가 있다는 것을 알 수 있다. 항속시간에 대한 몇 가지 대표적인 곡선이 그림 4.5 에 나와 있다.

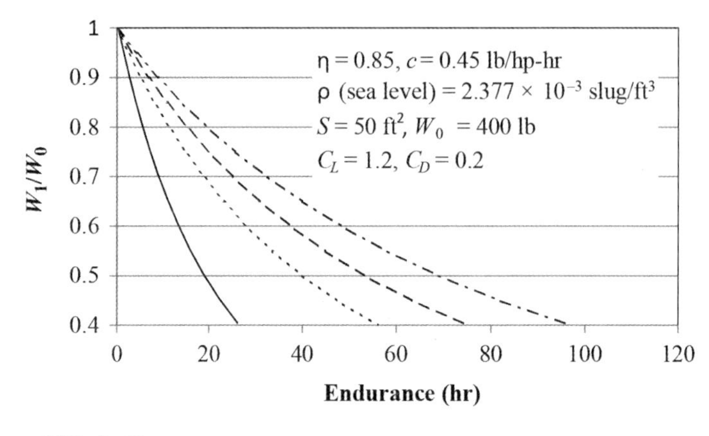

그림 4.5 프로펠러 추진 항공기에 대한 항속시간대 중량비

최대 항속시간의 경우, 항공기가 $C_L^{3/2}/C_D$ 의 최대값으로 비행하는 것이 필요하다. 이는 다음 속도에서 발생한다는 것을 알 수 있다.

$$V(C_L^{3/2}/C_D)_{max} = \left(\frac{2W}{\rho S} \sqrt{\frac{1}{3\pi eARC_{D0}}} \right)^{1/2} \tag{4.23}$$

그리고 $C_L^{3/2}/C_D$ 값은 다음과 같이 주어진다.

$$\left(\frac{C_L^{3/2}}{C_D} \right)_{max} = \frac{1}{4} \left(\frac{3\pi eAR}{C_{D0}^{1/3}} \right)^{3/4} \tag{4.24}$$

위에 나온 최대 항속시간에 대한 속도는 식 (4.14)에 나오는 최대 항속거리에 대한 속도와 동일하지 않다. 이는 3 의 네제곱근 또는 1.32 배수만큼 차이를 갖기때문에 최대 항속거리에 대한 속도(최대 L/D 에서)는 최대 항속시간에 대한 속도(최대 $C_L^{3/2}/C_D$ 에서)에 1.32 를 곱한 것과 같다. 항속시간은 시간이고 항속거리는 속도와 시간의 곱이기 때문에 두 값에 차이가 나는 것은 당연한 결과이다.

긴 항속거리에서와 마찬가지로 긴 항속시간은 높은 가로세로비의 날개를 필요로 한다.

4.4.2 제트 추진 항공기에 대한 항속시간

제트추진 항공기에 대해서는 식 (4.8)로부터 시작하고, $T = D$ 와 $L = W$ 를 이용하면 다음과 같이 나타낼 수 있다.

$$dt = -\frac{L}{D} \frac{1}{c_t} \frac{dW}{W}$$

여기서 L/D 와 c_t 가 시간에 대해서 일정하다고 가정하면, 이를 적분하는 것으로 제트추진 항공기의 항속시간에 대한 간단한 표현을 구할 수 있다.

$$E = \frac{1}{c_t}\frac{L}{D} ln \frac{W_0}{W_1} \tag{4.25}$$

최대 항속시간을 위해서는 최대 L/D 가 발생하는 속도에서 비행이 이루어져야만 한다. 이는 프로펠러 추진 항공기의 항속거리와 관련해서 이미 고려되었고, 이러한 조건을 만족하는 속도는 식 (4.14)로 주어진다. 이 속도는 항공기의 중량이 감소함에 따라서 변화한다. 양항비 L/D 의 최대값은 식 (4.15)로 주어진다.

4.5 활공 비행

비행체가 활공할 수 있는 능력은 침하율로 측정되며, 식 (4.1) 및 식 (4.2)와 같은 운동 또는 평형방정식을 사용해서 쉽게 계산할 수 있다. 동력을 사용하지 않는 ($T=0$) 경우, 두 개의 운동방정식은 다음과 같이 정리된다.

$$W \sin\theta = -D \tag{4.26}$$

$$W \cos\theta = L \tag{4.27}$$

첫 번째 식을 두 번째 식으로 나누면 활공각의 기울기가 결정된다.

$$\tan\theta = \frac{-D}{L} = \frac{-C_D}{C_L} \tag{4.28}$$

활공각의 기울기는 L/D 값의 역수이다. 침하율은 양의 수치로 표현되며, 따라서 만약 속도를 알고 있다면 침하율은 다음과 같이 표현할 수 있다.

$$Sink\ rate = V\frac{D}{W} = V \tan\theta \tag{4.29}$$

침하율의 단위는 V 의 단위와 같을 것이다.

대부분의 UAV 는 높은 L/D 값을 갖기때문에 착륙 접근시 높은 동력을 사용하지 않으며, 다소 낮은 각도로 접근한다. 이는 상당한 길이의 활주로 또는 네트를 이용한 착륙에서도 막히지 않은 공간이 필요하다는 것을 의미한다. 이러한 단점을 극복하고 회수를 위해서 제한된 공간을 사용할 수 있는 한 가지 방법으로는 착륙 접근시 플랩과 같은 항력발생 장치를 사용해서 L/D 를 감소시키는 것이다. 이러한 장치는 시스템의 복잡성과 비용을 증가시킨다. 또 다른 방법으로는 본질적으로 낮은 L/D 를 갖는 장치인 패러포일을 전개하는 것이다.

4.6 요약

기본적인 공기역학 방정식은 AV 의 설계특성과 임무 프로파일에 대한 주요 성능 특성을 계산하는 강력한 수단이다. 이는 항공공학 엔지니어가 모든 항공기 설계에서 사용하는 도구이다. 이번 장에서는 항속거리와 항속시간과 같은 중요한 특성을 예측하기 위해서 이러한 기본적인 방정식이 조합되는 방법을 보여주는 것으로 이의 사용법에 대한 사례를 제공하고 있다. 기본 방정식의 유용함은 설계의 모든 분야로 확장된다. 이러한 종류의 계산은 전체 설계 과정에서 핵심적인 역할을 한다. 사례를 통해서 AV 의 기본적인 형상(중량과 항력), 고도, 그리고 비행 모드가 연료소모, 다시 말해서 항속거리와 항속시간을 향상시키는 방법을 보여주었다. 이를 포함한 다른 유사한 방정식이 AV 중량, 연료하중, 임무 페이로드 중량, 날개 면적과 설계, 그리고 전체 AV 의 설계에 필요한 다른 모든 항목 사이의 트레이드오프에 사용될 것이다.

제 5 장 조종안정성
Stability and Control

5.1 개요

안정성은 작은 교란에 대해서 정지 또는 운동의 현재 상태를 유지하려는 물체의 경향을 나타낸다. 예를 들어, 바닥이 아래로 세워진 샴페인병을 살짝 건드릴 수 있지만 기껏해야 몇 차례 앞뒤로 흔들리고 원래 자리로 안정될 것이다. 이는 작은 경사로 인해서 병에 작용하는 힘이 경사에 따라서 증가하고, 병을 바닥이 테이블에 밀착된 원래의 제자리로 돌리려는 경향을 보이기 때문이다. 이를 양의 안정성이라고 부른다. 이론적으로 동일한 샴페인병을 위아래를 뒤집어서 균형을 잡을 수도 있을 것이다. 그러나, 뚜껑이 테이블과 접촉한 지점의 바로 위에서 무게중심이 끝나자마자 병에 작용하는 전체 힘은 경사를 증가시키고 이는 힘을 더욱 증가시킬 것이기 때문에 매우 약간의 교란으로도 이를 옆으로 넘어지게 할 수 있을 것이다. 이를 음의 안정성이라고 한다.

양(+)의 안정성에서는 물체의 상태에 대한 교란이 증가하면 생성되는 복원력도 증가하는 반면, 음의 안정성에서는 상태에 대한 교란이 증가하면 교란을 일으키는 힘이 폭증하여 참사로 이어질 것이다.

음(−)의 안정성도 허용될 수 있고 바람직하기도 하다. 이는 교란으로 인한 영향을 수정하기 위해서 라이더가 체중을 약간 이동하기 않는다면 넘어지는 순간 전까지 교란에 대한 작은 내성만을 갖는 자전거로 입증될 수 있다. 음의 안정성은 주로 매우 높은 기동성과 일치하며, 일부 상황에서는 바람직할 수 있다. 그러나 음의 안정성은 교란을 일으키는 피드백 힘이 제어불가가 되기 전에 작은 교란을 수정할 수 있는 충분히 높은 대역폭으로 작동하는 제어시스템을 필요로한다. 항공기의 경우, 전자제어 시스템이 설계 비행선도 내에서 작동할때 음의 안정성을 갖는 항공기를 설계할 수 있을 정도로 충분한 능력과 신뢰도를 갖기까지는 지난 수십 년밖에 지나지 않았다.

이번 장에서는 안정성에 대한 기본적인 개념 및 비행체가 비행하는데 필요한 전자제어 시스템(자동조종)의 이용과 관련된 영역에 대해서 논의할 것이다.

5.2 안정성

비행체가 비행을 유지하기 위해서는 안정해야만 한다. 정안정성은 비행기가 돌풍 또는 다른 힘에 의해서 교란을 받은 후에 비행기에 작용하는 (추력, 중량, 그리고 공기역학 힘과 같은) 힘이 기체를 원래 평형 위치로 돌아가는 경향을 갖는 방향임을 의미한다. 만약 비행체가 정적으로 안정하지 않다면 가장 작은 교란이라도 원래 비행 상태로부터 계속해서 이탈하도록 만들 것이다. 정적으로 안정한 비행기는 교란을 받은 후에 원래 위치로 돌아가려는 경향을 갖겠지만, 이는 오버슈트, 회전, 반대방향으로 이동, 다시 오버슈트, 그리고 결국에는 진동하며 파손될 수도 있다. 이러한 경우 비행기는 정적으로는 안정이지만 동적으로는 불안정이다. 만약 진동이 감쇠되어 결국 사라진다면 비행체는 동적으로 안정하다고 얘기한다.

비행체는 세 개의 각방향 자유도(피치, 롤 및 요)를 가지며 각 축에 대한 평형이 반드시 유지되어야만 한다. 피치축이 가장 중요하고 이에 대한 안정성을 세로안정성이라고 한다. 롤과 요 축에 대한 일부 불안정성은 허용될 수 있으며, 두 가지는 대부분의 해석에서 조합되어 가로안정성이라고 한다.

5.2.1 세로안정성

세로안정성에 영향을 미치는 요인은 비행체에 작용하는 힘의 균형을 보여주는 그림 5.1 과 독자의 편의를 위해서 아래에 다시 반복된 식 (3.7)을 참고하는 것으로 결정될 수 있다.

$$C_{M_{CG}} = C_L\left(\frac{x_a}{c}\right) + C_D\left(\frac{z_a}{c}\right) + C_{m_{ac}} + C_{fus} - C_{L_t}\left(\frac{S_t}{S}\right)\left(\frac{x_t}{c}\right) + C_{m_{act}}$$

피칭모멘트 계수는 양력 계수의 함수이고, 비행기의 정안정성을 평가하기 위해서 이러한 사실이 사용된다.

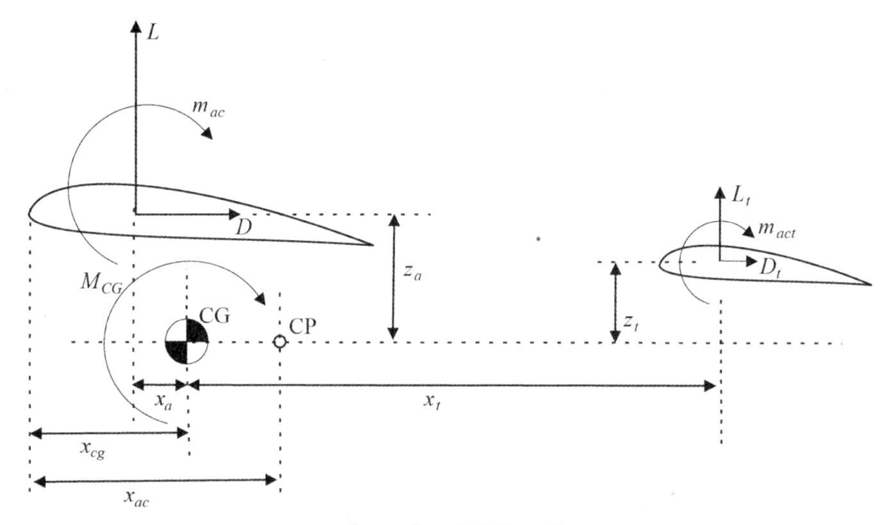

그림 5.1 세로안정성 모멘트

항공기의 압력중심(Center of Pressure, CP)은 전체 항공기의 각 작은 성분에 대한 지점과 압력의 위치가 가중된 평균이라는 의미에서 항공기에 공기역학적 압력이 작용한다고 간주되는 지점이다. 일반적으로 날개에 작용하는 항력이 항공기에 작용하는 전체 항력을 지배하기 때문에 이는 보통 날개와 관련된 세로지점에 위치한다.

만약 피칭모멘트를 양력 계수에 대해서 그래프로 그리면 그림 5.2 와 같다.

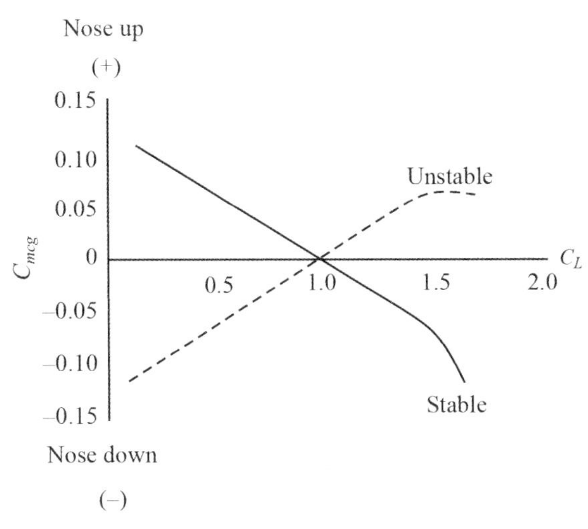

그림 5.2 피칭모멘트 계수

이 그림을 이용해서 다음과 같은 사항을 유추할 수 있다. 만약 교란(예를 들어 증가하는 C_L)이 기수를 들어 올리면 복원 모멘트는 기수를 내리도록 (다시 말해서 피칭모멘트의 변화가 음의 방향) 하고 비행체는 본래 위치로 돌아갈 것이다. 만약 기수올림 교란 이후 피칭모멘트가 기수를 더 올리도록 한다면, 비행기는 계속해서 피치가 증가할 것이고 이는 정적으로 불안정이다. 수학적으로, 안정적인 시스템의 피칭모멘트대 양력 계수 곡선은 위에 나온 것과 같이 음의 기울기를 가져야만 한다. 문제는 비행체가 이런 방법으로 거동하도록 만드는 방법이다. 위에 나오는 평형식의 각 항은 피칭모멘트에 음의 방향 또는 양의 방향으로 기여한다. 수평꼬리날개의 기여(식에서 마지막에서 두 번째 항)는 음의 부호를 가지며 x_t 와 S_t 를 크게 설계하는 것으로 큰 값을 얻을 수 있기때문에 상당한 중요성을 갖는다. 비행체의 무게중심으로부터 후방으로 멀리 위치하는 큰 꼬리날개 면적은 강력한 안정판이다.

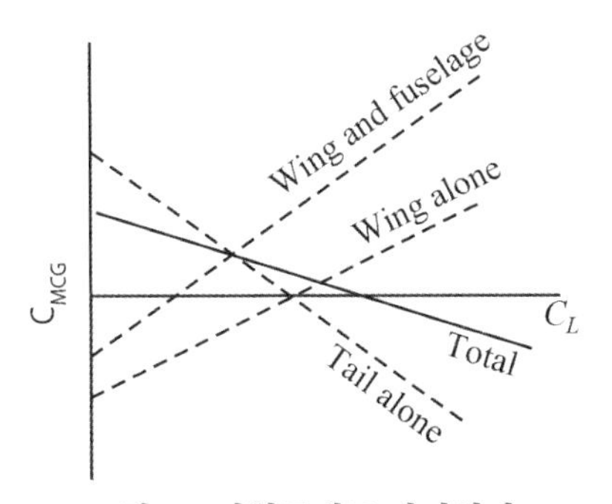

그림 5.3 피칭모멘트 기여인자

각 기여 인자에 대한 피칭모멘트대 양력 계수 그래프가 그림 5.3 에 나와 있다.

$$\frac{dC_M}{dC_L} = x_{cg} - x_{ac}$$

화살이든 완전한 항공기든 모든 비행하는 물체에 대해서, 앞서 언급된 정적 안정성에 대한 조건인 피칭모멘트대 양력 곡선이 음의 방향을 유지하기 위해서는 무게중심(CG)이 공력중심(Aerodynamic Center, AC) 또는 압력중심보다 전방에 위치해야만 한다. CG 의 후방에 수평 및 수직안정판과 같은 양력과 항력을 발생하는 표면의 추가하는 것은 전체 비행기의 공력중심을 후방으로 이동시켜 안정성을 증가시키는 효과를 갖는다. 카나드와 같이 CG 의 전방에 표면을 장착하는 것은 반대로 안정성을 감소시킨다.

5.2.2 가로안정성

약간의 롤 또는 요의 경우, 매우 오래 동안 제어를 하지 않는다면 비행체가 실속하고 비행을 할 수 없도록 하는 피치만큼 치명적이지 않기때문에 가로안정성은 세로안정성만큼 중요하지는 않다. 요 (또는 방향) 안정성은 적절한 크기의 수직꼬리날개 또는 안정판 면적을 적용하는 것으로 쉽게 성취할 수 있다. 요 해석에 대한 수식은 날개가 요 안정성에 거의 영향을 미치지 않는 것을 제외하고 피치의 경우와 유사하다. 동체와 수직꼬리날개가 두 개의 주요 기여 인자이다. 피치의 경우에서와 같이, 횡력 계수대 요 각도는 안정성을 위해서는 반드시 음의 기울기를 가져야만 한다. 그 이유는 앞에서 피치의 경우에 사용된 것과 동일해서, 수직꼬리날개는 횡력 교란으로 인해서 발생한 요 각도를 최소화하는 복원모멘트를 발생시킬 수 있어야만 한다. 전형적인 요 모멘트 계수대 요 각도의 그래프가 그림 5.4 에 나와 있다.

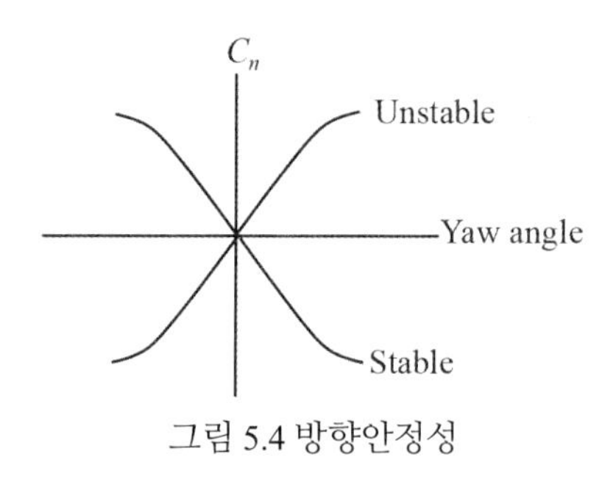

그림 5.4 방향안정성

롤 안정성은 보통 날개의 상반각으로 얻을 수 있다. 날개가 동체에 대해서 이루는 상반각으로 인해서 옆미끄럼으로 인한 롤링 모멘트가 발생된다. 과장된 형태인 그림 5.5 가 이 개념을 시각화하는데 도움을 줄 것이다.

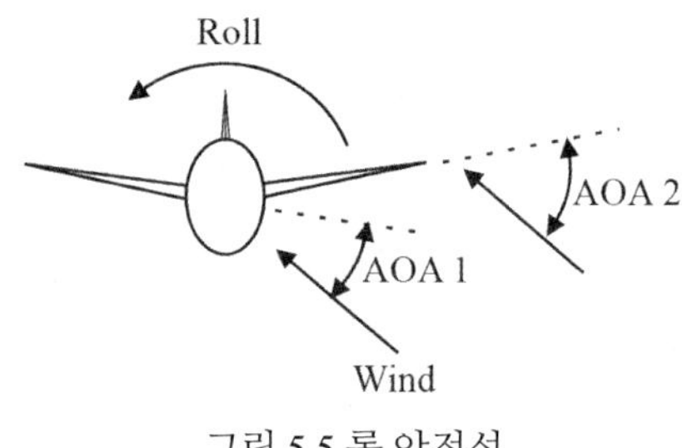

그림 5.5 롤 안정성

만약 상반각을 가지고 있다면, 옆미끄럼이 발생하는 비행체에 작용하는 바람은 윗바람을 받는 날개의 받음각보다 아랫바람을 받는 날개의 받음각을 더 크게 만든다. 이는 윗바람쪽 날개보다 아랫바람쪽 날개가 더 큰 양력을 발생하도록 해서 옆미끄럼이 감소하도록 하는 방향으로 롤을 일으키고, 따라서 안정성을 발생시킨다. 동체에 대한 날개의 수직위치 또한 롤 안정성을 발생시키지만, 지배적인 요인은 날개의 상반각이다.

어드버스 요는 많이 듣게 되는 또 다른 안정성 개념이다. 영국식 표현인 어드버스 에일러론 항력이 보다 정확한 명칭으로 개념을 더 쉽게 이해할 수 있도록 한다. 롤을 발생시키기 위해서 에일러론이 변위된다면, 이는 롤링으로 인해서 비행체를 선회의 반대방향으로 요잉을 일으키는 항력을 발생시킨다. 이는 요잉에 대응하도록 러더 변위를 적용하는 것으로 경감될 수 있는 불안정한 조건을 초래한다. 물론 이는 러더를 갖는 주요 이유 중의 하나이다. 조종사는 이러한 불균형을 감지할 수 있지만, UAV는 비행조종 시스템 내에서 반대 조작이 자동화되어야만 한다.

5.2.3 동안정성

동안정성을 얻기 위해서는 복원력이 시스템으로부터 에너지를 흡수하는 능력을 가져야만 한다. 동안정성은 날개, 꼬리날개, 그리고 동체와 같은 다양한 표면이 움직이는 속도에 비례하는 힘에 의해서 발생하며, 이때 비례상수를 안정성 미계수라고 한다.

안정성 미계수에 기체의 각속도를 곱하면 일반적으로 기체의 각속도를 감소시키는 (다시 말해서 에너지를 흡수하는) 힘이 발생한다. 이러한 현상을 일종의 마찰인 댐핑이라고 부른다.

실제 시스템에서는 마찰의 자연스러운 발생으로 인해서, 만약 시스템이 정적으로 안정하다면 동안정성이 항상은 아니지만 일반적으로 존재한다.

비행체를 제어하기 위해서 피드백을 이용한 자동조종과 같은 인위적인 수단을 사용하면 동적 불안정성이 나타난다. 이는 만약 조종시스템 내의 피드백이 부적절하게 설계 또는 보상되면 발생할 수 있으며, 시스템에 발산하는 운동을 수정하도록 작용하는 힘에 대해서 위상을 벗어난 에너지를 추가한다. 이는 댐핑이 아닌 불안정성의 증폭으로 이어질 수 있다.

5.2.4 요약

CP와 CG사이의 거리는 비행체의 안정성에 깊은 영향을 갖는다. CG와 CP사이에 작은 거리를 갖는 비행체는 큰 거리를 갖는 비행체보다 덜 안정적이다. 안정성을 위해서는 CG가 CP의 전방에 위치할 필요가 있다. 수평꼬리날개는 안정성과 기체를 제어하는 능력에 대해서 모두 중요한 조종면이다. 날개 후방으로 멀리 떨어진 꼬리날개는 더 큰 조종성과 안정성을 제공한다. 이는 일반적으로 사실이지만, 수평꼬리 날개가 (카나드와 같이) CG의 전방에 위치하는 경우에는 재빠른 조종이 가능하지만 안정성에서 댓가를 지불해야만 한다.

5.3 조종

5.3.1 공기역학적 조종

피치, 롤, 그리고 요 축에 대한 비행체의 조종은 각각 엘리베이터, 에일러론, 그리고 러더에 의해서 처리된다. 전방을 바라보는 기내에 탑승한 조종사에 의해서 비행이 수행되면, 이는 항공기 외부로 보이는 수평선, 조종 및 항공기의 감각, 그리고 중력과 항공기의 가속도의 조합으로 이해서 조종사의 몸에 작용하는 힘의 지각되는 방향인, 말 그대로 직관적인 감각의 잠재적인 종합 과정을 수반한다.

UAV 의 경우 기체와 조종면의 피드백을 통한 시스템의 감각은 근본적으로 존재하지 않는다. 운용자에게 약간의 비행느낌을 주기 위해서 인공적인 감각이 지상제어에 설계될 수 있지만, 대부분의 UAV 는 인공적인 감각이 없는 자동조종과 전자식 조종을 갖는다. 조종면에 의해서 발생하는 힘은 운용자에게 피드백되지 않는다. 그럼에도 불구하고 기체의 적절한 반응을 결정하고 액추에이터의 크기를 결정하기 위해서 이러한 힘은 분석되어야만 한다.

조종면으로부터의 특정한 움직임 또는 힘이 필요한 특별한 비행조건이 있다. 예를 들어서, 기체의 피치를 위한 엘리베이터의 능력(조종력)은 크기, 형상, 그리고 이를 지나는 대기속도에 따라서 달라진다. 비행체가 일반적으로 매우 느리게 비행하는 착륙 동안에는, 기체가 속도를 얻지 않도록 하기위해서 기수를 높이 유지할 수 있는 충분한 엘리베이터 효용성을 사용할 수 있어야할 필요가 있다. 캐터펄트 론치 동안에도 속도는 낮으며(거의 실속), 만약 기체가 교란을 받는다면 적절한 대기속도를 획득하기까지 자세를 유지할 수 있는 충분한 제어가 유지되어야만 한다. 엘리베이터는 또한 전형적인 이륙활주 과정에서 메인휠이 여전히 활주로에 있는 동안 노즈휠을 들어 올릴 수 있는 크기와 위치를 가져야만 한다.

5.3.2 피치 조종

피칭모멘트는 그림 5.6 에 나온 것과 같이 엘리베이터의 변위로부터 꼬리날개의 양력 계수가 변경되어 발생한다. 엘리베이터 변위는 또한 비행기가 만들어낼 수 있는 가속도(g)와 결과적으로 선회반경을 결정한다. 양력은 항상 날개에 수직이기 때문에, 항공기가 선회시 경사를 이루면 양력은 수직에 대한 각도에 따라서 기울어지고, 수직성분만이 항공기의 중량으로 인한 아래방향 힘에 대응한다. 이의 결과로 양력의 수직성분이 중량과 균형을 이루기까지 전체 양력이 증가되도록 받음각이 증가되어야 한다. 만약 그렇기 않다면 선회하는 동안 고도를 잃을 것이다. 받음각을 증가시키기 위해서는 조종사 또는 자동조종에 의해서 엘리베이터가 위로 움직이도록 적용되어야 한다. 따라서, 일정한 고도에서 적절한 선회를 위해서는 러더가 항공기의 운동을 일으키도록 변위되고, 항공기에 경사각을 주고 받음각을 증가시키기 위해서 스틱은 옆으로 이동하고 당겨져야 한다. 이를 정상선회라고 한다. 선회시 무선 시스템은 유인 시스템과 동일한 방식으로 거동해야만 하고, 정상선회는 비행조종 시스템에 내장되어야만 한다.

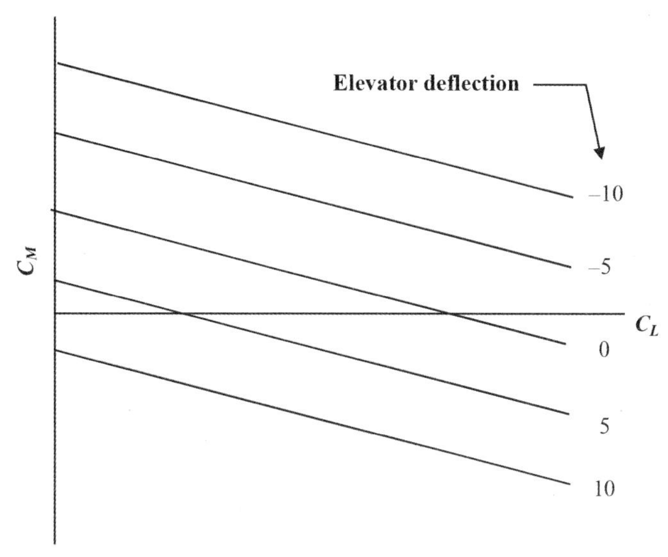

그림 5.6 피치조종 모멘트대 엘리베이터 변위

5.3.3 가로방향 조종

에일러론은 롤을 생성하기 위해서 설계된다. 롤 조종은 선회를 위해서 필요하다. 앞에서 논의된 것과 같이, 선회시 균형된 비행을 이루기 위해서 러더와 수평안정판 조종의 조합이 사용된다. 러더 조종 또한 요를 제어하는데 사용된다.

조종면이 적절한 크기와 위치로 설계되기 위해서는 UAV 가 직면할 수 있는 모든 다양한 비행조건이 반드시 고려되어야만 한다. 이는 일반적으로 힘의 균형에 대한 결정과 비행체 모멘트에 대한 Newton 법칙의 간단한 적분의 계산을 필요로 한다. 조종면의 변위로 인해서 발생하는 비행체의 운동에 대한 완벽한 동역학적 해석은 컴퓨터 시뮬레이션의 사용을 필요로 하는 훨씬 더 복잡한 문제이다.

5.4 자동조종

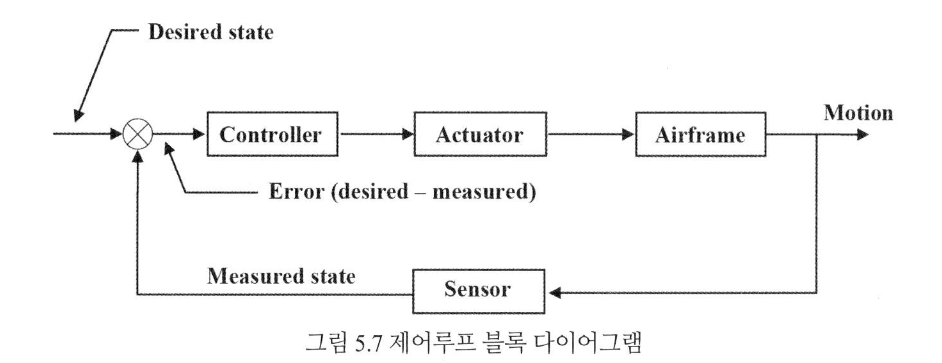

그림 5.7 제어루프 블록 다이어그램

오늘날 UAV 의 조종에 적용되는 거의 일반적인 방법은 자동조종의 형태로 자동화된 전자제어 시스템을 이용하는 것이다. 전자제어 시스템은 피드백 또는 폐루프 작동으로 부르는 특성을 적용한다. UAV 비행경로, 자세, 고도, 비행속도 등의 실제 상태가 측정되고 전기적으로 피드백되어 원하는 상태(로부터 차감되어)와 비교된다. 차이 또는 오류 신호는 증폭되어 적절한 조종면 위치를 결정하고, 오류 신호를 0 으로 만들어 비행체를 원하는 상태로 복원하는 힘을 생성하는데 사용된다. 폐루프 자동조종 시스템의 간단한 기능 블록 다이어그램이 그림 5.7 에 나와 있다.

5.4.1 센서

센서는 비행체의 자세(수직/방향 자이로), 각속도(레이트 자이로), 대기속도(피토-정압 시스템), 방향(컴파스), 고도(압력계 또는 레이다 고도계), 그리고 원하는 또는 필요한 다른 항목을 측정한다.

측정된 자세, 고도, 속도 등은 원하는 상태와 비교되고, 만약 이들이 미리 설정된 크기를 초과해서 벗어난다면 오차 신호가 생성되고 이는 편차가 제거되도록 조종면을 움직이는데 사용된다. 비교 기능은 보통 제어기 내에서 이루어진다.

5.4.2 제어기

제어기는 위에서 설명된 오류 신호를 생성하는데 필요한 전자장비를 포함하고, 이를 증폭하고 액추에이터를 위해서 준비한다. 뿐만 아니라, 서로 다른 축으로부터 나오는 신호의 변형과 결합이 제어기에서 실행된다. 제어기는 또한 일반적으로 명령을 처리하고 비행조종 시스템의 출력을 관리하는 전자장비를 포함한다.

5.4.3 액추에이터

액추에이터는 제어기로부터 나오는 신호의 결과에 따라서 명령되면 조종면을 움직이는데 필요한 힘을 발생시킨다. 대형 항공기에 사용되는 액추에이터는 보통 유압이지만, UAV 는 주로 전기 액추에이터를 사용하고, 따라서 모두 무겁고 흔히 누유가 발생하는 유압펌프, 유압조절기, 배관 및 유압유에 대한 필요성이 배제된다.

5.4.4 기체 조종

조종면이 움직이면 이는 비행체가 반응하는 힘을 발생시킨다. 센서는 이러한 반응 또는 비행체의 움직임을 감지하고 자세, 속도, 또는 위치가 지정된 한계 이내로 떨어지면 이의 오류는 0 이 되고 결과적으로 액추에이터는 조종면의 움직임을 중단한다. 오류 신호는 원하는 위치 또는 비행체의 자세에 서서히 접근되고 오버슈트하지 않도록 보상된다. 시스템은 지속적으로 교란을 탐색하고 조정해서 비행체가 부드럽게 비행할 수 있도록 한다. 항법시스템은 상당히 유사한 방법으로 작동하지만, 센서로 컴파스, 관성 플랫폼, 레이다, 그리고 GPS 수신기를 갖는다.

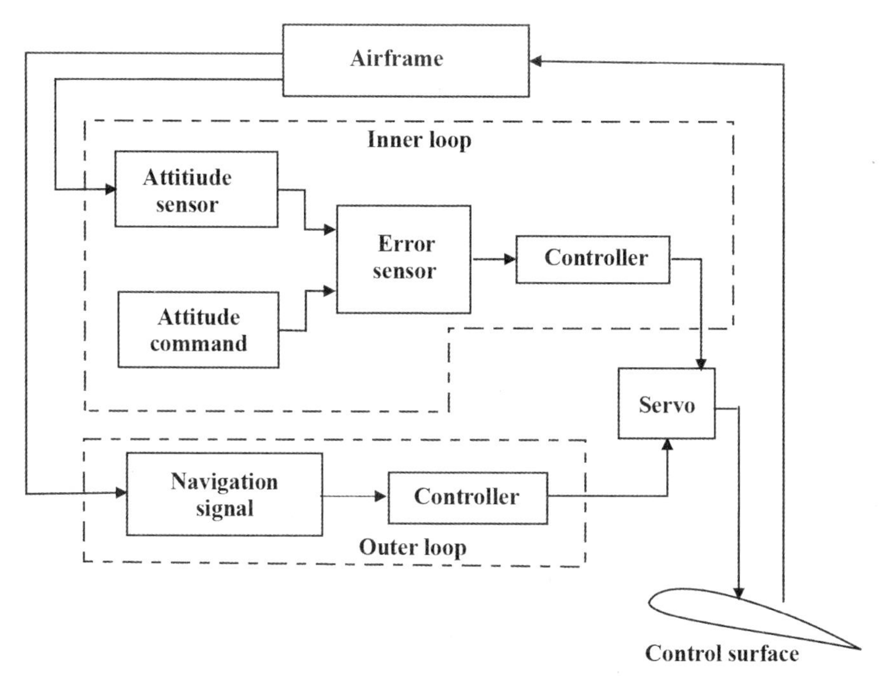

그림 5.8 비행조종 시스템 블록 다이어그램

5.4.5 내부 및 외부 루프

주요 안정화는 내부 루프로 알려진 곳에서 수행되고, 이는 기본적으로 비행체를 지정된 자세, 고도, 그리고 속도 상태로 유지한다. 뿐만 아니라, 비행체의 기동과 항법 작업을 수행하는 외부 루프도 있다. 외부 루프는 또한 전자보조 또는 자동 회수를 위한 유도빔을 확보하는 것에도 사용된다. 내부와 외부 루프 모두를 보여주는 피드백 제어 시스템의 블록 다이어그램이 그림 5.8 에 나와 있다.

5.4.6 비행조종의 분류

자동 비행조종 시스템은 제어하는 축의 수에 따라서 분류된다. (이러한 모든 시스템은 또한 원하는 속도뿐 아니라 고도를 제어하기 위해서 쓰로틀 제어를 포함할 수 있다.)

- 단일축: 단일축 시스템은 보통 롤 축에 대한 운동만을 제어한다. 이 시스템의 일부를 구성하는 조종면은 에일러론으로, 이러한 시스템을 날개 수평기라고 부른다. 지상 통제 스테이션의 조종사는 비행체가 선회할 수 있도록, 따라서 비행체의 항법을 위해서 시스템으로 명령을 부여할 수 있다. 때로는 자기 경로와 방향을 자동적으로 유지하기 위해서 자기 컴파스 또는 라디오 빔으로부터의 신호가 사용된다. 이러한 종류의 운용은 이후 논의될 외부 루프의 일부이다.
- 2 축: 일반적으로 2 축 제어 시스템은 보통 피치와 롤 축에 대해서 비행체를 제어한다. 사용되는 조종면은 엘리베이터와 에일러론이지만, 때로는 러더만이 선회를 위한 미끄럼 장치로 사용되기도 한다. 피치제어를 사용할 수 있기때문에 비행체의 고도가 직선 수평비행으로 유지될 수 있다. 롤 제어만을

사용하는 경우 (앞에 나왔던 5.3.2 장 피치 제어에 대한 논의 참조) 고도의 손실로 이어지는 급선회는 피치 자세의 제어를 통해서 이러한 손실이 없이 이루어질 수 있다.

- 3 축: 그 명칭이 의미하듯이 3 축 시스템은 모든 세 개의 축에 대해서 비행체를 제어하고, 요 제어를 위해서 러더의 사용이 적용된다. 일부 UAV 는 3 축 시스템을 사용하지 않는다. 요 제어는 전체 시스템에 대해서 (러더를 사용한 정상선회는 제외하고) 중대한 기여를 하지는 않기때문에 이는 비행능력의 큰 손실이 없이 비용을 감소시킬 수 있다. 만약 미사일이나 다른 무기가 UAV 와 같이 사용된다면 요 제어(3 축 제어 시스템)가 보다 바람직해 진다.

5.4.7 전반적인 작동 모드

고도를 유지하고 비행체를 안정화하는 것에 추가해서, 자동비행조종 시스템은 비행경로의 제어, 항법, 또는 특정한 비행 기동을 수행하기 위해서 온보드 장치 또는 지상(또는 위성)으로부터 신호를 받을 수 있다. 이러한 작동은 외부 루프를 통해서 이루어진다. 이러한 신호의 제공을 커플링이라고 하고, 이의 작동을 작동 모드라고 한다. 예를 들어서, 비행속도 모드는 비행체의 속도가 자동적으로 제어되거나 일정하게 유지되는 것을 의미한다. 이를 위해서는 비행속도를 측정하는 센서가 필요하다. 자세 모드는 피치, 롤 및 요에 대한 비행체의 자세가 자이로 또는 다른 장치를 이용해서 자동적으로 유지되는 것을 의미한다. 자동 모드는 비행체가 완전히 자동적으로 조종되는 것을 의미하며, 수동 모드는 인간의 개입을 의미한다. 일부 경우에는 한 모드에서 다른 모드로의 변경이 자동으로 이루어지고, 따라서 활공각 빔을 포착한 이후에는 피치 채널이 고도유지에서 활공각 추적으로 변경되고 비행체는 자동적으로 활공각 빔을 따라서 비행한다.

외부 제어 루프는, 만약 존재한다면, 인간 운용자를 포함하며 비행체에 운용제어를 적용한다. 운용제어는 또한 모든 페이로드와 임무의 전반적인 방향에 대한 제어를 포함한다. 제 9 장에서 운용제어에 대해서 상당히 자세히 논의하고, 성공적인 UAV 임무를 완료하는데 필요한 각 기능에 적용될 수 있는 다양한 수준의 자동화를 설명할 것이다.

5.4.8 자동조종을 지원하는 센서

제어 시스템의 내부와 외부 루프는 비행체의 현재 상태를 측정해서 원하는 상태로부터의 차이가 결정될 수 있는 센서를 필요로 한다. 감지되는 기본적인 항목으로는 고도, 대기속도, 그리고 자세가 있다.

5.4.8.1 고도계

비행체가 일정한 고도와 속도로 비행하는 것이 흔히 중요하다. 이러한 요구조건을 만족하기 위해서 또는 원하는 고도에 도달했을때 자동 수평을 제공하기 위해서 고도유지 모드에서는 기압감지 장치가 사용된다. 센서는 부분진공인 챔버에 연결된 압력변환기, 증폭기, 그리고 후행 모터로 구성된다. 부분진공 챔버는 비행체의 고도가 변경되면 정압의 변화에 따라서 변화되기 때문에 팽창 또는 수축하면서 픽오프 엘리먼트를 움직인다. 결과적으로 정압 또는 고도에 따라서 달라지는 픽오프 엘리먼트의 위치에 비례해서 전기 전류가 생성된다. 이러한 전류가 증폭되어 피치제어 채널로 보내지면 엘리베이터 액추에이터가 작동하고, 따라서 비행체는 원하는 고도로 복원된다. 정압의 변화는 또한 후행 모터가 픽오프 엘리먼트를 반대방향으로 움직여 오류신호를 0 으로 감소시킬 것이다.

5.4.8.2 대기속도 센서

대기속도 센서는 피토튜브로 부르는 동압센서가 추가된 정압 센서를 사용한다. 고도센서와 대기속도 센서의 유일한 차이는, 대기속도 센서는 정압과 동압 사이의 차이가 필요하다는 것이다. 챔버는 밀봉되지 않은 상태로 동압의 원천(피토튜브)에 개방되어 있고, 정압은 전체 어셈블리가 위치한 밀봉된 컨테이너로 유입된다. 챔버는 대기속도의 변화에 따라서 발생하는 압력차이로 인해서 팽창 또는 수축한다. 시스템의 나머지 부분은 고도 유지 시스템과 동일하고, 대기속도의 오차 신호는 피치축과 엔진 쓰로틀 제어로 보내진다.

5.4.8.3 자세 센서

자세유지는 관성 공간에서 자세를 유지하는 일반적으로 자이로스코프(또는 자이로)로 부르는 장치를 이용해서 비행체 자세의 변화율을 측정하는 것으로 수행된다. 최소한 비행체의 피치를 측정하는 것이 필요하다. 두 번째 축이 필요하다면 요 자이로가 추가되고, 완전한 3 축 시스템은 롤 자이로까지 추가된다. 자이로는 시스템의 비용을 증가시키지만 정확한 목표물 위치를 위해서 정밀한 자세제어가 필요한 경우 필수적이다.

자동조종과 관련된 자이로는 일반적으로 관성공간에 대한 자세를 직접 측정하는데 사용되지 않는다. 반대로 각 자이로는 일반적으로 한 축에 대한 자세의 변화율을 측정하는데 사용되고, 변화율은 전자적으로 적분되어 현재 자세를 추정한다. 누적된 오차를 수정하고 피치와 롤의 추정값이 지구의 관성프레임으로부터 과도하게 멀리 밀려나지 않도록 유지하기 위해서 중력의 방향을 측정하는 다양한 간접적인 방법이 사용된다. 이러한 적용에서 사용되는 센서를 레이트 자이로라고 한다.

레이트 자이로는 장거리 항법에는 적합하지 않으며, 이러한 기능은 고품질 관성 기준이 필요하다.

5.4.8.4 GPS 의 사용

이전에 필요했던 다양한 기계적인 센서가 아닌 위성항법 신호에 기반한 위성항법 시스템을 통해서 고도, 속도, 자세, 그리고 비행체의 위치를 파악하는 것이 가능하다. 그러나, GPS 측정의 업데이트 속도는 자동조종의 내부 루프를 지원할 정도로 충분하지는 않기때문에 해당 기능을 위해서는 레이트 센서가 여전히 필요하다. 그러나, GPS 는 단거리 예측값의 편류을 피하고 항법에 사용할 수 있는 정확한 장거리 기준을 제공한다.

제 6 장 추진

Propulsion

6.1 개요

이번 장에서는 추진의 두 가지 측면에 대해서 설명될 것이다. 첫 번째는 양력이 로터 또는 팬으로부터 직접 발생되고 윗방향 추력과 매우 유사하지만, 역사적인 이유로 인해서 다소 다른 용어를 사용하는 추력 또는 동력형 양력의 발생에 대한 공기역학이다.

추진의 두 번째 측면은 추력 또는 양력을 발생시키는 동력의 근원으로, 이는 프로펠러 또는 로터 또는 팬을 회전시키거나 아니면 배기가스의 고속 제트를 발생시키는 엔진 또는 모터이다. 이번 장에서는 전통적인 내연기관 및 터빈엔진과 함께 UAV 세계에 거의 고유하며 미니/마이크로 UAV 뿐 아니라 고고도에서 극단적으로 긴 항속시간을 갖는 UAV 부분에서도 보다 일반적이 되어가고 있는 전기추진에 대해서 다룰 것이다.

6.2 추력 발생

일반적인 에어포일과 날개를 사용한 양력의 발생에는 익숙하다. 대부분의 UAV는 작은 날개로 생각할 수 있는 프로펠러를 사용한다. 날개가 양력으로 부르는 힘을 발생시키는 것과 같이 프로펠러는 추력으로 부르는 힘을 생성한다. 이러한 힘이 실제로 발생하는 원리를 설명하는 많은 방법이 존재한다. 한 가지 설명으로는, Bernoulli에 의해서 예측된 것과 같이 해당 표면의 일부를 지나는 속도의 증가로부터 발생한 휘어진 표면상의 낮은 대기압력이 프로펠러를 끌어당긴다는 것이다. 이러한 설명이 본질적으로 정확하지만, 추력과 양력 생성에 대한 근본적인 원리는 프로펠러 디스크 또는 날개 평면형상을 통해서 잡아당겨지는 공기질량의 운동량 변화에 대한 반작용이라는 사실이다. 날개 또는 액추에이터 디스크(로터, 팬), 제트 또는 프로펠러에서도 양력을 발생시키기 위해서는 모멘텀 발생기를 가져야만 한다. 모멘텀 발생기의 힘 F는 다음과 같다.

$$F = T = \frac{dm}{dt}(v_{in} - v_{out}) \tag{6.1}$$

여기서 dm/dt는 단위 시간당 모멘텀 발생기를 통과하는 질량으로 다음과 같이 주어진다.

$$\frac{dm}{dt} = \rho v A \tag{6.2}$$

그리고

in : 입구 조건

out : 출구 조건

A : 디스크 면적

ρ : 공기 밀도

v : 면적과 밀도가 측정되는 흐름의 동일 지점에 대한 속도

날개는 수직 모멘텀 발생기이고 그림 6.1 과 같은 방법으로 양력을 발생시킨다. 이와 유사하게, 프로펠러는 수평 양력(추력) 발생기로 생각할 수 있다. 공기 질량이 날개 또는 프로펠러를 지나가는 속도는 다음과 같이 계산될 수 있다.

$$\frac{dm}{dt} = \rho v \frac{\pi b^2}{4} \tag{6.3}$$

여기서, $\pi b^2/4$ 는 날개를 지나가는 공기의 포획면적이고 v 는 속도이다.

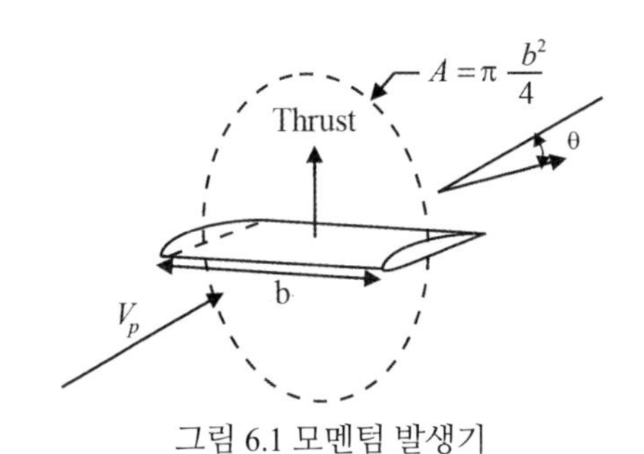

그림 6.1 모멘텀 발생기

공기흐름의 아래방향 굴절로 인한 모멘텀의 변화는 간단히 $(dm/dt)v\sin\theta$ 이고, 여기서 θ 는 공기 질량이 굴절되는 각도이다. 이러한 수직방향으로의 모멘텀 변화로 인해서 발생되는 힘이 아래에 보여지는 것과 같은 양력이다.

$$L = \frac{dm}{dt} v \sin\theta \tag{6.4}$$

이와 같이 유도동력으로 부르는 양력을 발생시키는 동력은 아래방향에 대한 에너지의 변화율과 동일하다.

$$P = \frac{1}{2}\frac{dm}{dt} v^2 \sin^2\theta \tag{6.5}$$

식 (6.4)로부터 dm/dt 와 $\sin\theta$ 를 대체하면, 양력으로 표현되는 유도동력은 다음과 같이 정리된다.

$$P = 2\frac{L^2}{\rho \pi v b^2} \tag{6.6}$$

식 (6.6)으로부터, 주어진 크기의 양력을 발생시키는데 필요한 동력은 날개 스팬 또는 프로펠러 직경(b)의 제곱에 반비례하는 것을 알 수 있다.

6.3 동력형 양력

양력은 또한 그림 6.2 에 나온 것과 같이 헬리콥터 로터 또는 덕티드팬으로 구성된 액추에이터 디스크에 의해서 발생될 수도 있다.

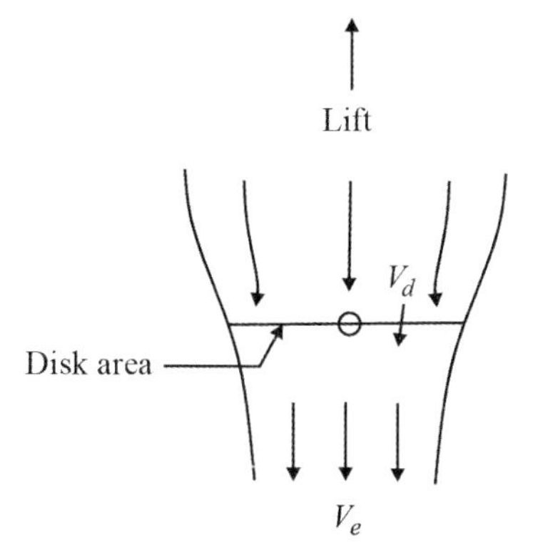

그림 6.2 액추에이터 디스크

무덕트 로터의 경우, 주변대기가 회전하는 팬으로 정의되는 디스크로 흡입되고, 속도 v_d 로 이를 통과하고, 그리고 최종 출구속도 v_e 까지 계속해서 가속된다. 이는 널리 알려진 것으로 다음을 쉽게 증명할 수 있다.

$$v_d = \frac{v_e}{2} \tag{6.7}$$

그리고 질량 유량은 다음과 같다.

$$\frac{dm}{dt} = \rho A v_d = \frac{1}{2}\rho A v_e \tag{6.8}$$

여기서 A 는 디스크 면적이고, 따라서 디스크의 양력은 다음과 같다.

$$L = \frac{dm}{dt} v_e = \frac{\rho A v_e^2}{2} \tag{6.9}$$

유도 동력은,

$$P = \frac{1}{2}\frac{dm}{dt} v_e^2 \tag{6.10}$$

그리고 식 (6.8)로부터 dm/dt 를 대체하고, 식 (6.9)로부터 v_e^3 을 대체하면 다음을 알 수 있다.

$$P = \frac{L^{3/2}}{\sqrt{2\rho A}} \tag{6.11}$$

이를 다시 정리하면 다음과 같다.

$$\frac{L}{P}=\sqrt{\frac{2\rho}{L/A}} \tag{6.12}$$

이와 같은 관계로부터 단위 동력당 양력은 디스크하중인 L/A 의 제곱근에는 반비례하고, 밀도의 제곱근에는 정비례한다는 것을 알 수 있다. 그림 6.3 과 같이 헬리콥터, 틸트로터/윙, 그리고 팬에 대한 동력 하중을 디스크 하중에 대해서 그래프로 그리면 각각에 대한 상대적인 효율을 알 수 있다. 식 (6.12)에 나오는 동력의 단위가 N 또는 ft-lb/sec 인 반면, 여기서는 흔히 사용되는 마력의 단위로 계산된 결과를 그래프로 그린다.

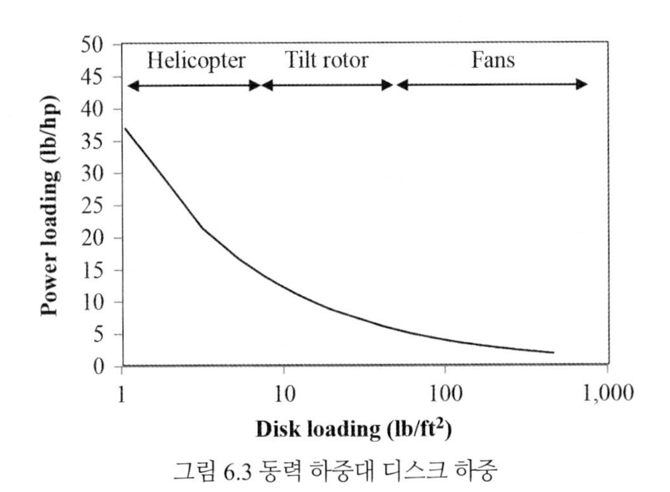

그림 6.3 동력 하중대 디스크 하중

식 (6.9)와 (6.10)의 출구속도에 대한 양력과 동력에 대한 표현을 조합하면 다음을 알 수 있다.

$$\frac{L}{P}=\frac{2}{v_e} \tag{6.13}$$

이는 단위 동력당 양력은 출구속도에 반비례한다는 것을 알려준다. 이로부터, 가장 효율적인 동력형 양력은 낮은 속도에서 큰 공기질량을 이용해서 발생된다는 것이 명백하다.

그림 6.4 는 양력대 동력비 또는 출구속도의 함수로 분류된 모멘텀 발생기를 보여주고 있다. 큰 디스크 면적과 많은 양의 공기가 다소 느리게 지나가는 로터가 호버링에 대해서 가장 효율적이다. 팬은 로터보다는 효율이 떨어지며, 그리고 터보제트는 팬에 비해서 효율이 떨어지며, 이러한 추세는 출구속도가 가장 높은 로켓까지 계속해서 이어진다.

전진 수평비행을 성취하기 위해서는 추력을 발생시키는 프로펠러 또는 터보제트와 함께 고정날개를 사용하는 것이 양력만을 발생시키는 회전날개를 사용하는 것보다 더 효율적인 방법이다. 고정익 형상에서 추력을 발생시키는데 사용되는 동력은 직접적으로 전진 운동을 일으키고, 고정된 날개의 전진 이동으로 인해서 간접적으로 양력이 발생한다. 이와는 반대로, 로터에 작용하는 동력은 한쪽편 블레이드는 후방으로 움직이는 동시에 반대편 블레이드는 전방으로 움직이도록 만들고, 따라서 이는 직접적으로 항공기의 전진 운동을 일으키지는 않는다. 로터는 양력만을 발생시키고 로터에 작용하는 유해항력을 극복하는데 동력의 일부가 낭비되며 이는 양력에 기여하지 않는다. 전진 운동을 발생시키기 위해서는 로터의 회전면이 로터에 작용하는 전체 공기역학적 힘의 일부를 추력으로 변환하기 위해서 기울여져야만 하고, 항공기의 중량을 지지하는데 필요한 양력을 유지하기 위해서는 (로터로 입력되는 동력을 증가시키는 것으로) 전체 공기역학 힘이 증가되어야만 한다. 이러한 상황은 높은 전진 속도에서 더욱 분명해지고, 이는 더 높은 추력이 필요하다.

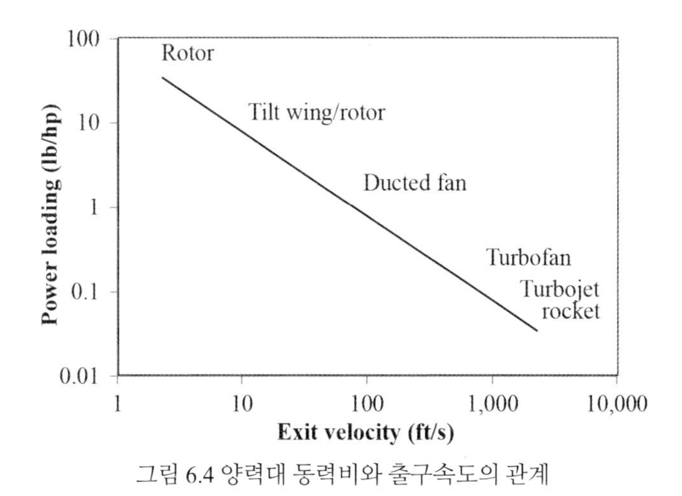

그림 6.4 양력대 동력비와 출구속도의 관계

이는 회전익 날개를 이용한 동력형 양력으로부터 임무의 대부분 동안 보다 효율적인 날개 양력으로 전환하는 틸트로터/윙을 이용해서 부분적으로 극복될 수 있다. 만약 임무가 긴 호버링 시간을 필요로 한다면 이러한 장점은 사라진다.

수직방향의 덕티드팬에 수평비행 모드를 보조하기 위해서 날개가 장착될 수 있다. 이러한 경우, 팬의 출구 흐름은 베인을 통해서 굴절되어 수평방향 추진력을 제공한다. 물론 유동의 방향을 변경하는 과정에서 굴절 각도에 따라서 10~40% 범위로 달라질 수 있는 손실이 발생한다.

일부 고속 헬리콥터에 사용되어온 유사한 접근방법은, 헬리콥터가 전진비행시 양력에 기여할 수 있는 짧은 날개를 갖는 것이다. 이를 통해서 로터 양력의 일부를 추력으로 사용하는 것을 보상하기 위해서 로터에 작용하는 전체 공기역학 힘을 증가시켜야할 필요성이 감소될 수 있다. 이러한 날개가 작동하기 위해서는, 전진비행시 헬리콥터의 기수가 내려간 상태에서 적절한 받음각을 갖도록 장착되거나 또는 조절이 가능해야만 한다.

수직양력 UAV 는 다른 단점도 갖는다. 이는 호버링에서 제어가 어렵고 또한 기계적으로 더 복잡해서 이는 모두 비용을 증가시키게 된다. 뿐만 아니라, 엔진 고장의 경우 활공 또는 낙하산으로 안전하게 내릴 수 있는 고정익 비행체보다 VTOL 에서 더 심각한 문제가 된다. 이러한 가능성을 최소화하기 위해서, 회전익 설계자는 보다 신뢰도가 높은, 그리고 비용 또한 더 높은 가스터빈 동력장치를 선택한다. 이에 대해서 모두 언급된 바와 같이, VTOL UAV 가 고정익 UAV 에 비해서 탁월한 많은 임무가 존재한다. 특히 보다 대형 기체의 경우, 실현이 불가능한 것은 아니지만 이동성을 갖기 어려운 고정날개 기체와는 달리 VTOL UAV 는 론치 및 회수 장비에 대한 필요가 없이도 전장 이동성을 성취할 수 있다.

전장 이동성에 추가해서, 운반성 또는 전략적 이동성의 문제도 존재한다. 해병대의 경우에는 론처와 회수 네트를 운반하는 두 대의 5 톤 트럭을 수송해야만 하는 것보다는 추가 무장이나 또는 한 두 대의 탱크를 더 운반할 수 있는 것이 더 중요할 것이다.

또한 좁은 지역에서 착륙을 수행하는 문제도 존재한다. 중량과 비용 및 복잡성이 추가되는 플랩을 사용한다고 하더라도, 전형적인 고정날개 UAV 는 나무 또는 다른 장애물로 둘러싸인 매우 좁은 필드에 착륙해서 그물로 잡아챌 수 있을 정도로 급격한 활공각을 가질 수 없다. 소형 선박은 값비싼 네트 시스템을 갖추기 어렵고, 무엇보다도 사용할 수 있는 공간이 부족하다. 대형 선박의 경우 헬리콥터 운용을 간섭한다면 네트를 수용할 수 없다. VTOL UAV 는 UAV 와 헬리콥터의 조합된 운용에 대해서 상당한 유연성을 제공한다. 수행하려는 임무와 관련된 VTOL 기체 비용의 가치를 판단하는 경우 이러한 모든 장점과 단점에 대해서 주의깊게 고려해야만 한다.

6.4 동력원

네 가지 주요 엔진 종류가 UAV 의 추진에 사용된다. 이는 4 싸이클 및 2 싸이클 왕복 내연기관, 로터리 엔진, 그리고 가스터빈이다. 다섯 번째인 전기모터가 등장하기 시작했고, UAV 현장에서 역할이 증가되고 있다. 네 가지 내연기관 모두 가솔린, 가솔린/오일 혼합, 제트연료(케로신), 또는 디젤 연료를 연소하는 것으로 동력을 생성한다. 전기모터는 배터리, 태양전지, 또는 연료전지를 이용한다.

내연기관은 각 엔진 종류의 동력생성 능력과 효율에 대한 합리적인 지표를 제공하는 압력과 체적의 함수에 대한 그래프로 나타낼 수 있는 일련의 과정으로 이루어진 싸이클을 갖는다. 왕복 및 로터리 엔진은 비행체를 움직이는 추력을 제공하는 프로펠러와 연결된다. 가스터빈은 직접 제트 추진을 생성할 수 있고 또는 기어를 통해서 프로펠러나 로터와 연결될 수도 있다. 회전익 UAV 는 가스터빈 동력장치 고유의 신뢰성으로 인해서 이를 주로 이용한다.

4 싸이클 내연기관은 자동차에 널리 사용되고 있기때문에 아마도 모든 엔진 중에서 가장 잘 이해되고 있을 것이다. 싸이클은 그 명칭이 의미하듯 네 개의 과정으로 이루어지기 때문에 상당히 쉽게 이해할 수 있다. 고정된 체적의 공기/연료 혼합기가 피스톤이 상사점에서부터 아래로 이동하는 흡기 또는 흡입 과정 동안 실린더 내부로 분사 또는 흡입된다. 그리고 나서 피스톤이 위로 이동하는 압축 과정 동안에 혼합기를 압축한다. 피스톤이 상사점에 이르기 직전에 불꽃이 압축된 혼합기를 점화시키면서 연소 과정 동안 부가적인 압력이 생성되어 피스톤을 하사점으로 다시 밀어낸다. 선형 운동은 크랭크축을 통해서 토크로 변환된다. 피스톤은 다시 위로 올라가면서 배기 과정에서 연소 잔해물을 실린더 밖으로 밀어낸다. 배기포트와 흡기포트가 적절한 시점에 열리고 닫히면서 연료/공기 혼합기를 흡입하고 연소 잔해물은

배출한다. 한 싸이클 동안 체적과 압력의 변화는 그림 6.5 와 같고, 이러한 그래프를 지압선도 또는 *V-P* 선도라고 한다. 다이어그램에서 경계된 영역은 각 싸이클 동안 생성되는 동력을 나타낸다. 압축과정 동안 높은 피크 압력이 발생하는 것을 알 수 있다.

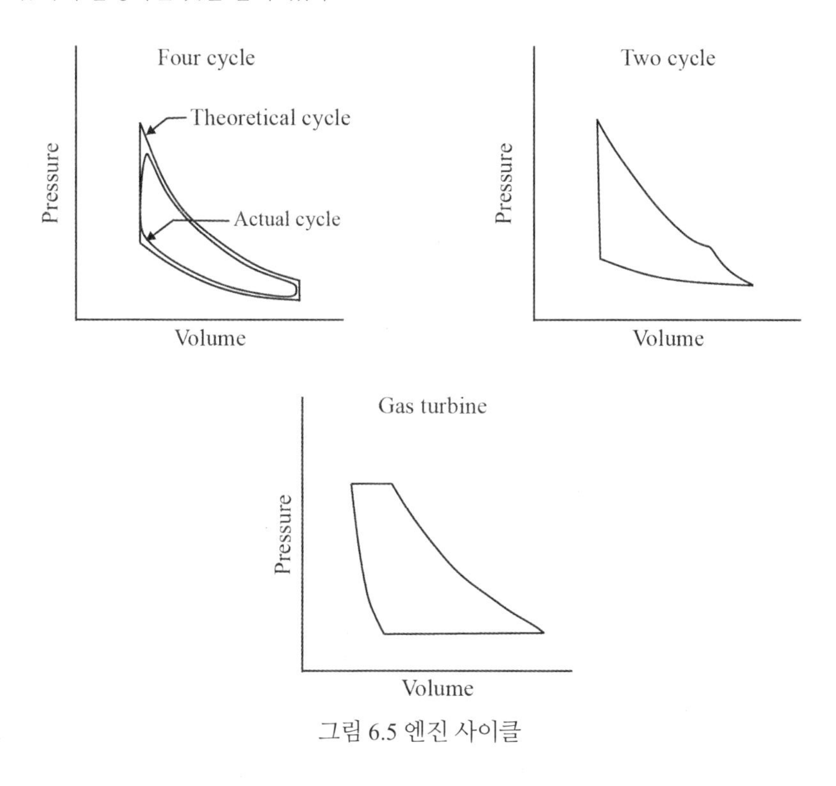

그림 6.5 엔진 사이클

4 싸이클 엔진은 액체 또는 공기로 냉각될 수 있으며, 밸브와 이를 제어하고 움직이는 메커니즘으로 인해서 상당한 수준의 기계적인 복잡성이 필요하다. 피스톤의 왕복운동은 또한 상당한 진동을 일으키지만, 4 싸이클 엔진은 효율적이고 신뢰성이 있는 것으로 고려된다.

6.4.1 2 싸이클 엔진

2 싸이클 엔진은 예초기, 체인톱, 그리고 모형비행기에 흔히 사용된다. 가정용으로 친숙하지만 4 싸이클 엔진만큼 잘 이해되지는 않고 있으며, UAV 에 대규모 사용은 상당한 불만을 초래했다. 2 싸이클 엔진은 4 싸이클 엔진에서 실행되는 것과 일부 동일한 과정을 이용한다. 피스톤이 상사점으로 이동하면 연료/공기 혼합기가 (4 싸이클의 경우와 같이 실린더가 아닌) 크랭크 케이스로 흡입되고, 동시에 피스톤의 반대편에서는 이전 싸이클에서 연소된 잔해물이 배기포트로 밀려난다(그림 6.6). 피스톤이 상사점으로 충분히 이동하고 나면 흡입포트와 배기포트가 모두 닫히고, 추가 움직임으로 인해서 새로운 연료/공기 혼합기가 압축될 수 있다.

다시 4 싸이클의 경우에서와 마찬가지로, 상사점 직전에서 불꽃이 혼합기를 점화하며 엄청난 압력의 상승으로 인해서 피스톤을 아래로 밀어낸다. 동력이 생성되는 것이다. 아래로 이동하는 피스톤은 이전에 크랭크케이스로 흡입되었던 새로운 연료/공기 혼합기를 흡입포트와 배기포트 반대편, 실린더의 옆에 있는 이송 포트를 통해서 연소실 위쪽으로 밀어낸다. 이때, 배기 포트는 닫히지 않으며 밀려오는 새로운 혼합기가 연소잔해물이 실린더 밖으로 밀려나는 것을 도와준다. 이 시점에서 연소 잔해물과 새로운 혼합기가 혼합될 수 있다는 것에 주목할 필요가 있다.

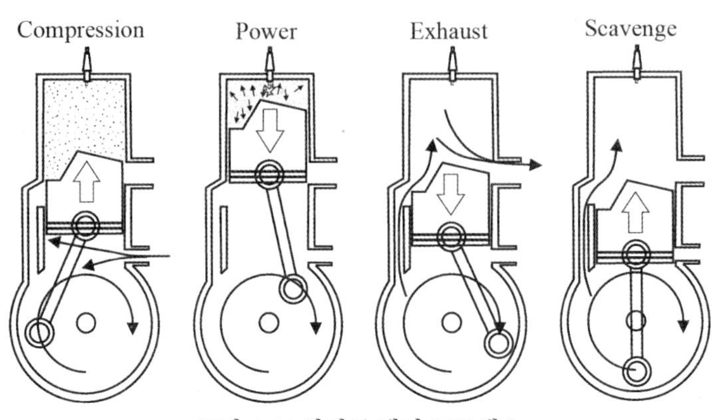

그림 6.6 2 싸이클 엔진 프로세스

모든 포트는 새로운 연료/공기 혼합기가 연소물을 밀어내고 연소과정 동안 연소실이 닫혀있도록 하기위해서 열림과 닫힘이 시기를 맞추어 이루어질 수 있도록 정확하게 위치해야만 한다. 2 싸이클 엔진은 움직이는 밸브 및 이를 작동하기 위한 관련된 메커니즘이 필요하지 않으며, 따라서 4 싸이클 엔진에 비해서 훨씬 단순하다. 크랭크케이스가 싸이클의 일부 동안 연료/공기 혼합기를 포함하기 때문에 반드시 밀폐되어야만 한다.

2 싸이클 엔진의 가장 큰 단점은 연소잔해물과 새로운 연료/공기 혼합기의 혼합으로 인해서 발생한다. 새로운 혼합기에는 항상 약간의 불순물 혼합이 존재하고, 쉽게 예상할 수 있는 것과 같이 이로 인해서 연료소모율이 증가하게 되며(이미 연소된 연료를 다시 연소시킬 수는 없다), 또한 뒤에서 살펴볼 것과 같이 거친 회전을 일으킨다. 2 싸이클 엔진의 *V-P* 선도가 그림 6.5 에 나와 있다.

왕복 내연기관의 마찰 손실에는 (1) 기계적인 마찰과, (2) 흡기와 배기포트를 지나는 가스 흐름으로 인한 펌핑손실라고 부르는 손실이 있다. 2 싸이클 엔진의 펌핑손실은 동일한 피스톤 속도와 평균 유효압력에서조차도 모두 엔진의 효율을 저하시키는데 기여하고, 이는 다음과 같은 이유로 인해서 일반적으로 4 싸이클 엔진에서 겪는 것보다 더 크다.

- 2 싸이클 엔진은 (새로운 혼합기가 연소 잔해물을 밀어내는) 배기 동안 공기의 일부가 배기포트를 통해서 손실되기 때문에 더 많은 공기량을 처리한다.
- 공기는 실린더뿐 아니라 크랭크케이스로도 흡입된다.
- 배기 동안 더 많은 손실이 발생한다.

아마도 2 싸이클 엔진의 가장 심각한 단점은 저부하에서 부족한 성능일 것이다. 부하는 실제 엔진의 출력대 최대 출력의 비율로 정의된다. UAV 의 회수 과정에서는 일반적으로 저부하(낮은 RPM)로 운용된다. 4 싸이클 엔진의 경우, 흡기행정 시작시 압축 공간만이 잔류가스로 채워진다. (낮은 부하와 관련된) 작은 양의 연료-공기 혼합기만으로도 인화 가능한 혼합기가 유지된다. 2 싸이클 엔진의 경우, 흡기가 시작할때 전체 연소실이 잔류가스로 채워지기 때문에, 연소를 보장하기 위해서는 다량의 새로운 혼합기가 흡입되어야만 한다. 저부하에서는 잔류가스와 혼합될때 새로운 차지가 너무 작아서 연소를 지지할 수 없는 지점에 이르게 된다. 크랭크축은 여전히 회전중이기 때문에, 결국은 점화를 일으키는 충분한 새로운 혼합기가 흡입되지만 이는 산발적이 된다. 엔진은 털털거리고 불규칙적으로 튀는 경향을 보이며, 때로는 낮은 쓰로틀 설정에서는 정지하기도 한다. 연료분사는 높은 연료소모율과 저부하 성능에 모두 도움이 될 수 있다.

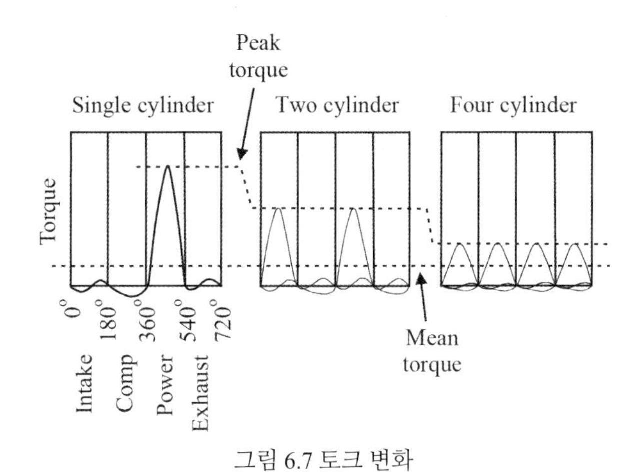

그림 6.7 토크 변화

왕복엔진에서 발생하는 토크는 보통 전체 싸이클 동안 나타나는 평균 토크로 표현되만, 실제로 이는 다소 극적으로 변동된다. 이는 동력 행정에서 피크에 이르지만 피스톤이 새로운 차지를 흡입하고, 이를 압축하며, 배기가스를 배출하는 흡기 동안에는 음의 값과 낮은 양의 값 사이에서 변화한다. 그림 6.7 은 1 기통, 2 기통, 그리고 4 기통 엔진에 대한 한 싸이클 동안의 토크 변화를 보여주고 있다. 이러한 모든 엔진은 동일한 평균토크를 갖지만, 그림에서 볼 수 있는것과 같이 실린더의 수가 늘어나면 피크토크는 낮아지기 때문에 결과적으로 진동도 감소한다.

6.4.2 로터리 엔진

진동은 전자장비뿐 아니라 민감한 전자광학 페이로드 시스템에 대해서도 치명적인 것으로, UAV 시스템의 시스템 신뢰도 부족의 이유에서 많은 부분을 차지한다. 만약 엔진의 왕복운동과 주기적인 과정이 어떻게든 완화될 수 있다면 진동은 직접적으로 감소할 것이다. 로터리 엔진은 이러한 방향에 대한 주요 진전이라고 할 수 있다.

로터리 엔진의 작동원리는 두 개의 로브를 갖는 기하학적 스테이터 내부에서 3 개의 면을 갖는 기하학적 형상의 회전에 기반한다. 로터는 이러한 스테이터 내부에서 세 개의 꼭지점이 스테이터와 연속적으로 접촉하도록 회전한다. 로터는 고정된 원의 외경을 굴러가는 원의 반경상 한 지점의 경로에 기반한 에피트로코이드 곡선의 형태를 갖는다. 로터의 각 면은 4 싸이클 엔진과 동일한 흡입, 압축, 폭발, 그리고 배기의 4 싸이클 과정을 완성한다. 싸이클은 로터의 한 회전당 발생하고, 따라서 단일 뱅크의 로터리 엔진을 3 기통 엔진이라고 생각할 수도 있다. 이후에 알아볼 것과 같이, 왕복운동이 없기때문에 진동은 매우 감소될 수 있다. 로터의 끝단에는 일반적으로 중심에 동심원을 갖는 내부 기어가 제공되며, 이는 캐스팅의 양쪽 커버에 장착되는 작은 고정된 피니언 기어의 주위를 회전한다

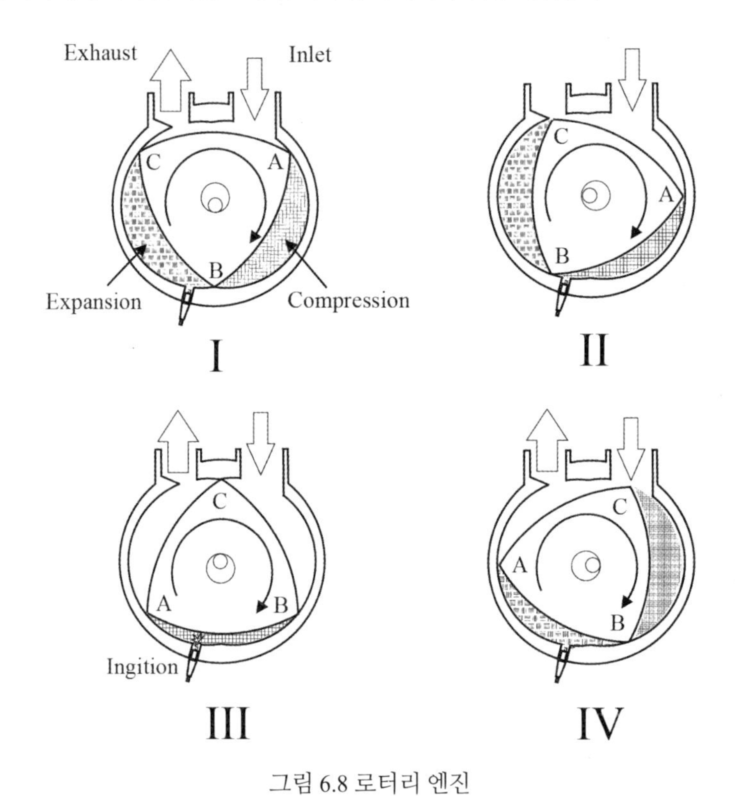

그림 6.8 로터리 엔진

그림 6.8 을 참조해서 작동 싸이클을 설명한다. 로터는 시계방향으로 회전하고, 앞에서 언급된 것과 같이 각 회전은 세 개의 완전한 Otto 싸이클을 만들어낸다. 그림 I 를 보면, 배기구와 흡입구는 열린것으로 나와있으며, 배기의 한 행정이 막 끝나면서 C-A 측에 인접한 부분으로는 새로운 연료-공기 혼합기가 유입되기 시작하는 반면, A-B 측에 인접한 부분에서는 이전에 유입된 혼합기가 압축되기 시작하고 있다. 이러한 과정은 그림 II 에서도 계속된다. 그림 III 에서는, A-B 측에 인접한 혼합기가 최대압에 도달했고 불꽃에 의해서 점화된다. 동시에, 팽창하면서 로터를 회전시켰던 B-C 에 인접했던 부분은 배기구로 개방된다.

A-B 측에 인접한 부분에서 혼합물의 연소가 이제 팽창하면서 로터를 구동시키고, C-A 측에 인접한

부분으로 흡입된 새로운 혼합기는 압축되기 시작하며, B-C 측에 인접한 부분의 연소물은 배기구를 통해서 배출되면서 흡입구를 통해서 유입되는 새로운 연료-공기 혼합기로 대체된다. 이와 같이, 한 회전당 각 부분에서 하나씩 총 세 개의 4 싸이클 Otto 싸이클이 완성된다.

로터리 엔진의 신뢰할 수 있는 작동을 보장하기 위해서는 만족스러운 로터의 실링이 필요하다. 양 측면의 실과 정점의 실이 모두 필요하다. 측면 실은 피스톤링의 실과 다소 비슷하며 그다지 문제가 되지 않는다. 정점의 실은 때로는 플러터를 방지하기 위한 스프링의 보조를 받는 원심력에 따라서 챔버벽에 대해서 바깥쪽으로 밀어내는 슬라이딩 베인으로 구성된다. 로터리 엔진은 UAV 에 거의 진동이 없는 동력을 제공하고, 새로운 설계와 재료의 개발로 인해서 문제가 줄어들고 있는 실링을 제외하면 매우 신뢰성이 높다.

6.4.3 가스터빈

모든 엔진 중에서 가장 신뢰할 수 있는 것은 가스터빈이다. 이는 또한 지속적인 연소 싸이클 특성과 순수한 회전운동으로 인해서 최소한의 진동만을 발생시킨다.

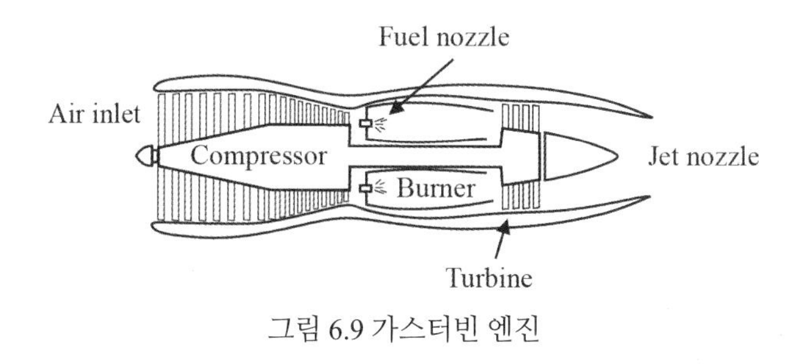

그림 6.9 가스터빈 엔진

가스터빈은 직접 추력을 발생시키거나 또는 기어를 통해서 로터 또는 프로펠러를 회전시킬 수 있다. 어떤 경우이든 과정 싸이클은 기본적으로 동일하다. 그림 6.9 를 참조하면, 공기가 공기흡입구로 들어가서 엔진의 압축기 부분에서 압축된다. 압축은 공기를 압축기의 원주로 회전시키거나(원심식 압축기) 또는 공기 질량을 작은 블레이드로 확보하고 후방의 다른 블레이드로 가속시키는(축류식 압축기) 방식을 사용한다. 원심식 압축기는 비용이 저렴하지만, 수 많은 작은 블레이드의 필요성으로 인해서 비용이 증가하는 축류식 압축기에 비해서 더 큰 전면 면적을 차지한다. 공기가 압축된 이후 연소실 또는 버너캔으로 들어가서 연료와 혼합되어 연소된다. 결과적인 고온 가스는 연소된 연료에 의해서 공급된 에너지를 가지고 연소실 밖으로 빠져나가고, 압축기와 연결된 터빈휠에 부딪치면서 이를 회전시킨다. 압축기를 구동하는데 필요한 에너지는 물론 추진 또는 추력을 위해서 사용되지 않는다. 추력은 고온가스가 노즐 밖으로 팽창하는 것으로, 또는 터빈에 의해서 구동되어 프로펠러 또는 로터를 회전시키는 기어 트레인을 구동하는 것으로 얻을 수 있다.

가스터빈은 로터리 엔진보다도 더욱 작은 진동을 가지며, 고고도에서 매우 효율적이며, 또한 개조가 없이 전장 또는 선박에서 사용할 수 있는 연료를 연소시킬 수 있다. 소형화 및 추력발생 능력으로 인해서 고속 종심 침투기는 가스터빈을 이용한다. VTOL 기체도 이러한 이유와 함께 고유의 신뢰성으로 인해서 가스터빈을 사용한다. 주요 단점으로는 높은 비용과 공기역학적 스케일 효과로 인해서 소형화될 수 있는 능력의 한계가 있다.

6.4.4 전기모터

긴 체공시간, 고고도 로이터링 UAV 와 마이크로 UAV 의 등장과 함께 전기모터가 여러가지 이유로 인해서 매력적인 동력원이 되었다. 이러한 UAV 는 프로펠러 또는 로터를 회전시키는 전기모터를 갖거나, 또는 플래핑 날개를 이용한 새 또는 곤충의 비행을 모방하기 위해서 전기모터를 사용할 수도 있다.

모터에 공급되는 에너지는 다양한 동력원으로부터 얻을 수 있다. 이는 주로 배터리를 이용하지만, 또한 태양전지 및/또는 연료전지를 사용할 수도 있다.

전기동력인 비행기 또는 모형비행기가 새로운 것은 아니다. 논란의 여지가 있지만 일부는 이르게는 1909 년부터 비행했던 것으로 전해지고 있고, 첫 비행은 1957 년이라고 주장되고 있다.

전기동력 항공기의 항속거리와 항속시간 특성은 다른 에너지원을 동력으로 사용하는 비행기와 유사한 방법으로 기체의 공기역학에 따라서 달라진다.

UAV 를 위해서 흔히 사용되는 전기모터에는 두 가지 종류가 있다. 첫 번째 종류는 캔드 모터이다. 이는 브러시를 갖는 표준형 직류(DC) 모터이다. 두 번째 종류는 브러시리스 모터이다. 브러시리스 모터는 캔드 모터에 비해서 훨씬 더 효율적이고 가볍다. 이는 브러시가 없기때문에 마찰이 작고 사실상 베어링을 제외하면 마모될 부품이 없다.

전기모터에서 발생되는 토크(J)는 이의 코일을 통과하는 전류(I)에 비례한다.

$$J = K_t(I - I_n) \tag{6.14}$$

여기서 I_n 은 무부하 전류이고, I 는 토크 J 를 발생시키는 전류이고, K_t 는 효율의 기준인 모터의 토크상수이다. 토크상수는 일반적으로 모터 제작사로부터 제공된다.

플래핑 날개의 일부 형태를 이용해서 비행하는 새로이 등장하는 소형 AV 종류를 제외하고, 전기모터는 프로펠러 및/또는 로터 또는 덕티드팬을 회전시키는데 주로 사용된다.

이번 장의 앞에서 서술된 것과 같이, 프로펠러, 로터, 또는 팬의 효율은 이의 디스크 면적에 비례하고, 이는 직경의 제곱에 비례하며, 따라서 이를 이용해서 추력 또는 양력을 발생시키는 가장 효율적인 방법은 큰 직경에 상대적으로 느린 회전을 갖는 것이다. 왕복 내연기관을 이용하면, 일반적으로 엔진의 분당 회전수(RPM)와 특히 가변피치 프로펠러를 사용하는 경우 프로펠러에서 원하는 RPM 을 일치시킬 수 있다. 가스터빈 엔진의 경우, 엔진 자체의 효율에 영향을 미치는 요소로 인해서 엔진은 높은 RPM 으로 구동시키면서 프로펠러 또는 로터에 대해서 원하는 RPM 으로 기어를 이용해서 낮춰야할 필요가 있다.

전기모터의 경우, 모든 RPM 에서 동일한 토크를 생성하는 것이 가능하지만, 모터의 크기와 무게는 모터를 높은 RPM 으로 구동하고 이를 기어를 이용해서 원하는 프로펠러 또는 로터의 토크와 RPM 을 발생시키기 위해서 필요한 수준으로 내리는 것으로 감소될 수 있다.

6.4.5 전기 동력의 출처

차량을 통한 일상의 경험으로부터 일반적으로 잘 이해하고 있기때문에 내연기관을 위해서 사용되는 연료에 대한 논의가 필요하다는 생각을 하지 못했지만, 전기모터에서는 모터가 작동하도록 만들어주는 연료인 전류를 제공하는 방법에 대한 수 많은 옵션이 존재하는 상황이 발생한다.

6.4.5.1 배터리

배터리는 상당한 양의 출력(단위 시간당 에너지)을 발생시킨다. 이의 총 에너지 저장 능력의 한계는 내연기관을 사용하는 항공기에 대해서 연료하중의 크기가 비행체의 항속시간에 미치는 것과 동일한 영향을 갖는다. 주로 단위 중량당 더 높은 에너지 저장 밀도를 갖는 배터리가 집중적인 연구의 대상이다. UAV 를 위한 배터리팩은 일반적으로 재충전이 가능하다.

배터리의 주요 특성은 다음과 같다.

- 용량: 배터리에 유효하게 저장되고, 방전되는 동안 전달하는데 사용할 수 있는 전기 차지로, 암페어시(Ah) 또는 밀리암페어시(mAh)으로 표시한다.
- 에너지 밀도: 용량/중량 또는 Ah/중량이다.
- 출력 밀도: 최대 출력/중량으로 단위는 Watts/중량을 사용한다.
- 충전/방전율(C-rate): 배터리가 충전 또는 방전될 수 있는 최대 속도로, 전체 저장 용량에 대해서 Ah 또는 mAh 로 표시한다. 1C 의 속도는 1 시간에 저장된 모든 에너지의 전달을 의미하고, 0.1C 는 1 시간에 10% 전달 또는 완전히 전달하는데 10 시간이 걸리는 것을 의미한다.

6.4.5.1.1 니켈-카드뮴 배터리

니켈-카드뮴(nickel-cadmium, NiCd) 배터리는 수산화니켈(nickel hydroxide)을 양의 전극(애노우드, anode)으로 사용하고, 카드뮴(cadmium)/수산화카드뮴(cadmium hydroxide)을 음의 전극(캐소우드, cathode)으로 사용한다. 전해액으로는 수산화칼륨(potassium hydroxide)을 사용한다. 충전배터리 중에서 NiCd 는 일반적인 선택이지만 독성 금속을 포함한다. NiCd 배터리는 일반적으로 긴 수명과 높은 방전율이 중요한 곳에 사용되어 왔다.

6.4.5.1.2 니켈-메탈 하이브리드 배터리

니켈-메탈 하이브리드(nickel-metal hybride, NiMH) 배터리는 음의 전극(캐소우드)에 카드뮴 대신 수소 흡수 합금을 이용한다. NiCd 전지와 마찬가지로 양의 전극(애노우드)은 수산화니켈(nickel hydroxide)이다.

NiMH는 높은 에너지밀도를 가지며 환경 친화적인 금속을 사용한다. NiMH 배터리는 NiCd와 비교해서 40%까지 더 높은 에너지 밀도를 제공한다. 최근에는 NiMH가 NiCd를 대체하고 있다. 이는 사용된 배터리의 폐기에 대한 환경적인 문제와 높은 에너지 밀도를 추구하기 때문이다.

6.4.5.1.3 리튬-이온 배터리

리튬-이온(lithium-ion, Li-ion) 배터리는 높은 에너지 밀도와 낮은 중량을 제공하기 때문에 빠르게 성장하고 있는 배터리 기술이다. 리튬-메탈보다 에너지 밀도는 다소 낮지만, 리튬-이온의 에너지 밀도는 표준 NiCd보다는 일반적으로 높다. Li-ion 배터리는 폐기에 대해서 환경 친화적이다.

Li-ion 배터리는 일반적으로 탄소(graphite 또는 carbon) 애노우드와 리튬코발트산화물(LiCoO2) 또는 리튬망간산화물(LiMn2O4)로 만들어진 애노우드를 사용한다. 리튬인산철(LiFePO4) 또한 사용된다. 전해액으로는 유기 용매상의 리튬염을 이용한다. 이러한 재료는 모두 상대적으로 환경 친화적이다.

Li-ion은 현재 대부분의 전기 및 하이브리드 차량에 사용되는 기술이고, 이의 성숙도와 비용은 대규모 상업적 수요에 따라서 주도될 것이다.

6.4.5.1.4 리튬-폴리머 배터리

리튬-폴리머(lithium-polymer, Li-poly) 배터리는 캐소우드에는 리튬코발트산화물(LiCoO2) 또는 리튬망간산화물(LiMn2O4)를, 애노우드에는 탄소 또는 리튬을 사용한다.

Li-poly 배터리는 사용하는 전해액의 종류로 인해서 다른 배터리와는 구분된다. 폴리머 전해액이 액체 전해액으로 침지된 기존의 다공성 분리기를 대체한다.

건식 폴리머 설계는 제조와 관련된 단순화, 견고성, 안전 및 얇은 형태의 기하를 제공한다. Li-ion 폴리머로 이동하는 주된 이유는 형상계수이다. 이는 웨이퍼처럼 얇은 기하를 포함해서 배터리의 형상를 선택할 수 있는데 있어서 상당한 자유도를 허용한다.

6.4.5.2 태양전지

태양전지의 기본 원리는, 태양(또는 모든 다른 광원)으로부터 나오는 광자가 반도체 물질의 원자가 대역 내의 원자에 의해서 흡수되고, 전자가 재료의 전도 대역으로 여기되는 것이다. 이러한 원리가 발생하기 위해서는, 원자가 대역으로부터 전도 대역을 분리하고 결정화된 재료에서 금지된 에너지 상태를 생성하는 양자역학적 영향으로 인한 에너지 간극을 전자가 뛰어넘을 수 있도록 광자가 충분한 에너지를 가져야만 한다.

가장 흔한 종류의 태양전지는 실리콘 PIN(Positive-Intrinsic-Negative) 다이오드이다. 이는 실리콘 결정에 소량의 선택된 불순물을 도핑해서 순수 실리콘보다 다소 더 높은 에너지 대역을 갖도록 하고(양으로 도핑된 또는 P 재료), 다음으로 표면 근처의 에너지 대역을 도핑되지 않은 재료에 비해서 낮추기 위해서 결정의 표면에 추가적인 도핑을 하는 것으로(음으로 도핑된 또는 N 재료) 생성된다. 도핑이 중간인 영역의 경우, 에너지 대역은 순수한 실리콘의 수준을 통과하며, 결정은 양도 음도 아닌 진성 또는 I 재료이다. 접합 영역이 그림 6.10 에 나와 있다.

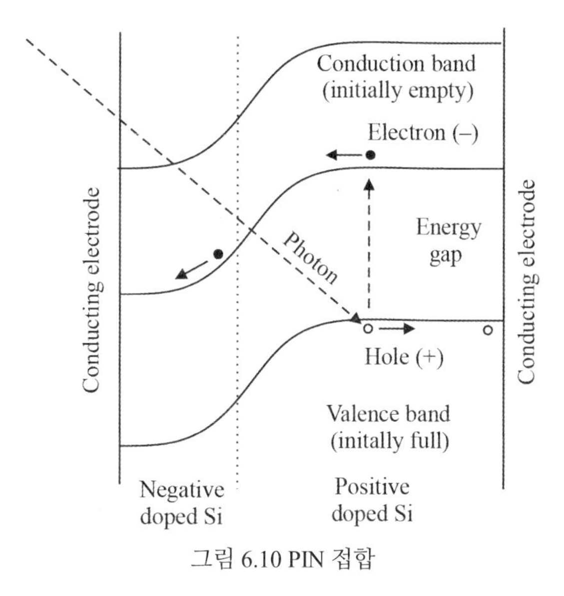

그림 6.10 PIN 접합

만약 광자가 가전자대에서 원자에 의해서 흡수되고 원자로부터의 전자가 전도대역으로 여기된다면 원자는 양전하 이온이 되고, 이러한 양전하는 중성으로 전하된 단단히 결합된 중성 원자의 바다에 내장되기 때문에 정공이라고 부른다. 정공과 전자는 이제 결정을 통과해서 자유롭게 이동할 수 있다. 정공이 이동하는 방법은, 다음 원자로부터 전자가 이온화된 원자의 전자 껍질 내의 빈자리로 뛰어올라서, 정공이 한 원자를 넘어 이동하고 이를 정공이 실리콘의 표면으로 이동하기까지 반복되는 것으로 시각화될 수 있다.

접합의 도핑은 결정에서 전위차를 생성하고, 이로 인해서 전자가 표면으로 이동해서 N 쪽과 접촉하도록 하고, 정공은 표면으로 이동해서 P 쪽과 접촉하도록 해서, 만약 두 접촉이 부하로 연결된다면 이 부하를 통해서 전류가 흐를 것이다.

만약 광자가 전자를 전도대역으로 여기시킬 수 있는 충분한 에너지를 갖지 않는다면, 이는 여전히 흡수될 수 있지만 이의 에너지는 결정에서 원자의 운동으로 변환되어 결정의 온도가 증가할 것이다. 만약 광자가 전자를 전도대역으로 여기시키는데 필요한것 보다 더 많은 에너지를 갖는다면, 이는 전자를 여기시키고 남은 에너지는 결정의 온도를 올리는데 사용될 것이다. 결과적으로, 여기된 전자로 변환될 수 있는 광자에 대한 최소 에너지가 존재하고, 보다 긴 파장은 더욱 낮은 광자 에너지와 같다는 것을 기억한다면, 이는 전류로 변환될 수 있는 가장 긴 파장에 해당한다. 파장이 짧아지면 더 많은 광자의 에너지가 결정의 온도를 올리는데 사용되기 때문에 짧은 파장에서 전기에너지로의 변환은 효율이 감소된다. 실리콘 내의 고에너지 광자의 경우, 자외선 영역의 짧은 부분인 약 350~400nm 이하에서는 많은 재료가 불투명해지고 광자는 전자를 여기시킬 기회를 갖기 전에 흡수된다. 긴 파장 부분에서는, 실리콘에 대한 한계는 약 1,100nm 이지만 약 1,000nm 에서부터 날카로운 감소세가 시작된다.

대기권 상단에 도달하는 전체 태양 일사량 또는 단위 면적당 에너지는 태양광에 수직인 표면에서 측정되었을때 약 1,400W/m^2 이다. 대기흡수로 인해서 이는 맑은날 정오에 해면고도상의 지구 표면에서는 약 1,000W/m^2 으로 감소한다. 이 에너지는 모든 파장에 걸쳐서 확산되고, 대기에 의해서 흡수되는 에너지의 대부분은 실리콘 태양전지가 사용할 수 있는 범위인 400~1,000nm 의 외부 파장에 있는것으로 밝혀졌다. 이는 맑은날을 기준으로 높은 고도와 해면고도에서 태양전지에 입사되는 최대 에너지에 큰 차이가 없다는 것을 의미한다. 물론, 만약 구름 또는 안개가 자욱한 경우라면, 높은 고도에서의 전지는 여전히 완전한 일사량을 볼 수 있겠지만 구름 아래의 전지는 매우 일부만 볼 수 있을 것이다. 실리콘 전지의 유효 파장 범위가 대기의 투과율과 잘 일치한다는 사실로 인해서, 전지가 구름 아래에 있지 않는한 고도에 무관하게 태양전지 패널의 최대 일사량에 대한 유용한 경험법칙은 반올림한 수치로 약 1kW/m^2 라는 것을 알 수 있다.

태양전지의 효율은 맑은날 해면고도상에서 태양의 파장과 일치하는 빛의 파장 분포에 의한 수직 입사각의 조명에 대해서 Watt 당 Ampere(A/W)로 표현된다. 전지의 효율은 일사량 수준에 따라서 달라지며, 1kW/m^2 수준이 표준 조건으로 사용된다. 여러가지 이유로 인해서 효율은 1 보다 작다. 이러한 이유 중의 일부는 이미 언급되었고, 많은 입사 광자가 전자를 여기시키는데 필요한 것보다 더 많은 에너지를 가지고 있으며 초과 에너지는 열로 변환된다는 사실과 관련된다. 뿐만 아니라, 일부 빛은 전지의 표면에서 반사되며, 일부는 전자를 여기시키지 않고 접합부를 통과한다. 정공과 전자가 수집전극에 도달하기 전에 재결합되면, 전지 내의 내부저항 전류 누출로 인한 손실이 발생한다. 전자를 여기시키지 않고 첫 접합부를 통과하는 광자를 잡기위해서 접합부를 적층하고, 전지가 작동하는 파장영역을 확장하기 위해서 다중 재료와 밴드갭을 이용하는 것으로 효율을 증가시킬 수 있는 방볍이 존재한다. 조명의 수준을 증가시키기 위해서 전형적인 곡면 거울과 같은 집광장치를 사용하는 이러한 일부 기법은 효율을 증가시키는 것으로 나타났지만 UAV 에서는 직접 적용될 수 없다.

오늘날의 최신 기술에서, 태양전지의 유용한 효율은 효율을 증가시키는 모든 다양한 접근방볍이 고려되었을때 약 0.20~0.43 정도이다. 이러한 분야에 대한 연구와 개발이 집중적으로 이루어지기 때문에, 상한선은 다소 증가할 것으로 보인다. 그러나, 모든 전지의 작동에 대해서 근간이 되는 과정에는 기본적인 양자효율의 제한이 존재하며, 이러한 제한은 1 보다 훨씬 낮다. 또한, 특히 UAV 의 적용을 위한 태양전지 사이의 트레이드오프에서는 효율이 유일한 인자가 아니다. 일부 효율이 높은 전지에 비해서 효율이 낮은 전지가 또한 더 가볍고 에어포일의 윗면에 위치하기에도 더 용이한 형태를 가질 수 있으며, 고려되는 UAV 의 종류에 따라서 비용 또한 문제가 될 수 있다.

6.4.5.3 연료전지

연료전지는 열에너지를 발생시키기 위해서 연료를 연소하고, 열에너지를 크랭크축을 회전시키는 기계적 에너지로 변환하고, 그리고 전위와 전류를 발생시키기는 발전기를 구동하기 위해서 회전하는 축을 이용하는 중간 단계가 없이 연료에 저장된 에너지에서 전기로 직접 변환할 수 있다. 이러한 모든 중간 단계의 제거로 인해서 (연료밸브와 기타 주변장치를 제외한) 움직이는 부품이 포함되지 않는 훨씬 단순한 시스템의 구현이 가능하고, 상당한 소형부터 매우 대형까지 다양한 크기에 적용될 수 있다.

수소가스를 연료로 사용하는 연료전지에 대해서 이러한 과정을 시각화하는 것이 가장 쉬울 것이다. 수소를 대기로부터의 산소와 결합하는 대신, 연료전지는 애노우드에서 수소의 이온화를 촉진하기 위해서 촉매를 이용하고, 양전하 수소 이온과 자유전자를 생성한다. 그리고 전해액을 이용해서 수소 이온을 산소가스와 접촉하는 캐소우드로 전달한다. 이는 애노우드에 양전하를 전달하고, 캐소우드와 애노우드 사이에서 자유전자가 외부 회로를 통과하도록 구동하는 전위차를 생성한다. 전자가 캐소우드에 도달하면, 이는 그림 6.11 과 같이 산소 원자와 결합해서 물 분자를 형성한다.

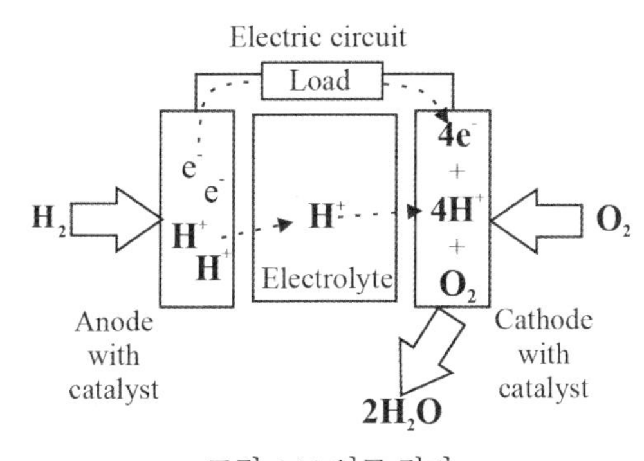

그림 6.11 연료 전지

물 분자의 결합에너지가 수소와 산소분자의 조합된 결합에너지보다 작기때문에 이러한 모든 것이 작동하며, 따라서 연료와 산소의 최종 상태는 초기 상태보다 낮은 에너지를 갖는다. 이는 만약 혼합되고 점화된다면 수소와 산소가 발열반응으로 연소하는 것과 정확하게 동일한 이유이지만, 이는 연소 과정과 관련된 모든 번잡한 작업을 피할 수 있다.

전해액의 선택은 매우 중요하다. 연료전지에서 잘 작동하는 일부 전해액은 1,000°C 까지의 고온에서도 작동될 필요가 있다. 이는 분명 주위로부터 전지를 절연하기 위한 상당한 패키징이 필요할 것이다. UAS 에서 사용하기 위한 보다 매력적인 전해액은 고체상태인 유기 폴리머와 매트릭스 상태인 수산화 칼륨 용액이다. 이러한 의미에서, 전해액에 의해서 침습될 수 있고, 억제되지 않는 전해액과 관련된 문제를 피할 수 있는 일종의 흡수 물질의 레이어로써 매트릭스를 고려할 수 있다.

연료전지는 배터리가 아니기 때문에 직접적으로 재충전될 수 없다. 그러나, 만약 수소를 연료로 사용한다면 결과적인 물이 절약될 수 있고, 이를 전기분해해서 산소와 수소로 되돌릴 수 있다. 이는 태양전지를 이용해서 주간동안 동력을 공급하지만 야간에 공중에 머물기 위해서는 에너지를 저장해야만 하는 전기추진 UAV 에서는 에너지를 저장하고 회수하는 매력적인 방법이 된다. 만약 태양전지 서브시스템이 AV 를 추진하고 다음 야간을 위한 충분한 에너지를 저장하기에 충분히 높은 속도로 물을 전기분해할 수 있을 정도의 크기라면, 24 시간 작동을 위한 모든 에너지를 주간에 태양빛으로부터 얻는 것으로 이러한 과정이 무한정 이루어질 수 있을 것이다.

배터리와 연료전지 사이의 트레이드오프는 부분적으로는 현재 비용의 하나일 가능성이 있고, 아마도 연료전지가 배터리보다 더 비쌀 것이다. 만약 비용이 선택에 대한 주요 인자가 아니라면, 트레이드오프는 배터리가 필요로하는 중량과 체적, 그리고 연료전지 자체, 연료 저장, 물 저장, 그리고 전기분해 시스템을 포함한 전체 서브시스템 중량에 따라서 결정될 것이다. 물에 대한 외부 공급이 없기때문에 물의 저장이 필요하다.

전기분해 시스템은 상대적으로 낮은 전압(9~12V)에서 높은 효율로 작동될 수 있고, 그다지 크지도 무겁지도 않다.

고려되어야만 하는 또 다른 영역으로는, 배터리 또는 연료전지의 유지 및/또는 교환이 있다.

배터리는 에너지 저장 능력이 상당히 저하되기 전까지 제한된 수의 충전/방전 주기를 갖는다. 뿐만 아니라, 대부분의 충전배터리는 에너지 저장 능력의 손실을 피하기 위해서 주기적인 완전 방전과 충전이 필요하다. NiCd 배터리의 경우, 만약 재충전되기 전에 반복적으로 부분 방전만 되는 경우, 일단 수용할 수 있었던 수준까지 방전된 이후에는 결국 더 이상의 출력을 전달하지 않는 메모리효과가 잘 알려져 있다. 보다 새로운 종류의 배터리는 이러한 문제에 취약하지는 않지만, 제조사는 여전히 정기적인 완전 충전/방전 싸이클을 추천하고 있다. 긴 체공시간 모드에서 배터리를 사용하는 UAS 는 몇 차례의 부분적인 싸이클이 지난 이후에는 완전한 방전을 위한 일부 대비가 마련될 필요가 있을 것이다.

연료전지는 대기중 일산화탄소 또는 이산화탄소로 인한 피독을 겪을 수 있다. 이를 처리하는 몇 가지 접근방법이 있지만, 가장 단순한 방법은 매우 순수한 물로 시작해서 이를 전지의 외부로부터의 오염이 없이 재생하는 것이다. 일부 적용에 대해서는 고장 사이 작동시간이 문제가 되었지만, 이는 또한 계속되는 개선의 대상이기도 하다.

지상차량의 지원을 위해서 배터리와 연료전지에 이루어지고 있는 중요한 작업이 배터리와 연료전지 사이의 트레이드오프를 현재의 최신 기술 또는 해당 시스템이 생산에 들어갈 시점에서 예상되는 최신 기술을 이용해서 처리하는 것을 필수로 만드는 정도의 속도로 최신 기술을 선도하고 있다. 물론 후자의 접근법은 위험하지만, 급격하게 진화하는 기술을 처리하는 경우 및 만약 위험에 대한 집중적인 관심과 함께 보수적인 방법으로 이루어진다면 정당화될 수 있을 것이다.

제 7 장 하중과 구조
Loads and Structures

7.1 개요

기체의 구조설계와 내구성은 무인 비행체에서는 중요한 문제가 되지 않았다. 사고가 있기는 하겠지만, 구조적인 문제로 인해서 발생하는 경우는 거의 없다. 비행기 구조설계와 제작은 잘 정립된 기준과 오랜 경험에 기반한 기법을 가지고 있다. 그럼에도 불구하고, 가볍고 저렴한 재료와 단순한 제작기법을 추구하기 때문에 UAV 에 적용되고 있는 기본적인 구조설계 원리를 이해하는 것이 유용할 것이다.

7.2 하중

구조재료를 선택하고 치수를 결정하기 위해서는 우선 구조의 굽힘, 전단, 그리고 비틀림을 유발하는 힘을 결정할 필요가 있다. 이러한 힘은 론치힘, 공기역학적 압력, 관성, 기동, 그리고 추진시스템으로 인해서 발생하며, 이의 크기는 작용력 선도를 이용한 개별 성분의 평형으로부터 결정될 수 있다.

예를 들어서 그림 7.1 과 같이 정면에서 바라본 날개와 스팬에 걸쳐서 작용하는 양력을 고려한다. 날개 자체의 중량과 랜딩기어 또는 엔진과 같은 모든 집중하중을 고려해야만 한다. 이러한 힘과 중량은 날개의 굽힘, 전단, 그리고 비틀림을 유발한다. 굽힘힘 또는 보다 정확하게는 스팬을 따른 모든 지점 주위의 굽힘 모멘트는 (작은 증분으로 편리하게 분할된) 힘과 그림 7.1 에 나온 것과 같은 스팬을 따른 해당 지점으로부터의 거리의 곱을 계산하는 것으로 구할 수 있다. 이 예제에서 외부 부착물 또는 다른 집중하중은 고려하지 않을 것이다.

$$M = \sum_i F_i d_i \tag{7.1}$$

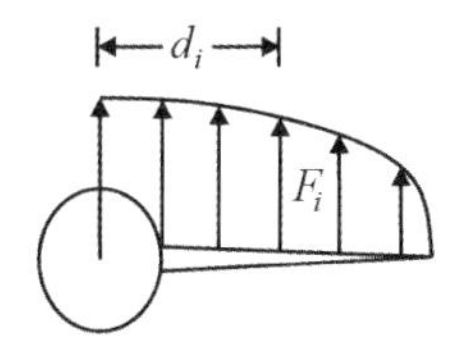

그림 7.1 날개의 굽힘모멘트

굽힘 모멘트는 날개 구조에 (일반적으로 스파) 의해서 지지되어야만 한다. 만약 스파를 단순빔으로 시각화한다면 그림 7.2 에서 볼 수 있는 것과 같이 해당 하중 조건에 대해서 빔의 아랫면은 늘어나고 윗면은 압축될 것이다. 만약 스파의 아랫면에서 늘어나는 것에 저항하는 재료의 능력인 인장강도를 초과하지 않는다면, 윗면이 좌굴되지 않는한 날개 또는 빔은 파손되지 않을 것이다. 다양한 재료에 대한 인장강도는 엔지니어링 핸드북에서 찾아볼 수 있다. 구조물 윗면의 좌굴 가능성을 고려하면 상당한 복잡성이 추가되며, 이는 여기서 다루는 해석의 범위를 벗어난다.

구조부재의 요소를 재료가 실제로 섬유조직을 갖는가와 무관하게 섬유로 간주해서 실제로는 금속 단조품이라고 하더라도 스파의 윗면과 아랫면의 층을 상부와 하부 섬유로 처리하는 것은 흔한 관례이다.

응력은 작용하는 힘이고 변형율은 이로 인한 결과적인 변형이라는 것을 기억하면, 이 두 가지는 굽힘모멘트뿐 아니라 단면의 형상, 그리고 보다 중요하게는 빔의 깊이(그림의 상부에서 하부까지의 두께)에 따라서 달라진다는 것을 알 수 있다.

응력과 변형율 사이의 비례상수는 Young 계수(E)이며, 이는 재료의 특성이다.

$$E = \frac{stress}{strain} \tag{7.2}$$

그림 7.2 에서 볼 수 있는것과 같이 변형율은 최상단 및 최하단 섬유에서 최대가 되고 응력 또한 마찬가지가 되어야만 한다. 이로 인해서 이른바 I 빔이 하중을 감당하는 구조물에 일반적으로 사용되는 이유이기도 하다. 이런 형태는 가장 큰 응력을 받는 부위에 대부분의 재료가 위치하도록 보의 바깥쪽 두 끝단에 재료가 집중된다.

빔의 섬유에 대한 응력은, 빔의 상부와 하부의 중간 지점이고 인장 또는 압축이 발생하지 않는 섬유인 중립축으로부터의 거리에 비례한다. 그림에서 이 거리가 h 로 표시되었다.

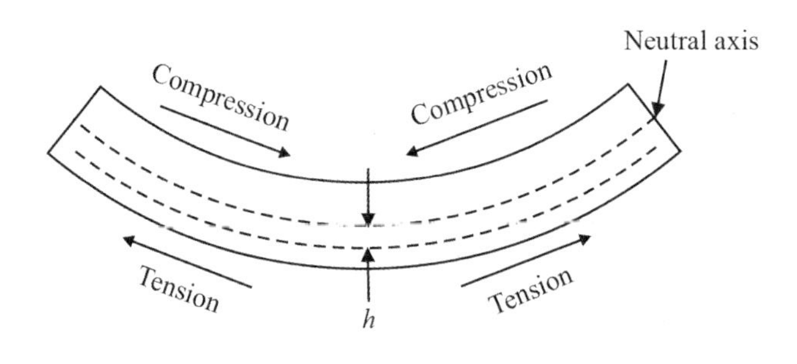

그림 7.2 굽힘 응력

굽힘으로 인한 압축과 인장응력 외에 전단으로 인한 응력도 존재한다. 전단력은 해당하는 지점까지의 (거리와 상관없이) 각 증분에서 힘을 합산하는 것으로, 또는 개별 F_i 의 합과 같은 F_v 로 간단히 계산할 수 있다. 이 힘은 스파 또는 빔의 단면적으로 저항된다.

만약 작용하는 힘이 빔의 중심선상에 일치하지 않는다면 비틀림 또는 토크 또한 발생한다. 스파에 부과되는 모든 종류의 하중을 견딜 수 있을지 여부를 판단하기 위해서는 이러한 모든 힘이 반드시 고려되어야만 한다.

간단한 예를 위해서, 날개에 균일한 하중이 작용하는 것으로, 다시 말해서 양력 분포가 직사각형고 비틀림은 작용하지 않는 것으로 가정한다. (그림 7.3 참조)

이러한 단순한 경우에 대해서, 동체의 중심축 주위의 굽힘모멘트는 다음과 같이 주어진다.

$$M = \sum_i F_i d_i = \int_0^R F(r) \cdot r dr \tag{7.3}$$

날개에 작용하는 하중이 r 의 함수로 균일한 단순한 경우에 대해서, 적분값은 $M = 0.5FR^2$ 이 된다. 여기서 F 는 힘의 합으로, 그림 7.3 에 나오는 경우에 대해서는 $W/2$ 가 되고, R 은 한쪽 날개의 스팬이다.

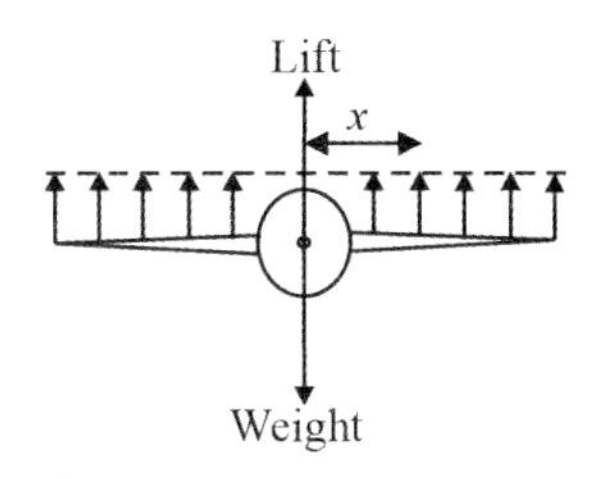

그림 7.3 균일 하중을 받는 날개

반면 전단력은 날개를 따르는 거리에 대한 단순한 선형함수이다.

만약 비행체의 한쪽 날개 스팬 5m 이고 기체의 질량이 200kg 로 중량은 1,960N 이라고 가정하면, 굽힘모멘트와 전단력 모두를 동체의 중심선상에 위치한다고 가정되는 날개 스파의 중심에서 시작해서 날개상에서 측정되는 위치에 대한 함수로 그래프를 그릴 수 있다. 이 계산에서 굽힘모멘트와 전단력이 계산되는 기준축은 그림 7.3 에 나온 것과 같이 동체 중심으로부터 거리 x 로 계산된다. 결과적인 곡선은 그림 7.4 에 나온 것과 같다.

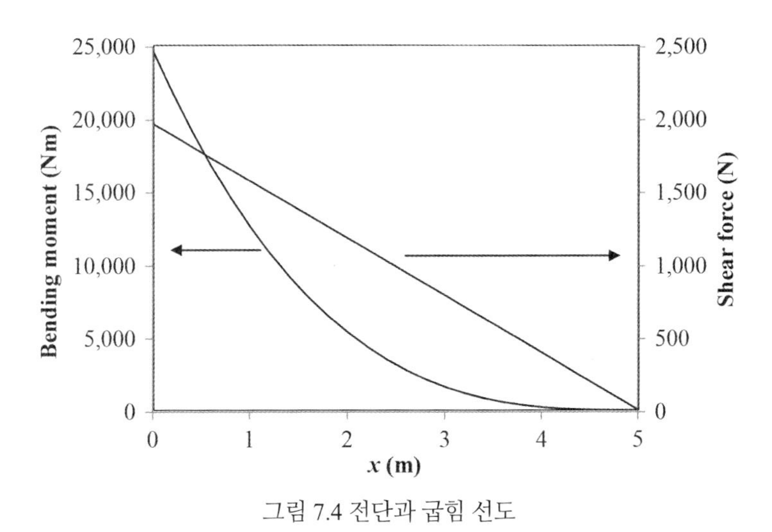

그림 7.4 전단과 굽힘 선도

만약 핸드북으로부터 참고한 허용 가능한 응력이 계산된 값보다 크다면, 빔은 파손되지 않을 것이다.

만약 일정한 깊이의 스파가 뿌리에서 파손되지 않는다면, 굽힘모멘트와 전단력은 그림 7.4 에 나온 것과 같이 날개 끝단으로 갈수록 감소하기 때문에 이는 스팬상의 어느 지점에서도 파손되지 않을 것이다. 실제로는 중량을 줄이기 위해서 스파에 테이퍼를 줄 수도 있으며, 이는 실제로 일반적으로 적용된다. 날개의 평면 형상에 테이퍼를 주는 것은 날개의 끝단보다 뿌리쪽 부근에서 더 많은 양력이 발생하도록 해서 날개 뿌리의 굽힘응력을 감소시키기 때문에 구조적인 측면에서 유리하다는 것을 이해할 수 있다. 실제 날개에서는 균일한 하중 분포를 거의 갖지 않으며, UAV 가 지상에 있는 동안 날개에 장착된 랜딩기어로부터 전달되는 또는 폭탄, 미사일, 또는 센서 포드와 같이 날개의 아래에 장착되는 다른 항목으로 인해서 날개에 윗방향으로 작용하는 하중을 지지해야할 필요성과 같은 다른 문제도 존재한다. 이러한 모든 집중하중이 굽힘모멘트와 전단력 선도에 반드시 추가되어야만 한다.

꼬리날개, 동체, 그리고 비행체의 모든 부품은 위에서 논의된 원리에 따라서 해석될 수 있다. 실제로 구조요소의 곡률과 형상에 대한 최종 계산을 위해서는 일반적으로 컴퓨터 해석이 필요하다. 그러나, 날개가 (파손되지 않고) 동체상에 고정되어 있을지 여부에 대한 판단은 상대적으로 어렵지 않다.

7.3 동하중

지금까지 논의에서는 비행체가 직선 수평비행을 하고 날개에 돌풍은 작용하지 않는것으로 암묵적으로 가정되었다. 선회, 조종간 당김, 그리고 돌풍은 힘의 평형을 잃게 만들거나 변경하는 것으로 구조에 작용하는 하중에 영향을 준다는 것을 인식하고 또한 고려해야만 한다. 기동은 항상 가속도를 수반하고, 가속도는 힘을 추가하거나 배가시킨다. 가속도는 중력(g)으로 인한 가속도의 배수로 측정되어, $3g$ 조종간 당김은 수직방향의 힘을 3 의 배수만큼 증가시킬 것이다. 만약 스파가 직선 수평비행에 대한 하중만을 감당하도록 설계되었다면, 이는 $3g$ 조종간 당김뿐 아니라 $3g$ 선회에서도 역시 파손될 것이다. 그림 7.5 는 직선 수평비행뿐 아니라 선회시 작용하는 힘까지도 보여주고 있다.

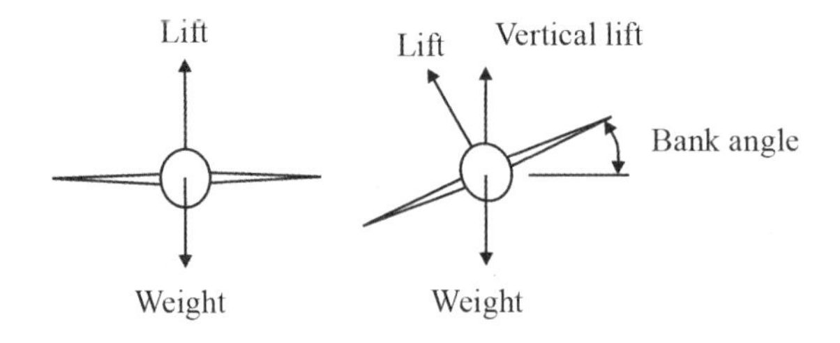

그림 7.5 롤링시 작용하는 힘

중량은 항상 아래 방행으로 작용하지만, 양력은 날개에 직각으로 작용한다는 것에 주목해야 한다. 따라서 고도를 잃지 않고 선회를 하기 위해서는 양력의 수직 성분이 항상 중량과 동일해야만 하고, 결과적으로 전체 양력은 경사 각도에 대한 보상을 위해서 증가되어야만 한다. 경사각이 증가하면 필요한 양력도 증가하고, 따라서 날개에 작용하는 힘도 증가한다.

$$W = L\cos\phi \tag{7.4}$$

여기서 ϕ 는 경사각이다. 이 관계를 간단히 정리하면 다음과 같다.

$$\frac{L}{W} = \frac{1}{\cos\phi} = n \tag{7.5}$$

여기서 n 은 하중 계수로 부르고, $L = W$ 인 경우 1 과 같다.

선회에서 g 는 $n = L/W$ 로 주어지기 때문에 30 도 경사각에 대해서는 $n = 1.15$ 이고, 구조물은 날개에 수직으로 1.15g 의 하중을 받게 되며, 스팬에 대한 모든 하중에는 1.15 를 곱해야 한다.

비행체의 운용 비행 강도는 V-g 또는 V-n 선도의 형태로 표현될 수 있고, 이는 또한 기동 비행 선도로 부르기도 한다. 이러한 선도는 가로축에는 비행속도, 세로축에는 g 가 단위인 구조하중 n 을 갖는다. 선도는 특정 고도와 비행체 중량에 적용될 수 있다. 하중 계수는 양력대 중량의 비율로 정의된다. 정상 수평비행시 하중은 중량과 같기때문에 이러한 조건에서 하중 계수는 1 이다.

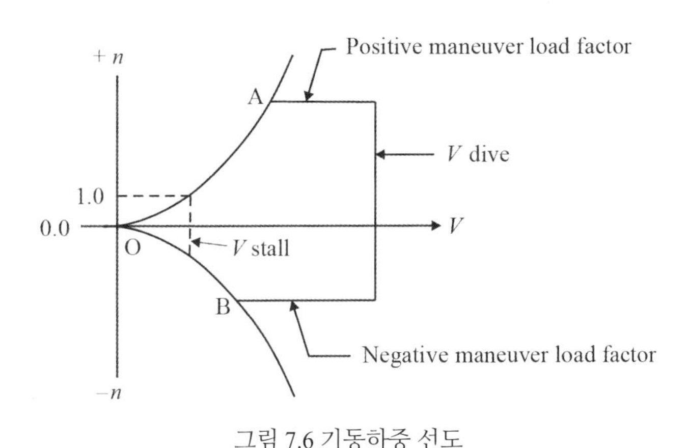

그림 7.6 기동하중 선도

선도상에서 두 개의 직선은 실속선으로 부르고 공기역학과 관련된다. 이는 실속 직전 최대 상승율에서의 하중을 나타낸다. 항공기는 이보다 높은 상승율로 비행할 수 없기때문에, 최대 양력계수와 속도 제곱의 함수인 실속선을 따르는 것보다 더 높은 하중계수를 받을 수는 없다. 하중선은 양과 음의 곡선에서 속도가 0 이고 하중이 0 인 지점에서 만나는 포물선의 형태를 갖는다. 그림 7.6 에서 O-A 와 O-B 인 두 개의 곡선은 각각 정상비행과 배면비행을 나타낸다.

A 와 B 에서 시작하는 수평선은 각각 양과 음의 힘에 대한 제한 하중을 나타낸다. 다시 말해서, 실속선에 머물기 위해서 받음각의 증가로 인해서 동반되는 A 지점에서의 속도 증가는 항공기에 과도한 응력을 가하고 구조적인 파손의 위험성이 발생할 것이다. 비행 속도가 증가될 수 있지만 상승율을 유지하기 위해서는 기수를 내려야할 필요가 있다. V dive 로 표시된 수직선은 항공기의 기축선 방향으로 응력을 가하는 수직 급강하에 대한 제한속도이다. 최대 양과 음의 기동하중 수준과 관련된 하중 수준과 최대 수직 강하 속도는 비행체의 강도에 기반하며 다소 임의적으로 할당된다. 미 연방항공청(Federal Aviation

Administration, FAA)에서는 다양한 종류의 항공기에 대한 기동 하중을 계산하는 방법을 제공한다. 곡예비행 등급 항공기의 경우, 정상 비행에 대해서는 $n = 6$ 이고 배면 비행에 대해서는 $n = 3$ 으로 지정하고 있다. 최대 수직 강하속도는 순항 속도의 1.5 배로 명시되어 있다.

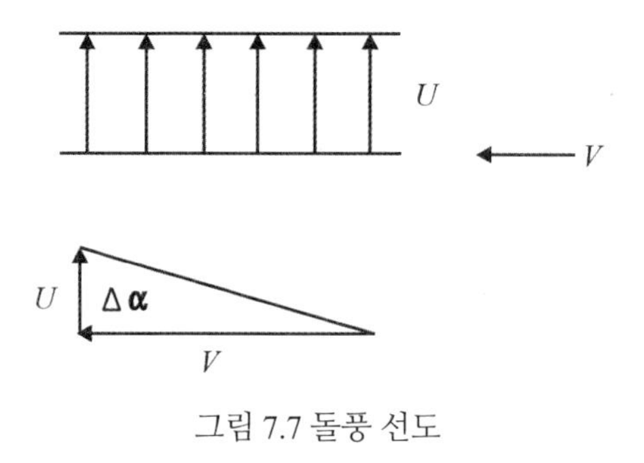

그림 7.7 돌풍 선도

돌풍은 기체에 부가적인 하중을 일으키기 때문에 반드시 고려되어야만 한다. 항공기는 주변 대기 질량 속도의 갑작스러운 변화에 대응하도록 비행속도를 순간적으로 변경할 수 없기때문에, 돌풍은 받음각(수직방향 돌풍의 경우) 또는 진대기속도(수평방향 돌풍의 경우)의 갑작스러운 변화, 또는 일반적인 경우 두 가지 모두를 초래한다. 대기속도 및/또는 받음각의 변화는 양력의 변화로 이어지고, 이는 그림 7.7 에 나온 것과 같이 날개에 작용하는 하중을 변화시킨다. 돌풍하중은 대기속도에 직접 비례하기 때문에 심한 난기류를 만나면 조종사는 대기속도를 감소시킨다. UAV 의 경우, 기체의 과도한 응력을 방지하기 위한 유사한 조치를 취하도록 보장하는 대비책이 자동비행의 설계시 마련되어야만 한다.

7.4 재료

UAV 는 많은 다른 종류의 재료로 만들어지지만 현재 추세는 복합재료를 지향하고 있다. 복합재 제작은 UAV 제조에 있어서 복합새료가 거의 일반적으로 사용되고 있는 이유를 설명하는 몇 가지 장점을 제공한다. 주요 이점으로는 특이하게 높은 강도대 중량비율이다. 뿐만 아니라, 몰드로 제작되는 복합재료는 고가의 장비와 높은 숙련된 작업자가를 필요로 하지 않고 제작될 수 있는 단순하고 높은 강도의 구조물이 가능하다. 공기역학적으로 매끈하며 복합된 곡률의 패널은 강도를 증가시키고, 다른 종류의 재료와 비교해서 용이한 복합재 제작이 가능하다.

날개 스파와 같은 빔에 하중이 작용하면 응력의 대부분은 바깥쪽 섬유 또는 표면에서 발생한다. 샌드위치 기법을 통해서 이러한 사실을 유리하게 이용하는 것이 복합재 제작의 효율성에 대한 이유이다.

7.4.1 샌드위치 구조

그림 7.8 에 나온 것과 같은 샌드위치 패널은 경량의 코어로 분리되는 두 개의 바깥쪽 표면 또는 작동 외피를 가지고 있다.

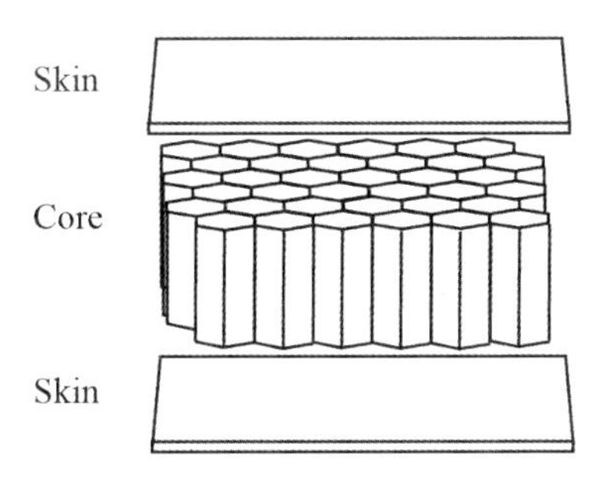

그림 7.8 샌드위치 패널

물론 외피를 알루미늄으로 만들 수도 있지만, 복합재료 적층은 특이한 형상의 코어 주위에 도포된 후에 자리를 잡아 경화될 수 있기때문에 유리섬유, 케블러, 그리고 탄소복합재료 등이 널리 사용된다.

코어 재료로는 폴리스티렌(polystyrene), 폴리우레탄(polyurethane), 폴리비닐 클로라이드(polyvinyl chloride), 알루미늄 하니콤(aluminum honeycomb) 또는 발사 나무(balsa wood) 등이 있다. 다양한 종류의 레진이 외피와 코어를 접착하고 외피를 통해서 응력을 전달하는데 사용된다. 여기에는 에폭시, 폴리에스테르, 그리고 비닐 에스테르가 있다.

7.4.2 외피 또는 강화 재료

복합재 구조의 강도는 거의 전적으로 외피 또는 강화재료의 양, 종류, 그리고 적용에 따라서 달라진다. 외피 직물은 단방향(unidirectional, UD)과 양방향(bidirectional, BD)의 두 가지 주요 형태 또는 패턴으로 제공된다. 단방향 직물은 섬유가 거의 모두 한 방향으로 직조되어 있어서 해당 방향에 대한 인장강도가 최대가 된다.

양방향 직물은 일부 섬유가 다른 섬유에 대해서 각도를 이루어 직조되기 때문에 여러 방향으로 강도를 갖는다. 물론 모든 방향에 대해서 보다 높은 강도를 제공하기 위해서 UD 섬유가 다양한 각도로 조합될 수도 있다. 뿐만 아니라, 재료 또는 직물 시트를 여러장 적층하는 것으로 필요한 곳에는 보다 높은 강도를 적용할 수 있고, 강도 요구가 낮은 곳에는 중량을 감소시킬 수도 있다. 외피는 일반적으로 다음과 같은 재료로 만들어진다.

- E 글라스(E Glass): 표준형 유리섬유로 복합재료의 대표
- S 글라스(S Glass): E Glass 와 외형이 유사한 유리섬유이지만, 30% 강함
- 케블라(Kevlar): 아라미드(Aramid) 유기 화합 재료로, 매우 강하지만 작업이 난해함
- 그라파이트(Graphite): 카본 원자의 긴 평행 체인형태로, 매우 강하며 고가임

7.4.3 레진 재료

레진은 외피를 코어 재료에 접착시키고 응력을 외피로 전달하는데 사용된다. 레진은 경화되면

비가역적으로 강화되고 구조물에 대해서 높은 강도와 화학적 내성을 제공한다.

- 폴리에스테르(Polyester): 보트에서 욕조까지 모든것을 만드는데 널리 사용되는 레진
- 비닐 에스테르(Vinyl ester): 폴리에스테르와 에폭시의 복합된 레진
- 에폭시(Epoxy): 홈빌트 항공기와 UAV 제작에 널리 사용되는 열경화성 레진

7.4.4 코어 재료

UAV 제작에 사용되는 코어 재료는 주로 폼이지만, 발사 나무 또한 사용된다.

- 폴리스티렌(Polystyrene): 흰색의 폼으로, 고온 와이어로 절단해서 에어포일 형상을 만드는데 용이하다. 이는 연료와 다른 솔벤트로 쉽게 용해된다.
- 폴리우레탄(Polyurethane): 저밀도의 폼으로, 조각은 용이하지만 고온 와이어로 절단되지는 않는다. 정교한 형태로 조각하는데 사용된다.
- 우레탄 폴리에스테르(Urethane polyester): 서핑보드를 만드는데 사용되며, 솔벤트에 대한 양호한 내성을 갖는다.

7.5 제작 기법

가장 흔한 제작 방법은 폼 코어를 열선으로 또는 만약 재료가 열선 절단으로는 처리가 어렵다면 톱으로 원하는 형태로 자르는 것이다. 그리고 나서 폼은 레진의 과도한 흡수를 방지하기 위해서 밀봉처리된다. 표면에 레진을 바르고 미리 재단된 조각의 강화재료(외피)가 젖은 레진 위에 적절한 방향으로 적층된다. 액체 레진이 표면 재료에 스며들고 과도한 레진은 제거된다. 최종 적층이 원하는 강도를 갖도록 하기위해서 재료의 적층은 지정된 방향과 매수로 추가된다.

또 다른 방법으로는 몰드 또는 캐비티를 이용해서 외피 섬유와 레진을 몰드의 안쪽에 도포해서 중공 구조를 형성하도록 하는 것이다. 몰드로 만들어진 패널과 부가 구조물은 본드로 접착되어 완성된 구조물을 이루게 된다. 집중하중이 작용하는 구조에 대해서는 적절한 부착을 보장하기 위해서 주의가 필요하다.

3 부 임무계획 및 통제

Mission Planning and Control

임무계획과 통제는 UAS 에 대한 모든 임무의 성공적인 완수를 위한 결정적인 요소이다. 제 8 장에서는 임무 통제 스테이션의 형상과 아키텍처, 통제 스테이션 내부의 인터페이스, 작업의 출처 및 UAV 에 의해서 생성되는 정보 사용자와의 인터페이스, 그리고 통제 스테이션 또는 작업 조직에서 수행되는 기능에 대해서 설명한다.

제 9 장에서는 AV 와 페이로드가 제어되는 방법의 운용 특성을 가능한 및/또는 바람직한 자동 또는 자율성의 수준에 대해서 논의한다. 이를 위한 옵션으로는 안전한 원격 통제에서부터 완전한 자율성까지 다양하다. 예상될 수 있는 것과 같이, 두 가지 모두 가능하고 특정 상황에서는 바람직할 수도 있지만, 가장 일반적인 수준의 운용 통제는 이러한 극단적인 방법의 어느 것에도 해당하지 않는다.

제 8 장 임무계획 및 통제 스테이션
Mission Planning and Control Station

8.1 개요

임무계획 및 통제 스테이션(Mission Planning and Control Station, MPCS)은 UAV 시스템의 신경중추이다. 이는 비행체(Air Vehicle, AV)의 론치, 비행 및 회수를 제어하고, 비행 시스템의 내부 센서와 페이로드의 외부 센서로부터의 신호를 수신하고 처리하며, (주로 실시간인) 페이로드 작동을 제어하며, UAV 시스템과 외부 세계 사이의 인터페이스를 제공한다.

계획 기능은 통제 기능으로부터 분리된 일부 지역에서 수행될 수 있고, MPCS 를 때로는 지상 통제 스테이션(Ground Control Station, GCS)으로 부르기도 한다. 그러나, 임무 동안에 계속되는 이벤트에 적응하기 위해서 실시간으로 계획을 변경할 수 있는 일부 능력은 필수적이고, 최소한 간단한 계획 능력을 통제 사이트에서 사용할 수 있다고 가정할 것이므로 두 용어를 적절히 혼합해서 사용할 것이다.

시스템 기능을 수행하기 위해서 MPCS 는 다음과 같은 서브시스템을 채용한다.

- AV 상태의 판독 및 제어
- 페이로드 데이타 표시 및 제어
- 임무계획과 AV 의 위치 및 비행경로 모니터링을 위한 지도 표시
- AV 와 페이로드로 명령을 전송하고, AV 로부터 상태 정보와 페이로드 데이타를 수신하는 데이타 링크의 지상 터미널
- 운용자와 AV 사이의 인터페이스를 제공하고, AV 와 MPCS 사이의 데이타 링크와 데이타 흐름을 제어하는 최소 한 대 또는 그 이상의 컴퓨터로, 이는 시스템에 대한 항법 기능과 자동비행 및 페이로드 제어 기능과 관련된 일부 외부 루프 (시간에 덜 민감한) 계산 또한 수행할 수 있다.
- 명령 및 제어, 그리고 UAV 에서 수집된 정보의 전파를 위한 다른 조직과의 통신 링크

가장 초보적인 형태로 MPCS 는 무선조종 모형비행기 조종세트보다 그다지 정교하지 않은 장치, 페이로드 이미지를 위한 비디오 디스플레이, 임무계획과 항법을 위한 종이 지도, 그리고 UAV 시스템의 외부세계와 통신을 위한 전술 라디오로 구성될 수 있다. 이는 단거리 가시선 내에서 비행하고 모형비행기와 상당히 유사하게 조종될 수 있는 UAV 에 적합할 것이다.

경험에 따르면 가장 단순한 시스템에 대해서도 기본적인 비행과 항법 기능의 일부가 통합되고 조종과 항법 기능에서 최대한 많은 자동화가 운용자에게 제공되는 사용자 친화적 인터페이스를 제공하는 것이 상당히 바람직하다.

UAV 시스템을 운용하는 일부 기관에서는 만약 필요하다면 AV 의 위치와 고도의 시각적인 짐작에 기반해서 AV 를 비행할 수 있는 조종사 자격을 가진 운용자(또는 자격이 있는 무선조종 모형비행기 운용자)를 필요로한다. 최근 일부 기관에서는 정상 조종사보다는 훈련을 덜 받을 수도 있지만 무인항공기의 조종을 중심으로 조종사만큼 집중된 훈련을 받는 별도의 무인항공기 조종사 과정을 설립했다. 그러나, 많은 운용 요구조건은 시스템이 조종사 정도의 기술과 훈련 수준이 필요하지 않은 인력에 의해서도 작동될 수 있도록 요구하는 형태로 진화했다. 이번 장에서의 논의는, 운용자는 AV 에게 어떤 고도와 아마도 어떤 속도로 어디로 가야할지 알려주는 입력만을 필요로 하고, MPCS 내의 컴퓨터와 AV 의 자동조종이 실제 원하는 경로의 비행에 대한 세부사항을 관리하는 수준까지 AV 의 조종을 자동화하는 MPCS 의 형태에 대해서 주로 설명할 것이다.

페이로드의 운용에 대한 자동화의 수준에는 더 큰 여유가 있다. 가장 단순한 시스템의 경우, TV 카메라와 같은 영상 페이로드는 거의 완전한 수동 제어를 받을 것이다. 가장 낮은 수준의 자동화는 카메라의 가시선을 위해서 일종의 관성안정화를 제공하는 것이다. 보다 높은 수준의 자동화는 가시선을 안정화하기 위한 지상 물체의 자동추적 또는 운용자에 의해서 일련의 그리드 좌표로 지정되는 지상의 지점에 대한 자동지향을 포함한다. 자율성이 결여된 가장 높은 수준의 자동화의 경우, 페이로드는 지정된 지상 영역에 대해서 자동적으로 탐색 패턴을 실행할 수 있을 것이다. 이러한 수준에서 항법, 비행, 그리고 페이로드 자동화는 AV 가 특정 영역을 효율적이고 완전하게 탐색하는 방법으로 자동화된 페이로드 지향과 조율되어 미리 설정된 표준 비행경로를 비행하는 방식으로 함께 통합될 수 있다. 인간 운용자의 실시간 감독과 개입이 AV 및 통제 스테이션의 컴퓨터 소프트웨어의 인공지능으로 대체되는 자율적인 운용 또한 가능하다. 이러한 수준의 제어는 제 9 장에서 보다 자세히 논의될 것이다.

자유비행 시스템과 같이 드문 경우를 제외하고, MPCS 는 비행을 제어하기 위해서 AV 와의 데이타통신 링크를 포함한다. 비행은 다소 장거리에서 또는 가시선 내에서만 조종될 수 있다. 후자의 경우, AV 는 임무영역으로 미리 계획된 비행경로와 미리 프로그램된 명령을 따르는 것으로 가시선 넘어까지 계속될 수 있다. 만약 임무 영역이 통신 거리 (일반적으로 UHF 시스템에 대해서는 가시선) 이내라면, 비행경로를 제어하고 다양한 센서 패키지를 활성화하고 제어하기 위한 명령이 AV 로 제공될 수 있다. 만약 UAV 가 예를 들어서 정찰기체의 경우 비디오 영상과 같은 정보를 제공하려고 한다면, MPCS 는 내려오는 신호를 수신하고 페이로드에 의해서 수집된 정보를 시현할 수 있는 TV 화면과 같은 수단을 포함하게 된다.

AV 에 대한 명령신호와 센서는 데이타 링크 시스템의 업링크와 상태를 이용하고, AV 로부터의 센서 신호는 다운링크를 사용한다. MPCS 는 따라서 데이타 링크를 작동시키는데 필요한 모든 제어기능과 함께 업링크 신호를 보내기 위한 안테나와 전송기, 다운링크 신호를 잡기 위한 안테나와 수신기를 포함한다.

데이타 링크 송신기와 수신기는, 특히 만약 데이타 링크가 가시선 모드에서 작동한다면, AV 의 항법과 관련된 두 번째 기능을 가질 수도 있다. 이는 지상 스테이션에 대한 AV 의 위치를 판단하기 위해서 AV 의 방위각과 거리를 측정할 수 있다. 이러한 정보는 항법을 위한 위치데이타의 단독 소스 또는 AV 에 탑재된 항법 시스템의 편류를 수정하는 보조 데이타로 사용될 수 있다. 거의 범용으로 사용되는 GPS 항법이 관성항법과 항법을 위한 데이타 링크의 사용을 대부분 대체했지만, GPS 가 전파방해의 가능성이 있는 곳에서 사용될 일부 시스템에서는 이러한 능력이 유지될 수 있다.

MPCS 는 두 가지 종류의 정보를 운용자에게 보여주어야만 한다. AV 의 제어 자체는 위치, 고도, 방향, 속도, 그리고 남은 연료와 같은 기본적인 상태 정보를 표시할 필요가 있다. 이는 아날로그 게이지에서부터 디지탈 문자와 그래픽 디스플레이까지의 방법을 사용해서 유인 항공기의 조종석에 있는 것과 유사한 방법으로 표시될 수 있지만, 새로운 시스템에서는 일부는 아날로그 게이지 또는 디스플레이의 영상 형태로 표시될 수 있더라도 운용자에게 보여지는 모든 정보에 대해서 디지탈 디스플레이 스크린을 사용할 것이다. 이는 대다수 유인 항공기에서 글래스 콕핏으로 이동하는 추세와 일치하는 것이다. 이러한 경향에 대한 이유는, 디지탈 디스플레이는 어떤 것이 필요하더라도 이를 보여주기 위해서 실시간으로 재구성될 수 있고, 통제 스테이션을 다른 페이로드와 임무 또는 다른 AV 에 사용할 수 있도록 하는 큰 유연성을 제공하기 때문이다. 이러한 선택에 대한 인간 인터페이스 측면에서는, 운용자는 마우스와 키보드로 조작하는 다양한 윈도우를 통해서 그래픽 사용자 인터페이스와 항법을 사용하는 것이 매우 편리할 것이다.

두 번째 종류의 표시될 정보는 페이로드의 온보드 센서에 의해서 수집된 데이타로 구성된다. 이러한 디스플레이는 센서의 속성과 정보가 사용될 방법에 따라서 여러가지 다양한 특성을 가질 수 있다. TV 또는 열영상 카메라로부터의 영상의 경우, 디스플레이는 디지탈 비디오 스크린이다. 프레임은 정지상태로 유지(프레임 고정)될 수 있고, 화상은 우수한 선명도를 제공하기 위해서 향상될 수 있다. 다른 종류의 데이타도 적절히 표시될 수 있다. 예를 들어서, 레이다 센서는 유사 영상 또는 전통적인 깜빡이는 신호로 레이다 표시를 사용할 수 있다. 기상 센서는 해당 정보를 문자 또는 아날로그 게이지의 이미지로 표시할 수 있다. 전자전 센서는 신호 출력대 주파수에 대한 스펙트럼 분석 디스플레이 및/또는 인터셉트된 통신 신호에 대해서는 스피커, 헤드셋 또는 디지탈 텍스트 디스플레이를 사용할 수 있다. 일반적으로 센서 디스플레이상에 시간, AV 의 위치 및 고도, 그리고 페이로드 지향각과 같은 문자와 숫자로 이루어진 데이타를 추가하는 것이 바람직하다.

운용자가 실시간 디스플레이에서 가능한 것보다 더 여유를 가지고 데이타를 검토할 수 있도록 하기위해서, 모든 센서 데이타에 대해서 저장 및 재생 능력을 제공하는 것이 바람직하다. 이는 또한 데이타의 선택된 부분이 MPCS 로부터 직접 사용되거나 또는 추가로 분석될 수 있는 다른 지역으로 전송될 수 있도록 데이타가 편집될 수 있도록 한다.

AV 와 센서 페이로드 모두에 대한 운용자로부터의 제어 입력은 (조이스틱, 노브, 스위치, 마우스, 또는 키보드와 같은) 상당히 다양한 종류의 입력장치로 처리될 수 있다. 피드백은 상태 및 센서 디스플레이에 의해서 제공된다. 만약 조이스틱이 사용된다면, 조이스틱 설계를 통해서 일부 촉각적인 피드백이 제공될 수 있다. 공중 시각 센서는 회전될 수 있고, 시야각이 변경될 수 있으며, 그리고 센서 자체도 켜지고 꺼질 수 있다.

계획된 비행경로를 수행하고 센서의 사용을 위한 방향을 제공하기 위해서는 지상에 대한 AV 의 위치가 반드시 알려져야만 한다. 뿐만 아니라, UAV 에 대해서 일반적인 한 가지 용도는 관심대상인 목표물을 탐색하고 지도 그리드에 대한 이의 위치를 결정하는 것이다. UAV 센서는 일반적으로 AV 에 대한 목표물의 상대적인 위치를 제공한다. 지도 그리드상에서 목표물의 위치를 결정하기 위해서는 이러한 정보가 AV 의 위치에 대한 정보와 조합되어야만 한다.

가장 단순한 시스템의 경우, MPCS 는 AV 의 그리드 좌표를 숫자 지침으로 표시할 수 있어서 운용자는 이의 위치를 종이 지도상에 표시하고 AV 위치로부터 목표물의 방위각 및 거리를 수동으로 측정하는 것으로 이 위치에 대한 목표물의 위치를 판단할 수 있다. 대부분의 UAV 시스템에서는 AV 의 위치를 종이 또는 디지탈 비디오 디스플레이상에 자동적으로 표시하고 목표물의 위치를 자동적으로 계산해서 이를 동일한 그림상에 표시하거나, 또는 비디오 디스플레이상에 숫자 텍스트로 제공하는 것으로 최소한 이러한 기능의 일부를 자동화한다.

마지막으로, AV 로부터 획득되는 정보 및/또는 이의 상태는 MPCS 외부의 누군가에게도 중요하기 때문에 UAV 운용자에게 작업과 명령을 제공하는 모든 외부인뿐 아니라 데이타의 사용자와 통신하는데 필요한 장비는 MPCS 에서 필수적인 부분이다.

그 명칭으로부터 알 수 있듯이, 임무전 계획, 다시 말해서 최적 비행루트, 목표물과 탐지 영역, 연료 관리, 그리고 위협회피의 결정은 MPCS 에서 수행되는 기능이다. 또한 최신 MPCS 에는 자체 테스트와 고장 고립뿐 아니라 AV 의 실제 비행에 대한 필요가 없이 운용자가 훈련할 수 있는 방법(내장된 시뮬레이터)과 같은 특성이 포함된다.

MPCS 의 블록 다이어그램이 그림 8.1 에 나와 있다. MPCS 의 대부분 구성요소는 고대역폭 버스로 연결될 것이다. UAS 가 포함되는 조직의 나머지와 통신을 위한 연결되지 않은 블록은, 명령 구조의 상위레벨과 보급 또는 서비스의 형태로 UAS 에 대한 지원을 제공하는 다른 구성요소로 연결되는 음성 및 기타 링크를 나타낸다. 이는 또한 UAS 에서 생성되는 정보 사용자와의 음성 통신을 포함할 수도 있다. 이러한 모든 것이 비디오와 다른 고대역폭 데이타를 사용자에게 배포하는데 사용되는 것과 동일한 네트워크, 또는 대역폭은 낮지만 보다 넓은 도메인을 가질 수 있는 별도의 네트워크와 같은 일종의 네트워크 연결에 포함될 수 있다.

시스템을 구동하기 위한 전력은 고정된 설치 위치를 위한 표준 동력 네트워크에서부터 가장 소형이며 또한 가장 운반성이 뛰어난 통제 스테이션을 위한 배터리에 이르기까지 다양한 동력원으로부터 제공된다.

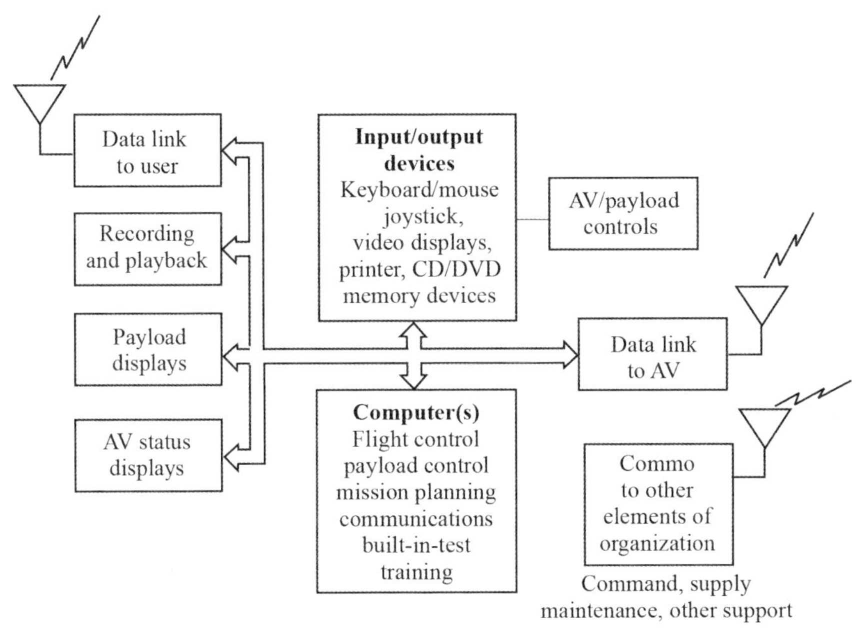

그림 8.1 MPCS 블록 다이어그램

요약하자면, MPCS 의 기능을 다음과 같이 정리할 수 있다.

계획

- 작업 메세지 처리
- 임무영역 지도 연구
- 비행루트 지정(경로지점, 속도, 고도)
- 운용자에 계획 제공

운용

- 임무계획 정보의 로딩
- UAV 론치
- UAV 위치 모니터링
- UAV 제어
- 임무 페이로드 제어 및 모니터링
- 비행계획의 변경 추천
- 사령관에 정보 제공
- 필요한 경우 센서 정보 저장
- UAV 회수
- 센서 데이타의 하드카피, 디지탈 테이프, 또는 디스크 형태의 재생

8.2 MPCS 아키텍처

아키텍처라는 단어가 MPCS 에 적용되는 경우에는 일반적으로 MPCS 내의 데이타 흐름과 인터페이스를 설명하는데 사용된다. 모든 MPCS 는 이런 의미에서 아키텍처를 갖는다. 그러나, 이러한 아키텍처의 중요성과 시인성은 다음과 같은 UAV 시스템 설계의 세 가지 기본적인 개념에 따른 중요성과 밀접하게 관련된다.

1. 개방성은 기존의 블록을 재설계하지 않고 MPCS 에 새로운 기능 블록을 추가할 수 있는 개념을 의미한다. 예를 들어서, 개방형 아키텍처는 새로운 AV 센서에 대해서 필요한 처리와 시현뿐 아니라 해당하는 센서에 대한 데이타 흐름까지도 새로운 대체가능한 장치를 MPCS 내의 일종의 데이타 버스에 단순히 끼우는 것으로 또는 새로운 소프트웨어를 추가하는 것만으로 MPCS 에 추가될 수 있도록 한다. 이러한 절차는 데스크탑 컴퓨터에 새로운 기능 보드를 추가하는 과정과 유사하다.
2. 상호운용성은 몇 대의 서로 다른 AV 및/또는 임무 페이로드 중에서 어느 것이라도 제어할 수 있고, 외부 세계와 연결되는 몇 개의 서로 다른 통신 네트워크 중에서 어느 것과도 인터페이스 될 수 있는 MPCS 의 개념을 의미한다.
3. 공용성은 다른 MPCS 와 동일한 하드웨어 및/또는 소프트웨어 모듈의 일부 또는 모두를 사용하는 MPCS 의 개념을 의미한다.

이러한 세 가지 개념은 분명히 서로 독립되지 않는다. 여러가지 면에서, 이는 동일한 목표를 서로 다른 관점에서 다른 방법으로 정의하는 것이다. 개방형 아키텍처는 새로운 소프트웨어와 하드웨어가 다른 AV 또는 페이로드를 제어하는 것을 허용함으로써 상호운용성을 촉진하고, 소프트웨어와 하드웨어를 수용하는 행위 자체로 공용성을 촉진한다. 상호운용성과 공용성은 폐쇄형보다 개방형 아키텍처에서 보다 용이하게 성취할 수 있다. 그러나, 세 가지 개념의 어느 하나도 자동적으로 나머지 두 가지를 포함하지는 않는다. 원칙적으로는, 다른 UAV 또는 외부세계 시스템과 상호운용성 또는 공용성이 없는 완진힌 개방형 아키텍처를 가질 수 있다.

UAV 시스템의 신경중추로써 MPCS 는 개방성, 상호운용성, 그리고 공용성을 수립하는데 필요한 많은 부담을 감수해야만 한다. MPCS 는 일반적으로 전체 UAV 시스템 중에서 가장 고가인 단일 서브시스템이고, 노출과 소모는 가장 적은 시스템의 일부이다. 따라서, 이의 유용성을 극대화하고 MPCS 에서 상호운용성과 공용성에 대한 투자에 집중하는 것이 합리적이다.

단일 UAV 시스템 내에서 공용성과 상호운용성을 위해서 두 번째로 가장 유리한 목표는 공통된 페이로드, 데이타 링크, 항법시스템, 그리고 엔진까지도 단일 시스템 및 단일 사용자에 의해서 운용되는 통합된 UAV 시스템 패밀리 모두의 비용 및 유용성에 큰 영향을 미치는 AV 이다. 아래에 논의된 많은 아키텍처 개념이 AV 에도 직접적으로 적용된다.

이 책에서는 데이타 링크가 UAV 의 별도 서브시스템으로 취급되고 있지만, 이는 MPCS 와 AV

서브시스템 사이의 간격을 이어주는 주요 기능을 갖는다. 이러한 측면에서 보면 데이타 링크는 이상적으로 시스템의 전체 데이타 아키텍처에서 투명한 링크이다. 실제로, 실질적인 한계로 인해서 대부분의 시스템에서 링크는 투명하지 않으며, 이러한 특성이 아키텍처와 시스템의 나머지 설계에서 반드시 고려되어야만 한다.

MPCS 가 개방성, 상호운용성, 그리고 공용성 요구조건을 처리하는 방법과 관련된 아키텍처 문제는 근거리 통신망(Local Area Network, LAN)의 개념을 통해서 가장 쉽게 시각화될 수 있다. 이와 같은 개념에서 MPCS 와 AV 는 (데이타 링크를 통해서) 서로 이어진 두 개의 LAN 으로 시각화될 수 있고, 게이트웨이는 UAV 시스템을 (외부 세계의) 사용자 조직의 다른 명령, 제어, 통신, 그리고 정보 시스템과 연결한다. MPCS 아키텍처는 기능 요소가 MPCS LAN 내에서 작동하고, 데이타 링크 브리지를 통해서 AV LAN 과 인터페이스되고, 외부 세계의 다른 네트워크와의 인터페이스에 필요한 게이트웨이를 제공할 수 있도록 허용하는 구조를 결정한다.

LAN, 브리징, 그리고 게이트웨이는 모두 통신업계에서 흔히 사용되는 용어의 일부이다. 이에 대한 세부사항을 모두 설명하는 것은 이 책에서 다룰 범위를 벗어난다. 그러나, 이러한 개념에 대한 일반적인 이해는 UAV 시스템 설계자가 MPCS 가 시스템의 신경중추로써의 기능을 수행하는 방법을 시각화할 수 있는 배경을 제공하고, 모든 특정한 세트의 시스템 요구조건에 따라서 제기되는 아키텍처 문제를 이해하는데 필요한 기본을 형성할 것이다.

8.2.1 근거리 통신망(Local Area Network)

LAN 은 마이크로 컴퓨터가 우리 사회에 급증하기 시작했던 1970 년대에 시작되었다. 마이크로 컴퓨터 이전에는, 사무실과 회사에서는 (자체적인 연산 능력을 갖지 않는 터미털인) 단순 터미널이 연결되는 대형 메인프레임 컴퓨터를 운용하였다. 중앙 컴퓨터는 각 터미널과 시간을 공유했지만 프린터와 터미널에 위치한 사용자에 대한 모든 외부 정보 흐름을 직접 처리했다. 마이크로 컴퓨터의 도입으로 인해서 컴퓨팅 기능이 많은 수의 스마트 터미널과 프린터, 디스플레이, 그리고 내장된 중앙처리장치(Central Processing Unit, CPU), 메모리, 그리고 소프트웨어를 갖는 특별한 용도의 터미널과 같은 스마트 주변장치로 분산될 수 있었다. 이러한 각 노드는 자체적인 속도로 다양한 독립된 기능을 수행할 수 있었지만, 데이타를 교환하고 다른 노드(예를 들어 프린팅)에서만 사용할 수 있는 기능 또한 사용할 필요가 있었다. 모든 독립 처리 노드를 서로 연결하는 방법이 제공된다면 데이타 그리고 메모리와 같은 장치를 공유하는 것도 가능했다. 이러한 기능이 LAN 에 의해서 수행된다.

MPCS 는 실질적으로 미니 사무실이다. 비디오 영상, 목표물 데이타, 페이로드 및 AV 의 제어를 제공하기 위해서 AV 의 상태, 광대역 비디오 신호, 조직의 다른 구성 요소와의 통신, 그리고 기타 신호의 형태로 정보를 수신 및 처리하고, 저장하고, 출력하고, 그리고 정보센터와 운용 사령관에게 전송한다. 사무실에서와 마찬가지로, 정보는 MPCS 내에서 공유되고 다른 (UAV 및 군사 시스템) 오피스로 발송된다. LAN 개념은 MPCS 통신 아키텍처를 설명하는데 상당히 적절하다.

8.2.2 LAN 의 구성 요소

LAN 은 다음과 같은 세 가지 중요한 특성을 갖는다.

8.2.2.1 레이아웃과 논리 구조(토폴로지)

일련의 워크스테이션, 컴퓨터, 프린터, 저장장치, 제어패널, 그리고 기타 장치가 모두 동시에 접근할 수 있는 단일 케이블상에 평행하게 연결될 수 있다. 이를 버스 토폴로지라고 한다. 다른 방법으로는, 루프 형태인 단일 케이블상에 순차적으로 연결될 수도 있고, 이를 링 토폴로지라고 한다. 마지막으로, 각 장치가 중앙의 제어기에 직접 연결되는 네트워크를 스타 토폴로지라고 부른다.

버스는 단일 선형 케이블을 이용해서 모든 장치를 병렬식으로 연결한다. 각 장치는 탭 또는 드롭으로 연결되며, 정보가 버스상에서 패킷의 형태로 브로드캐스팅되면 자신의 주소를 인식할 수 있어야만 한다. 모든 장치가 선형으로 버스에 연결되기 때문에 오류를 찾기 위해서는 각 장치가 순차적으로 확인되어야만 한다.

모든 장치가 버스에 동시에 접근할 수 있기때문에, 만약 한 장치 이상이 동시에 브로드캐스팅을 원하는 경우 충돌을 피하기 위해서 일종의 프로토콜이 존재해야만 한다. 이는 일반적으로 버스를 사용하는 다른 장치를 위한 통로가 존재하는 것을 보장하기 위해서 각 장치로부터의 메세지에 대한 수신과 전송 사이에 임의 지연을 도입하는 것으로 수행될 수 있다. 이는 충돌이 없음을 보장하지 않기때문에 버스 시스템은 충돌이 발생했음을 판단하는 방법과 낮은 충돌 가능성으로 다시 시도하는 일종의 방법을 갖는다. 때로는 이는 전송상에 증가된 길이의 임의 지연으로 구성된다. 명백하게도, 버스가 혼잡해지면 장치를 서로 연결하는 속도는 매우 느려질 수 있다.

링은 버스처럼 단일 케이블 상에 있지만 케이블을 자체적으로 닫아서 링을 형성한다. 장치는 버스와 유사하게 탭으로 링에 연결되지만 연결은 병렬이 아닌 순차적이다. 각 장치는 링 내의 다음 장치하고만 유일하게 직접 통신할 수 있다. 정보 패킷은 링을 따라서 수신기/드라이버 유닛으로 전달되고, 여기서 수신기는 들어오는 신호의 주소를 확인하고 이를 수용하거나 아니면 이를 재생하고 링 내의 다른 장치로 보내는 드라이버로 통과시킨다.

토큰으로 부르는 특별한 패킷이 링 주위로 보내지고, 장치가 전송을 원하면 토큰을 기다렸다가 메세지를 토큰에 첨부한다. 수신 장치는 토큰에 확인응답을 첨부하고 이를 다시 링에 추가한다. 전송장치가 확인응답이 첨부된 토큰을 수신하면 이는 자신의 메세지가 수신된 것을 알 수 있다. 이는 메세지를 제거하고 토큰을 다음 장치로 보낸다. 토큰은 링 상에서 물리적인 다음 장치가 아닌 다른 장치로 가도록 예정될 수 있다. 토큰의 루팅은 다른 것보다 일부 장치에 전송할 수 있는 더 많은 기회를 제공한다. 예를 들어서, 만약 장치 A 가 높은 우선 순위의 전송할 데이타를 갖는다면 링의 다른 모든 장치에 의해서 배포될 때마다 토큰이 장치 A 로 돌아가도록 예정될 수 있다. 이는 실질적으로 전체 링의 능력의 약 절반을 장치 A 에 할당하는 것이다. 이와 같은 토큰링은 두 개 또는 이상의 장치가 동시에 정보를 전송하는 것을 방지하는 간단한 방법이다. 다시 말해서, 토큰패싱 개념은 데이타 또는 정보의 충돌을 방지한다.

스타 시스템은 각 장치가 중앙의 제어기에 직접 연결되는 형태이다. 중앙 제어기는 장치를 연결하고 통신을 설립하는 역할을 담당한다. 이는 임무계획 및 통제 시스템 내에서와 같이 근접한 거리 내에서 장치를 상호 연결하는 단순하고 저비용인 방법이다.

8.2.2.2 통신 매체

LAN 내에서 신호의 이동은 일반적인 와이어, 연선, 차폐 케이블, 동축 케이블, 또는 광섬유 케이블을 통해서 이루어진다. 매체의 선택은 전송될 수 있는 대역폭과 재생이 없이 데이타가 전송될 수 있는 거리에 영향을 미친다. 광섬유 케이블이 다른 모든 전자 매체에 비해 대역폭에서 월등히 우수하고, 의도적이지 않은 복사에 대해서 보안성을 가지며, 그리고 전자기 간섭에 대한 면역을 갖는다는 추가적인 장점을 갖는다.

8.2.2.3 네트워크 전송과 접근

장치가 네트워크에 접근하는 (정보를 수신하고 송신하는) 방법은 무엇보다도 중요하다. 데이타는 충돌하지 (두 장치가 동시에 전송하지) 않아야만 하고, 그렇지 않으면 손상될 것이다. 장치는 또한 데이타를 수신하거나 아니면 그냥 통과시킬 수 있도록 자신이 의도된 수신자인지 여부를 반드시 판단할 수 있어야만 한다.

8.2.3 통신의 수준

장치 사이의 통신은 둘 사이의 서식이 없는 데이타 전송으로 구성될 수 있다. 예를 들어서, 워드 프로세서 A 를 사용하는 한 컴퓨터로부터 문자가 워드프로세서 B 를 사용하는 다른 컴퓨터로 단선회로를 통해서 전송될 수 있다. 만약 두 워드 프로세서가 서로 호환되지 않는다면, 두 워드프로세서가 이해할 수 있는 문자의 공통 조합을 찾아야만 한다. 이러한 경우 ASCII 문자세트가 사용될 수 있지만, 이는 제한되기 때문에 밑줄이나 이탤릭체와 같이 한 워드프로세서에서 사용되는 정보의 일부는 손실될 수 있다. 메세지 내의 문자와 문장은 남아있겠지만 서식이나 강조가 삭제된다면 일부 필수적인 정보는 손실될 것이다. 이러한 수준의 통신을 기본 수준이라고 한다. 포맷이 없는 데이타와 관련된 문제는 문자에 대해서 조차도 심각하다. 이는 그래픽 또는 특수한 명령 또는 센서 데이타에 대해서는 근본적으로 극복될 수 없는 문제이다.

고도 수준으로 부르는 두 번째 수준은, 모든 특수 코딩이 유지되는 공통된 포맷을 사용하는 장치 사이의 통신이다. 특허를 받은 포맷으로 고도 수준에서 작동하는 많은 특허 네트워크 아키텍처가 존재하고,

따라서 이는 서로간에 통신을 할 수 없다. 이는 MPCS를 이용하는 UAV 커뮤니티에서는 발생을 원하지 않는 상황이다.

제조사 및 제조사별 내부 포맷, 그리고 프로토콜과 무관하게 어떤 장치든 모든 정보가 유지되는 포맷으로 다른 장치와 통신할 수 있는 통신의 수준을 개방형 통신 시스템이라고 한다.

개방형 LAN의 작동을 위해서 필요한 주요 특성을 이해하고 적용하는 것은 중요한 작업이다. 만약 모든 장치, 소프트웨어, 케이블, 그리고 기타 하드웨어가 한 업체에서 제작되고 운용된다면, 모두 함께 작동하도록 하는 것은 어렵지 않을 것이다. 그러나, 한 회사에서 모든 UAV 시스템의 하드웨어와 소프트웨어를 만들었다고 하더라도, UAV 시스템은 다른 국가에서 생산되거나 다른 데이타 프로토콜을 사용할 수도 있는 다른 무기와 통신시스템과 같이 운용되어야만 하기때문에 문제는 여전히 남을 것이다.

일정 수준의 균일성을 제공하기 위해서는 일련의 표준에 따라서 설계하고 운용하는 것이 필요하다. 실질적인 표준이 오늘날 통신업계에 존재한다. 이는 업계의 선두주자에 의해서 설정되고 다른 나머지가 따르게 된다. 표준은 또한 정부, 생산자 그룹, 그리고 전문가 집단 사이의 상호 합의에 따라서도 정해진다.

현재 UAV 시스템 장비에는 많은 다른 표준이 적용되고 있다. 미국에서는 무인기 통합 프로젝트 사무국(Unmanned Vehicle Joint Project Office, JPO), 공용 통합 인터페이스(Joint Integrtion Interface, JII) 그룹이 국제 표준화 기구(International Organization for Standardization, ISO)의 개방형 시스템 상호접속(Open System Interconnection, OSI) 아키텍처를 사용하는 표준을 추천했다. 최소한으로 OSI 모델은 보다 세부적인 표준이 적용될 수 있는 프레임워크를 제공한다. 미 군사표준(MIL Standard)과 RS-232C 표준과 같은 다른 표준이 여전히 OSI 아키텍처 표준 내에서 적용되고 있다. OSI 표준에 대한 논의는 표준 LAN 아키텍처 필수 특성을 보여줄 것이다.

8.2.3.1 OSI 표준

OSI 모델 또는 표순은 7개 레이어를 갖는다.

8.2.3.1.1 물리 레이어

물리 레이어는 하드웨어와 관련된 일련의 규칙이다. 이는 케이블의 종류, 전압의 수준, 타이밍, 그리고 사용할 수 있는 커넥터를 정의한다. RS-232C와 같은 물리 레이어와 관련된 규정은 어떤 신호가 어떤 핀으로 연결되는가를 지정하고 있다.

8.2.3.1.2 데이타 링크 레이어

첫 번째 (물리) 레이어는 우체통의 입구처럼 전송 시스템으로 비트를 받는다. 두 번째 (데이타 링크) 레이어는, 말하자면, 이를 어떻게 포장하고 어디고 발송할지를 지정하는 것이다. 이러한 두 번째 레이어는 데이타의 패킷(또는 프레임)에 헤더와 트레일러를 추가하고, 데이타에 대한 헤더와 트레일러의 오류가 없음을 확인한다. 이 레이어는 네트워크상의 다른 노드로 메세지의 전송, 오류수정 루틴에서 사용될 데이타에 대한 데이타의 제공, 그리고 루팅을 위한 프로토콜을 제공한다. 이러한 작업이 처리되는 방법에 대한 세부사항을 설명하기 위해서 MIL 표준이 사용될 수 있다. 일반적으로 사용되는 한 가지 표준은 MIL-STD-1553 항공기 내부 시분할 명령/반응 다중화 데이타버스(Aircraft Internal Time Division Command/Response Multiplex Data Bus)이다.

8.2.3.1.3 네트워크 레이어

네트워크 레이어는 데이타 통신을 위한 컴퓨터 사이의 경로를 설정한다. 이는 흐름 제어, 루팅, 그리고 정체 제어를 설정한다.

8.2.3.1.4 전송 레이어

전송 레이어는 오류 인식 및 복구와 관련된다.

8.2.3.1.5 세션 레이어

세션 레이어는 네트워크를 관리한다. 이는 네트워크 상의 특정 장치 또는 사용자를 인식하고 데이타 전송을 제어한다. 이 레이어는 모든 두 사용자 사이에서 단방향, 양방향 동시, 또는 양방향 교차와 같은 통신 모드를 결정한다.

8.2.3.1.6 표현 레이어

표현 레이어는 장치 사이의 데이타 표현에 대한 공통 규칙을 부과함으로써 정보를 주고 받는 장치 사이에서 이해될 수 있는 데이타를 보장하는 것이다. 예를 들어서, 만약 장치가 칼라와 흑백 모니터에 모두 칼라 정보를 제공한다면, 흑백 스크린상에서 특정 칼라가 강조표시를 나타낼 수 있도록 표현 레이어가 둘 사이에 공통 구문을 설정해야만 한다.

8.2.3.1.7 응용레이어

응용 레이어는 소프트웨어와 통신 처리 사이의 인터페이스 역할을 한다. 이 레이어는 특정 장치와 인터페이스되고 그 특성상 비표준인 표준을 다루기 때문에 표준화가 가장 어려운 레이어이다. 응용 레이어는 응용에 특화된 소프트웨어를 지원하는 많은 기본 기능을 포함하고 있다. 사례로는 화일과 프린터 서버가 있다. 운영체계(DOS, Windows, LINUX 등)의 익숙한 기능과 인터페이스가 응용 레이어의 일부에 해당한다.

8.2.4 브리지와 게이트웨이

브리지는 UAV 지상 스테이션과 이에 대한 AV 와 같이 유사한 아키텍처를 갖는 LAN 사이의 연결이다. UAV 의 경우에는 서로 데이타 링크를 통해서 연결된다. 데이타 링크가 LAN 에 직접 인터페이스되도록 처음부터 설계되지 않는다면, 이는 랜에 대한 인터페이스상에서 데이타 링크 또는 AV 로 어드레스되는 데이타는 데이타 링크에서 필요로하는 포맷으로 변환하고, 다운링크된 데이타는 MPCS 의 LAN 에서 필요로하는 포맷으로 변환하는 프로세서가 필요할 것이다. 데이타 링크의 AV 쪽 끝단에서도 유사한 프로세서가 필요할 것이다. 데이타 링크는 LAN 내에서 두 개의 식별자를 갖는다. 이는 안테나 지향, 대전파방해 모드의 사용 등과 관련된 데이타 링크에 대한 명령으로 구성되는 LAN 내의 다른 노드로부터 요청을 받을 수 있는 LAN 내의 주변장치이다. 이는 또한 MPCS 내의 다른 노드에 안테나 방위각과 AV 까지의 거리와 같은 데이타를 제공할 수도 있다. 다른 역할로써 이는 AV 로의 브리지이다. 이러한 역할에서 이는 MPCS 와 AV 의 LAN 에 상대적으로 투명해야 한다.

만약 AV 의 LAN 이 MPCS 의 LAN 과는 다른 아키텍처를 갖는다면, 데이타 링크는 게이트웨이가 된다. 외부 세계와의 인터페이스가 일반적으로 게이트웨이가 된다.

게이트웨이는 다양한 아키텍처를 연결한다. 통합 감시 및 목표물 획득 레이다 시스템(Joint Surveillance and Target Acquisition Radar System, JSTARS)과 같은 다른 통신 스테이션과 통신하기 위해서는 UAV 지상 스테이션이 필요할 수도 있다. 모든 시스템이 동일한 표준에 따라서 설계되는 시기에 이르기 전에는, JSTARS 와 전형적인 MPCS 사이의 통신은 Windows 컴퓨터가 LINUX 컴퓨터와 통신하는 것과 비슷할 것이다. 필요한 번역을 수행하는 명백한 인터페이스가 존재하지 않는다면 서로 이해할 수 없을 것이다.

게이트웨이는 LAN 외부의 다른 아키텍처에 연결하기 위해서 포맷과 프로토콜을 변환하는 LAN 내의 노드이다. UAV 시스템 내에서 게이트웨이와 브리지 사이의 구분은 모호해질 수도 있다는 것에 주의해야 한다. 외부 네트워크로 데이타 링크를 고려하고 이의 MPCS 와 AV 쪽 양 끝단에 게이트웨이를 구성할 수도 있다. 데이타 링크 인터페이스를 브리지로 고려하면, 이러한 게이트웨이는 데이타 링크로부터 LAN 의 브리지 인터페이스까지의 인터페이스와 유사한 방법으로 작동할 것이다. 차이는 인터페이스가 데이타 링크의 내부가 아닌 이제 LAN 의 내부에 있다는 것이다.

데이타 링크에 대한 장에서 논의된 것과 같이, 데이타 링크의 세부사항을 MPCS 와 AV 에 대해서 투명하게 하는 것이 일반적으로 바람직하다. 이는 데이타 링크가 양 끝단에서 (브리지 역할처럼) LAN 의 포맷과 프로토콜을 수용하도록 만드는 것을 추천하는 것이다. LAN 의 브리지 인터페이스는 변하지 않기때문에, 이러한 접근방법은 레이타링크의 교환을 훨씬 용이하게 만든다. 만약 LAN 이 각 데이타 링크에 게이트웨이 인터페이스를 제공해야만 한다면, 데이타 링크 포맷의 변경은 게이트웨이의 변경 또한 필요로 할 것이다.

8.3 물리적 형상

MPCS 의 모든 장비는 신속하게 철거하고 새로운 운용기지를 설립할 수 있도록 거의 항상 이동식이어야만 하는 하나 또는 이상의 컨테이너에 수납된다. 일부 이동식 MPCS 는 트렁크 또는 서류가방/백팩 크기의 컨테이너이지만, 대부분의 이동식 MPCS 는 경량 트럭 또는 HMMV 등급의 전술차량에서부터 5 톤 또는 이상의 대형 트럭까지 다양한 범위가 될 수 있는 하나 또는 두 개의 셸터를 사용한다. 셸터는 운용자를 위한 작업공간과 인력과 장비를 위한 환경조절을 제공해야만 한다.

그림 8.2 운용자 워크스테이션

그림 8.2 는 조종사와 페이로드 운용자 위치와 다중 디지탈 디스플레이, AV 와 페이로드의 상태 정보, 센서 영상, 그리고 AV 의 기능을 제어하는 운용자에게 필요한 모든 것을 갖춘 Predator UAV 에 대한 운용자 워크스테이션을 보여주고 있다. 이러한 특별한 워크스테이션은 고정된 설치를 위해서 설계된다. 이동식 통제 스테이션을 위한 유사한 워크스테이션은 조종사와 페이로드 운용자가 디스플레이를 공유하고 필요한 전체 공간을 줄이기 위한 다양한 방법이 사용되지만, 이러한 완전한 시스템과 같은 모든 기능을 여전히 제공해야만 할 것이다.

MPCS 셸터의 크기는 수용되어야만 하는 인원수와 장비의 양에 따라서 달라진다. 전자장비와 컴퓨터가 소형화되고 있기때문에 인원과 원하는 디스플레이의 수가 주요 기여인자이다. 개별 AV 운용자와 페이로드/무기 운용자가 옆으로 나란히 앉는 것이 일반적으로 바람직하다. 보통 비행체와 페이로드 운용자를 감독하고 지시하며 전체적인 조율자 역할을 하는 임무 사령관이 존재한다. 임무 사령관은 일반적으로 UAV 와 명령 및 통제 시스템 사이의 인터페이스를 운용하기도 한다. 만약 임무 명령자가 AV 의 상태와 센서 디스플레이 모두를 볼 수 있는 곳에 위치한다면 편리할 것이다. 이는 두 세트의 디스플레이를 호출할 수 있는 별도의 워크스테이션을 통해서 또는 임무 사령관이 두 운용자의 디스플레이를 어깨 너머로 볼 수 있고 사용할 수 있는 곳에 위치하는 것으로 해결될 수 있다.

관심 대상을 관측하는 경우, 페이로드 운용자는 프레임을 정지시키거나 또는 추가적인 정보가 있는지 확인하기 위해서 센서를 관심있는 관측 대상의 근방으로 회전시킬 수 있다. 이러한 정보를 유용하게 사용하기 위해서는 정보 요원 또는 다른 사용자가 이러한 정보에 접근할 수 있어야만 한다. 이는 사용자를 지상스테이션 내에 위치시키거나 또는 원격 디스플레이를 위한 준비를 하는 것으로 이루어질 수 있다.

일부 데이타 사용자는 센서 또는 AV 제어에 대한 직접적이고 실시간의 입력을 제공하는 능력을 원할 수도 있다. 이는 일반적으로 좋은 아이디어가 아니다. 대부분의 경우, 통제 스테이션 외부 인력에 의한 임무의 제어는 스테이션 내의 전담운용자에 의해서 수행되는 작업을 제공하는 것으로 제한되어야만 한다. 다시 말해서, 만약 사령관이 특정 장면을 다시 보기를 원한다면, 사령관에게 동일한 조이스틱을 제공해서 실시간으로 페이로드를 회전시키는 것보다는 임무 사령관으로부터 필요한 정보를 요청받는 것이 더 바람직하다. 통제 스테이션 내의 요원만이 AV를 위험한 상황에 빠뜨리지 않거나 비행계획을 방해하지 않은채 임무를 수행하는 방법을 알 수 있는 완전한 상황인식과 훈련을 갖는다. 종종, 다시 살펴보기의 가장 좋은 방법은 처음 살펴본 화면의 저장분을 재생하는 것이고, 따라서 장면을 저장하고 선택한 데이타에 대한 편집과 루팅 능력이 중요하다.

장비의 모든것이 셸터 내에 연결되고 위치되는 방법은, 이를 컴퓨터 아키텍처 또는 소프트웨어 형상과 혼동하지 않기 위해서 장비 형상이라고 한다. 그림 8.3 이 전형적인 장비 형상을 보여주고 있다.

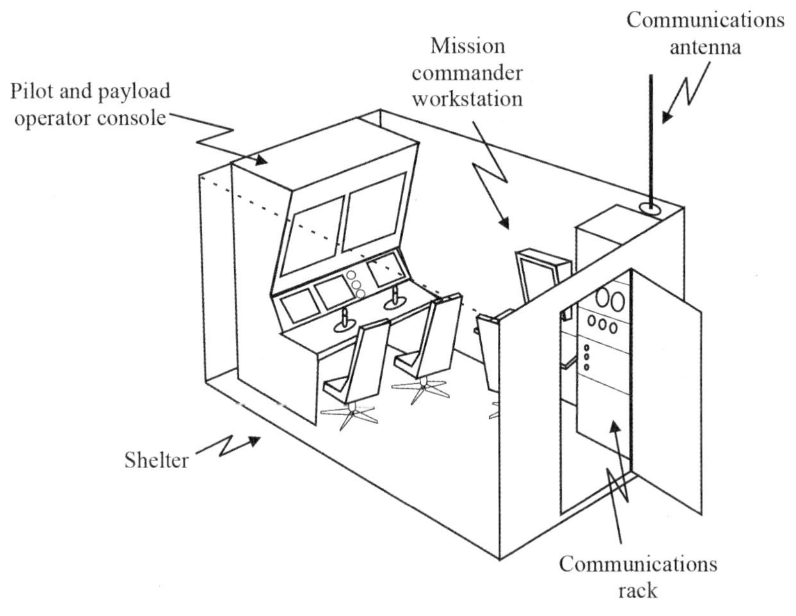

그림 8.3 지상 스테이션 형상

임무 모니터, 지도 디스플레이, AV 상태 지침계기, 조종 입력 장치(조이스틱, 트랙볼, 포텐셔미터), 그리고 키보드와 같은 설명된 기능과 장비는 하나 또는 그 이상 공통 콘솔 또는 워크스테이션에 조합될 수 있다. (만약 있다면) 다른 워크스테이션과 통신하는 모든 전자 인터페이스, 데이타 링크, (만약 사용된다면) 중앙 컴퓨터, 그리고 통신장비는 워크스테이션 내에 포함된다.

8.4 계획과 항법

8.4.1 계획

유인 항공기의 비행과 마찬가지로, 비행전 계획은 성공적인 임무 성능에서 중요한 요소이다. 계획 기능의 복잡성은 임무의 복잡성에 따라서 달라진다. 가장 단순한 경우, 임무는 도로의 교차로 또는 다리를 모니터링하고 해당 지점을 통과하는 교통량을 보고하는 것이다. 이러한 임무를 위한 계획은 모니터링될 지점과 지점 사이에 대한 비행 경로의 결정과 해당 지점을 모니터링하는 동안 AV 가 로이터할 영역의 선정이 필요하다. 이는 진입과 이탈에 대한 방공망 위협의 회피를 포함할 수 있고, 거의 항상 공역 관리 요소와의 상호작용이 필요할 것이다. 상당히 단순한 환경에서는 간단한 비행계획의 준비와 이러한 비행계획을 적절한 명령 요소와 함께 보관하는 것 보다 더 복잡하지는 않을 것이다.

목표영역 부근에서 공역상 충돌을 피하기 위해서는 이륙 전에 하나 또는 이상의 로이터 지점을 선택하는 것이 필요할 수도 있다. 이러한 경우 계획 기능은 사용될 센서의 종류, 그림 8.4 와 같은 이의 탐지범위와 시야각도 [2], 그리고 이의 유효 거리를 고려해야만 한다. 만약 센서가 TV 라면, 목표물과 AV 의 위치에 대한 태양의 위치도 로이터 지점의 선택시 고려사항이 될 수 있다. 거친 지형 또는 수풀이 우거진 지대에서는 어떤 로이터 지점이 목표 영역에 대해서 막히지 않은 가시선을 제공할 것인가를 예측하는 것도 중요할 수 있다. 때로는 목표물 지역으로 비행하고 나서 양호한 유리한 지점을 찾는 것이 허용될 수도 있지만, 그렇지 않다면 이륙하기 전에 유리한 지점을 결정하는 것이 필요할 것이다.

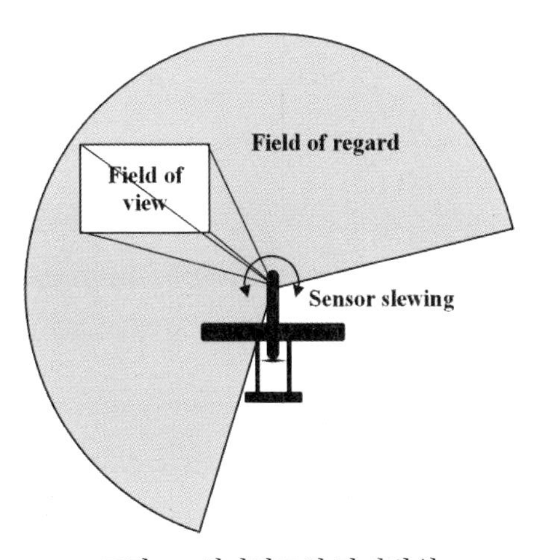

그림 8.4 시야각도와 탐지범위

이러한 단순한 경우에서조차도 MPCS 내에 자동화된 계획 보조 수단을 갖는 것이 가치가 있을 것이다. 이러한 보조 수단은 하나 또는 이상의 다음과 같은 소프트웨어 능력의 형태를 가질 수 있다.

---

[2] 시야각도(Field of View)는 센서가 특정 순간에 감지할 수 있는 범위이며, 탐지범위(Field of Regard)는 센서의 회전(slewing) 범위내에서 감지할 수 있는 전체 범위를 의미한다.

- 라이트 펜, 터치스크린, 또는 마우스와 같은 그래픽 입력장치의 형태를 이용해서 비행경로가 중첩될 수 있는 디지탈 지도 디스플레이
- 선택된 비행경로에 대한 비행시간 및 연료소모의 자동 계산
- 비행계획에 추가될 수 있고 특정 비행에 대해서 변경될 수 있는 일반적인 비행 세그먼트 라이브러리의 준비
- 임무 동안 AV 의 제어에 적절하고 또한 공역관리 요소와 함께 비행 계획의 저장에 적절한 형태로 비행경로의 자동 저장
- 임무의 성능에 대해서 수용 가능한 유리한 지점을 선택할 수 있도록 다양한 로이터 지점 및 고도로부터의 시야를 보여주는 디지탈 지도 데이타에 기반한 합성 영상의 계산

향후 실행을 위한 비행계획의 저장은, 일단 계획이 완료되면 계획의 각 단계를 단순히 메모리로부터 호출하고 수행되도록 명령하는 것으로 실행할 수 있는 방법으로 MPCS 내에 저장하는 것을 의미한다. 예를 들어서, 임무계획은 론치에서 로이터 지점까지의 비행, 해당 지점에서 로이터, 두 번째 로이터 지점으로 이동, 그리고 회수 지점으로 리턴과 같은 세그먼트로 구분될 것이다. 그러면 운용자가 단지 각 세그먼트를 교대로 활성화하는 것으로 임무는 계획대로 수행될 수 있을 것이다. 유연한 소프트웨어 시스템이라면 최소한의 운용자 재계획만으로 다양한 지점에서 미리 계획된 임무로의 진입과 탈출이 가능할 것이다. 예를 들어서, 만약 미리 계획된 로이터 지점까지 이동 중에 흥미로운 목표물이 탐색되었다면, 미리 계획된 비행 세그먼트를 중단하고 몇 가지 표준 궤도 중의 하나로 들어가서 목표물을 조사하고, 임무 재개 명령이 전달되면 AV 가 어떠한 지점에 도달했더라도 미리 계획된 비행 세그먼트를 다시 진행하는 것이 가능할 것이다.

보다 복잡한 임무는 대안과 함께 몇 개의 서브 임무를 포함할 수 있다. 이러한 종류의 임무에서는 모든 서브 임무가 정해진 시간에 그리고 AV 의 전체 항속시간 이내에 수생될 수 있도록, 시간과 연료소모를 계산하는 능력이 중요하다. 이러한 계획을 보조하기 위해서는, 표준화된 작업 계획의 라이브러리를 갖는 것이 바람직하다. 예를 들어서, 특정 지점을 중심으로 작은 영역을 탐색하는 라이브러리 루틴을 가질 수 있다. 라이브러리 루틴에 대한 입력은 지점에 대한 지도상 좌표, 지점 주위의 탐색될 반경, 해당 영역을 바라볼 방향(상공, 동쪽으로부터, 서쪽으로부터 등), 목표물 영역에서 예상되는 클러터 수준, 그리고 탐색되어야 하는 목표물의 종류를 포함할 것이다. 지정된 클러터에서 목표물의 종류에 대한 알려진 센서 성능에 기반해서 라이브러리 루틴은 목표물로부터 최적 거리에 센서를 위치시키는데 필요한 비행계획, 센서의 탐색 패턴과 속도, 그리고 해당 영역을 탐색하는 전체 시간을 계산할 것이다. 결과적인 계획은 전체 비행계획에 첨부될 것이고, 임무 중에서 이러한 단계에 필요한 연료소모와 시간이 임무 요약에 추가될 것이다. 영역이 탐색될 방향을 선택하기 위해서 디지탈 화면 생성기가 사용될 수도 있다. 각 세그먼트가 임무 요약에 추가되었기 때문에 계획자는 임무의 전체 시간계획, 그리고 작업 수행에 지정된 시간 및 AV 로부터 사용 가능한 전체 임무시간과의 적합성을 모니터링할 수 있다.

이러한 모든 계획이 탐색시간과 임무계획의 다른 주요 요소를 예측하는데 사용되는 핸드북의 보조 또는 경험법칙의 적용을 통해서 수동으로 수립될 수 있는 반면, 초기 UAV 시스템에 대한 경험에 따르면, 임무계획의 자동화에 투입되는 노력은 시스템에 대한 운용자 수용성과 한정된 AV 자원의 사용에 대한 효율에 대해서 상당한 성과를 제공할 것으로 보여주고 있다.

8.4.2 항법과 목표물 위치 파악

목표물의 위치를 정확하게 파악하기 위해서는 AV 의 위치를 아는 것이 가장 먼저 필요하다. 많은 초기 UAV 시스템에서는 데이타 링크에 의해서 결정되는 방위각과 거리 데이타를 이용해서 MPCS 데이타 링크 안테나의 측정된 위치에 대해서 AV 의 위치가 파악되었다. 대부분의 시스템에서 이러한 형식의 항법은 GPS 와 같은 시스템을 사용한 온보드 절대위치 측정으로 대체되었다. GPS 수신기는 가격이 저렴해지고 소형화되면서 이제는 분명 UAV 에 대한 표준 항법시스템으로 고려되어야할 것으로 보인다.

GPS 는 (정확한 위치를 알고 있는) 세 개의 위성까지의 거리에 대한 동시 측정을 이용해서 지구 표면상의 수신기 위치를 결정한다. 만약 네 개의 위성까지의 거리를 알고 있다면 수신기의 고도까지도 측정될 수 있다. 제한된 군용 버전 시스템에서는 5~15m 의 정확도가 가능한 반면, 민간용 버전에서는 100m 의 정확도를 사용할 수 있다.[3] 만약 위치를 정확하게 알고 있는 하나 또는 이상의 추가 지상 스테이션이 있다면 보다 높은 정확도를 사용할 수 있다. 이러한 신호를 이용하기 위해서는 지상 스테이션이 GPS 수신기로부터 100km 까지 떨어질 수 있다. 이른바 차동식 GPS(Differential GPS, DGPS) 접근방법을 이용하면 지상스테이션의 추가는 민간용 버전의 GPS 에 대해서까지도 1~5m 정도의 정확도를 허용한다.[4]

위성으로부터의 GPS 신호는 간섭, 전파방해, 그리고 스푸핑에 대한 저항을 갖는 직접 확산- 스펙트럼 모드로 전송된다. (직접 확산-스펙트럼 데이타 통신은 데이타 링크에 대한 장에서 논의될 것이다.) 차동식 GPS 는 또한 전파방해에 저항하는 신호 포맷을 사용하지만 현재 대부분의 민간용 시스템은 그렇지 않다.

현재, 다른 형태의 AV 항법을 사용하는 유일한 이유는 다음과 같을 것이다.

- 전쟁 동안 GPS 무리를 파괴하는데 사용되는 대 위성 무기에 대한 우려 (몇 년 전에 비해서 오늘날 이러한 우려는 현저히 감소됨)
- 특히 보다 정교하고 차동 형태인 GPS 의 경우 전파방해에 대한 취약성

GPS 가 전파방해 또는 기만에 저항하기는 하지만 면역을 갖지는 않는다. 이미 진행 중인 것으로 나타나는 것과 같이, 만약 군이 항법에서부터 무기의 유도에 이르는 영역까지 GPS 에 높이 의존하게

---

[3] 미국에서 군용 이외의 목적으로 사용되는 GPS 의 정확도를 일부러 저하시키기 위해서 적용했던 선택적 유용성을 2000 년 5 월 해제한 이후 민간에 개방된 정밀도는 5m 수준으로 향상되었으며, 현재 최신 GPS 는 1~2m 수준의 정밀도를 갖는다.

[4] 최신 DGPS 의 경우 수십 cm 수준인 것으로 알려져 있다.

된다면, GPS 는 적의 전자전에 대한 매력적인 목표물이 될 것이다.

어떤 방법으로 AV 의 위치가 결정되더라도, 지상에 있는 물체의 위치를 결정하기 위한 나머지 요구조건은 AV 센서로부터 목표물까지의 벡터를 정의하는 각도와 거리를 측정하는 것이다. 각도는 궁극적으로 AV 가 아닌 지구의 좌표계 상에서 파악되어야만 한다.

이러한 과정의 첫 단계는 AV 몸체에 대한 센서 가시선의 각도를 결정하는 것이다. 이의 지오메트리가 그림 8.5 에 나와 있다. 이는 일반적으로 센서 패키지의 짐벌 각도를 읽는 것으로 처리될 수 있다. 그러면 이러한 각도는 AV 몸체의 자세에 대한 정보와 조합되어 지구 좌표계 상에서의 각도를 결정할 수 있다.

지구 좌표 시스템에서 비행체의 자세는 보통 GPS 시스템으로부터의 데이타에 의해서 최신으로 유지되지만, GPS 로부터의 각도에 대한 업데이트 속도가 너무 느리기 때문에 급격한 기동이 이루어지는 동안 또는 난기류 내에서는 정확도를 보장할 수 없다. 이는 자동조종에 필요한 온보드 관성 시스템을 사용하는 것으로 해결될 수 있고, 기체 운동의 대역폭과 유사한 제어루프를 지원하기에 충분한 대역폭을 가져야만 한다. GPS 는 지구좌표계와 정렬된 관성 시스템의 고대역폭 추측항법을 유지하는데 필요한 정보를 제공한다. 목표물의 위치 추적에 필요한 정확도는 성공적인 자동조종 운용을 위해서 요구되는것 보다 훨씬 높을 것이다. 따라서, AV 를 위한 관성 플랫폼의 사양은 자동조종 요구조건이 아닌 목표물 위치 추적 요구조건에 따라서 결정될 것이다.

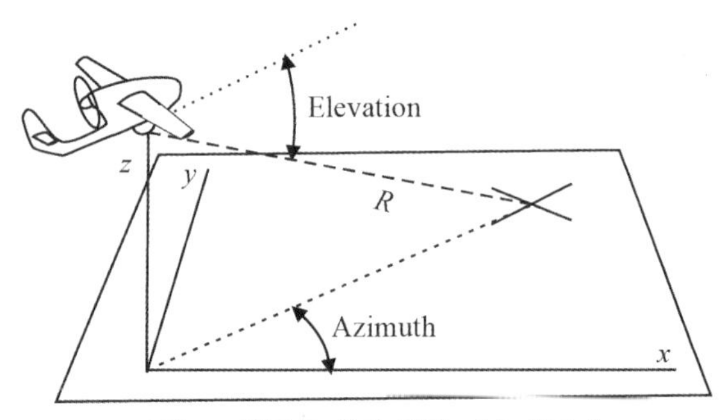

그림 8.5 목표물 위치 결정 지오메트리

센서는 AV 몸체에 대해서 상대적으로 (지구상의 고정된 지점을 보는 경우에도) 회전할 것이며, AV 몸체는 항상 움직이기 때문에, 각도가 모두 동일한 시점에서 측정되는 것이 필수이다. 이를 위해서는 비행체가 두 가지 데이타를 동시에 샘플링할 수 있거나 또는 가장 근접한 두 세트의 각도 샘플이 센서 또는 AV 몸체의 상당한 움직임과 비교해서 짧은 시간 간격에서 발생할 수 있을 정도로 충분히 높은 속도로 모두 샘플링될 필요가 있다. 데이타가 샘플링되는 방법에 따라서, 두 개의 서로 다른 출처로부터의 데이타가 계산이 수행되는 동안 서로 일치될 수 있도록 시간 태그가 필요할 수 있다.

목표물 위치 계산의 마지막 요소는 AV 로부터 목표물까지의 거리이다. 만약 레이저 거리 탐지기가 제공되거나 레이다 센서가 사용된다면, 이 거리는 직접 결정될 수 있다. 역시, 적절한 세트의 각도 데이타와 일치되기 위해서 시간 태그가 필요할 수도 있다. 만약 센서 데이타가 수동형이라면, 거리는 다음의 몇 가지 접근방법 중의 하나로 결정될 수 있다.

- AV 가 알려진 경로와 고도를 비행함에 따라서 시간에 따른 방위각과 고도각 의 변화를 측정하기 위해서 삼각측량법이 사용될 수 있다. 상대적으로 짧은 거리와 정확한 각도 측정을 위해서는, 레이저 또는 레이다 거리 측정을 사용하는것에 비해서 정확도는 떨어지지만 (그리고 보다 시간이 오래 걸리지만) 이러한 접근방법이 적절할 것이다.
- 만약 지형을 수치화된 형식으로 사용할 수 있다면, 지상과의 가시선 각도에 따라서 정의되는 벡터의 교점을 계산하는 것과 AV 로부터의 경사각도를 명시적으로 계산하지 않고 지상 목표물의 위치를 찾는 것이 가능하다. 이러한 계산은 AV 고도에 대한 정확한 정보가 필요하다. 이러한 접근방법의 보다 덜 정교한 변형으로는 평평한 지구를 가정하고 지형의 굴곡 변화를 고려하지 않은채 동일한 계산을 수행하는 것이다.
- 목표물에 대하는 각도를 측정하고, 가정된 목표물의 선형 치수에 기반한 거리를 계산하는 스타디아 거리 측정의 원리에 기반한 수동 기법이 사용될 수 있다. UAV 시스템에서는 운용자가 목표물 영상을 잡아채고, 목표물의 경계를 정의하고, 그리고 목표물의 종류를 알려줄 수 있도록 하고, 다음으로 저장된 목표물 영상을 운용자에 의해서 정의된 윤곽에 일치하는데 필요한만큼 회전시키면서 해당 목표물의 종류에 대해서 저장된 목표물의 치수에 기반한 계산을 수행하는 것으로 이러한 과정이 개선될 수 있을 것이다. 이는 노동 집약적 과정인 반면, 능동 거리 측정기가 없고 정확한 고도와 자세에 대한 정보를 갖지 않는 시스템에서 사용 가능한 유일한 접근방법일 것이다.

만약 AV 의 위치를 위해서 GPS 항법이 군용 정밀도로 사용된다면, 수동형 삼각측량을 통해서 전체 오차를 50m 이내로 유지하는데 충분한 정확도를 제공할 수 있을 것이다.

8.5 MPCS 인터페이스

MPCS 는 UAV 시스템의 다른 부분만이 아니라 외부 세계와도 인터페이스가 되어야만 한다. 이러한 인터페이스의 일부에 대해서는 이미 다소 세부적으로 논의가 되었다. 필요한 인터페이스는 다음과 같이 요약될 수 있다.

- AV: MPCS 에서 AV 까지의 논리적인 인터페이스는 MPCS LAN 으로부터 AV LAN 까지 데이타 링크를 통한 브리지 또는 게이트웨이이다. 물리적인 인터페이스는 (1) MPCS 셸터 내에서 MPCS LAN 으로부터 데이타 링크 인터페이스까지, (2) 데이타 링크의 셸터장착 부분으로부터 원격 사이트 데이타 링크의 모뎀, 라디오 주파수(Radio Frequency, RF), 그리고 안테나 부분까지, (3) 데이타 링크 송신기로부터 RF 전송을 통해서 AV(대기 데이타 터미널)의 데이타 링크 RF 와 모뎀 부분까지, 그리고 마지막으로 (4) AV 의 모뎀으로부터 비행체의 LAN 까지와 같은 몇 가지 단계를 가질 수 있다. 일부 시스템의 경우, 지상 송신기로부터 비행체까지의 링크가 자체적으로 지상으로부터 위성 또는 공중 중계까지, 그리고 여기서부터 다른 위성 또는 공중 중계까지, 그리고 최종적으로 AV 까지와 같이 몇

단계를 포함할 수도 있다.

- 론처(캐터펄트 또는 레일): 이 인터페이스는 MPCS 셸터로부터 론처까지의 음성 링크(와이어 또는 라디오)처럼 간단할 수 있다. 일부 시스템의 경우, MPCS LAN 으로부터 론처까지의, 그리고 아마도 AV 가 론처에 있는 동안 론처를 통해서 또는 직접 AV 까지의 데이타 링크가 존재할 수도 있다. 이러한 인터페이스를 통해서 MPCS 는 AV 가 론치할 준비가 되었는지 확인하고, 론치 프로그램을 실행하도록 AV 에 명령하고, 그리고 론치 자체를 명령할 수도 있다. 활주로 또는 항공모함 데크로부터 AV 가 이륙하는 경우, 이 링크는 AV 를 지원하는 지상 또는 데크 요원에 대한 단순한 음성 링크일 것이다.
- 회수 시스템: 이 인터페이스는 회수 시스템에 대한 음성링크에서부터 보다 정교한 데이타 링크까지 달라질 수 있다. 가장 단순한 경우로는, AV 는 일부 종류의 네트로 자동으로 비행하며, MPCS 와 회수 시스템 사이의 유일한 통신은 네트가 준비가 되었는지, 그리고 네트상의 비콘이 작동하는지 확인하는 것이다. 또 다른 가능성으로는, AV 를 볼 수 있고 이를 무선조종 모형 항공기와 같은 방법으로 비행할 수 있는 조종사가 포함되는 수동 착륙이다. 이러한 경우에는 AV 를 비행하는 운용자에 의해서 사용되는 원격 AV 제어 콘솔이 있을 것이고, 자체적인 단거리 데이타 링크 또는 MPCS 를 통해서 AV 에 링크되어야만 한다.
- 외부 세계: MPCS 는 작업과 보고를 위해서 사용되는 어떤 통신망에서도 작동하는 통신 인터페이스를 가져야만 한다. 만약 UAV 가 화기통제를 위해서 사용된다면, 이는 육군의 전술 화기통제 네트워크와 같은 전용 네트워크를 포함할 수 있다. 또한, 만약 MPCS 가 고대역폭 데이타(생중계 또는 녹화된 비디오)의 원격 배포를 담당한다면, 이는 원격 사용자의 수신기에서 특수한 데이타 링크를 필요로 한다. 단순한 경우, 이는 인근의 전술 헤드쿼터 또는 정보센터로 연결되는 동축 또는 광섬유 케이블로 구성될 수 있다. 만약 장거리가 포함된다면, 안테나와 RF 시스템에 대한 자체적인 특별한 요구조건과 함께 고대역폭 RF 데이타 링크가 사용될 수 있다.

이와 같은 모든 인터페이스가 중요하지만, MPCS 외부의 직접적인 인근에 도달하는 두 가지 인터페이스(데이타 링크를 통한 AV 까지의 인터페이스 및 외부 세계로의 인터페이스)가 가장 중요하며 결정적이다. 이러한 두 개의 인터페이스는 MPCS 설계자의 통제를 가장 적게 받을 것이고, 데이타율과 데이타 포맷에 대한 상당한 외부 구속조건을 포함할 가능성이 매우 높다.

데이타 링크를 통한 AV 와의 인터페이스는 이 책의 5 부인 데이타 링크의 주제이다. 외부 세계와의 인터페이스도 동일하게 중요하지만, 이는 이 책에서 다룰 범위를 벗어나고 따라서 추가로 논의하지 않는다.

제 9 장 비행체와 페이로드 제어
Air Vehicle and Payload Control

9.1 개요

이번 장에서는 인간 운용자가 UAV 와 이의 페이로드에 대해서 제어하는 방법을 논의할 것이다. 이러한 논의를 위해서 일반적으로 지상과 비행체에 위치한 컴퓨터의 보조를 받는 원격 운용자는 항공기 명령자, 조종사, 부조종사, 레이다와 무기 운용자로써의 기능, 그리고 유인 시스템을 위해서 기체에 탑승한 인간에 의해서 수행될 다른 모든 기능을 수행해야만 한다는 사실을 이용할 것이다.

이러한 기능 모두가 모든 유인 항공기 또는 모든 UAV 에 존재하는 것은 아니지만, 조종사는 항상 필요하며 가장 기본적인 UAV 임무를 제외하고는 별도의 페이로드 운용자가 일반적으로 사용된다. 항공기 명령자는 항상 존재해야 하지만 많은 유인기에서 이러한 기능은 조종사의 기능과 결합된다.

조종사, 부조종사, 그리고 항공기 명령자가 항공기에 탑승하지 않으며, 따라서 상황과 주변의 인식을 유지하기 위해서 창문 너머로 외부를 볼 수 없다는 사실이 중요하다. AV 의 외부 상황에 대해서 필요한 많은 정보를 모두 페이로드에 의존하기 때문에, 이는 페이로드 운용자 기능에 대한 이러한 세 가지 기능의 역할을 변경시킨다. 이러한 이유로 인해서, 일부 무인 시스템은 항공기 명령자 기능을 페이로드 운용자 기능과 결합시킨다.

이와 같은 기능이 비행 승무원 사이에서 어떻게 분담되더라도 이들은 모두 필요하다. 각 기능이 수행되는 방법과 관련된 문제점과 트레이드오프에는 상당한 차이가 존재한다. 이러한 논의를 위해서 주요 기능을 다음과 같이 정의한다.

- 항공기 조종: 이륙, 지정된 비행경로의 비행, 그리고 착륙에 필요한 조종면과 추진 시스템에 입력을 제공함
- 페이로드 제어: 페이로드의 작동 및 해제, 필요에 따른 지향, 그리고 UAS 의 임무를 수행하기 위해서 필요한 모든 출력에 대한 실시간 해석을 처리함
- 항공기 명령: 임무동안 발생하는 이벤트에 대응해서 처리되어야만 하는 모든 변화를 포함한 임무계획을 실행함
- 임무계획: 임무비행을 하는 UAS 의 사용자가 지정한 작업에 기반해서 임무에 대한 계획을 결정함

대부분의 유인 시스템과는 다른 이러한 정의의 주요 특성은 순수한 조종 기능을 항공기의 명령과 관련된 다른 모든 재량적인 기능과 분리하는 것이다. 조종사는 항공기를 한 지점에서 다른 지점으로 이동시키는 것에만 책임이 있다. 이는 돌풍, 윈드시어, 또는 난류와 같은 모든 일시적인 혼란을 처리하는 것과, 만약

가능하다면, 동력의 손실 또는 기체의 파손 이후에도 항공기를 계속해서 성공적으로 비행하는 것을 포함하지만 다음에 어디로 가야할지 또는 다음에 무엇을 해야할지에 대한 결정을 내리는 것은 포함하지 않는다.

9.2 제어 모드

다양한 수준으로 AV 와의 운용자 상호작용을 요구하는 여러가지 종류의 제어 모드가 존재한다.

- 완전 원격 제어: AV 에 탑승했다고 가정했을때 할 수 있는 모든 조작을 운용 스테이션으로 다운링크되고 AV 로 업링크되는 직접 조종 입력으로 적용되는 센서와 다른 비행 계기정보에 기반해서 모두 인간이 처리한다.
- 보조 원격 제어: AV 에 탑승했다고 가정했을때 할 수 있는 모든 조작을 운용 스테이션으로 다운링크되는 정보에 기반해서 인간이 여전히 모든 것을 처리하지만, 조종 입력은 AV 에 탑재되어 닫힌 자동화된 내부 제어루프의 보조를 받는다.
- 예외 제어: 컴퓨터가 세부적인 비행계획 및/또는 임무계획에 따라서 모든 실시간 조종 기능을 수행하고, 계획에 대한 예외로 인정되는 모든 사건을 식별하기 위해서 발생하는 상황을 모니터링 한다. 만약 예외가 식별된다면, 컴퓨터는 인간 운용자에게 이를 통보하고 예외상황에 대해서 어떻게 대응할 것인가에 대한 지침을 요청한다.
- 완전 자동: 인간의 유일한 기능은 인간의 간섭이 없이 UAS 가 수행할 임무계획을 준비하는 것이다.

이러한 각각의 수준은 해당 기능에 개별적으로 적용된다. 이전 장에서 논의된 것과 같이 임무계획은 많은 세부사항을 자동화하는 소프트웨어 툴을 이용해서 수행될 수 있다고 가정한다. 그러나, 이는 고유한 인간의 기능이고, 계획에서 의사결정 부분은 자동화되지 않는다.

이번 장에서는 이러한 수준이 조종사, 페이로드 운용자, 그리고 항공기 명령자의 (임무계획을 제외한) 나머지 세 가지 핵심 기능에 적용되는 방법을 결정하는 문제와 트레이드오프의 일부에 대해서 논의할 것이다.

9.3 비행체 조종

가장 기본적인 수준에서 최신 자동조종은 이륙, 원하는 비행계획으로 비행, 그리고 인간의 개입이 없이 착륙할 수 있는 능력을 가지고 있다. 이는 역시 잘 정의된 조종사의 반응 양식을 필요로 하는, 상대적으로 잘 정의된 일련의 상황과 이벤트가 있기 때문에 가능하다.

대부분의 조종사는 이는 조종사의 역할을 과도하게 단순화하는 것이고, 우수한 조종사가 항공기에 조종을 적용하는 기법과 차이를 무시하는 것이라고 얘기할 것이다. 이는 분명 사실이다. 그러나, 오늘날 대부분의 UAV 에 관련된 다소 일상적인 비행에 대해서는, 실제 조종사가 조종석에 있었다면 어떻게 조작했을지와 구분하기 힘든 방법으로 자동조종의 소프트웨어가 항공기를 비행하는데 적절할 수 있다.

예상하지 못한 상황 또는 소프트웨어 오류로 인해서 추락이 발생하더라도, 불행하게도 우리는 유인 항공기도 조종사의 실수로 인해서 때로는 추락한다는 것을 알고있기 때문에 자동조종이 인간 조종사보다 열등하다고 결론을 내릴 수 있을지 분명하지 않다.

실제로, 정상적인 상황에서 자동비행은 최고의 인간 조종사보다 훌륭히 항공기를 비행할 수 있다. 많은 최신 전투기는 불안정 영역 근처에서 운용되고, 안정성을 유지하기 위해서 인간으로써는 대응할 수 없는 대역폭과 민감도로 미세한 제어 조절을 적용하는 것으로 인간 조종사를 보조하는 자동조종을 항상 갖는다. 극단적인 기동비행이 필요할 수도 있는 일부 가능한 미래의 무인 임무에 대한 상황은 다소 분명하지 않다. 이에 대한 일부는 무기 페이로드에 대한 장에서 논의될 것이다.

이러한 기준을 적용하면, 오늘날 자동조종 기술은 완전히 자동화된 조종 기능을 제공하기에 충분한 것으로 보인다. 이는 모든 UAV 가 이러한 능력을 제공한다는 의미는 아니다. 위에 나열된 인간 조종의 모든 가능한 수준이 UAS 에 사용될 수 있다.

9.3.1 원격 조종

현재는 사용되지 않는 원격 조종 기체(Remotly Piloted Vehicle, RPV)라는 용어에서 알 수 있는 것과 같이, 자동조종 보조가 거의 또는 전혀 없이 원격으로 AV 를 직접 조종하는 것이 가능하다. 이는 특히 모형비행기와 유사한 기술을 사용하는 특히 가시선 이내의 소형 AV 에 적용될 수 있다.

가시선 밖의 경우, 조종은 기체에 탑재된 카메라로부터의 시작적인 단서와 기체에 탑재된 센서로부터 다운링크로 전송되는 정보를 사용하는 비행계기에 기반해야만 한다. 이러한 경우, 인간 조종사는 이미지 센서가 고장나거나 또는 안개나 구름으로 인해서 무용지물이 되는 경우 계기에만 의존해서 AV 를 비행할 수 있는 능력을 포함한 상당한 조종기술을 가져야만 한다.

군용 UAV 의 초창기의 경우, 이 모드는 주로 이륙 및 또는 착륙에 사용되었고 비행의 나머지 부분에서는 보다 자동화된 모드 중의 하나를 사용하였다.

AV 로부터 떨어진 다른 대륙에서도 조종할 수 있도록 하기 위해서 데이타 링크가 위성 중계를 이용하는 경우와 같이, 데이타 링크의 업링크와 다운링크에 상당한 지연이 존재한다면 항공기를 직접 조종하는데 심각한 문제가 발생할 수 있다. 이러한 문제점은 난류와는 다른 급격하게 변화하는 조건에 대응하는 것과 관련된다. 이러한 문제에 대해서 가장 직접적이고 또한 아마도 유일한 해법은 원격제어 루프상에 상당한 지연이 존재하면 자동조종 보조 제어 모드를 이용하는 것이다.

9.3.2 자동조종 보조 제어

자동화의 다음으로 높은 수준으로 UAV 가 AV 의 현재 자세와 고도에 상대적인 운용자의 명령 형태로 운용자가 비행체를 조종하는 외형을 최소한으로 유지할 수 있다. 이러한 경우 운용자는 선회율, 상승, 또는 하강에 대한 일부 지시를 포함한 우선회나 좌선회 및/또는 상승이나 하강을 명령하고, 그리고 자동조종은 이러한 명령을 AV 의 안정성을 유지하고 실속, 스핀, 그리고 과도한 기동 하중을 피하면서 운용자의 의도를 수행할 조종면상에 대한 일련의 명령으로 변환한다.

이는 현재 최신 전투기에서는 상대적으로 흔하고, 또한 이미 언급되었던 안정성 증대보다 훨씬 더 보조가 개입된 모드이다. 최소한 일상적인 비행 조건에서는 조종사가 아니더라도 항공기를 비행할 수 있도록 하는데 충분하다.

자동조종 보조 수동 제어는 한 경로지점에서 다른 경로지점까지 자율 항법과 결합될 수 있고, 직접 가시선을 멀리 벗어나서 운용되는 보다 대형인 UAS 에 대해서도 사용될 수 있다. 이러한 경우, 최소한 전방에 대한 비디오 영상과 대기속도, 방향, 고도 및 자세뿐 아니라 엔진, 연료, 그리고 항공기의 비행에 필요한 기타 지침에 대한 일련의 비행계기가 지상의 조종사에게 전달된다. 뿐만 아니라, 비행체의 지상 위치 및 경로에 대한 표시를 일부 종류의 지도상에서 사용할 수 있다. 이러한 모드는 직접 원격제어로 제공되는 것과 유사하게 비행경로의 실시간 제어에 상당한 유연성을 제공하지만, 모든 과도현상을 처리하는데 충분한 대역폭을 갖는 제어루프와 조종 기술의 대부분을 제공하는 자동조종을 통해서 항공기에 탑재된 모든 세부사항을 관리한다.

보조 모드는 매우 간단한 제어 콘솔을 사용하고, 주로 운용자의 가시선 내에서 운용되도록 의도된 소형 시스템에 대한 주요 모드가 될 것이다. 이는 적용이 간단하고, 운용이 유연하며, 그리고 비디오 게임과 비슷한 제어에 대해서 적절하다. 이로 인해서 개방된 필드상에서 아마도 장갑을 착용한 요원 [5]에 의해서도 운용이 가능할 것이다.

소형이고 단순한 제어 콘솔과 함께 사용되면, 이 모드에서는 지상 위의 경로에 대한 제어가 운용자의 손과 머리에 맡겨지며, 또한 운용자는 AV 를 지상 또는 다른 장애물로 비행할 수도 있을 것이다. 보조 모드는 완전한 자동 모드에 비해서 더 많은 조종 훈련과 기술이 필요하고, 일부 사용자는 이러한 시스템을 이용하는 AV 운용자가 조종사 자격을 갖는것을 요구하기도 했다. 그러나, 다른 사용자의 경우에는 운용자가 유인 경비행기를 조종할 수 있는 능력조차도 요구하지 않은채 UAV 조종에 대해서만 특별히 훈련시켰다.

운용자의 자격에 대한 주요 트레이드오프 영역은 착륙 과정에 대한 자동화의 정도이다. 착륙은 여러가지 의미에서 특히 악천후, 돌풍 및/또는 측풍에서는 조종사가 수행하기 가장 어려운 작업이다. 만약 착륙이 완전히 자동화된다면 비행의 나머지 동안에는 어떠한 모드라도 사용될 수 있고, 따라서 운용자의 조종자격은 완화될 수 있을 것이다.

9.3.3 완전한 자동화

[5] 전투장갑을 착용한 상태에서는 키보드나 마우스 조작에 비해서 조종기 콘솔의 조이스틱 조작이 상대적으로 용이하다는 의미임

많은 최신 UAV 시스템은 항공기의 내부 제어 루프를 자동화하기 위해서 자동조종을 사용하고, 인간 AV 운용자로부터 제공되거나 또는 AV 메모리상에 저장된 세부 비행계획에 포함된 명령을 따라서 항공기의 자세, 고도, 속도, 그리고 지상 트랙을 유지할 수 있도록 탑재된 센서로부터의 입력에 대응한다.

자동조종에 대한 인간의 입력은 지구에 대한 경로지점의 지도좌표, 고도, 그리고 속도로 나타낼 수 있다. GPS 항법을 이용하는 최신 시스템의 경우, 운용자가 AV 가 비행하는 바람의 방향과 속도를 고려해서 비행속도와 방향을 처리할 필요조차도 없다. GPS 를 이용하면 자동조종은 AV 가 원하는 지상의 경로를 따라서 원하는 지상속도로 이동하도록 유지하기 위해서 비행속도와 방향의 필요한 변화를 적용할 수 있다.

이러한 경우, 항공기 조종의 기능이 완전히 자동화되었다고 얘기할 수 있을 것이다. 이러한 과정에 포함되는 인간이 개입될 수 있는 최저 수준은 항공기의 명령자로써 자율성을 갖는 자동조종에게 어떤 고도와 어떤 속도로 어디로 이동해야 하는가를 알려주는 것이다.

이러한 제어 모드는 지상의 컴퓨터상에서 좌표, 고도, 속도, 그리고 다양한 형태의 궤도와 같은 라이브러리상에 포함된 아마도 미리 계획된 기동이 같이 연결되고, 자동조종이 나머지를 처리하는 기본적으로 디지탈 처리이기 때문에, 마우스 비행 또는 아마도 키보드 비행으로 부를 수 있을 것이다.

순수한 마우스 비행 모드는 동적인 비행 계획을 채용할 수 있도록 충분한 실시간 유연성을 제공하지 못할 것이다. 예를 들어서, 만약 센서 중의 하나를 이용해서 뭔가가 보이고 다른 각도에서 볼 수 있도록 비행경로를 변경하는 것이 바람직하다면, 순수한 마우스 비행 작동 모드는 비행계획의 변경이 필요할 것이다. 소프트웨어 도구를 이용하더라도 이는 대응하기 난감할 것이다. 보다 사용자 친화적인 접근방법으로는, 사용할 수 있는 자동조종 보조 모드를 가지고 있으면서 조종사 또는 아마도 항공기 명령자가 AV 의 반수동 제어를 취하는 동안 비행계획은 중지시키는 것이다.

9.3.4 요약

마우스 비행 모드는 AV 의 조종과 관련해서 가장 높은 수준의 자동화를 나타내며, 완전히 자동화된 비행이라고 표현될 수 있을 것이다. 난류 또는 다른 예상하지 못한 이벤트에서도 사고가 없이 비행을 성공적으로 수행할 수 있다면, AV 의 탑승자는 조종석에 조종사가 없었다는 것을 인지하지 못할 것이라고 얘기할 수도 있을 것이다.

조종기능의 자동화 수준에 대해서는 자동화가 전혀 없는 것부터 완전한 자동화까지 연속적인 옵션이 존재한다. 이러한 옵션은 이륙과 착륙과 같은 더 어려운 비행단계의 일부는 완전히 자동화되고, 나머지 중에서 미리 계획된 비행단계에 대해서는 마우스로 비행하고 실시간 이벤트에 대응하기 위해서는 자동조종 보조 작동의 조합으로 처리될 수 있도록 서로 다른 비행단계에 대해서 다르게 적용될 수 있다.

GPS 항법과 함께 소형이고 저가인 자동조종과 온보드 가속도 센서로 인해서 완전한 플라이바이 마우스 모드의 상당히 저렴한 적용이 가능해졌고, 따라서 이러한 모드와 다양한 저수준의 자율성 사이의 트레이드오프는 아마도 시스템의 특성(가시선 이내 또는 가시선 밖에서 운용되는 AV)과 지상 통제 스테이션의 성격에 의해서 추진될 것이다. 소형이고 간단한 지상 통제 스테이션 셋업은 세부적인 비행계획에 대해서 데이타를 입력하는것 보다는 게임 조종기 모드를 사용하는 것이 보다 편리할 것이다. 짧고 상당히 유연한 임무 요구조건에도 역시 세부적인 계획보다는 운용자가 직접 기동을 제어하는 모드가 더 적합할 수 있다.

조종기능에 대한 완전한 자동화는 세부적인 비행계획을 필요로한다. 만약 임무가 진행되는 동안 비행계획이 변경될 필요가 있다면 문제가 발생할 수 있다. 매우 중요한 예상하지 못한 이벤트의 사례로는 동력의 상실일 것이다. 이는 사전에 계획하기 매우 어려운 비행계획의 대규모 변경이 필요할 것이다.

임무 동안 이벤트에 대응하는 비행계획의 변경을 임무 통제 과정의 일부로 고려하고, 이는 (일부 UAV 에 대해서는 별도의 항공기 명령자가 없을 수도 있다는 것을 감안하면) 조종사의 기능이 아닌 항공기 명령자의 기능이다. 만약 자동조종이 인간에 의해서 또는 인간의 도움이 없이 전산화된 항공기 명령자에 의해서 제공되는 모든 변경된 비행/임무계획을 수행할 수 있는 능력을 갖는다면 비행은 완전히 자동화된 것으로 고려될 수 있을 것이다.

9.4 페이로드 제어

UAV 에 대해서는 이 책의 다음 부분에서 논의될 것과 같이 상당히 많은 다른 가능한 페이로드가 존재한다. 이번 논의를 위해서, 가능한 페이로드의 대부분은 다음과 같은 몇 가지 일반적인 분류로 구분한다.

- 신호의 중계 또는 인터셉트 페이로드
- 대기, 방사능물질, 그리고 환경 모니터링
- 영상 및 유사 영상 페이로드

이러한 모든 페이로드는 이 책의 파트 4 에서 보다 자세히 논의될 것이고, 또한 많은 특정 제어 트레이드오프의 많은 부분에 대해서도 보여줄 것이다. 여기서는 인간 제어 대비 자동화의 문제에 직접 영향을 미치는 페이로드의 종류에 대한 몇 가지 일반적인 특성으로 한정할 것이다.

9.4.1 신호 중계 페이로드

이와 같은 페이로드에 대해서는 제 12 장에서 보다 자세히 다룰 것이다. 이번 논의에 대해서는, 이의 주요 특성은 그 임무가 전자기 신호의 탐지와 (1) 증폭 및 재전송 또는 이에 대한 (2) 분석 및/또는 저장을 수반한다는 것이다.

중계의 경우, 임무계획은 중계로 보조되는 영역 상공의 특정 지점에서의 궤도순환과 주파수와 파형이 명확한 일부 세트의 신호 중계로 구성되어 매우 단순할 것이다. 이러한 임무계획이 변경될 필요가 없는한,

아마도 AV 또는 페이로드 고장에 대한 예외 보고 시스템, 그리고 만약 이의 요구조건이 비행중 변경된다면 새로운 임무를 업로드하는 능력에 대한 수정만으로 UAS 는 상당한 자동화로 작동할 수 있을 것이다.

인터셉트의 경우, 임무계획은 또한 일부 지역에서 궤도를 돌면서 특정 주파수 대역과 특정 파형의 신호를 수신하는 것을 포함하지만, 신호를 분석하고 내용을 활용하는 것과 같이 실시간으로 필요할 수도 있는 상당한 추가 기능이 존재할 것이다. 이러한 작업이 얼마나 자동화될 수 있는가는 공개된 정보가 아니며 이 책의 저자 또한 알지 못한다. 제일원리에 따르면, 주파수와 파형에 기반해서 최소한 일부 신호를 분류하는 것이 가능하다는 것이 명백하다. 키워드에 대해서 음성 인터셉트를 스캔하는 것이 가능하다고 언론에 보도된 바가 있다. 그러나 특정 시점에서는, 이를 UAS 가 임무를 수행하고 있는 고객에게 전달해야 하는가에 대한 여부를 결정하기 위해서 인터셉트 정보에 대한 인간의 평가가 필요할 것이다.

여기서 가정된 종류의 인터셉트 임무의 경우, 만약 인터셉트한 정보의 실시간 사용이 임무의 일부라면 인터셉트의 평가에 일정 수준의 인간의 개입이 필요할 가능성이 있는것으로 보인다. 이는 미가공 또는 처리된 신호를 지상 스테이션으로 다운링크하고 다운링크된 신호 정보를 정보의 사용자에게 자동으로 전달하는 것으로 한정될 수 있기때문에 UAS 지상 스테이션에서는 어떠한 조치도 필요하지 않을 것이다.

따라서, 일반적인 신호 인터셉트 임무는 중계 임무에서와 동일한 예외보고 및 간섭준비와 함께 아마도 상당히 자동화될 수 있을 것이다.

9.4.2 대기, 방사능 및 환경 모니터링

이와 같은 임무는 AV 상의 특수 센서로 감지되는 정보를 모니터링하고, 이러한 측정값을 시간과 지역의 함수로써 다운링크 및/또는 기록한다는 측면에서 신호 인터셉트 임무와 유사하다. 만약 특이한 지침값에 대한 실시간 또는 거의 실시간 대응이라는 요구조건이 없다면, 임무계획은 센서를 운용하고 기껏해야 센서 작동을 모니터링 하는 동안의 일부 특정 비행계획으로 구성된다. 이러한 종류의 임무는 예외보고 및 개입을 제외하고는 완전히 자동화될 수 있다.

임무에 대한 일부 단순한 수정은 자동화될 수 있을 것이다. 사례로는, 예를 들어서 특정 한도를 초과하는 방사능 수준과 같은 일부 지침값을 모니터링하고, 영역상에 지침값을 매핑하기 위해서 미리 계획된 탐색 패턴을 지도상에 추가하는 것이다. 자동화될 수 있는 보다 더 정교한 대응으로는 지침값이 최대가 되는 지점을 찾기위해서 획득되는 지침값에 탐색 패턴을 적용하는 것이다.

이를 통해서 비행계획의 일부 자동화된 변경과 함께 상당히 자동화된 운용이 가능할 것이다. 그러나, UAS 시스템 설계자는 임무계획의 변경을 일으키는 모든 지침값을 예외로 고려하고 이를 통제 스테이션으로 보고하도록 해서, 일부 종류의 매핑 또는 탐색루틴을 실행하는 자동화된 결정을 단순히 승인하는 것일지라도 인간이 비행계획의 모든 변화에 대해서 일정 수준으로 개입할 수 있도록 선택할 것으로 보인다. 이러한 경우, 운용자의 반응은 자동화된 결정을 거부할 수 있는 기회의 형태일 수 있으며,

설계에서는 이러한 거부가 수신되지 않는다면 자동화된 선택이 실행되도록 허용할 수도 있다.

9.4.3 영상 및 유사 영상 페이로드

영상을 해석하는 인간의 시각-두뇌 시스템은 여전히 어떤 컴퓨터도 근접하게조차도 대등하지 못하기 때문에 영상 및 유사 영상 페이로드는 운용자 기능의 자동화에 특별한 어려움을 나타내고 있다.

물론, 만약 센서의 유일한 기능이 실시간 해석이 없이 미리 계획된 영역에 대한 영상의 다운링크 및/또는 저장이라면, 운용자의 기능은 단순히 센서를 정확한 방향으로 지향하고, 또한 이를 작동 및 해제하는 것이다. 이러한 기능은 자동화가 용이하고, 50~60 년전 정찰 드론에서도 완전히 자동화되었다.

마찬가지로, 영상 또는 유사 영상 시스템이 자동적으로 관심대상인 물체를 적정한 신뢰도를 가지고 탐지할 수 있는 일부 임무가 존재한다. 특히, 만약 센서가 레이다 시스템이거나 또는 스캐닝 레이저 거리측정기와 같은 거리감지 서브시스템으로 강화되는 경우, 이는 일부 특별한 종류의 물체를 신뢰성있게 탐지할 수 있는 능력을 가질 수 있다. 이러한 종류의 하나로는 전력선이 지나가는 길을 침범한 식물을 탐지하는 것이다. 레이다 시스템으로 신뢰성있게 탐지될 수 있는 또 다른 중요한 종류로는, 지상을 가로지르거나 또는 수면이나 공중에서 몸체의 표면을 가로질러 이동하는 물체로 구성된 것이다.

자동 목표물 탐지와 관련된 지속적인 연구와 개발의 주요 영역이 있다. 이러한 노력의 목표는 일부 특정한 종류의 목표물이 잡음과 클러터가 내장된 배경에 포함되었을때 이를 자동적으로 찾아낼 수 있는 능력을 갖는 센서와 신호처리의 조합을 개발하는 것이다. 만약 목표물이 이동하고 센서는 이를 판단할 수 있다면, 문제는 이동하는 물체에 대한 추가적인 특성화로 축소될 수 있다.

제 10 장의 목표물 탐지에 대한 논의에서, 탐지(잠재적인 관심 대상인 일부 물체의 존재 여부를 판단)에서 시작해서 식별(물체가 찾고있는 특정한 것인가의 여부를 판단)까지 이어지는 목표물 특성화의 계층구조를 정의할 것이다. 여기서는 추가 특성화에 한정할 것이고, 지난 30 또는 40 년에 걸쳐서 다양한 수준의 추가 특성화에 도달하는데 다소 진전이 있었으며, 일부는 상당히 정교한 접근방법이 개발되었다고 언급할 것이다. 이러한 많은 접근 방법은 관심대상인 물체를 포함하면서 주변이 거의 없거나 약간 있는 좁은 영역에만 적용되는 경우 가장 효과적이다. 따라서, 현재 가장 성공적인 자동 목표물 식별에 대한 접근방법은 잠재적 관심대상 물체의 식별을 따르는 추가 특성화에만 적용된다. 물체가 이미지 또는 유사 이미지의 잡음과 클러터에 비해서 분명하게 두드러진 일부 시그니처를 갖지 않는다면, 보다 정확하게 살펴볼 필요가 있는 물체의 탐지를 위해서 인간 운용자의 고유한 강력한 시각-두뇌 시스템을 사용하는 것이 적어도 실시간으로는 매우 유용할 것이다.

그 결과 일반적인 영상 또는 유사 영상 상황에서 영상이 인간 운용자에게 실시간으로 다운링크될 수 있고, 만약 센서가 영상 센서에 대해서는 일반적인 변경 가능한 배율 및 지향을 갖는다면, 운용자는 관심대상일 수도 있는 물체를 더욱 자세히 살펴볼 수 있도록 지향과 배율을 조절할 수 있으며 그리고/또는 탐지된 물체의 추가 특성화를 위해서 확대할 수 있을 것이다. 이로부터, 물체를 다른 각도에서 볼 수 있도록 또는 이를 검토할 더 많은 시간을 가질 수 있도록 비행계획을 변경할 수 있는 능력이 필요하다는 것을 알 수 있다. 다시 보면서 검토하는 것에 대한 요구조건은 이미 획득한 영상을 재생하면서 정지시킬 수 있는 능력으로 어느 정도는 만족될 수 있다.

제 10 장에서 보다 자세히 논의된 것과 같이, 지정된 영역에 대한 체계적인 탐색을 수행하기 위해서 운용자는 컴퓨터의 도움이 필요할 수도 있다. 이러한 필요성은 운용자는 보다 넓은 화각에 대에 대해서 방향을 유지할 수 있도록 하는 주변 영상이 없이, 전형적으로 빨대를 통해서 관찰하는 것이나 마찬가지라는 사실로부터 발생한다. 이는 영역 탐색이 UAV 임무의 일부라면 보조 제어 모드에 대한 필요성을 초래하는 것이다.

9.5 임무의 통제

'어떻게' 할 것인가와는 반대로 '무엇'을 할 것인가에 대한 방향을 설명하기 위해서 임무의 통제를 사용한다. 이러한 차이에 대해서 피할 수 없는 일부 모호함이 존재한다. 일반적으로, 작업을 완수하기 위한 접근방법에 대한 대부분의 선택은 '무엇'의 일부에 포함하고, 접근방법을 적용하는 역학에 대한 '어떻게'는 제한할 것이다. 이는 항공기 명령자를 구조상의 다음 하위 수준에 대한 결정의 대부분을 내리는 페이로드 운용자와 조종사와 같은 마이크로 매니저로 가정하는 것이나 마찬가지이다. 이는 세부적인 비행계획과 함께 자동조종이 제공되고, 비행계획상 모든 변경은 항공기 명령자의 기능이라는 가정과도 일치한다.

비행계획의 변화에 대한 한 가지 가능한 이유로는 이미 언급된 것과 같은 동력의 상실이 있다. 이는 예상될 수 있는 보다 극적인 이벤트의 하나이다. 다른 것으로는 다음과 같은 항목을 포함한다.

- 데이타 링크의 명령 업링크 상실
- (만약 사용된다면) GPS 항법의 상실
- 페이로드 고장
- 기상 변화
- (구조적인 손상으로 인한) 비행특성의 변화
- 이미 계획된 임무보다 높은 우선 순위를 갖는 작업을 작동시키는 센서 페이로드에 의해서 관측된 특이사항

이러한 이벤트의 일부는 AV 상의 컴퓨터에 의해서 간단한 방법으로 인식될 수 있다. 동력의 상실, 데이타 링크의 상실, 비행특성의 변화, 페이로드 고장, 그리고 GPS 의 상실이 이런 종류에 해당한다. 다른 이벤트는 완전히 자동화된 방법으로 쉽게 인식될 수도 있고 그렇지 않을 수도 있다.

특히, 영상과 유사 영상 센서는 루프상에서 인간의 개입이 없이는 정상에서 벗어나는 어떤 것도 알아차리지 못할 것이다.

페이로드 제어에 대한 논의에서 언급된 것과 같이 예외가 존재한다. 화학적 또는 생물학적 물질 또는 방사능을 탐지하는 센서는 찾고자 하는 모든 것을 완전히 자동화된 방식으로 탐지할 수 있는 상당한 능력을 갖는다. 일단 탐지가 이루어지면, 컴퓨터는 무엇이 처리되어야 하는가에 대한 규칙을 찾아볼 수 있다. 규칙은 초기 탐지 주위에 집중된 일부 지정된 영역에서 탐지하는 무언가의 분포를 매핑하기 위해서 미리 계획된 비행을 중단하도록 지시할 수 있다. 화학, 생물학, 또는 방사능 오염의 기하를 결정하기 위해서 매핑 과정을 측정된 오염의 강도상에 적용할 수 있는 소프트웨어를 쉽게 상상할 수 있다. 이는 예상하지 못한 상황 또는 언제 어디서 발생할지 알 수 없기때문에 사전에 알기 어렵기 때문에 명시적으로 계획될 수는 없지만, 적어도 예상된 가능한 상황을 수용하기 위한 임무계획의 적응에 대해서는 상당한 정도의 자동화로 이어질 수 있을 것이다.

또 다른 예외로는, UAV 의 비군사용 용도로 주로 언급되는 임무 종류 중의 하나인, 전력선을 따라서 비행하면서 해당 경로상에 방해물이 없어야만 하는 영역에 대한 식물 또는 기타 침해를 살펴보는 것에 적용될 수 있다. 이후 상황의 전체 범위가 인간의 검토로 결정될 수 있도록 영상 또는 레이다 센서가 자율적으로 가능한 침범을 인식하고 궤도를 돌면서 모든 각도로부터 데이타를 수집하는 것과 같은 일종의 단순한 작업을 수행하는 것도 가능할 것이다.

이러한 예외의 다수가 갖는 공통점은 모두 전자회로가 인간이 탐지하는 것과 같이 용이할 정도로 상대적으로 단순한 경계를 넘어서는 시그니처를 포함하는 이벤트 또는 목표물과 관련된다는 것이고, 탐지에 대한 반응은 판단에 따른 결정이 필요없이 프로그램될 수 있는 단순한 암기 반응이다. 위에서 설명된 두 가지 경우에서, 탐지될 이벤트는 임무가 계획 중일때 명확히 정의되며, 그 수는 제한된다. 다시 말해서, 불분명하게 정의되는 많은 가능성이 아닌 처리될 필요가 있는 하나 또는 둘 또는 세 개의 명확한 가능성이 존재한다는 의미이다.

일반적으로, 만약 제한된 수의 명확한 이벤트를 미리 알고 있고 또한 만약 이러한 이벤트가 AV 의 센서와 관련된 신호처리로 탐시될 수 있다면, 적어도 원칙적으로는, 만약 예를 들어서 이벤트 4 가 발생했고, 이벤트 7 도 발생했지만, 이벤트 2 는 발생하지 않았다면, 이벤트 4 가 가장 높은 우선순위가 되고 이에 대해서 새로운 임무계획으로 대응하도록 정의되는 미리 프로그램된 논리를 제공하는 것이 가능할 것이다. 이를 설명하는데 필요한 문장의 복잡함에서 볼 수 있듯이, 명확한 규칙에 대해서조차도 정의되어야 하는 명확한 이벤트의 수가 2 또는 3 보다 조금만 커지면 논리는 대단히 복잡해질 것이다.

계획되지 않은 상황을 자동으로 처리하는 문제를 상당히 복잡하게 만들 수 있는 두 번째 요소는, 대응이 단순 또는 기계적이지 않은 경우이다. 이벤트가 가능성으로 예상될 수 있고 쉽게 탐지할 수 있다고 하더라도, AV 상의 컴퓨터에서 사용할 수 있는 정보에 기반해서 수용할 수 있는 결과를 성취할 수 있는 소프트웨어를 작성하는 것은 무척 어려울 수 있다.

이에 대한 중요한 사례로는 동력의 상실이 있다. 이는 종종 발생하며, 반드시 예상되어야만 하며, 그리고 쉽게 알아차릴 수 있다. 문제는 매우 빠르게 밸런스를 잡아야만 하는 많은 요소에 따라서 대응이 달라질 수 있다는 것이다. 많은 세트의 규칙을 신속하게 테스트하는 능력은 물론 인간과 비교해서 컴퓨터의 강점이다. 불행하게도, 컴퓨터는 조종석 밖을 볼 수 있는 인간 조종사에게는 명백한 중요한 일부 정보를 획득하지 못할 것이다.

무인 항공기는 승무원 또는 탑승객에 대한 부상이 없이 추락할 수 있다는 사실로 인해서 상황은 다소 단순화될 수 있다. 유인 항공기의 추락으로 인해서 초래되는 결과와 비교해서 UAV 의 추락으로 발생하는 모든 부상 또는 사상 또는 심각한 피해에 견딜수 있는 내성이 더 낮다는 사실로 인해서 복잡해진다. 따라서, UAV 가 추락 착륙을 시도하는 장소가 중요하며 지상에 대한 피해를 최소로 하는 추락을 일부러 만드는 것이 바람직할 것이다. 이는 유인 시스템에 대해서는 허용될 가능성이 낮은 선택인, 수면상이나 또는 사람이 없는 일부 개방된 영역으로 급강하를 하는 것으로 처리될 수도 있다. 학교 운동장으로 급강하를 하는 것은 좋지 않은 선택이지만, UAV 는 학교 운동장과 넓은 공터를 구분할 수 없는 반면 인간 운용자는 많은 상황에서 그렇게 선택할 가능성이 높다.

이러한 모든 것은 AV 가 고도를 상실하기 전에 어디로 활공을 시도할 것인가를 결정하기 위해서 일련의 테스트를 적용하는 논리테이블 상에 포함될 것이고, 아마도 자동조종은 해당 지점까지 도달하도록 하는 매우 훌륭한 일을 처리할 수 있을 것이다. 그러나, 이러한 규칙은 임무계획자에 의해서 미리 정해지지 않고 임무계획에도 포함되지 않는다면, 컴퓨터에서는 사용할 수 없는 정보를 필요로 할 것이다.

이러한 문제에 대한 간단한 해결방법은, 동력을 상실하자마자 인간 운용자에게 경고를 해서 인간이 대응을 결정하고 지시를 내리도록 하는 예외 보고 및 제어 시스템이다. 동력 손실과 같은 특별한 사례의 경우 AV 상의 자동조종이 즉각적으로 최소강하율 비행모드로 진입할 수 있고, 지상 스테이션의 컴퓨터는 동력이 없이 도달할 수 있는 지상의 영역을 결정하고 해당영역 내에서 가능한 안전한 추락 장소를 찾는 형태로 도움을 제공할 수 있다. 인간은 사용 가능한 정보를 평가하고, 가능한 추락 장소를 볼 수 있는 센서를 이용하고, 추락 또는 추락 착륙을 수행할 장소를 결정하는 판단을 적용할 수 있다. 일단 이러한 결정이 내려지면, 추락 착륙으로의 조종 또는 개방된 영역으로의 의도적 강하는 그러한 특정 시스템이 설계된 방법 및 운용자가 훈련된 방법에 따라서 UAS 내에서 사용할 수 있는 어떠한 자동화 수준으로도 수행될 수 있다.

9.6 자율성

UAV 와 모든 무인 시스템에 대한 원격제어 문제의 첨단에는 자율성의 추구가 있다. 자율성의 사전적인 정의는, 자기통제 또는 자기주도 상태를 의미한다. UAV 또는 UAS 의 관점에서 이의 기본적인 의미는, 시스템이 인간 운용자의 개입이 없이 일부 기능을 수행할 수 있음을 의미한다.

승무원의 기능에 대해서는, 이를 항공기 명령자를 인공지능을 보여주는 컴퓨터로 대체하는 동시에 완전한, 보조가 없는, 그리고 감독을 받지 않는 항공기의 조종을 전산화된 항공기 제어기로부터 일반적인 지시를 받는 자동조종으로 위임하는 것으로 생각할 수도 있다.

일부 배치된 UAV 시스템에서는 상당한 수준의 자율성이 이미 일반적이기도 하다. UAS 가 인간의 개입이 없이 복잡한 임무를 수행할 수도 있다는 점에서, 임무가 미리 완전히 계획되고 임무의 세부사항에 대한 계획되지 않은 변경을 수용할 능력이 필요하지 않다면 완전한 자율성조차도 전혀 설득력이 없는 것도 아니다.

Kitty Hawk 에서 첫 비행 이후 15 년이 채 지나기도 전에, Kettering Bug 가 대략적으로 올바른 방향으로 일부 고정된 시간 동안 스스로 비행하고 나서 임무 동안 인간의 조종이 없이 목표물에 충돌할 수 있었다. 1960 년대의 정찰 드론은 론치에서부터 회수 사이에 인간의 개입이 없이 하나 또는 이상의 목표물 상공을 비행하고, 이를 촬영하고, 회수지점으로 돌아오도록 프로그램될 수 있었다.

자율성에 대한 연구 목표는 이를 넘어서 지능적인 판단이라고 부를 수도 있는 무언가를 필요로하는 결정을 내릴 수 있는 능력의 컴퓨터를 이용하려는 시도이다. 인공지능의 전체 분야와 마찬가지로, 이러한 능력으로부터 얼마나 멀리 떨어져 있는가 또는 성취가 가능할 것인가에 대한 의견은 지능의 정의를 어떻게 받아들이는가에 따라서 달라질 것이다.

지능 컴퓨터에 대해서 널리 알려진 튜링테스트(Turing Test)는 컴퓨터가 인간과의 대화와 확연히 구별할 수 없는 대화를 (문자메세지를 통해서) 계속 수행할 수 있어야 한다. UAV 에 대한 이와 동등한 테스트는, 유인 시스템과 확실히 구별될 수 없는 방법의 다양한 임무요소를 수행하는 것에 대해서 이루어질 수 있을 것이다.

이러한 UAV 튜링테스트와 UAS 에 대한 핵심적인 제어기능의 특별한 정의를 이용해서 몇 가지 일반적인 의견을 다음과 같이 제시할 수 있다.

외부 관찰자가 보기에 인간 조종사가 조종을 하는지 아닌지 확실하게 구별할 수 없을 정도로 충분히 AV 를 비행할 수 있다는 점에서 최신 자동조종은 조종 기능에 대한 완전한 자율성을 갖는 것이 가능하다. 극한 소선에서는 훌륭한 조종사가 조종하는 것이라고 다른 조종사를 현혹할 수 있을 정도의 자동조종을 제작하는 것이 현재 가능하지 않다는 것이 사실일 수도 있지만, 대부분의 상황에서 평균적인 조종사로부터는 구별될 수 없을 것이다. 그러나, 이는 비행계획에 대한 예정되지 않은 변화는 항공기 명령자의 책임이라고 정의했기 때문에만 해당한다는 점을 주목해야 한다.

모든 페이로드는 보고 탐지하는 것에 대한 실시간 또는 거의 실시간에 가까운 반응에 대한 요구조건이 없다면 완전한 자율성으로 운용될 수 있다. 무인 드론의 카메라는 미리 계획된 센서 임무를 수행했기 때문에 자율성이었다. 만약 필요한 모든 것이 일부 미리 계획된 데이타를 기록하고 이를 기지로 가져오는 것이라면 실시간 운용자는 필요하지 않다.

오늘날 일부 페이로드는 탐색하는 것을 자동적으로(자율적으로) 탐지할 수 있다. 이러한 페이로드의 대부분은 일반적으로 방사능 또는 화학물 오염과 같은 일부 종류의 신호에 대한 수준을 측정한다. 이러한 경우, 센서는 자율적으로 작동할 수 있지만, 만약 센서의 감지에 대응해서 임무계획이 변경되어야 하는 요구조건이 있다면 적절한 대응을 결정하고 임무계획을 변경할 수 있는 능력을 갖는 (또 다른 컴퓨터 모듈일 수 있는) 항공기 명령자에게 예외가 보고되어야할 필요가 있다.

이로부터 시스템 수준의 자율성에 대한 기본적인 문제는 다음과 같다고 결론내릴 수 있다.

- 센서 정보의 실시간 해석
- 임무계획의 변경을 필요로 하는 예외에 대한 반응

유인 시스템 또는 인간의 조종을 받는 UAV 로부터 기대할 수 있는 것과 신뢰성있게 구별될 수 없는 방법으로 수행하기 위해서, 현재 일반적으로 사용할 수 있는것 이상으로 일종의 인공지능이 필요한 두 가지 분야가 있다.

이미 언급된 것과 같이, 적어도 군사 및 보안 세계에서는 자동 목표물 탐지, 인식, 그리고 식별에 대한 상당한 관심이 존재하며, 해당 분야에 대한 활발한 연구와 개발이 진행 중이다. 이는 기하와 일부 다른 (차갑거나 뜨거운, 밝거나 어두운) 시그니처 정보의 종합을 수반하는 보다 기계적인 기능이라고 생각할 수도 있기때문에 복잡한 결정에 대해서 인간과 유사한 판단을 행사할 수 있는 인공지능을 창조하는 것보다 이런 분야가 더 쉬울 것으로 생각할 수도 있다.

그러나, 인간의 눈과 생각이 영상 정보를 처리하는 방법은 너무나 복잡하기 때문에 이러한 과정을 컴퓨터상에서 모방하는 것이 다른 모든 종류의 복잡한 대안 사이에서 지능적인 선택을 하는데 사용될 수 있는 일련의 규칙을 생성하는 것보다 덜 어려운 것으로 밝혀진 바가 아직까지는 없다.

이 책에서 인공지능의 넓은 영역을 설명하지는 않겠지만, 치명적인 무기를 전달하는 UAV 의 사용과 관련된 문제를 고려할때 잠시 자율성의 문제로 돌아올 것이다.

4 부 페이로드

Payloads

페이로드라는 용어는 UAV 에 적용되는 경우 다소 모호하다. 이는 보통 전자장비와 연료공급을 포함해서 기체상에서 운반되는 모든 장비와 탑재물에 적용된다. 이러한 정의는 페이로드 능력에 대해서 가능한 가장 큰 규격을 결정한다. 그러나, 이러한 정의를 사용하는 경우 전체 페이로드 용량 중에서 얼마나 많은 부분이 단지 한 지점에서 다른 지점으로 비행하는데 필요한 항목에 할당되는 것인지 알 수 없기때문에, 두 개의 다른 UAV 에 대한 유용한 페이로드의 비교가 어려워진다.

이 책에서는 AV 의 비행, 항법, 그리고 회수에 필요한 장비와 탑재물의 모든 것을 기본 UAV 시스템의 일부로 간주하고 페이로드에는 포함하지 않는다. 페이로드라는 용어는 일부 운용상의 임무를 수행하는 목적으로 UAV 에 추가되는 장비에 한정되어 사용된다. 다시 말해서, UAV 는 이러한 장비를 위해서 기본적인 플랫폼과 수송을 제공한다는 의미이다. 여기서 비행 전자장비, 데이타 링크, 그리고 연료는 제외된다. 센서, 방사체, 그리고 다음과 같은 임무를 수행하는 탑재물은 포함된다.

- 정찰
- 전자전
- 무기 전달

이러한 정의를 이용하면 UAV 의 페이로드 능력은 이륙, 비행, 그리고 착륙과 같은 기본적인 능력에 추가해서 기능을 수행하는데 사용할 수 있는 크기, 중량, 그리고 출력의 측정 수단이 된다. 이는 페이로드상에 비행에 필수적인 항목이 추가되는 보다 일반적인 정의에 비해서 UAV 시스템 능력에 대한 보다 의미있는 측정 수단이다. 그러나, 임무 페이로드와 보다 일반적인 정의에 따른 페이로드 사이에서 사용가능한 일부 트레이드오프가 존재한다는 것을 이해해야만 한다. 예를 들어서, 만약 연료 공급을 제한한다면 더 무거운 임무 페이로드의 운반이 가능하며, 또는 그 반대가 될 수도 있다. UAV 는 이러한 특성을 유인항공기와 공유한다. 시스템 설계자는 페이로드 능력에 대한 모호함에 대해서 인식해야만 하고, 고려되는 특정 상황에 적절한 정의를 사용하도록 주의해야만 한다.

4 부에서는 임무 페이로드의 몇 가지 종류와 관련된 시스템 문제점을 논의한다. 정찰과 감시는 UAV 에 대한 기본적인 임무로 이번 4 부의 첫 번째 장에서 설명된다. 두 번째 장에서는 지난 십여년간 세계적으로 UAV 의 세계적인 급증에 대한 주요 추진인자가 되었던, 무기를 운반하고 전달하기 위해서 UAV 를 사용하는 것과 관련된 문제점을 설명한다. 마지막 장에서는 다양한 종류의 기타 가능한 UAV 임무 페이로드에 대한 논의를 제공한다.

제 10 장 정찰/감시 페이로드

Reconnaissance/Surveillance Payloads

10.1 개요

정찰 페이로드는 UAV 에서 단연 가장 흔히 사용되며, 대부분의 사용자에게 가장 높은 우선 순위를 갖는다. UAV 의 임무가 오염의 모니터링과 같이 일부 특수한 정보의 수집이라고 하더라도, 그러한 목표물 주변에서 데이타를 수집할 목적으로 지상의 특정 목표를 지정할 수 있는 능력이 일반적으로 필수적이다. 주로 센서라고 부르는 이러한 페이로드는 수동 또는 능동의 형태를 가질 수 있다.

수동형 센서는 어떠한 에너지도 복사하지 않는다. 예를 들어서, 이는 대상에 대해서 자체적인 조명을 비추지 않는다. 사진과 TV 카메라는 수동형 센서의 사례이다. 수동형 센서는 예를 들어서, IR 센서의 경우에는 열, TV 카메라의 경우에는 태양, 별, 또는 달빛과 같이 목표물로부터 복사되는 에너지에 의존해야만 한다.

반대로, 능동형 센서는 관측될 물체에 에너지를 전달하고 목표물로부터 반사되는 에너지를 탐지한다. 레이다가 능동형 센서의 대표적인 사례이다. 수동형과 능동형 센서는 대기의 흡수와 산란 효과의 영향을 받는다. 이번 장에서는 두 가지 가장 중요한 종류의 정찰 센서에 대해서 논의될 것이다.

1. 주간 및 야간 투시 TV
2. IR 영상

이러한 센서 페이로드의 목적은 목표물을 탐색하고, 가능한 목표물을 찾았다면(탐지했다면) 이를 인식 및/또는 식별하는 것이다. 또한, 센서 페이로드는 거리측정기와 같은 다른 센서 및 UAV 의 항법 시스템과 함께 어떤 정보가 사용될 것인가에 따라서 결정될 정밀도로 목표물의 위치를 측정할 필요가 있다.

센서의 작동을 설명하는데 사용되는 세 가지 주요 용어는 다음과 같다.

- 탐지: 센서의 탐지범위 내의 특정 지점에서 관심 대상 물체의 존재 여부를 판단함
- 인식: 물체가 트럭, 탱크, 소형 보트, 또는 사람과 같이 일종의 일반적인 종류에 속하는가를 판단함
- 식별: 덤프트럭, M1 탱크, 시가렛급 고속정, 또는 적군과 같이 물체에 대한 특정한 정체성을 판단함

모든 센서에 대해서 목표물을 탐지, 인식, 그리고 식별할 수 있는 능력은 개별 목표물의 시그니처, 센서의 민감도와 해상도, 그리고 환경적인 조건과 관련된다. 영상 센서(TV 와 IR 모두)에 대한 이러한 요소의 설계 해석은 동일한 일반적인 절차를 따르며, 이에 대한 세부적인 사항에 대해서는 다음 섹션에서 설명된다.

10.2 영상 센서

만약 센서가 감지한 것이 운용자가 화상이라고 해석할 수 있는 형태의 출력으로 나타난다면 이를 영상 센서라고 표현할 수 있다. TV 센서의 경우 영상의 의미는 간단하다. 이는 보여지는 장면의 TV 화상이다. 만약 카메라가 스펙트럼의 가시 영역상에서 작동한다면, 화상은 모두가 칼라 또는 흑백 TV 에서 익숙하게 보는 것과 같을 것이다. 만약, 보다 더 흔한 경우와 같이, 카메라가 근거리 IR 에서 작동한다면, 화상(이러한 경우 거의 항상 흑백)은 식물의 반사도 및 IR 의 지형(예를 들어서 짙은 초록색 나뭇잎이 높은 IR 반사도로 인해서 희게 보일 수도 있는)과 관련된 일부 익숙하지 않은 특성을 갖게되지만, 장면의 일반적인 형태는 익숙할 것이다.

만약 센서가 중적외선 또는 원적외선에서 작동한다면, 보여지는 영상은 장면상에서 물체의 온도와 방사율의 변화를 나타낼 것이다. 고온 물체는 밝게 (또는 운용자의 선택에 따라서 어둡게) 나타난다. 운용자에게 보여지는 장면은 여전히 화상의 전반적인 특성을 갖지만, 열화상의 세부사항에 대한 해석은 약간의 익숙함과 훈련을 필요로 한다. 물체가 가시광선 내에서 어떻게 보이는지에 대한 오랜 경험에 기반한 일부 직관적인 인상은 IR 영상에 대해서는 기만적일 수도 있다. 주차되었던 차량이 이동한 후에도 (차량이 주차되었던 동안 태양으로부터 그늘져 있던 차가운 지면으로 인해서) 뒤에 남는 그림자와 같이 다양한 흥미로운 효과가 열화상에 나타난다.

일부 레이다 센서는 목표물 움직임, 신호 반사의 편파, 또는 장면상에서 물체의 실제 색상과는 상당히 다른 기타 특성에 대한 정보를 전달하는 허위 색상이 종종 포함된 합성 영상을 제공한다. 합성 영상은 보통 운용자에 의해서 직관적으로 해석될 수 있도록 설계되는 반면, 훈련과 경험은 열화상에서보다 레이다 영상을 다룰때 훨씬 더 중요하다. 다음 논의는 주로 TV 와 열영상에 적용된다. 이러한 두 가지 종류의 영상 센서의 성능에 영향을 미치는 요소는 매우 유사하고, 이의 성능을 예측하는데 사용되는 방법론은 거의 동일하다. 영상 레이다 시스템은 광학 및 열영상 시스템과 일부 특성을 공유하지만, 별도의 논의가 필요할 정도로 충분히 다르기도 하다.

10.2.1 목표물 탐지, 인식 및 식별

영상 센서는 목표물의 탐지, 인식, 그리고 식별에 사용된다. 이러한 작업의 성공적인 수행은 시스템 해상도, 목표물의 대비, 대기, 그리고 디스플레이 특성의 상호관계에 따라서 달라진다. 이는 원격 운용자에 대한 영상의 전송 방법(데이타 링크) 또한 중요한 요소이다.

시스템 해상도는 일반적으로 목표물의 치수를 가로지르는 주사선에 대해서 정의된다. 해상도를 논의할때 목표물의 최대 치수를 사용하는 것이 합리적인 것으로 보일 것이다. 그러나, 대부분의 영상 센서는 수직보다는 가로방향으로 더 높은 해상도를 가지며, 경험에 따르면 목표물이 매우 가늘고 긴 비율을 갖지 않는한 목표물의 수직 치수에 대한 센서의 수직 해상도를 비교하는 것이 항상 적절한 결과를 얻을 수 있다. 이러한 규칙이 영상센서의 성능 모델에 가장 흔히 사용된다.

센서의 해상도는 목표물 치수를 가로지르는 분해가능한 라인 또는 싸이클로 정의된다. 한 개의 라인은 수직 방향에 대한 최소 해상도 요소에 해당하는 반면, 싸이클은 두 개의 라인에 해당한다. 한 싸이클을 때로는 두 라인으로 이루어지는 한 쌍의 라인으로 부르기도 한다. 라인과 싸이클은 흰색과 검은색 수평막대가 번갈아 지나가는 해상도 차트로 시각화될 수 있다. 만약 TV 디스플레이의 라인이 이러한 막대와 완벽하게 정렬된다면, 원칙적으로 TV는 각 흰색 또는 검은색 막대가 정확하게 디스플레이의 한 라인을 차지할때 막대를 정확히 분해할 수 있다. (한 TV 라인에서 다음 라인으로 넘어가는 것과 같은 영상 샘플링의 불연속적 특성으로 인해서 해상도상의 일부 저하로 이어질 수 있다. 그러나, 이러한 효과는 상대적으로 작으며 보통 센서 해석에서는 명시적으로 고려하지 않는다.) 그림 10.1은 목표물을 가로지르는 해상도의 라인과 싸이클을 보여주고 있다. 이러한 경우에 대해서 목표물은 트럭이고, 이는 바라보는 방향으로부터 수직 방향으로 4 개의 라인 또는 2 개의 싸이클을 갖는다.

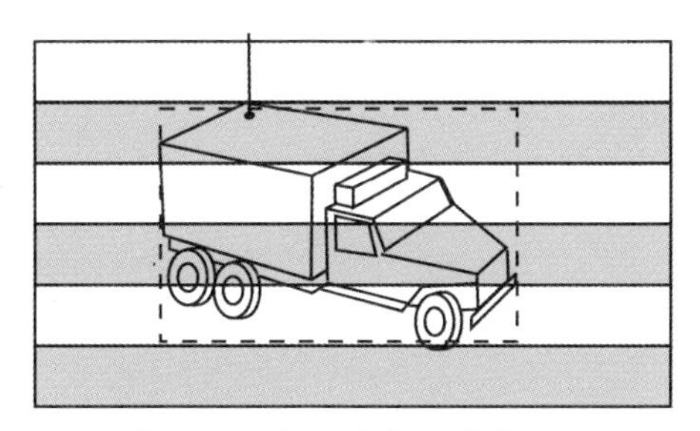

그림 10.1 해상도 선이 중첩된 목표물

널리 알려진 Johnson 기준은 50%의 탐지확률을 위해서는 목표물을 가로지르는 선이 대략 두 개가 필요하다고 설정하였다. 이와 같은 가능성을 증가시키고 또한 목표물의 보다 세부적인 특성을 판단하기 위해서는, 다시 말해서, 이를 인식 또는 식별하기 위해서는 추가적인 선이 필요하다. 그림 10.2는 탐지, 인식, 그리고 식별의 확률에 대한 곡선을 목표물을 가로지르는 해상도 싸이클의 함수로 보여주고 있다. 인식에 대해서는, 센서가 이러한 기능을 수행할 수 있을지 여부를 결정하기 위한 낙관적인 기준과 보수적인 기준으로 구분된 두 개의 곡선이 있음에 주목한다.

전자광학(Electro-Optical, EO) 센서는 가시광선, 근거리 IR, 그리고 원거리 IR 에서 약 0.4~12μm 의 파장범위에서 작동한다. 이러한 파장에서 적정한 광학 조리개(5~10cm)로부터 이용할 수 있는 이론적인 해상도는 매우 높다. 원형 조리개를 갖는 광학 시스템에서 회절로 제한되는 각해상도 또는 분해능은 식 (10.1)로 주어지며, 여기서 θ 는 분해될 수 있는 가장 작은 물체에 의해서 연장되는 각도이고, D 는 조리개의 직경, 그리고 λ 는 센서에 의해서 사용되는 파장이다.

$$\theta = \frac{2.44\lambda}{D} \tag{10.1}$$

예를 들어서, 만약 $\lambda = 0.5\mu m$ 이고 $D = 5cm$ 라면, $\theta = 24.4\mu rad$ 이 된다.

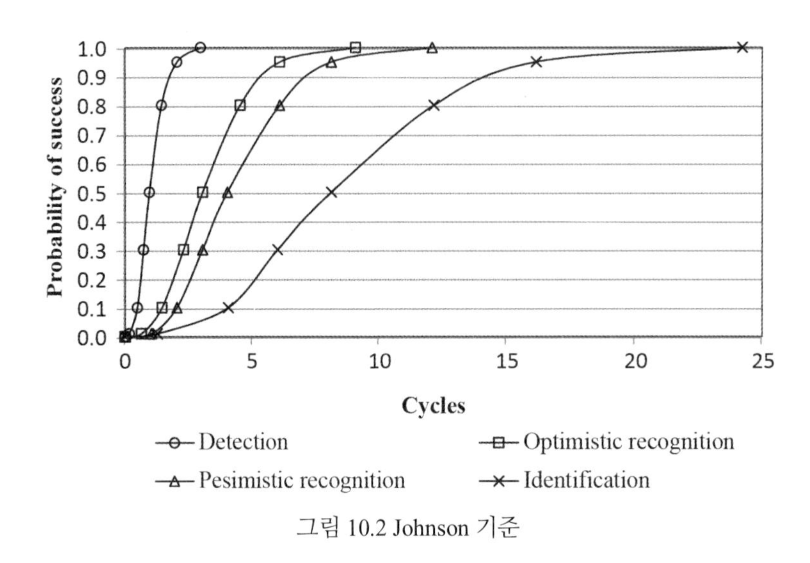

그림 10.2 Johnson 기준

대부분의 EO 센서의 실제 해상도는 비디콘, 전하결합소자(Charge-Coupled Device, CCD), 또는 IR 검출기 어레이와 같은 센서 시스템에서 사용되는 검출기의 특성에 따라서 결정된다. 이와 같은 모든 검출기는 고정된 수의 해상도 TV 라인 또는 개별 검출 소자열를 갖는다. 예를 들어서, 각각 640 개의 개별 검출기를 갖는 480 개의 가로열이 있는 IR 영상 초점면 어레이는 640×480 검출기 어레이라고 표현될 것이고, 이상적으로 480 개의 해상도 라인과 307,200 개의 픽셀을 가질 것이다.

구형 표준 비디콘은 525 개의 라인수 또는 해상도를 가졌다. 현재 사용할 수 있는 실리콘 초점면 배열은 가로대 높이의 비율인 가로세로비에 따라서 다양한 방법으로 배열되어 1,000 만(10mil) 또는 그 이상의 픽셀을 가질 수 있다.

센서 시스템의 분해능은 시야각(angular Field of View, FOV)을 해당 치수를 갖는 탐지기의 해상도 소자의 수로 나눈 것으로 결정된다. 따라서, 525 라인의 해상도와 수직 FOV 가 2 도인 TV 라면, 분해능은 단위 각도당 262.5 라인이 될 것이다. 해상도에 대한 보다 일반적인 단위는 단위 밀리라디안(mrad)당 라인 또는 싸이클이다. 2 도는 34.91mrad 과 같기때문에, 위에서 주어진 해상도는 7.5line/mrad 또는 3.75cycles/mrad 이다.

7.5line/mrad 는 0.133mrad/line 과 같고, 이는 약 133μrad 의 분해능을 의미한다. 이러한 해상도는 식 (10.1)로 계산되었던 24.4μrad 의 회절제한 광학 해상도에 비해서 훨신 떨어지는 것으로, 실제 센서 시스템 해상도가 회절이 아닌 검출기에 의해서 제한되는 일반적인 상황을 보여주는 것이다.

만약 비디콘이 해상도가 3,000 라인을 약간 넘는 종횡비 1:1 인 10 메가픽셀(megapixel) 어레이로 대체되었다면, 검출기-제한 해상도는 약 22μrad 정도일 것이고, 이는 광학의 해상도와 거의 일치할 것이다. 그러나, 10 메가픽셀의 비디오를 지상으로 실시간으로 전송하려고 시도한다면, 이 책의 뒷부분 데이타 링크에 대한 논의에서 설명될 것과 같은 심각한 문제가 발생할 것이다. 결과적으로, 매우 큰 검출기 어레이를 사용할 수 있음에도 불구하고, 영상 시스템의 해상도는 광학계의 회절 한도보다는 검출기에 따라서 제한되는 것이 여전히 일반적이다.

센서 소자의 샘플링 구조로 인한 해상도의 기본적인 한계 외에도, 다음과 같은 이유로 인해서 추가적인 제한이 부가될 수 있다.

- 센서의 선형 또는 각방향 운동 또는 진동으로 인한 흐려짐
- 센서 또는 디스플레이 시스템과 같이 사용되는 비디오 증폭기에서 높은 주파수의 감쇠 (다른 모든 영상 분야에서와 마찬가지로 UAV 페이로드에서도 완전 디지탈 영상이 지배적이 되어가기 때문에 이로 인한 문제는 계속적으로 감소하는 추세)
- 데이타 링크에 의해서 영상이 처리되고 전송되는 방법으로 인한 왜곡

목표물의 대비 또한 목표물을 탐지하는 능력에 중요한 영향을 미친다. 위에서 계산되었던 회절 또는 검출기로 제한되는 해상도는 영상에서 큰 신호대 잡음비를 가정하였다. 만약 신호대 잡음비가 감소된다면 영상의 특징을 분해하기는 더 어려워질 것이다. 영상의 신호 수준은 목표물과 배경 사이의 대비로 지정된다. 반사되는 빛에 (가시광선과 근거리 IR) 의존하는 센서에 대해서, 대비는 다음과 같이 정의된다.

$$C = \frac{B_t - B_b}{B_b} \tag{10.2}$$

여기서 B_t 는 목표물의 밝기이고 B_b 는 배경의 밝기이다.

중거리 또는 원거리 IR 에서 작동하는 열영상 센서의 경우, 대비는 목표물과 배경 사이의 복사온도 차이로 지정된다.

$$\Delta T = T_t - T_b \tag{10.3}$$

해상도와 대비의 복합된 효과는 가시광선과 근거리 IR 센서 시스템에 대해서는 최소 분해가능 대비(Minimum Resolvable Contrast, MRC)로, 열센서에 대해서는 최소 분해가능 온도차(Minimum Resolvable Temperature Difference, MRT 또는 MRΔT)로 표현된다. 이러한 매개변수는 멀티바 해상도 차트로 정의된다.

MRC 는 센서 시스템의 입구 조리개에서 센서에 의해서 분해될 수 있는, 단위 각도당 싸이클인 해상도 차트의 각 주파수의 함수인 막대 사이의 최소 대비이다.

MRT 는 센서 시스템의 입구 조리개에서 센서에 의해서 분해될 수 있는, 단위 각도당 싸이클인 해상도 차트의 각 주파수의 함수인 막대 사이의 최소 온도차이다.

MRT 및 MRC 에 대해서 두 가지 사항이 강조되어야만 한다.

1. 이는 전방 광학계로부터 검출기, 전자장비, 그리고 디스플레이를 거쳐서 인간 관측자에 이르기까지,

그리고 영상화되는 장면에서 센서 FOV 의 진동 및/또는 움직임으로 인해서 발생하는 흐려짐 효과를 포함한 센서 시스템의 모든 부분을 고려하는 시스템 매개변수이다.

2. MRC 또는 MRT 와 같이 사용되어야만 하는 대비 또는 ΔT 는 대기중 전송으로 인한 모든 성능의 저하 이후 센서 시스템의 입구 조리개에서의 유효 대비이다.

MRC 와 MRT 는 간혹 전체 곡선의 한 지점(또는 몇 개의 지점)에 대해서 지정되기도 하지만, 두 가지 모두 단일 수치가 아닌 각 주파수에 대한 곡선이다. 따라서, MRC 는 각주파수에 대한 대비의 곡선이고, MRT 는 각 주파수에 대한 ΔT 의 곡선이다. 그림 10.3 과 10.4 는 전형적인 일반적인 MRC 와 MRT 곡선을 보여주고 있다.

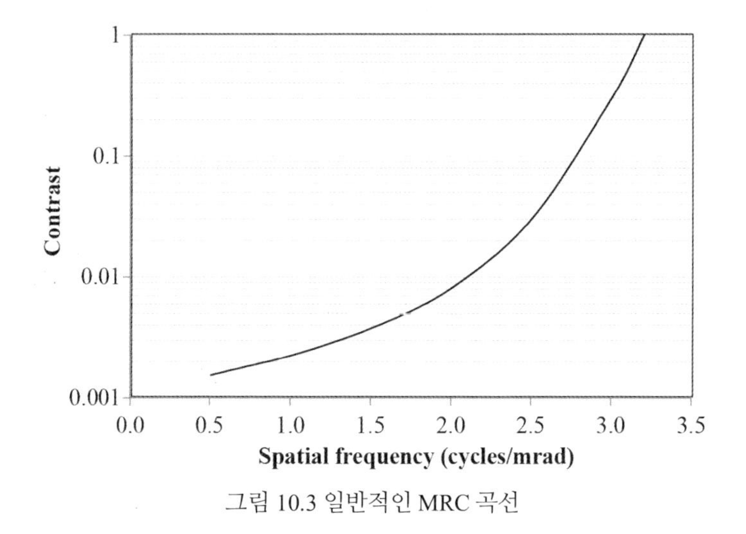

그림 10.3 일반적인 MRC 곡선

MRC 또는 MRT 곡선의 실제 계산은 이 책에서 다룰 범위를 벗어난다. 이는 광학, 진동, 선형 또는 각방향 운동, 그리고 디스플레이와 관련된 변조 전달함수(Modulation Transfer Function, MTF), 비디오 회로의 이득과 내역폭, 탐지기와 디스플레이 서브시스템에서의 신호대 잡음수준, 그리고 운용자가 디스플레이 내의 물체를 감지하는 능력과 관련된 인자에 대한 세부적인 계산을 필요로 한다.

시스템 설계자의 관점에서, MRC 또는 MRT 곡선은 센서 성능의 해석을 위한 논리적인 시작점이다. 일단 센서 서브시스템의 설계자로부터 제공되는 적절한 곡선을 알고 있다면, 작동 성능은 예상되는 목표물의 대비 또는 ΔT 가 최도한 MRC 또는 센서 시스템의 ΔT 와 동일한 거리를 결정하는 상대적으로 간단한 부하선 해석으로 예측될 수 있다.

센서 조리개에서의 대비는 목표물의 고유한 (거리 0 에서) 대비와 대기의 대비 전송 에 의해서 결정된다. 열 복사의 경우 T_t 와 T_b 가 모두 감소되기 때문에 대비 전송은 사용 중인 파장에서의 일반적인 전송과 동일하고, 따라서 센서에서의 유효 ΔT 는 다음과 같이 주어진다.

$$\Delta T(R) = \tau(R)(T_t - T_b) = \tau(R)\Delta T_0 \tag{10.4}$$

여기서 $\tau(R)$ 은 거리 R 까지의 전송이고, ΔT_0 는 거리 0 에서의 열 대비이다.

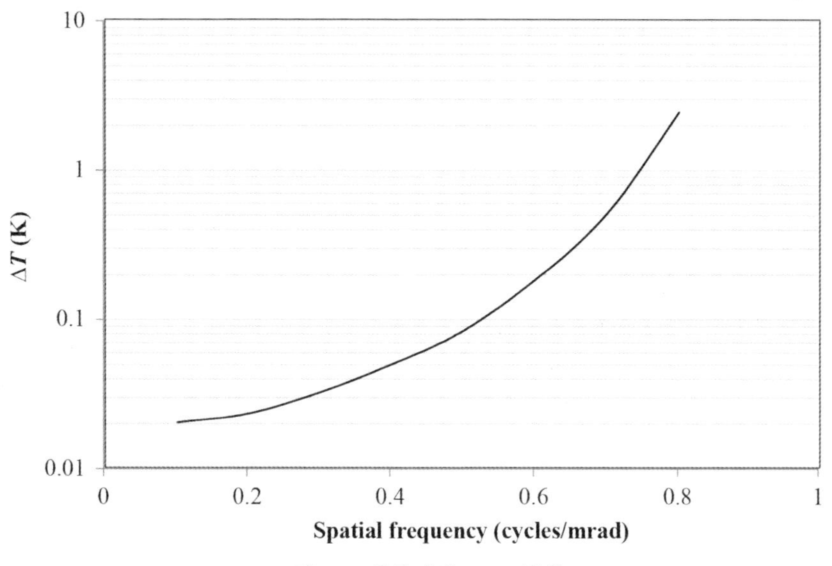

그림 10.4 일반적인 MRT 곡선

가시광선 및 근거리 IR 센서에 대해서는 상황이 더욱 복잡해진다. 이러한 파장에서는 대기가 태양 또는 다른 조명 출처로부터 센서로 향하는 에너지를 산란시킬 수 있다. 이러한 에너지는 감쇠로 인해서 발생하는 기본적인 감소를 넘어서 목표물의 대비를 더욱 감소시키는 광막 글레어를 생성한다. 이러한 글레어의 영향은 대기대 배경의 비율(atmosphere to background, A/B)로 특성화되고, 여기서 A 는 목표물까지의 가시선(Line of Sight, LOS)을 따르는 대기의 복사이고, B 는 배경의 복사이다. 그러면, 거리 R 에서의 대비인 $C(R)$ 은 거리가 0 인 곳에서의 대비인 C_0 에 대해서 다음 식으로 주어진다.

$$C(R) = C_0\left[1 - \frac{A}{B}\left(1 - \frac{1}{\tau(R)}\right)\right] \tag{10.5}$$

안타깝게도, 비율 A/B 에 대해서는 확실히 알려진 바가 거의 없다. 이는 일반적으로 기상 및 대기 데이타베이스에 보고되지 않는다. A/B 에 대한 대략적인 추정은, A/B 가 구름이 오버캐스트 [6] 조건에서는 배경 반사도의 역수와 같고, 태양빛 조건에서는 배경 반사도의 역수의 0.2 배와 같다고 설정하는 것으로 구할 수 있다. 가시 스펙트럼에서 배경 반사도는 0.3~0.5 정도이므로, 구름낀 조건에 대해서는 $A/B \cong 2\text{~}3$ 을, 태양빛 조건에 대해서는 $A/B \cong 0.4\text{~}0.6$ 을 사용할 수 있다.

식 (10.4) 또는 (10.5)를 적용하기 위해서는 대기를 통한 전송의 값 $\tau(R)$ 을 알아야만 한다.

가시광선과 근거리 IR 의 경우, 전자기 복사의 대기 감쇠는 거의 전적으로 산란때문이다. 이러한

[6] 하늘을 8 등분으로 나누어 구름이 차지하는 정도에 따라서 Sky Clear(0), Few(1~2), Scattered(3~4), Broken(5~7), Overcast(8)로 구분한다.

조건에서 $\tau(R)$ 은 Beer 의 법칙으로 주어진다.

$$\tau(R) = e^{-k(\lambda)R} \tag{10.6}$$

여기서 $k(\lambda)$ 은 흡광계수로 부르고, 대기의 상태와 센서가 작동하는 파장 모두에 따라서 달라진다.

일반적인 연무의 경우 $k(\lambda)$ 은 다음 경험식을 이용하는 것으로 가시광선 및 근거리 IR 에 대해서 매우 양호하게 근사될 수 있는것으로 나타났다.

$$k(\lambda) = \frac{C(\lambda)}{V} \tag{10.7}$$

이와 같이 복사의 파장을 고려한 상수를 통해서 k 와 기상조건에 따른 가시성(V)과의 관계를 알 수 있다. 상수 $C(\lambda)$ 은 그림 10.5 와 같이 그려질 수 있다. 예를 들어서, 가시 스펙트럼의 초록색 부분인 500nm 에서 $C(\lambda) = 4.1$ 이다. 따라서, 만약 가시성이 (상당히 맑은 날) 10km 라면, $k(\lambda)$ 은 0.41km^{-1} 이 될 것이다. 식 (10.6)을 적용하면, 5km 의 거리에서 전송은 약 0.13 이 될 것이다.

중거리와 원거리 IR 에서, 대기 감쇠 메커니즘은 산란과 흡수를 포함한다. 대기중 흡수는 주로 수분 때문이다. 수분은 증기, 비, 또는 안개로 존재할 수 있다. 감쇠 메커니즘은 이러한 세 가지 경우에 대해서 각각 다르다. 수증기는 주로 IR 에너지를 흡수한다. 비는 주로 에너지를 산란시킨다. 안개는 흡수와 산란을 모두 일으킨다. 연무는 가시 및 근거리 IR 복사에서와 마찬가지로 중거리와 원거리 IR 에너지를 산란시킨다. 그러나, 산란효율은 산란체의 특성 치수보다 더 긴 파장에 대해서 파장의 함수로 급격하게 감소하기 때문에, 보다 더 긴 파장에서는 연무의 영향이 감소한다.

중거리과 원거리 IR 복사의 감쇠는 일반적으로 식 (10.6)과 같은 Beer 의 법칙을 따르는 것으로 가정한다. Beer 의 법칙은 단위 거리에 대한 에너지의 부분적인 흡수가 전체 경로 길이에 걸쳐서 일정하다는 가정에 기반한다. 만약 좁은 파장 범위를 갖는 흡수선 상에 상당한 원자 또는 분자흡수가 존재한다면, 일부 상딩히 흡수된 선 상의 모든 에너지가 짧은 경로 길이에 걸쳐서 흡수되는 것이 가능해서, 경로의 나머지에 대해서는 단위 길이당 흡수가 적게 발생할 수 있다. 이는 일부 상황에서 고려되어야할 필요가 있지만, 영상 센서의 성공적인 작동과 일치하는 수준의 감쇠에서는 일반적으로 무시된다.

일반적인 접근방법을 따라서, 여기서는 감쇠를 추정하기 위해서 Beer 의 법칙을 사용할 것이다. 흡광계수는 위에서 설명된 각 과정을 나타내는 몇 가지 개별적인 흡광계수의 합산이다. 전체 IR 흡광계수(k_{IR})는 다음과 같이 주어진다.

$$k_{IR} = k_{H_2O} + k_{fog} + k_{haze} + k_{smoke/dust} \tag{10.8}$$

다른 모든 항은 Beer 의 법칙을 벗어날 수 있는 포화효과의 영향을 받지 않는 광대역 감쇠 현상과 관련되기 때문에 단지 H_2O 항 만이 위에서 언급된 주의가 필요하다. 이러한 흡광계수의 모든 것을 세부적으로 논의하는 것은 이 책에서 다룰 범위를 벗어난다. 전체 흡광계수의 각 성분에 대한 간단한 설명은 다음과 같다.

- 수증기 흡수는 대기 중의 수증기 밀도에 따라서 g/m^3 으로 결정된다. 다시 말해서, 이는 온도와 상대습도 또는 이와 동등하게 온도와 이슬점에 따라서 달라진다. 중요한 것은 수증기의 절대 밀도이기 때문에, IR 센서를 사용하기에는 덥고 습한 날에 비해서 시원하고 습한날이 훨씬 더 좋을 것이다.

- 강우 산란은 강우가 떨어지며 통과하게 되는 대기 중의 수증기로 인한 흡수에 추가되는 것이다. 만약 (가시 파장에서) 가시성 또는 시간당 mm 단위인 강우량을 알 수 있다면, 강우로 인한 흡광계수가 계산될(찾아볼) 수 있다.

- 안개는 흡수하고 또한 산란한다. 뿐만 아니라, 안개는 지표면으로부터의 높이에 대한 함수로 밀도에 상당한 변화를 갖는 경향이 있다. 안개에서 IR 흡광계수는 가시 흡광계수와 경험적으로 관련되어 있으며, 전형적인 구름의 수직 구조에 대한 모델이 존재한다. (자동차 전면 유리창과 같이 주변 대기온도에서 표면상에 응축이 발생하는) 습한 안개와 (응축과 같은 현상이 관찰되지 않는) 건조 안개와 같은 두 가지 일반적인 종류의 안개가 IR 복사에 상당히 다른 영향을 갖는 것으로 파악되었다. 예상할 수 있는 것과 같이, 동일한 가시거리에 대해서 감쇠는 건조한 안개보다 습한 안개에서 더 크다.

- 연무는 복사를 산란시킨다. 이는 IR 에서보다 가시범위 내에서 더 큰 영향을 갖지만, 10μm 의 파장에서 $C(\lambda) = 0.29$ 로 식 (10.7)이 여전히 유효한 것으로 나타난다. 이는 그림 10.5 에 주어진 가시범위와 근거리 IR 에 대한 $C(\lambda)$ 값보다 훨씬 더 작다는 것에 주목해야 한다.

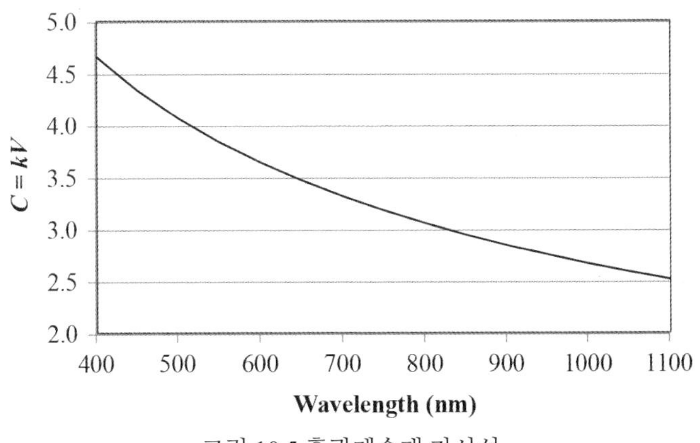

그림 10.5 흡광계수대 가시성

- 연기와 먼지에 대한 흡광 계수는 cL 로 표현되는 LOS 를 따르는 재료의 통합된 밀도에 따라서 달라지며, 여기서 c 는 LOS 상의 특정 지점에서 재료의 밀도(g/m^3)이고, L 은 LOS 의 길이이다. 만약, 전형적인 경우와 마찬가지로, 밀도 c 가 LOS 를 따라서 변한다면, cL 은 $c(s)ds$ 를 LOS 에 대해서 (여기서 s 는 LOS 상의 위치) 적분하는 것으로 계산되어야만 한다. 일단 cL 을 알게 되면, $k_{smoke/dust} = \alpha cL$ 이고, 여기서 α 는 m^2/g 의 단위를 가지며 센서의 파장에서 특정한 종류의 연기를 특성화하는 상수이다. 먼지의 영향은 전체 가시에서부터 원거리 IR 스펙트럼까지에 걸쳐서 파장에 거의 독립되며, 먼지에 대한 α 는 0.5m^2/g 이다.

안개와 관련해서 언급된 것과 같이, 대부분의 대기 감쇠기는 지표면으로부터 높이의 함수로 밀도에 따라서 변화한다. 이러한 변화를 설명하는데 사용할 수 있는 모델이 있으며, 이를 통해서 UAV 의 센서로부터 아래 지면까지의 경사 경로에 대한 유효 흡광계수를 계산할 수 있다. 감쇠는 고도에 따라서 급격히 감소하기 때문에, 대부분의 경우 UAV 에서 전형적인 것과 같이 상대적으로 급한 각도로 아래를 바라보는 것이 동일한 거리에 대해서 거의 지면상 경로로 바라보려는 것에 비해서 장점을 갖는다. 일부 안개와 낮은 구름은 이러한 규칙에 대한 분명한 예외이다.

영상 센서의 성능을 예측하는데 필요한 마지막 매개변수는 목표물 시그니처이다. 가시/근거리 IR 과 열 시그니처, 대비, 그리고 ΔT 의 정의에 대해서는 이미 논의되었다. 실제 시그니처의 계산은 상당히 복잡하다. 반사 대비는 목표물의 (페인트, 거칠기 등) 표면 특성과 (재료, 색상, 기타) 배경뿐 아니라 조명 조건에 따라서도 달라진다. 일부 경우에서는 해석에 사용될 대비가 시스템 요구조건의 일부로 규정될 것이다. 일반적인 시스템 해석에 대해서는, 약 0.5 의 대비를 가정하는 것이 일반적이다. 이보다 낮은 값은 최악의 조건을 살펴보기 위해서 사용될 수 있을 것이다. 대부분의 목표물이 0.25~0.5 범위의 대비를 갖는다고 가정하는 것이 적당하다. 그러나, 일부 목표물은 일부 시간 동안 근본적으로 0 의 대비를 가질 것이라는 것을 이해해야만 한다. 이러한 목표물은 탐지되지 않을 것이다.

페이로드가 작동해야만 하는 열 대비 수준이 설정될 수 있다. 만약 그렇지 않다면, 시스템 해석을 위한 공칭 값으로써 1.75~2.75°C 범위의 ΔT 를 사용하는 것이 적당하다. 실제 목표물은 대비가 ΔT 의 공칭값보다 훨씬 더 높은 국소적인 핫스팟을 가질 것이다. 그러나, 이러한 핫스팟이 존재하는 것으로 신뢰성있게 알려지지 않는다면, 이는 일반적으로 기본적인 성능 예측을 뒷받침하는데 사용되는 것이 아닌 시스템에 대한 성능의 마진에 기여하는 것으로 고려되어야 한다.

MRC 또는 MRT, 대기 흡광, 그리고 목표물 시그니처를 알 수 있다면, 간단한 그래픽 절차를 통해서 탐지, 인식, 그리고 식별에 대한 거리를 예측할 수 있다.

이러한 절차의 첫 번째 단계는, MRC 또는 MRT 의 cycle/mrad 축을 거리로 변환하는 것이다. 이는 아래 관계를 이용해서 처리될 수 있다.

$$R = \frac{hf_s}{n} \tag{10.9}$$

식 (10.9)에서, R 은 목표물까지의 거리, h 는 목표물의 높이, n 은 원하는 성공 확률로 원하는 작업을 수행하는데 필요한 해상도의 라인수이고, 그리고 R 과 h 가 모두 동일한 단위(m, km, 등)를 갖는다고 가정하면 공간 주파수(f_s)는 line/rad 로 표현된다. 예를 들어서, 만약 관심대상인 목표물이 (LOS 에 수직으로 투영된) 4m 의 높이를 가지고 있고, 원하는 작업 성능이 0.5 의 탐지 확률이라면, 목표물 높이를 가로지르는 두 개의 라인이 ($n = 2$) 필요할 것이고, (MRC 또는 MRT 의 가로축에 대해서 가능한 단위인) mrad 당 라인 또는 싸이클을 직접 목표물에 대한 거리에 매핑하면서 표 10.1 을 구성할 수 있다.

h=4m, 탐지(0.5 확률)			
R(m)	line/rad	line/mrad	cycle/mrad
500	250	0.250	0.125
1,000	500	0.500	0.250
1,500	750	0.750	0.375
2,000	1,000	1.000	0.500
2,500	1,250	1.250	0.625

표 10.1 라인 또는 싸이클대 거리

거리와 목표물을 매개변수로 하는 MRC 또는 MRT 에 대한 새로운 가로축을 생성하기 위해서 이러한 종류의 표가 사용될 수 있다. 이 축은 특정한 값의 h 와 작업(n 의 값)에 대해서만 적용된다는 것에 주의해야 한다.

일단 이러한 매핑이 수행되고 나면 MRC 또는 MRT 곡선의 x 축은 그림 10.6 에 나온 것과 같이 본래 공간 주파수축 아래의 두 번째 가로축을 추가하는 것으로 공간 주파수에서 거리로 색인이 변경될 수 있다.

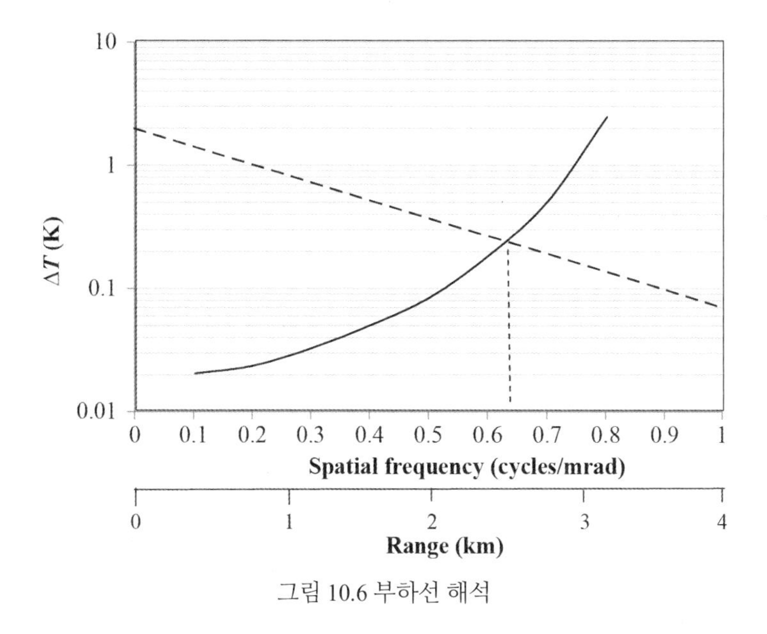

그림 10.6 부하선 해석

필요한 확률로 수행될 수 있는 작업에 대한 최대 거리를 설정하기 위해서는 센서에서 사용할 수 있는 대비를 거리의 함수로 계산해야만 한다. 대비와 거리 사이의 그래프를 흔히 부하선(load line)이라고 한다. 이 예제에 대해서는, 2°C 에서 거리가 0 인 경우의 열 대비가 가정되었고, 이를 부하선의 y 절편으로 사용하였다. 부하선의 기울기는 Beer 의 법칙을 이용해서 계산된다. 예를 들어서, $0.1km^{-1}$ 의 전체 IR 흡광 계수가 가정된다.

만약 그림 10.6 과 같이 반로그 스케일이 사용된다면, 목표물 거리에 대한 목표물 대비는 직선이 (왼쪽에서 오른쪽으로 아래방향으로 경사진 점선) 된다. 목표물 대비선은 MRC 또는 MRT 와 사용 가능한 대비가 필요한 대비보다 크거나 같은 최대거리에서 교차한다. 따라서, 목표물 대비선과 MRC/MRT 곡선의 교점에서 거리값은, 센서 시스템이 평가될 작업을 수행할 수 있는 것으로 예상되는

(다시 말해서, 공간 주파수에서 거리로 변경하기 위해서 식 (10.9)에서 사용되었던 치수의 목표물에 대해서 n 의 값이 선택된 작업) 최대 거리이다.

그림 10.6 에서 사용된 특정 사례에서는, 4m 높이의 목표물이 성공 확률 0.5 로 탐지될 수 있는 거리를 예측하기 위해서 일반화된 MRT 곡선이 사용되었다. MRT 곡선은 반로그 스케일상에 cycle/mrad 에 대해서 그려진다. 위의 표에 정리된 것과 같이, 이러한 작업과 목표물에 대해서 cycle/mrad 를 km 단위의 거리로 변환하기 위해서 식 (10.9)가 사용된다. 두 번째 가로축은 각 공간 주파수에 해당하는 거리를 보여주고 있다.

부하선은 0.63cycle/mrad 에서 MRT 곡선과 교차하고, 이는 약 2.5km 와 같다. 2.5km 보다 작거나 같은 거리에서, (부하선에 그려진) 사용 가능한 대비는 (MRT 에 그려진) 필요한 대비를 초과한다. 보다 긴 거리에서는, 사용 가능한 대비가 필요한 대비보다 낮다. 따라서, 이러한 센서로 4m 의 목표물에 대한 0.5 의 탐지 가능성을 갖는 최대 거리는 2.5km 라고 예측할 수 있다.

이는 페이로드가 아닌 지상 스테이션에 관련되지만 여기서 다른 한 가지를 언급할 필요가 있다. 만약 디스플레이 스크린이 너무 작다면 운용자의 눈은 센서의 전체 해상도를 충분히 활용할 수 없을 것이다. 이러한 영향이 MRC 또는 MRT 곡선에 포함되어야 한다. 그러나, 센서와 함께 제공되는 곡선은 일반적으로 시스템 상에서 사용되는 실제 디스플레이를 이용해서 획득되지 않는다.

클러터에 내장된 목표물이 높은 탐지 가능성을 갖기 위해서는, 운용자의 눈에서 최소한 12 초(1/5 도)의 원호로 대해야만 한다는 것을 보여주었다[1]. 만약 높이에 걸쳐서 500 라인을 갖는 디스플레이 상에서 두 개의 라인을 갖는 목표물을 찾고자 한다면, 이는 디스플레이 수직 높이의 1/250 = 0.004 를 차지할 것이다. 운용자의 눈이 디스플레이 스크린 전방으로 약 24inch 거리에 있다고 가정한다. 그러면, 스크린의 (대각선 측정이 아닌) 높이는 24inch 거리에서 1/5 도의 250 배인 50 도로 대해야 할 필요가 있을 것이다. 이는 약 22inch 높이의 스크린이 필요하다. 이는 만약 디스플레이가 일반적인 4:3 의 가로세로비를 사용한다면 대각선 치수으로는 37inch 인 스크린이 필요할 것이다.

실제로, 많은 센서 영상은 500 라인 미만의 해상도를 가질 수 있다. 350 라인의 해상도에서는, 대각선 길이 25inch 스크린이 적당할 것이다. 그러나, 많은 전술 디스플레이는 12inch 또는 미만이다. 운용자는 항상 스크린 가까이로 머리를 이동할 수 있지만, 이러한 움직임이 필요할 것으로 예상된다면 이는 운용자 스테이션의 설계에 고려되어야 한다. 20inch 미만의 거리는 만약 장시간 사용된다면 눈의 피로를 일으킬 수 있다. 수용할 공간이 있다면, 지상 스테이션에서 대형, 고화질 디스플레이 스크린을 사용하는 것이 실질적인 정당성을 갖는 것으로 보인다.

위의 방법론은 영상 센서에 대한 탐지, 인식, 그리고 식별 거리를 예측하는 표준적인 접근방법이다. 이는 주어진 MRC 또는 MRT 곡선을 사용해서 성능을 예측하거나 또는 요구되는 성능을 이용해서 각 공간 주파수에서 필요한 MRT 또는 MRC 의 최대값을 생성하는 두 가지 방향으로 수행될 수 있다.

이러한 방법이 표준이고 높은 정밀도로 수행될 수 있지만, 이는 실제로 성취될 성능의 예측만을 생성한다는 것을 시스템 설계자가 이해하는 것이 중요하다. 예측이 실제로 상당히 정확한 것으로 증명되었고, 두 개의 유사한 센서를 비교하면 표준 방법의 사용은 상당한 신뢰도를 제공하지만, 그럼에도 불구하고 이는 예측에 지나지 않는다. 이러한 예측을 사용하는 경우 다음과 같은 여러가지 고려사항을 감안해야 한다.

- 예측은 다수의 시도에 대해서 평균된 성공 확률에 대해서 이루어진다. 이는 운용자의 성능을 포함하기 때문에, 평균 산출에서는 일부는 평균보다 우수하지만 일부는 그렇지 않을 몇몇 운용자에 대한 데이타가 포함되어야만 한다.
- 예측은 특정 목표물 대비과 특종 세트의 대기 조건에 대한 것이다. 대비와 대기는 모두 시간과 장소에 따라서 달라진다. 이는 예측에 사용되었던 것과 정확하게 일치하는 균일한 조건에서 처리된 대규모 테스트 데이타 샘플을 얻을 가능성은 없다는 것을 의미한다.
- 특정 순간에 UAV 에서부터 목표물 사이의 LOS 를 따라서 실제로 존재하는 목표물 시그니처와 대기조건은 모두 측정이 어렵고, UAV 에서 사용되는 것과 동일한 시간과 동일한 방향 각도에서 측정되는 경우는 거의 없다. 따라서, 필드 테스트에서 특정 데이타 지점에 영향을 미치는 모든 요소를 설정하는 것은 거의 가능하지 않다.
- 만약 수행되어야 할 임무가 목표물의 탐지라면, 장면상에서 클러터의 수준은 탐지 가능성에 (이후 논의될) 복잡한 방식으로 영향을 미치고, 이는 위에서 주어진 예측 방법에는 포함되지 않는다.

이러한 고려사항의 결과는, 예측된 성능과 필드 테스트에서 측정된 실제 성능을 정확히 비교하기 어렵다는 것이다. 이는 시스템 엔지니어링에서는 드물지 않은 상황이다. 다른 경우에서와 마찬가지로, 실제 운용 성능이 사용자의 요구를 만족할 것을 보장하는 예측 성능에 대한 강건도 수준에 맞추어 설계가 처리되어야만 한다. 위에서 설명된 방법을 사용해서 개발된 설계의 강건도에 대한 과학적인 증거를 제시하는 것은 불가능하지만, 이러한 방법은 계속 사용되어 왔고 영상 시스템의 설계에서 표준이 되었다는 사실은, 이 방법이 수용 가능한 성능 마진을 가져오는데 있어서 그 예측이 충분히 보수적이라는 일종의 확신을 주는 것이다.

표준 방법의 장점 중 하나는, 유사한 센서 시스템을 비교하는데 있어서 상당한 신뢰도로 사용될 수 있다는 것이다. 예를 들어서, 만약 서로 다른 MRC 곡선을 갖는 두 개의 TV 센서가 일부 특정 목표물과 대기조건에 대해서 최대 탐지거리로 2km 와 2.2km 를 갖는 것으로 예상된다면, 이는 실제로 그러한 조건하에서 각각 2.5km 과 2.75km (또는 1.8km 와 2.0km)의 거리를 얻을 수 있겠지만, 거리상의 차이는 실제로 약 10%이고 또한 보다 긴 탐지거리를 가질 것으로 예상되는 센서가 계산에서 사용되었던 것과 거의 유사한 어떤 조건에서라도 실제로 상대적으로 더 긴 탐지 능력을 가질 것이 거의 확실하다. 따라서, 이 방법은 유사한 센서 설계 사이의 트레이드오프를 하는데 있어서 상당한 신뢰도로 사용될 수 있다.

그러나, 만약 센서가 유사하지 않다면, 성능을 비교하기 위해서 이러한 방법을 사용하는 것에는 상당한 주의가 필요하다. 이는 특히 TV 를 전방감시 IR(Forward Looking IR, FLIR) 영상 장비에 비교하는 경우에 해당한다. FLIR 가 탐지를 위한 예측 모델에 비해서 우수하게 작동한다는 입증되지 않은 상당한 증거가 있으며, 식별을 위한 예측보다는 성능이 떨어진다는 일부 증거도 있다. 이것이 사실일 수 있다고 가설을 세울 수도 있지만, 저자는 이러한 가설에 대한 증거를 제시하는 어떠한 단정적인 연구에 대해서도 아는 바가 없다. FLIR 가 Johnson 기준에 의해서 예측된 것보다 더 큰 거리에서 고대비 목표물을 탐지할 수 있을 가능성은 특히 높다. 고온 목표물은 TV 화면상에서 불이나 화염과 동일하게 장면상에서 비콘처럼 보일 수 있다. 열 대비는 엔진 배기와 같은 일부 목표물에 대해서는 수십 도가 될 수 있다. 이는 목표물을 가로지르는 한 개의 라인보다도 작은 해상도에서도 탐지가 가능하도록 한다. 고온 물체가 관심의 대상일 가능성이 있기때문에, 먼 거리에서 이의 위치를 쉽게 탐지할 수 있는 능력은 많은 시나리오에서 장거리에서 효과적인 목표물 탐지로 이어질 수 있다.

반면, TV 는 반사된 빛만을 사용하며 목표물 대비는 1.0 을 절대로 초과할 수 없다. TV 장면상에 많은 작은 고대비 클러터 항목이 존재할 수 있기때문에, 가능한 최대 대비를 갖더라도 목표물 형태에 대한 뭔가를 얘기할 수 있고 고대비(밝거나 어두운) 패치가 그 자체로써 주목받을 정도로 커질만큼 충분한 해상도를 갖기까지는 클러터로부터 가능한 목표물을 분리하는 것이 어려울 수도 있다.

물론, 이러한 주장은 매우 정성적인 것이다. 이는 화면상에 존재하는 클러터의 종류와 관심대상인 목표물의 종류에 대한 일반화에 따라서 달라진다. 그러나, 이는 표준 방법으로 TV 와 FLIR 를 비교하려는 것에 대한 위험성을 보여주고 있다. 비교를 위한 관심이 되는 특정 상황에서 모델에 대해서 이러한 비교가 시도되기 전에 일부 상대적인 교정이 필요하다. 예를 들어서, 일부 종류의 목표물에 대한 FLIR 의 경우, 탐지를 위한 기준이 목표물 치수를 가로지르는 한 개의 라인으로 감소되어야 한다는 것을 알 수 있을 것이다.

다행히도, 대부분의 시스템에 대한 목표물의 한계 등급은 상대적으로 저온일 것이다. 만약 열 대비가 몇 도를 초과하지 않는다면, FLIR 의 성능은 표준 모델로 보다 더 잘 표현될 수 있다. 따라서, 시스템 규격에서 필요한 최소 목표물 시그니처를 처리하기 위한 설계에서는 표준 모델이 과도하게 비관적이지는 않을 것이다.

시스템 엔지니어에게 매우 중요한 두 개의 유사한 센서를 비교하는 특별한 경우는, 시스템 설계의 변경에 대한 민감도의 결정이다. 이는 표준 방법이 매우 잘 작동하는 영역이다. 예를 들어서, 시스템 엔지니어는 진동의 증가로 인한 약간의 성능 저하에 대한 예측이 합리적으로 정확할 것이라는 상당한 확신을 가질 수 있다.

입력 정보가 정확할때 성능 예측의 정확도에 대한 일부 실망이 아마도 이미 초래되었을 것이지만, 안타깝게도 입력 정보와 관련된 몇 가지 단점을 지적할 필요가 있다.

잠재적으로 가장 심각한 문제는 사용될 MRT 또는 MRC 곡선이 실제로 시스템 수준의 곡선이라는 것을 보장하는데 있다. 특히, 만약 예측값을 시스템 성능을 추정하는데 사용하려고 한다면, AV 의 움직임과 진동으로 인한 영향과 데이타 링크의 영향이 곡선상에 반드시 포함되어야만 한다. 통제 스테이션의 디스플레이조차도 성능을 제한하는 것으로 나타날 수 있기때문에, 시스템 MRT 또는 MRC 에 포함되어야만 한다. 설계자는 센서가 실험실 벤치에 단단히 고정되고, 동축 케이블로 센서와 디스플레이가 연결되며, 그리고 숙련된 운용자에 의해서 고품질 디스플레이로 관측되는, 일반적으로 실험실에서 측정된 MRT 또는 MRC 를 제공받는다. 이러한 곡선은 실제 운용 형상과 비교했을때 매우 낙관적일 수 있다.

최소한으로, 시스템 설계자는 센서 진동, 데이타 링크, 그리고 디스플레이의 MTF 가 전체 시스템 곡선에 중요한 영향을 미칠 수도 있는 특성을 갖는가의 여부를 판단해야만 한다. 만약 그렇다면, 이러한 영향이 전체 곡선에 포함되어야만 한다. 이는 참고문헌에 서술된 절차를 통해서 해석적으로 처리될 수 있지만 이 책에서 다룰 범위를 벗어난다. 다른 방법으로, 데이타 링크와 실제 지상 스테이션의 디스플레이를 사용해서 MRT 또는 MRC 를 측정할 수 있다. 안타깝게도, 현실적인 센서 진동과 움직임을 MRT/MCT 측정에 도입하는 것은 매우 어렵기 때문에, 만약 예비해석에서 이러한 영향이 시스템 곡선의 성능을 저하시키는 것으로 나타난다면, 이러한 요소는 아마도 해석적으로 도입되어야만 할 것이다.

이미 언급되었던 또 다른 주요 단점으로는, 시스템 설계 계산과 비교될 수 있는 결과를 산출하는 필드 테스트를 수행하기 어렵다는 것이다. 물론, 만약 시스템이 운용 시나리오에서 작동한다면 이는 문제가 되지 않는다고 얘기할 수도 있다. 그러나, 운용적인 측면에서 작동한다는 의미에 대한 정의를 내리는 것은 일반적으로 어렵다. 대부분의 시스템은 특정한 목표물을 탐지, 인식, 및/또는 식별해야만 하는 거리에 대한 규격을 가질 것이다. 시스템을 수용할 기관에서는 이러한 규격에 대해서 테스트하기를 원할 가능성이 높다. 시스템 엔지니어는 이러한 테스트를 수행하는 것이 쉽지 않다는 것을 인식해야만 한다.

지정된 대비를 갖는 목표물을 제공하는 것은 어렵고, UAV 로부터 목표물까지 실제 LOS 에 걸쳐서 잘 특성화된 전송을 갖는 대기를 제공하는 것은 매우 어려우며, 이러한 조건이 몇몇 운용자에 걸쳐서 통계적으로 중요한 샘플을 수집할 수 있을 정도로 충분히 장기간 일정하다고 보장하는 것은 거의 불가능하다. 만약 규격상에서 (예를 들어 7km) 중간 정도로 제한된 가시성을 요구한다면, 이러한 대기는 제공하기도 특성화하기도 모두 특히 어려울 것이다. 매우 맑은 대기는 사막 테스트 사이트에서는 상대적으로 찾기 쉽다. 제한된 가시성이 일부 테스트 사이트에서는 흔할 수도 있지만, 시간에 따라서, 그리고 서로 다른 LOS 에 따라서 크게 변화할 것이다.

이러한 어려움의 결과로 인해서, 일반적으로 위에서 설명된 방법을 이용해서 가능한 최상의 센서 모델을 제작하고, 이후 규격상에 설명된 것과 매우 근접하지 않을 수도 있는 몇몇 지점에서 (맑은 하늘, 고대비 목표물) 곡선을 검증하는 것이 필요하다. 그러면 검증된 모델은 해석에 의해서 규격과의 적합성을 검증하는데 사용할 수 있다. 규격을 설정하는 담당자뿐 아니라 시스템 테스트에 대한 계획과 예산을 수립하는 담당자 모두 이러한 상황을 이해할 필요가 있다.

10.3 탐색 과정

위에서 설명된 해석 방법은 목표물이 디스플레이 내에 존재한다고 가정했을때 이의 탐지, 인식, 또는 식별될 수 있는 정적 가능성을 다루고 있다. 이는 UAV 에 대한 영상 센서 시스템의 설계에서 필수적인 첫 단계이지만, 단일 FOV 크기의 몇 배인 영역에 대한 목표물의 탐색에서 중요한 문제는 설명하지 못한다. 뭔가를 탐색하기 위한 UAV 의 사용에 대한 임무 요구조건은, 지금까지 UAV 가 가장 흔히 사용되어왔던 임무였기 때문에, 군용 또는 (경찰 또는 국경 순찰과 같은) 유사-군용 적용에 대해서 편리하게 논의될 수 있다. 민간용 수색 적용은 일반적으로 논의에서 언급된 일부 사례로 보여진 것과 같은 분류에 해당하기 때문에, 군에서 개발된 개념적인 프레임워크는 논의를 구성하는 훌륭한 방법을 제공한다.

UAV 에 대해서 가장 흔한 임무 중의 하나는 정찰 및/또는 광역 감시이다. 이러한 임무에서는 UAV 와 이의 운용자가 일부 목표물 또는 활동의 종류를 찾으면서 지상의 넓은 영역을 탐색할 필요가 있다. 사례로는 적의 전진에 대한 신호를 찾기 위해서 계곡을 탐색하는 것이다.

탐색에는 세 가지 일반적인 종류가 있다.

1. 지점
2. 영역
3. 경로

지점 탐색은 UAV 가 명목상 알려진 목표물 위치 주위의 상대적으로 작은 영역을 탐색하는 것이 필요하다. 예를 들어서, 전자 인터셉트와 방향탐지 시스템이 대략적으로 일부 그리드 좌표에 위치한 의심스러운 지휘본부가 존재하는 것으로 판단했을 수 있다. 그러나, 장거리에서 라디오 방향탐지기로부터 결정된 위치의 불확실성이 보통 너무나 높기때문에, 넓은 영역을 모두 뒤덮을 정도로 많은 포탄의 소모가 없이는 목표물에 효과적으로 포격을 가할 수 없다. UAV 의 임무는 지휘본부의 명목상 그리드 위치에 집중해서, 아마도 각 방향으로 수백 미터에 이르는 실제 위치에 대한 불확실성의 한계까지 확장된 영역에 대한 탐색을 하는 것이다.

영역 탐색을 위해서는 UAV 가 일부 종류의 목표물 또는 활동을 찾아서 지정된 영역을 탐색하는 것이 필요하다. 예를 들어서, 포병대가 주어진 도로 교차로의 동쪽 방향으로 수 제곱 킬로미터 정사각형 내의 어딘가에 위치할 것이라고 의심될 수 있다. UAV 의 임무는 지정된 영역을 탐색하고 이러한 부대의 존재와 정확한 위치를 결정하는 것이다. 이와 동등한 민간용 임무로는, 길을 잃은 가축을 찾기 위해서 일부 특정 영역을 수색하는 것이다.

경로 탐색은 두 가지 형태를 가질 수 있다. 가장 간단한 경우로, 임무는 관심인 목표물이 도로 또는 산길의 지정된 길이를 따라서 존재하는가, 또는 아마도 일부 도로상에 장애물이 있는가를 판단하는 것이다.

상당히 더 난해한 작업은 해당 루트를 사용할 수 없도록 하는 적군의 존재 여부를 판단하는 것이다. 두 번째 종류의 경로 정찰은 실제로 도로를 중심으로 하는 지역에 대한 영역 탐색에 보다 가깝지만, 엄폐를 제공할 수 있는 수목선 또는 능선, 그리고 도로를 비롯한 사계 [7]까지 포함하기 위해서 최소한 도로의 양쪽으로 수백 미터까지 확장된다.

단순한 경로 탐색과 유사한 적용에 민간 UAV 를 사용하는 제안이 오래동안 있어 왔다. 이러한 적용에서는 송전선 또는 파이프라인이 지나는 통로에 대한 감시를 유지하는 것으로 송전선에 과도하게 인접한 나무와 같은 잠재적인 문제점을 발견하고 사고로 이어지기 전에 처리될 수 있다.

UAV 의 근본적인 특성과 이의 영상 페이로드가 이러한 세 가지 종류의 탐색을 수행하는 UAV 시스템의 능력에 어떻게 영향을 미치는가를 이해하는 것이 중요하다.

군사용도에서 이러한 임무에 대한 UAV 의 장점은 유인기에 비해서 높은 생존성을 가지고 위험한 공역에서 거의 탐지되지 않고 비행할 수 있는 능력뿐 아니라 인간 승무원이 탑승하지 않는 UAV 의 상대적인 소모성에 기반한다. 민간 용도의 경우 바람직한 장점은 주로 비행 승무원이 필요하지 않고 낮은 운용비용이 드는 소형 항공기를 이용하는 것으로 인해서 비용을 절감할 수 있다는 것과 주로 관련된다. 인간 운용자를 뒤로 남기는 것으로 인해서 지불되는 비용은 운용자의 시각적인 감지가 센서 페이로드에 의해서 제공될 수 있는 영상으로 한정된다는 것이다.

영상센서와 관련된 기본적인 한계는 FOV 와 밀접한 관계를 갖는 해상도이다. 이미 살펴본 바와 같이, 만약 센서가 500 라인의 해상도를 제공한다면, FOV 의 치수와 FOV 내에서 목표물의 존재가 탐지될 수 있는 합리적인 가능성을 갖는 최대 거리사이에는 고정된 관계가 존재한다. 만약 (충분한 대비가 있다고 가정해서) 2m 목표물의 탐지에 대해서 두 개의 라인이 필요하고 센서에서 총 500 개의 라인을 사용할 수 있다면, FOV 는 500m 이상을 (단위 미터당 한 개의 라인) 처리하지 못할 것이다.

하방감시 경사각의 경우, FOV 의 원거리 끝단까지의 경사거리는 FOV 의 근거리 끝단까지의 경사진 거리보다 (또는 만약 UAV 센서가 직접 아래를 바라본다면 FOV 의 중심) 더 길 것이다. 일반적으로, 센서는 직접 하방을 보지 않기때문에 지오메트리는 그림 10.7 에 나온 것과 같을 것이다. 그림은 소형화기 사격으로부터의 대비에 적절한 1,500m 의 고도와 45 도의 공칭 하방 경사각을 가정하고 있다. 만약 약 7 도의 FOV 를 갖는다면, 상당히 일상적인 TV 센서는 2,200m 의 경사거리에서 2m 목표물을 탐지할 수 있는 양호한 가능성을 가질 수 있다. 가로세로 7×7 도의 FOV 는 그림에 나온 것과 같이 지표면 상에서 쐐기돌 형태의 영역을 처리할 수 있을 것이다. 대부분의 TV 가 FOV 에 대해서 실제로 4:3 의 가로세로비를 갖는다는 사실을 고려하면, 지상에 대한 FOV 의 실제 영역은 여전히 쐐기돌 형태를 가지면서 약 350×350m 일 것이다.

---

[7] 사계(Field of fire)는 발사된 무기가 용이하고 효과적으로 도달할 수 있는 범위를 의미한다.

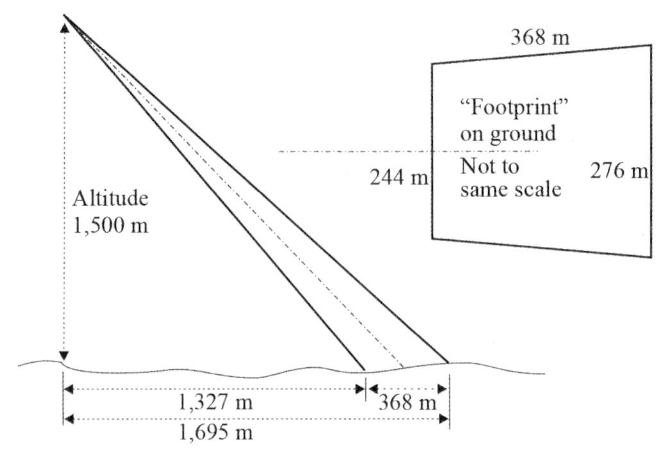

그림 10.7 지상에 대한 전형적인 UAV 의 시계범위

하방감시 각도가 작아지면 지상 영역에 대해서 보다 깊은 심도를 제공할 수 있지만, 센서가 장면의 윗부분에 있는 목표물은 탐지할 수 없을 것이다. 만약 시스템이 단순한 수동 탐색 과정을 사용한다면, 운용자가 센서 시스템의 탐지 한계를 인식하지 못하고 디스플레이에서 보여지는 장면의 대부분이 센서의 최대 유효 탐지거리보다 더 큰 경사거리를 보도록 센서의 지향각을 조작할 위험이 존재한다. 그러면 운용자가 넓은 영역의 지형을 탐색했더라도 실제로는 노출되었던 목표물을 탐지하지 못하는 것으로 나타날 수도 있다. 훈련과 경험이 이러한 문제를 감소시킬 수 있지만, 미가공 영상 외에 추가 정보를 제공받지 못한다면 통제 스테이션에서 스크린을 보는 운용자는 센서를 효과적으로 이용하는데 어려움을 가질 수도 있다.

시스템에 의해서 제공될 수 있는 추가적인 정보의 단순한 형태로는 센서의 탐지 수평선을 알려주는 장면을 가로지르는 라인이다. 이러한 라인은 센서로부터의 경사거리가 탐색되는 목표물의 종류에 대한 공칭 탐지거리를 초과하는 지상의 경계를 보여준다. 장면상에서 이의 위치는 센서의 하방감시 각도와 AV 의 고도에 기반해서 계산될 수 있다. 이를 통해서 운용자는 목표물 탐지에 대해서 합리적인 가능성이 있는 거리로 탐색을 한정할 수 있을 것이다.

성공이 가능한 거리로 탐색을 한정하는 것의 중요성은 TV 또는 열영상 시스템을 이용한 지상 탐색이 마치 빨대를 통해서 세상을 쳐다보는 것과 비슷하다는 사실과 관련된다. 앞에서 이미 살펴본 것과 같이, 약 2km 거리에서 1~2m 치수인 목표물을 탐지할 수 있는 센서의 FOV 는 각 면이 겨우 수백 미터 정도에 불과하다. 이로 인해서 운용자는 작은 영역을 연속적으로 탐색해야만 한다. 그림 10.8 과 같은 지상의 공칭 구역을 가정한 상태에서 한 세트의 쐐기돌 형태를 정사각형에 맞추어 정사각형의 어떠한 부분도 놓치지 않도록 보장하기 위해서 필요한 일부 겹침을 허용한다면, 1 제곱킬로미터 크기의 정사각형 면적을 처리하기 위해서는 최소한 12~15 회의 개별적인 관찰이 필요할 것이다. 이는 다음 그림 10.8 에 나와 있다.

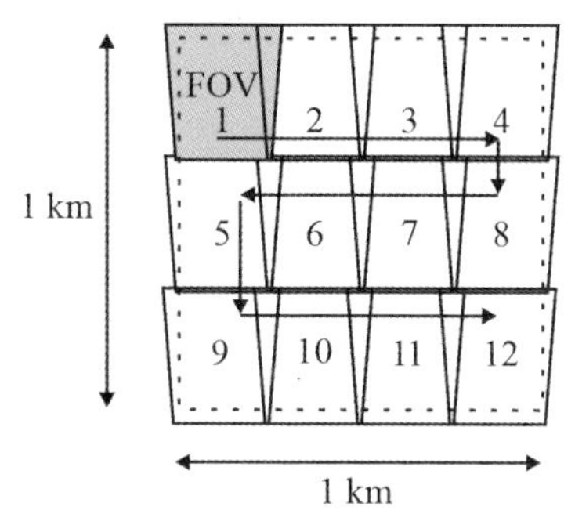

그림 10.8 자동화된 탐색 패턴

운용자가 7 도 탐색 FOV 와 훨씬 큰 파노라마 FOV 사이를 계속 전환하지 않는다면 절대로 1 제곱킬로미터 전체를 볼 수 없을 것이다. 운용자가 전체 영역을 효율적인 방법으로 커버하는 체계적인 탐색을 수동으로 처리하는 것은 어렵기 때문에 이는 넓은 영역의 탐색과 관련된 심각한 문제를 일으킬 것이다. 유인 항공기에서 창문 밖을 쳐다보는 관측자는 지상에 대한 방향을 유지하고 체계적인 탐색을 수행하기 위해서 넓은 FOV 에 걸쳐서 주변 시야를 이용한다. 통제 스테이션에서 디스플레이를 보는 운용자는 주변 시야를 갖지 못한다. 지형의 각 조각만이 단독으로 보여질 뿐이다. 지상의 어떤 부분을 보았는지에 대한 추적을 유지하고 센서를 위해서 다음 목표 지점을 선택하도록 운용자를 안내하는 일종의 자동 시스템이 제공되지 않는다면, 할당된 지역의 모든 부분을 보지 못했다는 것을 인지하지도 못한채 전체 영역에서 상대적으로 임의의 샘플만을 탐색할 가능성이 있다.

이러한 문제는 FOV 를 일종의 체계적인 패턴으로 움직이도록 운용자를 훈련하는 것으로 해결될 수 있다. 그러나, 이러한 접근방법은 운용자가 다음 관찰이 이전 관찰과 어떻게 관련되는지에 대한 감각을 유지할 수 있도록 하기위해서 관찰 사이에 상당한 중복이 필요할 것이다. 만약 영역이 FOV 의 몇 배만큼 넓고, 운용자는 래스터 스캔(하단을 가로지르고 한 FOV 만큼 위로 올라가서 다시 반대로 영역을 가로지르는 방식)을 수행하려고 시도한다면, 장면상에서 기준으로 사용할 수 있도록 편리하게 간격이 떨어진 선형 특성이 존재하지 않는한 스캔을 평행하게 유지하기 매우 어렵고 다소 중복될 것이다.

실제로, 단일 FOV 보다 훨씬 넓은 영역에 대한 철저하고 효율적인 탐색을 수행할 수 있는 유일한 방법은, 해당 영역에서 적절한 수준의 중복과 운용자가 존재할 수도 있는 모든 목표물을 탐지할 수 있는 양호한 가능성을 갖기에 충분히 오랫동안 각 장면을 살펴볼 수 있도록 허용하는 속도로 FOV 를 체계적으로 움직이기 위해서 UAV 의 항법과 관성 기준 시스템을 사용하는 자동 시스템을 제공하는 것이다.

연속적인 센서의 회전은 일부 흐려짐을 일으키고, 목표물 움직임을 가리며, 또한 계속해서 변화하는 장면을 전송하기 위해서 높은 데이타율이 필요하기 때문에, 탐색을 위해서 단계/응시 접근방법을 사용하는 것이 최상의 방법이다. 이러한 접근방법에서 센서는 지상의 각 원하는 FOV 의 중심에 있는 목표지점으로 급격하게 이동되고 운용자가 정지장면을 탐색하는 일정 기간동안 해당 지점에서 안정된다. 그리고 나서 센서는 다음 FOV 로 신속하게 회전한다.

만약 한 차례의 응시 기간 동안 장면에 대한 목표물의 움직임이 상대적으로 작다면, 움직임 단서로부터의 장점은 거의 없으며 지상으로는 FOV 당 한 프레임만 전송할 필요가 있다. 이러한 상황이 적용될 수 있는가의 여부는 목표물의 움직임 속도와 응시 길이에 따라서 달라진다. 어떠한 경우라도, 흔히 그렇듯이 만약 데이타율이 제한된다면, 목표물 움직임 단서의 가능한 장점을 희생하고 지상에서 FOV 당 하나의 정지 화상으로 정착하는 것이 필요할 수도 있다.

요구되는 응시 시간은 비디오 장면에서 목표물을 탐지하는 운용자의 능력대 각 장면을 바라보는데 허용되는 시간에 대한 실험적인 데이타로부터 예측될 수 있다. 실험 데이타는 목표물 탐지의 누적 확률이, 만약 존재한다면, 운용자가 장면을 쳐다보는 처음 수 초 동안에 급격하게 상승하는 흥미로운 특성을 갖는다. 이후 곡선은 평평하게 수렴하고, 훨씬 긴 시간이 지나더라도 목표물이 탐지될 가능성에는 아주 약간의 상승만이 있을 뿐이다. 곡선이 평평해지기까지 경과한 시간이 해당 장면에 목표물이 존재하는 가능성과 서로 관련된다는 일부 근거가 있다. 이는 만약 운용자가 많은 장면을 연속으로 스캔하고 있지만, 대부분에서 어떤 목표물도 포함하지 않는다는 것을 알게되는 경우 운용자의 저하된 집중력으로 이어지는 단념 계수로 설명될 수 있다. 만약 운용자가 여러 장면을 연속으로 스캔하면서 대부분의 장면에서 어떠한 목표물도 포함하지 않는다는 것을 알게 된다면 단념 계수는 증가될 것이다. 다시 말해서, 만약 운용자가 장면상에서 목표물을 찾을 것이라는 기대를 하지 않는다면, 뭔가 존재할 가능성이 높다고 생각하는 것에 비해서 해당 장면에 대한 심각한 검토를 보다 빨리 포기할 것이라는 의미이다.

참고문헌 [2]는 세 가지 클러터 수준에 따른 비디오 장면에 대한 탐색시간을 계산하기 위해서 참고문헌 [3]의 방법을 적용하고 있다. 정체 계수는 장면 내에서 운용자에 의한 시선 고정 대비 클러터 물체의 수로 정의된다. 전형적인 비디오 디스플레이를 탐색하기 위해서는 약 15 회의 시선 고정이 필요하기 때문에, 정체 계수 3 은 장면상에서 약 45 개의 클러터 물체에 해당한다. 클러터 물체는 크기와 대비가 관심대상과 유사한 모든 물체로 정의되기 때문에, 이를 목표물과 구분하기 위해서는 지나치는 눈길 이상으로 확인되어야만 한다.

이 책의 저자 중 한 명이 경험했던 Aquila 시스템에 따르면, 만약 단념 계수가 고려된다면 이러한 시간은 최적보다 다소 길어질 수도 있음을 제안하고 있다. 이러한 주제는 체계적으로 문서화된 것이 없기때문에 인적요소 조직에게는 대한 흥미로운 연구 주제가 될 수 있을 것이다. 이러한 수치의 의미는 UAV 가 넓은 영역의 탐색에 대해서 상대적으로 제한된 능력을 갖는다는 것이므로, 이는 시스템 설계자가 고려해야만 하는 영역일 것이다.

예를 들어서, 만약 임무가 위에서 논의되었던 7 도 FOV 를 이용해서 2×5km 에 걸친 영역을 탐색하는 것이고 클러터 수준이 높다면, 20s/scene 에서 약 15FOV(장면)/km^2 에, 추가로 센서를 회전하고 새로운 목표 지점에 정착하기 위한 1s/scene 이 필요할 것이다. 이는 할당된 10 km^2 영역을 탐색하는데 320s/km^2 또는 3,200s(53.3min)이 필요하다는 계산이 된다. 한 시간의 탐색은 많은 소형 UAV 의 임무 대기 체공시간의 상당한 부분을 소모할 것이다. 뿐만 아니라, 만약 목표물이 이동한다면, 주어진 특정 시점에서 전체 영역의 매우 작은 일부만이 감시를 받을 것이므로, 낮은 탐색속도로 인해서 목표물을 보지 못한채 해당 영역을 지나쳐 이동할 수도 있을 것이다.

이와 비교해서, 유인 헬리콥터 또는 경항공기는 동일한 2×5km 영역을 길이 방향으로 위아래로 몇 차례 저공으로 통과하는 것으로 몇 분 만에 탐색할 수 있을 것이다. 당연하게도, 목표물이 더 크거나 또는 보다 두드러진다면 탐색 시간은 짧아질 것이다. 만약 발견될 물체가 상당한 크기의 건물이라면, UAV는 전체 영역을 몇 번의 FOV만으로 탐색하기 위해서 가장 넓은 FOV와 다소 작은 하방감시 각도를 사용할 수도 있을 것이다. 반대로, 만약 목표물이 (예를 들어, 배낭에 마약을 넣고 국경을 넘은 밀수업자 또는 개방된 지형을 이동하는 게릴라와 같은) 병력이라면, UAV는 보다 작은 FOV를 사용해야만 하거나 또는 (지상에 대한 FOV의 차지면적 크기가 감소되는) 지상에 근접해야만 할 수도 있고, 동일 영역을 탐색하는데 몇 배 더 긴 시간이 걸릴 수도 있다.

만약 일제히 작전 중인 많은 개별 목표물이 있다면, 한 목표물을 찾으면 이들 전부를 찾는 것으로 연결될 수도 있다. 예를 들어서, 한 명을 찾게 되면 주변 영역에 대한 보다 자세한 확인으로 이어질 것이다. 몇 명을 더 찾는다면 탐색 중인 영역에 해당 그룹이 존재한다는 것을 확인해줄 것이다. 이와 같은 상황은 하나가 탐지되는한 많은 부분은 지나칠 수 있기 있기때문에, 목표물 배열을 탐지할 수 있는 가능성을 증가시킨다. 그러나, 영역을 탐색하는데 필요한 시간은 FOV와 한 FOV를 탐색하는 시간에 따라서 결정되기 때문에, 이는 해당 시간에 큰 영향을 미치지는 않는다.

FOV상에 열 대의 탱크가 있다고 해서, 탱크가 한 대만 있을때 이를 탐지하기 위해서 필요한 것보다 더 큰 FOV(낮은 해상도)로 어떤 탱크라도 탐지가 가능하도록 하지는 않을 것이다. 어느 한 목표물에 대한 탐지의 낮은 가능성을 수용할 수 있는것으로 또는 같이 이동하는 몇몇 작은 지점으로 제공되는 단서로 인해서 탐지에 대한 사소한 영향이 존재할 수 있다. 그러나, 이러한 영향은 작을 것이고 또한 시스템 설계를 확정할때 예상하기 어렵다. 시스템에 유리할 수도 있는 여러가지 다른 미미한 영향과 마찬가지로, 시스템 규격을 설정할때 확신되는 것이 아닌 시스템 마진의 일부로 고려되는 것이 최상이다.

현재 사용 가능한 센서와 처리방법을 갖춘 UAV가 유인 항공기로는 신속하게 탐색될 수 있는 영역을 탐색하는데 긴 시간이 필요하다는 결론은, 이러한 모드로 테스트가 되었던 Aquila와 다른 UAV의 경험으로 뒷받침된다. 자동 목표물 인식기의 사용이 가능해진다면, 이를 이용하는 것으로 각 장면에 대한 체류 시간이 감소되기 때문에 훨씬 더 신속한 탐색이 가능할 것이다. 이러한 시기에 이르기 전까지, UAV 시스템 지지자와 설계자는, 특히 만약 개별 목표물이 작고 상당한 클러터가 존재한다면, 넓은 영역의 탐색과 관련된 주장에 신중할 필요가 있다.

반대로, 지점과 경로 탐색은 적정한 시간 내에 수행될 수 있다. 만약 목표물의 위치를 대략 500m 이내로 알고 있다면, 약 1km^2 이내의 범위만 탐색될 필요가 있다. 매우 심한 클러터에서도 이는 약 5분 이상 걸리지 않을 것이다. 그러나, 넓은 영역 탐색과 마찬가지로 해당 영역을 FOV로 완전하고 효율적으로 처리하도록 보장하기 위해서는 아마도 자동화된 탐색 시스템을 제공하는 것이 필요할 것이다.

도로 또는 고속도로와 이의 노견에 대한 경로 탐색은 도로를 따라서 아래로 연결되는 단일 열의 FOV 위치로 수행될 수 있다. 목표물과 노견을 따르는 수목선 상에 목표물이 숨어있는가의 여부에 따라서 클러터의 수준이 높거나 낮을 수 있다. 만약 실제로 도로상에 있는 호송대를 찾는다면, UAV 가 상공을 비행하면서 도로를 따라서 FOV 를 단순히 스캔하는 것이 가능할 것이다. 보다 철저한 단계/응시 탐색이 필요하다고 하더라도, 약 1km/min 보다 낮지 않은 속도로 도로를 따라서 이동하는 것이 가능할 것이다.

만약 가능한 매복지점을 포함한 완전한 경로 정찰이 필요하다면, 작업은 필수적으로 도로를 중심으로 하는 좁고 긴 영역에 대한 영역 탐색이 된다. 탐색 시간 예측은 영역 탐색에 대한 것과 같은 방법을 사용해서 이루어질 수 있다.

언급할 필요도 없지만, UAV 는 나무를 통과해서 볼 수 있는 마법과 같은 방법을 갖지 않는다는 사실이 때로는 잊혀지는 것으로 보인다. 실제로, 낮은 해상도, 주변 시야의 부족, 그리고 탐색의 느린 진행은 모두 UAV 시스템이 유인 항공기에 비해서 뒤덮인 수목 아래에서 움직이는 목표물을 탐색할 가능성이 낮아지도록 만든다.

10.4 기타 고려사항

10.4.1 가시선 안정화

시스템의 기계적인 움직임이 MTF 와 같은 항을 통해서 계산에 내포되기는 하지만, 위에서 논의된 주제는 모두 페이로드의 영상 센서 서브시스템에 대한 정적 성능과 관련된다. 그러나, 페이로드 성능을 지배하는 기계적인 요소에 대한 일부 명확한 이해를 갖는 것이 중요하다.

페이로드의 안정화된 플랫폼이 무엇보다도 중요하다. 공중 플랫폼은 일반적으로 여러가지 임무에 필요한 각방향 안정성을 유지할 수 없기때문에, UAV 에 장착된 영상 시스템은 기체에 단단히 고정될 수 없다. 예를 들어서, 2km 고도에서 비행하는 UAV 의 경우 3km 경사 거리는 지상에서 4.4km 의 원형 적용범위를 갖는 플랫폼을 제공할 것이다. 센서 시스템은 3km 거리상에 있는 탱크의 크기(2.3m)에 대해서 해당 목표물을 탐지하는데 필요한 최소 해상도인 1 해상도 싸이클(두 개의 라인)을 유지하기 위해서는 약 0.4mrad 의 해상도가 필요할 것이다. 0.4mrad/cycle(2.5cycle/mrad)에서 적정한 MRC 를 유지하기 위해서는 0.4mrad 보다 훨씬 더 우수한 기계적 안정성이 필요할 것이다.

UAV 기체는 0.4mrad 에 접근하는 각방향 안정성을 유지할 수 없기때문에 센서는 이를 최소의 각운동만으로 지지할 수 있는 안정화된 플랫폼에 매달려 연결되어야만 한다. 영상 품질의 유지, 목표물 추적 또는 센서의 정확한 지향은 다축 짐벌 세트를 통해서 이루어질 수 있다. 공칭선에 대해서 센서의 광학축을 유지하는 능력을 LOS 안정성이라고 한다. 이는 원하는 지향 벡터로부터의 제곱 평균 제곱근(Root Mean Square, RMS) 편차의 항으로 측정되고, 일반적으로 mrad 의 단위로 표시된다. 필요한 LOS 안정성은 임무에 따라서 달라지며 일반적으로 높은 안정성은 높은 비용과 중량을 의미한다.

10.4.1.1 짐벌 형상

짐벌 설계에서 첫 번째 고려사항은, 예를 들어서 짐벌의 갯수와 같은 형상이다. 일부 임무에 대해서는 두 개의 짐벌 마운트가 만족스러울 수도 있지만, 이는 완전한 전체 탐지범위(Field of Regard, FOR) 운용은 가능하지 않을 것이다(다시 말해서, 센서가 가리키지 못하는 방향이 존재함). 네 개 짐벌 마운트는 짐벌이 특정 방향에 대해서 더 이상 갈 수 없는 한계에 이르는 악명 높은 짐벌 잠김 제거할 수 있지만, 이는 무겁고 대형이다. 두 개 또는 세 개 짐벌 시스템이 대부분의 RPV 임무 요구조건을 만족한다.

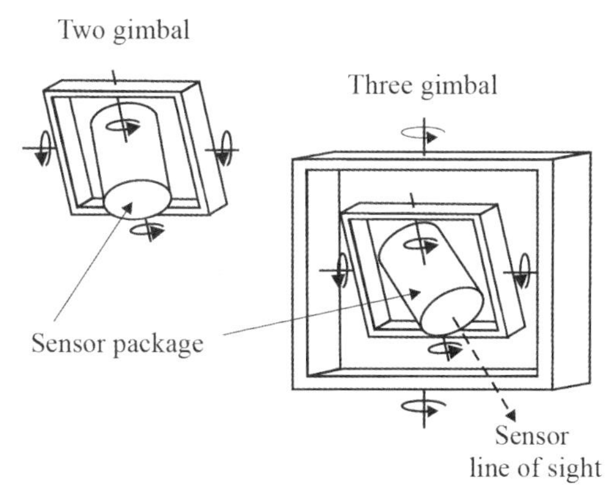

그림 10.9 두 개와 세 개로 이루어진 짐벌 형상

일부 시스템은 안정화된 짐벌상에 위치하는 IR 수신기와 레이저 거리 수신기와 함께 설계된다. 대안으로, 센서가 짐벌 외부에 위치하는 안정화된 미러가 사용될 수도 있다. 안정화된 센서 형상의 주요 장점은 다음과 같다.

- 미러를 위한 부피가 제거됨
- 반각 보정(기울어진 미러로부터의 반사가 미러가 기울어진 각도의 두 배만큼 지나감)에 대한 필요가 없이 LOS 가 관성 공간상에서 직접 안정화됨
- 미러로 인해서 발생하는 영상의 회전을 보상할 필요가 없음
- 보다 소형의 조리개만 필요함

이러한 형상의 단점은 다음과 같다.

- 짐벌상에서 움직이는 더 무거운 질량과 관련된 증가된 짐벌 관성을 구동하기 위해서 보다 높은 토크의 모터가 필요함
- 아래에서 논의될 다양한 원인으로 인해서 센서가 일으키는 토크 교란에 대한 보상이 필요함
- 짐벌상 교란을 제거하기 위해서 보다 높은 안정화 루프 대역폭이 필요함
- 더 높은 대역폭을 지원하기 위해서 보다 복잡한 짐벌 구조가 필요함
- 짐벌에 마운트되는 개별적인 교체가능 부품에 대해서 보다 엄격한 밸런스 요구조건이 존재함

구조적인 모델링과 세심한 제어루프 설계의 이용을 통해서 이러한 문제가 해결될 수 있고 필요한 안정화

성능이 성취될 수 있지만, 짐벌상 센서 시스템의 수를 결정하기 위한 트레이드오프가 시스템의 초기 설계에서 핵심적인 부분이다. 그림 10.9는 두 개 및 세 개 짐벌 형상을 보여주고 있다.

10.4.1.2 열 설계

짐벌의 설계 과정에서 안정화 또는 구조에 과도한 영향을 미치지 않으면서 센서와 짐벌제어 전자장비로 인해서 발생하는 열을 발산시켜야할 필요성이 있다. 열 관리를 위해서 많은 개념이 사용되어 왔다. 액체 냉각은 필요한 열전달을 제공할 수 있지만, 동반되는 토크 교란과 함께 짐벌을 가로지르는 튜브가 필요하다. 액체 냉각의 다른 단점으로는, 배관 및 냉각액과 관련된 중량의 증가, 잠재적인 누수와 부식으로 인한 낮은 신뢰성, 그리고 보다 어려운 정비성이 포함된다. 이러한 이유로 인해서, 램에어가 열관리를 위한 가장 흔한 선택이다.

10.4.1.3 안정화에 영향을 미치는 환경적인 조건

안정화된 센서로부터 제공되는 장점을 이용하기 위해서는, 바람으로 인한 하중과 센서에서 발생되는 토크 교란, FLIR의 경우 주로 냉각 시스템으로 인한 압축기 진동이 존재하는 상태에서 LOS 안정화가 실행되어야만 한다. 만약 탐지 시스템이 초기 IR 시스템에서는 흔했고 일부 경우에는 여전히 볼 수 있는 기계식 스캔방식 탐지 어레이를 포함한다면, 급격하게 회전하는 스캐닝 미러에 작용하는 토크와 관련된 자이로스코픽 반작용이 짐벌 토크 모터의 크기 결정에서 중요할 수 있다. 이러한 문제를 해결하기 위해서는 높은 대역폭, 낮은 잡음의 서보 루프, 그리고 단단한 짐벌 구조가 필요하다는 것을 의미한다.

센서 하우징의 외부에 작용하는 바람으로 인한 하중으로부터 상당한 기계적인 영향이 발생한다. 하우징의 노출되는 부분은 일반적으로 구형이지만, 센서가 통과해서 바라보는, 그리고 거리측정기나 지시기인 경우 레이저 빔이 드러나는 광학 윈도우에서는 보통 평평한 표면을 갖는다. 구형 윈도우는 고가이고 이의 광학적인 특성은 센서 시스템의 설계를 상당히 복잡하게 만들기 때문에, 이러한 선택은 비용에 따라서 결정된다. 바람으로 인한 하중의 영향은 주로 AV 몸제에 대한 센서의 방향에 따라서 달라지며, 이는 AV의 주위와 이를 지나가는 공기흐름에 상대적인 평평한 광학 윈도우의 방향을 결정한다.

필요한 안정화 대역폭을 결정하기 위해서는 바람으로 인한 하중과 압축기 진동에 의해서 발생하는 교란의 측정이 이루어져야만 한다. 바람으로 인한 하중의 측정은 유인 항공기에 장착된 프로토타입 페이로드의 비행시험에서 토커 전류를 모니터링하는 것으로 구할 수 있다.

FLIR에 사용되는 회전 및 선형 극저온 압축기로 인한 진동은 LOS 안정화의 교란에 대한 또 다른 원인이다. 이러한 교란은 압축기 전류를 측정하고 내부 압축기 움직임으로부터 안정화 시스템에 대한 진동 입력을 예측하는 능동 시스템을 통해서 보상될 수 있다. 이와 같은 예측은 교란을 보상하기 위해서 짐벌 토커에 대한 직접 피드포워드 수정으로 사용될 수 있다. 이러한 기법을 사용하면 압축기에서 발생하는 LOS 교란의 영향이 50% 이상 감소될 수 있다.

10.4.1.4 보어사이트

보어사이트는 한 센서의 LOS를 다른 센서의 LOS, 또는 센서를 이용해서 지정되고 있는 레이저의 빔과 정렬을 유지하는 것을 의미한다. 일부 적용에 대해서는, 레이저빔을 센서 LOS의 수백 마이크로 라디안 이내로 정렬을 유지하는 것이 필요하다. 이는 초기 정렬을 수행하고, 이러한 정렬이 편이되었는가의 여부를 판단하는 특수 테스트 장비가 필요할 수도 있을 정도로 작은 오차이다.

구조상에 관성하중이 작용하게 되는 항공기의 기동 과정뿐 아니라, 페이로드가 작동해야 할 모든 온도 범위에서 보어사이트 정확도가 유지되어야만 한다. 이러한 편이의 정도에 대한 확인은 실험적으로 측정될 수 있고 또한 측정되어야 하는 반면, 이를 최소화하는 설계는 유한요소 모델링을 이용해서 수행될 수 있을 것이다. 이는 하드웨어가 제작되고 테스트되기 전에 프로토타입 하드웨어를 사용할 수 있는 시점에서 테스트를 통해서 설계의 성공이 확인되면 처리될 수 있다.

관성 하중(또는 열 하중)으로 인한 보어사이트 편이의 해석은 이러한 편이를 미러, 렌즈, 카메라 등과 같은 시스템의 광학 요소의 변위와 회전의 함수로 대수적으로 정의하는 것으로 수행될 수 있다. 이러한 방정식은 프로그램에 의해서 직접 계산될 전체 구조와 보어사이트 편이를 모델링 하는데 사용되는 소프트웨어에 입력된다.

보어사이트 관계식은 진동으로 인해서 발생하는 LOS 지터를 예측하는 것에도 또한 사용될 수 있다. 이는 모델에 적절한 진동 입력을 적용하는 것으로 수행된다. 그러면 지터는 모델의 보어사이트 관계식에 의해서 직접 계산될 수 있다.

이러한 과정에 대한 세부 내용은 이 책에서 다룰 범위를 벗어나지만, 엄격한 보어사이트 요구조건을 유지하는 것은 목표물에 레이저를 매우 정확하게 지정하는데 센서를 이용하는 시스템에 대해서 필요한 것과 마찬가지로 기계적인 설계자에게는 상당한 어려움이라는 사실을 인식하는 것이 중요하다. 이는 한 성분의 열팽창의 영향이 다른 것의 팽창으로 인해서 상쇄되도록, 열의 영향에 대한 수동 보상을 포함하는 정교한 기계적인 구조가 필요할 것이다. 이러한 접근방법은 가벼운 질량과 작은 부피에 대한 요구조건으로 인해서 복잡해지기 때문에, 만약 새로운 페이로드 패키지가 예상된다면 이러한 모든 트레이드오프를 시스템 설계 과정의 초기에 고려하는 것이 중요하다.

한 가지 옵션으로는, 기존의 페이로드 패키지를 선택하고 나서 공간, 중량, 출력, 그리고 선택된 페이로드에 의해서 요구되는 다른 환경적 요소를 제공하도록 설계하는 것이다. 중량 또는 부피의 증가 및/또는 비용과 스케줄의 지연에 대한 위험이 없이 선택된 페이로드 패키지에 대한 성능상 향상이 매우 작게라도 가능할 것이라고 가정하는 것은 위험할 것이다.

짐벌 공진은 이러한 공진의 노치 필터링이 안정성 마진을 감소시키지 않도록 하기위해서 (최소한 루프 대역폭의 3~4 배 정도로) 충분히 높은 주파수를 가져야만 한다. 이를 위해서는 단단한 구조와 자이로의 세심한 배치가 필요하다. 서보의 성능에 영향을 미치는 진동의 공진 모드는 서보 토크모터로부터의 입력에 대응하고 자이로 센서를 가진시키는 것이다. 구조의 회전을 수반하는 비틀림 모드는 일반적으로 토크모터로 쉽게 가진될 수 있고 안정성에 가장 해로움을 미친다. 굽힘 모드는 선형으로, 토크 입력에 반응하지 않는다.

필요한 비틀림 강성을 확보하기 위해서는 양호한 비틀림 하중 경로를 갖는 짐벌 구조를 이루도록 설계의 매우 초기에서부터 세심한 주의를 기울여야만 한다. 일부 환경에서는 닫힌 형태의 토크튜브와 유사한 단면이 구조상에 설계될 수 있다.

앞의 설명으로부터, 안정화된 플랫폼 설계는 센서 서브시스템의 광학부분 설계만큼 중요하면서도 흔히 복잡하며, 특정 시스템의 선택이 전적으로 MRC 또는 MRT 곡선에만 의지하지 않는다는 것을 알 수 있다. MRC/MRT 곡선은 일반적으로 전체 MTF 정보를 포함하며, 다시 말해서 LOS MTF 를 포함하기 때문에, 따라서 짐벌의 성능이 곡선상에 내포될 수 있다는 것을 이해해야 한다. 센서 제작사에 의해서 제공되는 정보는 플랫폼의 움직임과 진동에 대한 효과를 포함하지 않을 수도 있기때문에, 이것만을 사용해서 시스템을 선정하는 경우 극도의 주의가 필요하다. 공개된 데이타에 어떤 것이 포함되는가를 이해하기 위해서 항상 모든 노력을 기울여야만 한다.

참고문헌

1. Steedman W and Baker C, *Target Size and Visual Recognition*, Human Factors, V. 2, August 1960: 120-127.
2. Bates H, *Recommended Aquila Target Search Techniques*, U.S. Army Missile Command Technical Report RD-AS-87-20, February, 1988.
3. Simon C, *Rapid Acquisition of Radar Targets from Moving and Static Displays*, Human Factors, V. 7, June 1965:185–205.

추가 참고자료

Rosell F and Harvey G, *The Fundamentals of Thermal Imaging Systems*, US Naval Research Laboratory Report 831.,1 May 10, 1979.

Rosell F and Willson R, *Performance Synthesis of Electro-Optical Sensors*, AFAL-TR-73-260s, US Air Force Avionics Laboratory, August 1973.

Ratches J, *Static Performance Model for Thermal Imaging Systems*. Optical Engineering, V. 15, No. 6, 1976:525–530.

제 11 장 무기 페이로드
Weapon Payloads

11.1 개요

목표물에 치명적인 탄두를 전달할 수 있는 무인 항공기의 세 가지 종류를 다음과 같이 구분한다.

1. 현재 유인 전투기와 폭격기에 대한 대체로써 처음부터 강렬한 지대공과 공대공 전투 환경에서 운용되도록 설계된 UAV
2. 민간 또는 군사용 정찰과 감시용도로 사용될 수 있지만 또한 치명적인 무기를 운반하고 투하하며 또는 발사할 수 있는 일반 용도의 UAV
3. 목표물을 파괴하려는 목적으로 탄두를 운반하고 목표물 또는 부근에서 자체적으로 폭발하는 유도 순항미사일과 같은 1 회용 플랫폼

일종의 전투에 사용될 수 있는 모든 비행하는 기체는 무인 전투 비행체(Unmanned Combat Air Vehicle, UCAV)라는 이름을 가질 수 있기때문에 이에 대한 설명은 모호하다. 여기서는 다소 표준적인 용도라고 생각되는 것을 따르고 이를 주로 위의 구분에서 첫 번째 종류의 UAV 에 적용할 것이다.

세 번째 종류의 시스템은 UAV 가 아닌 유도무기로 간주할 것이다. 이번 장의 다음 섹션인 치명적인 무인 항공기의 역사에서 설명될 것과 같이 유도무기와 UAV 사이에는 상당한 중복이 존재할 수 있다. 내부 탄도를 운반하는 소모성 비행 물체에 대한 시스템 트레이드오프는 계속해서 반복적으로 사용하고 회수되어 기지로 돌아오도록 의도된 UAV 에 대한 트레이드오프와는 다르기 때문에, 유도무기는 역사적인 이유 부분과 일부 경우에 대해서 UAV 와 대비하는 것을 제외하고는 이번 장에서는 설명되지 않을 것이다.

이번 장의 주요 주제는 무기의 운반과 전달을, 1960 년대 다양한 종류의 무기가 추가되어 사용되었고 오늘날까지도 중요한 전투 시스템으로 남아있는 유틸리티 헬리콥터 종류와 유사하게 유틸리티 UAV 라고 부를 수 있는 기체에 통합하는 처리과정이다. 여기서는 이 책의 개요에서 정성적인 방법으로 UCAV 를 논의한다. 유틸리티 UAV 에서 무기를 운반하고 전달하는 것과 관련된 대부분의 문제점이 UCAV 에도 역시 적용되지만, UCAV 는 시작부터 무기를 중심으로 설계되기 때문에 이에 대한 설계 문제와 트레이드오프는 여기서 논의되는 유틸리티 UAV 에 대한 것과는 일반적으로 다르다. UAV 설계자에게 중요할 수 있는 많은 비 기술적인 문제가 언급될 것이지만, 이 책에서는 비 기술적인 문제가 해결되는 방법에 영향을 미칠 수 있는 실질적인 기술적인 요소를 논의하는 것을 제외하고 다른 형태로는 이를 다루지 않을 것이다.

이번 장에서는 UAV/UAS 로부터 무기의 운반과 전달과 관련된 보다 일반적인 문제의 일부를 다룰

것이다. 모든 특별한 무기 시스템 및 이의 화기통제 요소와 UAS 의 통합은 무기 시스템의 종류 (예를 들어서 반능동 레이저 유도 미사일 또는 영상 IR 추적 미사일) 및/또는 해당 종류 내의 특정 무기시스템(예를 들어서 HELLFIRE 미사일)에 특화된 많은 세부사항을 수반할 것이다. 가장 가능성이 높은 종류의 무기 시스템에 대한 일부 설명이 제공되지만 특정 무기 시스템에 대한 세부사항은 이 책에서 다룰 범위를 벗어난다.

11.2 치명적인 무인 항공기의 역사

UAV 를 무기로 사용하는 것에 대해서는 새로울 것이 없다. 이 책의 개요에서 설명된 것과 같이, 조종사가 없는 항공기의 많은 초기 적용은 비행하는 폭탄이었다. Kettering Aerial Torpedo (또는 Bug)와 Sperry Curtiss Aerial Torpedo 는 모두 상대적으로 전형적인 항공기였으며, 목표지점까지 비행하고 지상으로 추락해서 기내에 탑재된 폭발물을 폭발시키는 목적으로 초기 형태의 자동조종을 가지고 있었다.

1 차 대전 이후 원격 조종을 위해서 준비되었던 영국의 Fairy Queen 복엽기는 방공 포병의 훈련용 목표물로 사용되었지만, 두 개의 미국 공중 어뢰와 같은 방법으로 사용될 수 있는 가능성을 가지고 있었다.

2 차 대전이 끝나기까지 계속된 노력은 무기 전달 시스템이 아닌 주로 드론 또는 무인 항공기를 타겟으로 사용하는 형태에 집중되었다. 그러나, 일부 눈에 띄는 예외가 있었다. 여기에는 독일의 무선 조종 활공 폭탄과 레일에서 론치되어 펄스제트 엔진으로 추진되었던 자동조종 항공기인 V-1 이 포함된다. 초기 공중 어뢰와 마찬가지로 이는 고정된 시간동안 비행하였고, 이후 엔진을 정지시키고 지상에 추락하였다.

2 차 대전 중 연합국 측에서는 후에 대통령이 되었던 John Kennedy 의 형인 Joseph Kennedy 가 대형 공중 어뢰로 사용되기 위해서 원격 조종으로 개조되었던 B-24 중형 폭격기를 조종하는 동안에 사망하였다. 이 기체는 이륙과 고도를 획득하기 위한 최소한의 승무원이 필요했고, 이후 승무원은 탈출하고 항공기는 동행한 항공기에 탑승한 조종사에 의해서 원격으로 조종되었다. 개조된 폭격기는 폭탄으로 중무장되었으며, 독일이 점령했던 프랑스의 초장거리 포병 위치와 다른 가치가 높은 지점 목표물을 공격하는데 사용하려는 목적이었다.

2 차 대전에 이어 다양한 종류의 유도 미사일의 등장은 주로 승무원이 없는 전형적인 항공기의 개념이 전장으로 폭발물을 전달하는 수단으로 대체되었다. 이는 개념적으로 Kettering Aerial Torpedo 의 최신 버전인 장거리, 침투용, 유도 순항 미사일의 배치로 정점에 도달했다.

공군력과 방공능력 사이의 계속되는 경쟁은 냉전 시대의 주요 특징이었다. 방공기술에 대한 발전의 결과로 인해서, 1 급 적 방공 시스템에서 접근할 수 있는 모든 공역은 매우 위험해졌다.

1960 년대 후반 정밀 유도 무기의 등장으로 인해서, 소수의 유도폭탄 또는 전술 유도 미사일로 대부분의

목표물을 파괴하는 것이 가능해짐에 따라서 전술무대에서 폭격기의 중요성은 점차 감소하게 되었다. 폭탄 하중의 크기에 대한 중요성이 감소하면서 전술 공중 공격은 두 가지 역할을 모두 할 수 있었기 때문에, 때로는 전투-폭격기로 불렀던 공격기에 의존하게 되었다. 정밀 유도무기를 장착하고 있으며, 상대적으로 작고, 빠르고, 또한 기동성을 갖춘 공격기는 지상공격 임무에 대한 유인 항공기의 효율성을 유지했지만, 최신 공격기에 대해서 두 강국의 방공 시스템이 사용된, 특히 중동 전쟁의 경험을 통해서 전선 방공망이 지상군에 대한 공격을 밀어붙이는 항공기에 매우 유용할 수 있다는 것을 보여주었던 경험 이후 생존성이 큰 문제가 되었다.

같은 기간 동안 강렬한 방공 환경에서 저성능 관측 항공기의 사용은 갈수록 위험해지면서 정찰, 감시, 그리고 사격지휘 능력에 대한 격차가 발생하였고, 이는 UAV 에 대한 새로운 관심으로 이어졌다.

UAV 의 새로운 물결 속에서 최초로 배치된 시스템은 관측과 치명적인 무장 발사를 위한 조정을 제공하는 능력을 가지고 있었고, 일부는 폭탄, HELLFIRE 급 미사일, 그리고 Copperhead 와 같은 유도 포병 발사체를 포함한 전술 레이저 유도무기의 정밀 전달을 위해서 레이저 표적지시를 제공할 수 있도록 설계되었다. 이는 무기의 전달과 밀접한 관련이 있지만 실제로 무기를 운반하거나 전달하지는 않았고, 이는 유인 공격기, 무장 헬리콥터, 또는 야전 포병 로켓이나 박격포로 처리되어야만 했다. UAV 의 사용은 유인 항공기가 목표물로부터 가능한 멀리 떨어져 있으면서 근접 작업은 무인 시스템에 위임하려는 의도로 추진되었다.

냉전 동안 Harassment Drone 으로 부르던 치명적인 무조종사 항공기에 대한 프로그램이 적어도 하나는 존재했었다. 이는 레이다 방사를 추적할 수 있는 탐지기와 레이다에 접촉 또는 근접시 폭발하는 탄두가 장착된 상대적으로 소형인 UAV 였다. 이러한 개념은 방공 레이다가 포함된 영역의 상공을 선회하면서 레이다 방사가 작동하면 이를 추적하고 파괴한다는 것이었다. 만약 드론이 도달하기 전에 레이다가 다시 중지된다면, 드론은 고도를 상승하고 해당 레이다 또는 일부 다른 레이다가 작동해서 새로운 목표물을 제공하기까지 대기하면서 궤도선회 비행을 할 수 있었다.

순항 미사일과 UAV 사이의 중복에 대한 추가 증거로, 1980 년대에 US 군에서 초기 최신 UAV 의 개발을 시작했을 당시 이러한 개발의 관리가 순항미사일을 관리하는 것이 주요 임무였던 조직으로 할당되었다. 뿐만 아니라 지상의 목표물에 대해서 발사될 수 있도록 미사일을 UAV 에 장착하는 시간에 이르렀을때, 이렇게 운용하는 것이 UAV 가 냉전 동안 협의되고 서명되었던 조약에 따라서 금지되었던 무기 시스템의 종류인 지상발사 순항 미사일로 변경될 것인가에 대한 법적인 의문이 제기되었다.

1990 년대가 시작되고 냉전이 종식되면서 세계 정세와 군사적 상황이 변화되었다. 이후, 전투는 이른바 발전된 군사력이 반군 또는 상대적으로 군사력이 약한 군대와 싸우고, 전투 작전이 두 주권국 사이에서 개전의 형식에 대한 큰 주목이 없이 주로 국경에서 이루어지는 비대칭 분쟁으로 주도되어 왔다.

이러한 맥락에서, 기존의 UAV 자원은 전통적인 공군력 또는 (앞에서 살펴본 것과 같이 현대식 구형 공중 어뢰인) 장거리 순항 미사일을 사용해서 공격할 수 있도록 테러리스트 세력의 위치를 찾기위한 반은밀한 방법으로 사용되었다. 이는 원하는 목표물이 UAV 의 영상 센서상의 십자선 조준점 상에 있지만, 이를 향해서 발사할 수 있는 무기가 UAV 상에는 아무것도 탑재되지 않은 상황에 이르도록 했다. 전통적인 공군력 또는 순항 미사일이 도달하기까지 시간 지연이 너무 커서 도망가는 적을 향해서 성공을 거둘 수 없었다.

뿐만 아니라 유인 항공기의 사용은 승무원이 사망하거나 또는 사로잡히는 것과 함께 항공기를 잃어버릴 위험을 가지고 있으며, 이는 보통 전쟁이 진행 중이지 않으며 또한 해당 영토상에서 항공기와 승무원이 운용되는 것을 정부가 승인하지 않는 국가에서 발생한다. 만약 뭔가를 잃어야만 한다면 유인기 보다는 승무원이 없는 UAV 가 훨씬 더 나은 것으로 보인다. 이는 초창기 공격에서 순항 미사일을 사용하는 것에 대한 근거가 되어왔다.

이러한 인식에 기반해서, 목표물 위치가 확인되고 식별된다면 즉시 목표물에 교전할 수 있는 능력을 갖도록 미국에서는 중형, 일반용 UAV 에 정밀유도 무기를 무장시키는 프로그램이 시작되었다.

그림 11.1 레일에서 론치되는 미사일, 광학센서, 레이저 지시기를 보여주고 있는 무장 Predator

원격조종으로 무기를 전달할 수 있는 최초로 공개된 UAV 는 그림 11.1 에 나오는 HELLFIRE 레이저 반능동 유도 미사일이 장착된 Predator UAV 였다. 이는 상당한 성공과 엄청난 일반의 관심을 거두었으며, 일반이 갖는 무장 UAV 의 성격에 대한 현재의 인식에 크게 기여하였다.

그러나, 이와 함께 1990 년대 초반 Gulf War 동안 비무장 정찰 시스템으로써 UAV 의 사용에 대한 경험과 Predator 및 1990 년대 후반 국제평화 노력의 대상이었던 이전 Yugoslavia 지역에서 이와 유사한 임무를 갖는 다른 UAV 의 사용에 기반해서, 1990 년대 후반 시작된 많은 국가의 공군에서 UCAV 에 대한 관심이 증가되어 왔다. 무장된 Predator 로 인해서 UAV 의 무장에 대한 법적 및 심리적 장벽이 무너지고 나서 이러한 관심은 더욱 급격히 증가하였고, 주요 공군에서는 미래 세대의 전투기와 폭격기는 무인화될 것이라는 가능성에 대해서 공개적으로 언급하기 시작했다.

처음부터 전투기, 공격기, 요격기, 또는 폭격기로 설계된다는 점에서 진정한 UCAV 가 될 수 있는 최초의 시스템을 개발하는 과정이 현재 진행중에 있다. 11.1 장에서 언급된 것과 같이, 제기된 문제는 UCAV 뿐 아니라 일반 용도의 유틸리티 UAV 의 무장에도 적용되지만, 이번 장에서는 진정한 UCAV 를 직접 다루지는 않을 것이다.

역사에 대한 소개에서 설명되었던 Harassment Drone 또는 손, 박격포, 또는 로켓으로 론치될 수 있고 수류탄 또는 소형 로켓추진 유탄(Rocket Propelled Grenade, RPG)을 운반할 수 있는 현재 개발 중인 초경량 비행 물체와 같이 UAV 로 설명될 수도 있는 다양한 경량 소모성 기체는 유도무기로 고려되는 것이 적절하다. 이는 모두 전형적으로 무기 벙커에서 장기간 보관, 운반중 거친 취급, 그리고 사용시 거의 즉각적인 활성화에도 견뎌야만 한다. 이러한 모든 요소는 무기와 관련된 시스템 설계와 설계 트레이드오프에 상당한 영향을 미친다. 이 책에서 다루는 많은 내용은 이뿐 아니라 소형 UAV 에도 적용되지만 이에 대한 특별한 요구조건에 대해서는 설명되지 않을 것이다.

11.3 무장 유틸리티 UAV 에 대한 임무 요구조건

무장 유틸리티 UAV 에 대한 임무는 현재 무장된 Predator 에 의해서 수행되는 것과 매우 유사하다. 이는 중급 지상 공격이라고 표현될 수 있을 것이다. 이는 중무장 탱크를 포함한 이와 유사한 차량, 소형에서 중형 보트/선박, 소규모 병력 (또는 개별 병사), 소형 건물, 그리고 (아마도 해당 방의 창을 통해서 진입하는 것으로) 대형 건물의 특정한 방 또는 벙커나 동굴의 입구와 같은 많은 다른 지점 목표물을 공격하는데 적절한, 주로 정밀 유도되는 상대적으로 소형인 전술 무기의 전달을 포함한다. 이러한 종류의 임무는 또한 탐지된 잠수함의 인근 해상에서 대잠수함 무기의 전달을 포함할 수도 있다.

여기서 상대적으로 소형이라는 표현은 전달되는 무기가 소형에서 중형 UAV 로 운반될 수 있을 정도로 작고 가벼운 무기라는 것을 나타내고, 이는 공격 또는 유틸리티 헬리콥터로 운반되고 전달될 수 있는 모든 것을 포함할 것이다. 이러한 정의는 수 파운드에서부터 아마도 수백 파운드까지 달라질 수 있는 매우 넓은 범위의 무기 크기와 중량을 포함한다. 이러한 임무에 적절한 AV 는 거의 확실히 한 개 이상의 무기를 운반할 수 있어야 할 것이므로, 예를 들어서 최소 두 개의 200lb 급 무기는 Predator 로 입증된 무기 페이로드의 두 배가 필요할 것이다. 이러한 규칙에 대한 예외는, 단일 어뢰만을 운반하고 전달하는 것으로 충분하기 때문에 어뢰가 두 개 또는 그 이상의 미사일 또는 폭탄만큼의 중량을 가질 수 있는 선상에서 운용되는 UAV 로 운반되는 추적 어뢰일 것이다.

무장 유틸리티 UAV 의 특수 임무 버전은 레이다, IR, 그리고 음향 시그니처를 억제하는 스텔스 특성을 가질 것이고, 기지로부터 더 멀리 떨어진 곳에서 운용될 수 있도록 보다 긴 항속거리/항속시간을 갖도록 설계될 것이다.

11.4 무기의 운반 및 전달과 관련된 설계 문제

11.4.1 페이로드 용량

무장 UAV 에 대한 첫 번째 요구조건은, AV 가 유용한 무기 하중을 가지고 이륙할 수 있어야 한다는 것이다. 미 공군에서는 Predator 에 대한 통합에 미 육군의 미사일을 선택했는데, 이는 공군의 공대지 미사일은 너무 커서 Predator 가 운반할 수 없다는 단순한 이유때문이었다.

대부분 국가의 무기 목록상 전술 공대지 미사일은 전형적으로 최소한 중급 방호에 대해서 유효하도록 크기가 정해진다. 일부 종류의 탐색기, 전자 처리장치, 제어 시스템 및 액추에이터, 그리고 로켓모터와 결합되면 발사전 총 중량은 견착 발사로 설계된 미사일이라고 하더라도 수십 파운드까지 추가되는 경향을 갖는다. HELLFIRE 는 중량이 약 100lb 이고, Predator A 모델은 이륙시 이를 두 개까지 운반할 수 있다.

UAV 의 무장에 대한 부분적인 대응으로써, 여러가지 보다 소형인 탄약이 개발되었거나 또는 UAV 의 사용을 위해서 개조되었다. 여기에는 소형 레이저 유도 폭탄, UAV 사용을 위해서 개조된 견착 발사식 대방호 미사일, 본래 그 자체로 로켓, 미사일 또는 폭탄이었던 대형 버스에서 분리되도록 설계되었던 일부 무동력 낙하식 탄약이 포함된다. 이러한 탄약의 대부분은 약 50lb 정도이고, 일부는 이보다 훨씬 작다.

견착 발사식 지대공 미사일 또한 헬리콥터와 UAV 에서 공대공 미사일로 발사될 수 있도록 개조되었다. 여기에는 미국의 Stinger 지대공 미사일이 있다. 이는 자체 방어에 유용할 수 있고, 만약 시스템에 대해서 아주 많지는 않지만 일부 공대공 위협이 존재하는 경우에도 필요할 수 있다. 그러나, 만약 이와 같은 위협이 무장 헬리콥터급 이상으로부터 예상되는 경우, 이러한 환경은 진정한 UCAV 가 아닌 무장 유틸리티 UAV 에 대해서는 더 이상 적합하지 않을 것이다.

무기 페이로드 요구조건은 거의 전적으로 임무에 따라서 추진된다. 모든 임무에 대해서 개별 무기의 중량은 교전되어야만 하는 목표물과 발사시 필요한 격리거리에 따라서 결정된다. 운반되어야만 하는 개별 무기의 갯수 또한 임무에 따라서 달라진다. 발사시 필요한 격리거리는 어느 정도 트레이드오프될 수 있는 성격이다. 필요한 무기의 갯수 또한 보다 낮은 비용, 더 긴 거리, 더 긴 항속시간, 그리고 아마도 AV 의 크기와 중량에 민감한 론치 및 회수의 일부 측면에 대해서 트레이드오프될 수 있는 성격일 수 있다.

일반적으로 연료를 임무 페이로드와 트레이드오프하는 것이 가능하다. 이는 모든 종류의 항공기에 대한 일반적인 운용상 트레이드오프로 UAV 에도 동일하게 적용된다. 따라서, 만약 최대 항속거리 또는 항속시간의 경우에 해당하는 최대 무기의 갯수보다 적게 운반하는 것이 허용된다면 보다 긴 최대 운용 항속거리를 성취하는 것이 가능할 것이다.

11.4.2 구조적 문제

무기의 운반, 투하 또는 발사를 위해서는 무기를 AV 의 날개 및/또는 동체 아래의 이른바 하드 포인트에 장착하거나 폭탄 랙 및/또는 론치 레일과 함께 내부 무장을 위한 준비가 필요하다. 외부 장착이 거의 확실히 더 간단하고 저렴하지만, 만약 레이다 시그니처 대한 상당한 수준의 감소가 필요하거나 최대 항속거리와 항속시간을 위해서 항력을 감소시켜야 한다면 내부 무장이 필요할 수 있다.

어떠한 경우라도, 기체는 최대 g 기동과 하드랜딩을 포함한 모든 비행 영역에 대해서 론치 레일 또는 폭탄 랙을 지지할 수 있는 장착지점을 제공하도록 설계되어야만 한다. 만약 어레스트 랜딩 또는 네트 회수가 필요하다면, 이러한 과정과 관련된 힘이 하드포인트에 대한 규격을 설정하는데 고려되어야만 한다. 하드포인트에서 지지되는 질량은 무기와 이의 론쳐 또는 랙을 모두 포함한다. 무기를 투하하는 것이 항상 가능한 것은 아니기 때문에 모든 무기 하중이 장착된 상태에서 랜딩/회수에 대한 설계가 거의 항상 필요하다. 하드랜딩 동안 파손을 피하기 위해서 설계되어야만 하는 구조상에 작용하는 하중은 상당하기 때문에 이는 중요하다.

만약 로켓이나 미사일을 위해서 내부 무장이 선택된다면, 론치 및 론치시 로켓 모터의 배기를 위해서 막히지 않은 통로를 위한 대비가 마련되어야만 한다. 이는 열리며 올라가면서 로켓 또는 미사일이 동체의 외부에 노출되도록 하는 조개껍질형 덮개를 이용하는 것으로 가능하지만, 무장창 도어가 열린 이후 대기흐름상으로 론처를 이동시켜야할 수도 있다. 이러한 문제가 일부 유인 항공기에서는 한 미사일을 대기흐름에 노출시키기 위해서 충분히 멀리 떨어뜨리고, 연속 발사를 위해서 다음 이어지는 레일과 미사일을 같은 지점으로 회전시키는 회전식 론처를 이용해서 해결되었다.

그림 11.2 는 회전식 론처의 개념을 보여주고 있다. 무장창 도어가 닫히면 이는 동체 외피 내에 완전히 수납되어 레이다 시그니처 또는 항력에는 전혀 기여하지 않는다. 도어가 열리면 이는 안전한 론치를 위해서 한 미사일이 충분히 분리된 상태로 대기흐름상에 위치될 수 있도록 연장될 수 있다. 연속되는 미사일이 회전되면서 론치 위치로 이동될 수 있다.

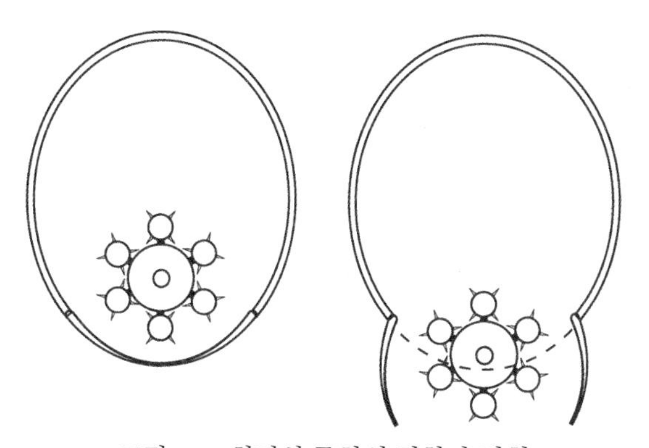

그림 11.2 회전식 론처의 접힘과 펼침

중력과 하드랜딩으로 인한 수직방향 힘에 추가해서, 하드포인트와 론처는 기동으로 인한 가로방향과 세로방향에 대해서도 무기를 고정시킬 수 있어야만 한다. 특히, 착륙시에는 제동부터 역추력 또는 어레스트 랜딩이나 네트 회수까지 항력 패러슈트의 전개로 인해서 높은 감속이 발생할 수 있다. 로켓과 미사일 론치 레일은 예상되는 가장 높은 감속에서도 무기가 레일의 전방으로 미끄러지지 않도록 유지하는데 충분하도록, 설정된 일정 수치의 힘을 넘어서기 전까지 로켓이나 미사일이 레일을 따라서 이동하는 것을 방지하는 기능인 홀드백 캐치를 제공한다.

홀드백은 또한 로켓이나 미사일이 레일을 떠나면서 공기역학적인 안정성을 가질 수 있는 대기속도까지 가속할 수 있는 높은 수준까지 론치 모터의 추력이 충분히 증가할 수 있도록 허용하기 위해서도 필요하다. 로켓 또는 미사일이 발사되는 순간 전진 방향으로 이동하지 않을 수도 있는 헬리콥터에 사용하기 위해서 설계되는 론처에 대한 홀드백 해제 힘은 로켓 또는 미사일이 항공기의 전진속도와 함께 시작되어 공기역학적인 안정성을 가지고 출발하는 고정익 항공기에 대한 것보다 더 높아야만 한다. 이는 만약 UAV 가 호버링을 할 수 있거나 또는 만약 본래 고정익 항공기를 위해서 사용되었던 무기와 론처를 호버링 항공기에 적용하려고 하는 경우 반드시 고려되어야만 한다.

폭탄 랙 또는 론처가 장착되는 하드포인트에 작용하는 힘은 해당 구조로 전달되기 때문에, 만약 날개에 무장을 장착하려고 한다면 날개의 기본 구조는 무장의 존재로 인해서 발생하는 추가적인 힘을 견딜 수 있도록 적절해야만 한다. 홀드백으로 인해서 날개에 작용하는 힘은 날개 아래에 엔진이 장착되지 않는 소형 항공기에서는 매우 작은 응력만을 겪는 방향으로 작용하기 때문에 이러한 부분에는 특별한 주의가 필요할 것이다.

선진 공군력을 가진 대부분의 국가와 NATO 와 같은 일부 국제 연합은 서로 다른 항공기에 무장 장착을 허용할 수 있도록 표준 인터페이스를 가지고 있다. 이는 한 종류 이상의 미사일 또는 로켓을 발사할 수 있는 표준 론처까지 확장될 수 있다. 만약 표준 론처가 유인 항공기를 위해서 설계된다면 이를 소형 UAV 에 통합하는 경우 문제가 발생될 정도로 충분히 무거울 것이므로, 이러한 문제와 새로운 또는 소형 UAV 적용에 보다 적합하도록 개조된 론처의 가능성 사이에서 트레이드오프의 필요성이 발생할 수도 있다. 상대적으로 작은 개조로는 UAV 의 한정된 무기 페이로드에 일치하도록 멀티레일 론처에서 개별 레일의 갯수를 줄이는 것을 고려할 수 있다.

11.4.3 전기 인터페이스

기계적 인터페이스와 마찬가지로, 많은 국가와 일부 연합은 플랫폼으로부터 표준 무기 스테이션 또는 론처까지의, 그리고 무기 스테이션 또는 론처로부터 무기 자체까지의 전기 인터페이스에 대한 다양한 표준을 가지고 있다.

대부분의 유도 미사일은 론치 플랫폼에 대한 일종의 전기 인터페이스를 가지고 있다. 이는 무기에 플러그로 연결되고 미사일이 론치되면 해제되는 엄빌리컬 커넥터로 처리된다. 탯줄 연결을 통해서 전송될 수 있는 정보의 종류에는 다음과 같은 항목이 포함된다.

- 플랫폼으로부터 미사일로 전달되어 발사 준비를 할 수 있도록 하는 장전 및 파워업 신호
- 전원 공급시 기능이 올바로 작동하고 발사할 준비가 되었는가를 판단하도록 미사일에 의해서 수행되는 빌트인 테스트(Built-In-Test, BIT)의 결과
- 레이저 유도 미사일이 추적할 올바른 레이저 신호를 선택할 수 있도록 하는 레이저 펄스 코드 정보

- 다른 목표물 시나리오에 대해서 무기에 따라서 적용될 수 있고, 발사 전에 운용자에 의해서 선택될 수 있는 두 개 또는 이상의 서로 다른 비행 모드 중에서 선택. 이의 사례로는 일반적으로 전면과 측면 방호에 비해서 얇은 차량의 천장 방호를 공격하기 위한 급강하 최종단계 궤적 또는 벙커나 터널 입구를 공격하기 위한 평평한 궤적 사이에서 선택하는 것이다.
- 운용자가 영상 자동추적기를 공격되어야 하는 목표물의 자동추적 록온에 연결하는데 사용할 수 있는 영상 탐색기로부터의 영상
- 영상 탐색기의 추적 박스를 원하는 목표물상에 정렬하고, 추적박스 내의 영상 일부가 운용자가 타격하기를 원하는 물체인지 알려주는데 사용되는 운용자로부터의 제어 신호
- 탐색기가 선택한 목표물을 추적 중인 것으로 생각하는 것을 나타내는 록온 및 추적 신호
- 론치 모터를 점화하기 위해서 신관을 작동시키도록 미사일로 전달되는 발사 신호

이 목록이 모든 가능한 발사전 통신을 포함하지는 않지만, 인터페이스를 통해서 처리되어야 하는 정보의 일반적인 속성을 보여주고 있다. 이의 대부분은 BIT 에서 탐지된 모든 오류에 대한 코드 숫자와 같은 신호와 짧은 수치적인 메세지로 구성되지만 일부는 높은 대역폭이 필요할 수도 있고 지연이나 레이턴시에 대한 허용이 없을 수도 있다. 후자의 데이타 종류에 대한 사례로는 미사일로부터 플랫폼으로 전달되는 영상과 트랙 박스를 원하는 목표물로 움직이는데 사용되는 운용자 명령이 있는데, 이는 운용자에게 전송되는 영상 내에서 움직일 수도 있다. 이러한 신호의 지연과 레이턴시가 영상 자동추적기에서 록온과 같은 기능을 수행하는 능력에 미치는 바람직하지 않은 영향은 이 책의 다른 부분에서 데이타 링크와 관련되어 보다 자세히 논의될 것이고, 인터페이스에 의해서 플랫폼으로부터 무기에 도입되는 모든 지연 또는 레이턴시는 이러한 영향에 기여한다.

특정 무기에 필요한 인터페이스는 무기 시스템 설계자에 의해서 설정된다. 설계가 완료된 후에 각 무기 스테이션에 부가적인 배선을 추가하는 것은 상당한 비용이 들기때문에, 설계 과정의 가능한 이른 시점에서 특정 UAV 가 어떤 무기를 운반할 것인가를 파악하는 것이 상당히 중요하다. 이는 무기를 운반하는 모든 종류의 항공기에서 일반적인 문제이고, 모든 인터페이스에 대한 표준을 설립하려는 노력을 통해서 적극적으로 해결되는 중이다. 표준으로부터의 안내가 없는 상황에서는 모든 무장 스테이션에 일종의 높은 데이타 대역폭을 포함하기 위해서 완전한 세트의 데이타 인터페이스를 제공하려고 시도하는 것이 합리적이다. 모든 전자 분야가 점점 더 디지탈화 되어감에 따라서, 모든 무장 스테이션에 고대역폭 디지탈 회선을 제공하고, 다음으로 특정 무기로부터의 모든 데이타와, 만약 초기부터 그러한 형태가 아니었다면 디지탈 비디오로 변환된 비디오를 포함한 플랫폼으로부터의 모든 데이타 전달을 수용하는데 필요한 것과 같이, 무장 스테이션에서 다중화하고 역다중화하는 것이 적절할 수 있다.

유도 미사일에서 일반적으로 필요한 방대한 인터페이스에 대한 예외로, 많은 레이저 유도 폭탄은 플랫폼상에 전기 인터페이스를 전혀 가지고 있지 않다. 이는 해제 이후에 활성화되는 기계적인 스위치에

기반해서 해제되기 전에 연결되어 매달리는 토글로부터의 분리에 의해서 전원이 작동한다. 인터페이스가 없이 운용하기 위해서 모든 필수적인 정보는 폭탄이 항공기에 장착되기 전에 지상에서 무장을 준비하는 동안 설정되는 기계적인 스위치 및/또는 링크 또는 점퍼에 의해서 제공된다. 이로 인해서 AV 에 대한 통합은 단순해질 수 있지만, 지상에서는 추가 인력에 대한 요구조건이 부가될 수 있다.

11.4.4 전자기 간섭

전자기 간섭(Electromagnetic Interfererence, EMI)은 많은 다른 전자 서브 시스템이 조합되고 레이다 또는 무선통신 시스템의 근처에서 작동해야만 하는 모든 시스템에 대한 일반적인 문제이다. 군용 항공기가 운용되는 환경, 특히 해군 군함의 선상 운용은 매우 어려울 수 있다. 군용 선박은 매우 집약된 레이다 시스템을 가지며, 선박이라는 한계는 AV 가 종종 레이다 전송 안테나에 매우 근접할 수도 있음을 의미한다.

이러한 문제는 AV 가 로켓 또는 미사일로 무장된 경우 특히 민감해진다. Vietnam 전쟁 동안 항공모함의 레이다로부터 전송된 신호가 항공모함의 비행 데크에서 이륙을 대기중이던 항공기에 장착된 로켓 또는 미사일의 전기 시스템과 결합해서 모터가 점화되도록 만들어 항공기가 여전히 선박의 데크에 있는 동안 로켓의 발사로 이어졌던 사고가 있었다. 그러면서 로켓 또는 미사일이 다른 무장된 항공기를 타격해서 시작된 화재가 의도하지 않은 추가적인 무기의 발사와 사상자를 포함한 심각한 피해로 이어졌다.

이러한 사고의 결과로 미 해군에서는 무장에 대한 전자기 복사의 위험도(Hazards of Electromagnetic Radiation to Ordnance, HERO)와 관련된 규격과 요구조건을 개발하였다. 아마도 다른 국가에서도 유사한 종류의 요구조건이 존재할 것이다. 이러한 요구조건이 무기 자체에 가장 직접적으로 적용되는 반면, 항공기 전자 시스템이 올바르지 않은 무장과 발사 신호를 생성하지 않고, AV 내의 배선이 위험한 간섭 신호를 무기로 결합시키는 안테나로 작동하지 않는 것이 중요하다.

11.4.5 기존 무기에 대한 론치 구속조건

현재 무장되어 사용되는 많은 UAV 는 상대적으로 소형이고 페이로드를 운반할 수 있는 매우 제한된 능력만을 갖는다. 무기는 고정익 공격기로부터 일상적으로 전달되는 것과 비교해서 작고 가벼워야만 한다. UAV 가 아주 많은 무기를 운반할 필요가 없도록 하기 위해서 단일 발사만으로 높은 성공 확률을 갖는 무기가 바람직하다. 이러한 요구조건은 소형, 경량, 정밀 유도무기에 대한 필요성을 가중시킨다.

UAV 만을 위해서 특화된 새로운 무기를 개발하는 비용을 피하기 위해서, 현재 사용되는 많은 무기는 HELLFIRE 미사일과 같이 헬리콥터에서 전달될 수 있도록 설계되었거나 또는 사람이 운반할 수 있고 견착식으로 발사될 수도 있는 기존의 시스템이다. 만약 UAV 가 이러한 무기를 중고도 또는 고고도 사이로부터 전달할 것이라면, 목표물을 획득하고 추적할 수 있도록 무기가 전달되어야만 하는 공간상의 체적인 전달 배스킷에 대한 문제가 발생할 수 있다. 많은 경우에서 해당 목표물이 교전하고자 하는 목표물이 맞는지 운용자가 확인할 수 있고 또한 목표물을 획득하지 못하는 것으로 무기가 낭비되는 가능성을 감소시키기 위해서 무기가 발사되기 전에 목표물을 록온하는 것이 바람직하다. 이러한 경우 중요한 배스킷은 획득 배스킷으로, 이는 무기 센서가 의도된 목표물을 바라볼 수 있는 공간상의 체적을 의미한다.

배스킷은 UAV 상에 장착된 센서의 축에 대해서 무기 센서가 위 또는 아래로 볼 수 있는 최소 및 최대 각도, 그리고 목표물 시그니처가 탐지될 수 있는 목표물까지의 최대거리와 같은, 최소한 두 개의 구속조건으로 정의된다. 이러한 모든 것은 목표물 위치를 향해서, 그리고 결국은 그 상공을 비행하는 고정익 UAV 에 대해서는 매우 동적이다.

만약 무기가 론치 튜브를 어깨에 대고 있는 사격수에 의해서 목표물을 직접 향하도록 설계되었다면 축의 위 또는 아래를 바라볼 수 있는 능력은 매우 제한될 것이므로, 아래 방향을 가리킬 수 있는 굴절식 론치레일 또는 튜브를 제공하거나 아니면 센서가 목표물의 방향을 가리키도록 하기위해서 무기를 개조할 필요가 있을 것이다. 후자는 비용이 많이 드는 제안일 수 있기때문에 무기 센서의 FOV 가 아래로 지면을 향하도록 하는 문제는 주로 UAV 시스템 통합자가 해결해야 할 사항일 것이다.

요구되는 비행선도와 UAS 의 다른 물리적인 구속조건 내에서 수용할 수 있는 획득 배스킷을 성취하는 다양한 무기의 능력은 UAV 전달에 적용하기에 적합한 기존의 무기를 선택하는데 있어서 결정적인 요소이다.

11.4.6 안전한 분리

안전한 분리라는 용어는 항공기로부터 무기가 론치레일, 튜브, 또는 폭탄 랙에서 분리되면서 결국은 발사 항공기 자신을 스치며 타격하는 가능성이 매우 낮은 상태로 무기를 발사할 수 있는 능력을 의미한다. 고정익 항공기의 동체와 날개의 인접부 또는 헬리콥터의 로터 후류 내에는 거의 항상 복잡한 공기흐름이 존재한다. 무기가 항공기로부터 분리되고 처음 얼마 동안은 무기가 이러한 공기흐름에 휩쓸리면서 항공기 구조와 접촉하지 않는 것이 중요하다. 많은 경우 이는 무기가 발사될 수 있는 비행 조건상의 제한을 필요로 한다.

안전한 분리에 대한 책임은 시스템 수준의 기능이지만, AV 와 무기 설계자는 이러한 일이 발생하고 또한 UAV 에 통합되기 위한 무기의 선택시 고려되어야 하는 문제 중의 하나라는 것을 확실히 해야할 필요성을 분명히 인식해야만 한다.

11.4.7 데이타 링크

데이타 링크는 이 책의 5 부에서 다룰 주제로, 해당 부분에서 호전적인 전자 환경에서 운용하는 문제점에 대해서는 논의될 것이다. UAV 상에 치명적인 무기가 존재한다는 점은 전파방해, 기만, 그리고 다운링크된 영상의 인터셉트와 적대적 활용의 중요성을 한층 높이지만, 이러한 영역의 각각에서 중요한 요소를 정성적으로 변경시키지는 않는다.

11.5 전투 운용과 관련된 기타 문제

11.5.1 시그니처 감소

일정 수준의 스텔스는 군사용도로 사용될 모든 UAV 에 대해서 유용하다. 감소될 수 있는 시그니처에는 다음이 포함될 수 있다.

- 음향
- 시각
- IR
- 레이다
- 방사 신호
- 레이저 레이다

완전함을 위해서 마지막에 레이저 레이다가 포함되었지만, 대부분의 레이저 레이다 시스템은 반구 너머의 탐색기능을 수행할 수 없으며, 일부 다른 형태의 탐색수단으로부터 단서정보 큐(cue)가 주어져야만 하기때문에 일반적으로 중요성이 떨어진다. 그리면 큐 레이저 레이다(cued laser radar)에는 AV 의 고품질 추적이 제공될 수 있지만, 만약 다른 시그니처가 억제된다면 AV 는 탐지되지 않을 것이고 AV 의 추적이 가능할 정도로 충분히 근접하게 레이저 레이다가 지정될 수 있도록 하는 어떤 신호도 사용할 수 없을 것이다.

다른 모든 시그니처는 군사용도에서 흔히 활용되고 있으며, UAV 의 효용성 및/또는 생존성을 보장하기 위해서 억제될 필요가 있다. 이를 위한 세부적인 방법은 개요에서 설명할 수준을 훨신 넘어가지만, 몇몇 개념적인 정보와 일반적인 용어는 여기서 유용하게 전달될 수 있을 것이다.

11.5.1.1 음향 시그니처

11.5.1.1.1 고정익 항공기

대부분의 사람들은 일반적으로 항공기로부터의 소리가 상공을 지나가는 항공기를 찾고 바라보도록 만드는 처음이자 유일한 단서인 방식에 익숙하다. 전장은 보통 항공기의 소음이 가려질 정도로 시끄러운 곳이지만, UAV 의 많은 군사용 또는 경찰용 적용에서는 주변 소음의 수준이 매우 낮은 시골 지역의 감시를 포함할 수 있다. 시끄러운 전장에서조차도 일반적인 소음이 잠시 소강상태인 동안에는 상공을 지나는 항공기의 소음을 인식할 수 있을 것이다. 따라서, UAV 의 음향 시그니처는 탐지를 위한 주요 단서가 될 수 있다.

단순한 머플러와 다른 형태의 배플이 왕복엔진에 의해서 방사되는 소음 수준을 상당히 감소시킬 수 있다. 터빈은 조용하게 만드는 것이 훨씬 어렵지만, 만약 침묵이 충분히 중요하다면 터빈으로부터의 배기로 인해서 생성되는 소음을 감소시키기 위해서 고려될 수 있는 설계 트레이드오프가 존재한다.

전기모터는 효과적으로 조용하며 UAV 적용에 보다 흔히 사용되고 있다. 이는 최대 음향 스텔스가 필요한 경우에 대해서 가능한 선택이다.

실질적인 문제로, 소음 탐지는 고고도 운용과 엔진 소음 억제가 조합된 것으로 인해서 소형에서 중형 UAV 에 대해서는 상당히 가능성이 낮아질 수 있다. 예를 들어서, Predator A 는 10,000~15,000ft 수준의 고도에서 운용된다면 상대적으로 조용한 환경에서 조차도 지상에서는 들리지 않는 것으로 널리 보고되었다. 이는 약 100hp 을 발생시키는 왕복엔진이 장착된 중형 UAV 는 소음의 측면에서는 은밀하게 운용될 수 있도록 충분히 조용해질 수 있다는 것을 보여준다. Predator 의 엔진 소음을 줄이기 위해서 얼마나 많은 노력이 투입되었는지는 명확하지 않지만, 사용된 기법은 자동차를 포함한 다른 왕복엔진에 사용된 것과 유사할 가능성이 있다.

일반적으로 사용할 수 있는 데이타와 소리의 전파와 관련된 매우 기본적인 물리 원칙을 사용해서 소형에서 중형 UAV 의 음향 시그니처에 대한 간단한 정량적인 추정을 할 수 있다.

이를 수행하기 전에, 매우 유용한 공학적인 원리의 기본인 로그의 항으로 수량을 표현하는 방법에 대해서 잠깐 소개할 것이다.

엔지니어는 보통 무차원 비율인 dB(decibel)로 표현한다. 만약 두 양의 비율이 R 로 주어지고, 비율이 차원을 갖지 않는다면 (다시 말해서 출력과 같이 두 양의 차원이 동일해서 비율을 취하면 차원이 서로 상쇄된다면), 이 비율은 10 을 밑으로 하는 로그 $R(\text{in dB}) = 10\,log_{10}(R)$ 의 공식을 이용해서 dB 로 표현될 수 있다. 엔지니어가 아니라면 처음에는 다소 혼란스러울 수도 있지만, dB 로 양을 표현하는 것이 시스템 트레이드오프를 논의할때 매우 편리하고 유용한 방법이라는 것을 알 수 있을 것이다.

이러한 절차의 변형으로는 특정한 비율의 정의에서 단위를 갖는 일부 분모를 포함하는 것이다. 사례로는 1mv 의 기준값에 대한 특정 볼트(V)값의 비율이 있다. 그러면 특정 V 값은 $10\,log_{10}(V/1\text{mv})$ 으로 주어지는 수의 dB 로 표현될 수 있다. 항상은 아니지만 때로는 기준 단위가 dB 비율의 이름으로 지정되기도 한다. 1mv 기준 수준의 경우, 이는 dBmv 로 표현하는 것으로 처리될 것이다.

현재 논의되고 있는 특정 상황에서, 공기 압력의 변화로 측정되는 소리의 수준은 0.0002microbar 를 기준 수준으로 하는 dB 로 지정된다. 기준 수준은 인간이 들을 수 있는 최저 압력 변화에 대해서 합의된 공칭 수준이다. 항공기로부터의 소음 수준은 dBA 로 지정되고, 이는 소음의 음향 주파수 성분 및 이와 동일한 주파수에 대해서 인간의 귀에 대한 민감도 변화를 고려한 값이다. 따라서, dBA 로 표현되는 소음 수준은 인간의 귀를 탐지기로 사용할때의 결과에 일치하도록 조정된다.

120m(394ft)의 고도에서 비행하는 약 100hp 의 왕복엔진이 장착된 경량 단발 항공기로부터 지상에서의 소음 수준은 약 65dBA 인 것으로 보고되었다[1]. 이는 100ft 거리에 있는 에어콘으로부터의 소음에 비교할 수 있고, 10ft 거리의 진공청소기로부터의 소음보다 배수 10dB 만큼 낮은 수준이다.

소리 에너지의 흡수를 무시하고 항공기가 음향 에너지의 유효한 지점 출처라고 가정하면, 소음 수준은 거리의 제곱에 따라서 감소한다고 예상할 수 있고 이는 거리가 두 배가 될 때마다 6dBA 씩 감소하는 것과 같다. 이는 그림 11.3 에 나타나 있다. 고도 8,000ft 에서 소음 수준은 약 38dBA 로 감소했는데, 이는 조용한 도심 배경에 대한 또는 다른 소음 출처인 조용한 방으로부터 소음 수준 정도이다. 이러한 매우 대략적인 추정은, 특히 만약 엔진 소음을 감소시키려는 일부 노력이 추가된다면 Predator 급 UAV 가 10,000~15,000ft 상공에서 운용되는 경우 듣기 어려울 것이라는 예측을 뒷받침하는 것이다.

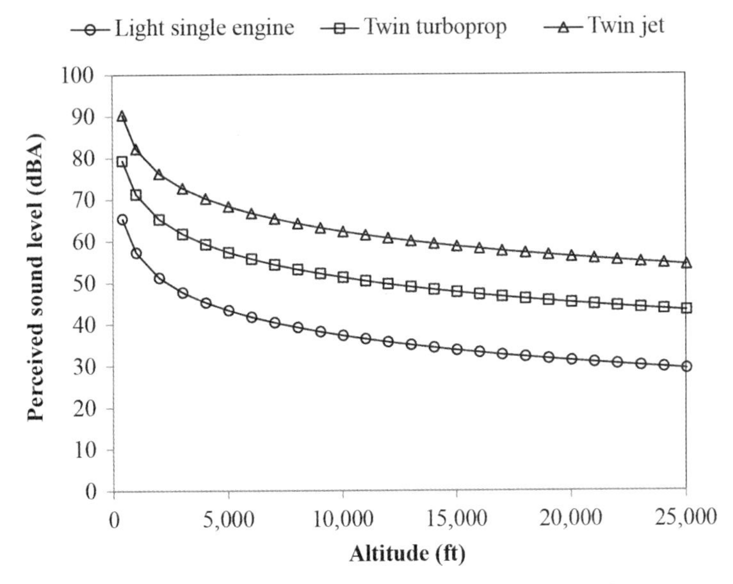

그림 11.3 비행고도의 증가에 따른 감지되는 소음 수준의 감소

동일한 출처로부터의 데이타를 사용하면, 소형 (4~6 인승) 쌍발 터보프롭의 소음은 단발 왕복엔진 경항공기에 비해서 약 10dB 더 높고, 소형 쌍발 비지니스 제트기의 소음은 쌍발 터보프롭에 비해서 약 15dB 정도 더 높다. 이러한 두 항공기에 대해서 지상에서 감지되는 소음 수준 또한 그림 11.3 에 나와 있다. 15,000ft 에서 비행하는 쌍발 터보프롭의 경우 지상에서 들리는 수준은 약 47dBA 이다. 이는 100ft 거리의 에어콘보다는 조용하지만, 조용한 도심의 낮시간에 비해서는 시끄러운 것이다. 만약 고도의 증가가 임무와 일치한다면 지상에서의 소음 수준이 감소될 수 있다. 그러나, 곡선은 15,000ft 에서 평평해지고 40dBA 까지 내려가기 위해서는 약 45,000ft 까지 고도가 거의 세 배 증가할 필요가 있다. 소형 쌍발 제트기에 대해서는 15dBA 가 추가되기 때문에 이로 인해서 지상에서 감지되는 소음을 40dBA 아래로 유지하도록 기대할 수 없을 것이다.

이러한 추정은 수학적으로는 정확하지만, 성능이 예측되는 시스템의 일부로써 인간이 포함되는 탐지가능성과 같은 수량을 계산하는 시도에서는 상대적으로 흔한 어려움을 보여준다. 지상의 인간이 상공을 비행하는 항공기를 들을 수 있는 확률은 관측자 위치의 주변 소음 수준과 관측자가 항공기를 듣는데 집중하는가의 여부 또는 관측자가 신경쓰고 있는 일부 활동의 다른 청각 신호에 대단히 민감하다.

상식과 개인적인 경험에 따르면, 복잡한 고속도로 근처에 서있거나 또는 오프로드 차량으로 이동 중인 관측자는 산 정상에서 바라보았을 때와 비교해서 가장 시끄러운 소리 외에는 알아차리지 못할 것이다. 주변 배경 소음에 대한 민감도는 자동 및 인간의 탐지에 모두 일반적이지만, 자동 신호처리 시스템보다 인간 관측자에 대해서 더 큰 성능상의 변화를 보이는 경향을 갖는다.

관측 작업에 얼마나 많이 집중하고 있는가에 대한 질문은 자동 시스템에서는 해당사항이 없지만 인간 관측자에게는 매우 중요하다. 이동하는 차량의 탑승자는 배경 소음에 추가해서 많은 감각적 방해를 처리하고, 대화, 운전, 지도 읽기 또는 아니면 AV 의 청취 이외에 다른 것에 관여할 수도 있다. 전담 관측자에게 조차도 탐지 사이의 시간이 길어질수록 동기의 수준은 감소하는 경향을 보인다. 만약 관측자가 희미한 소음을 듣기 위해서 오랜 시간을 소모했고 아무것도 듣지 못했다면 경계가 약해지는 경향을 갖는다. 이는 모든 지루한 작업에 적용되는 인간 관측자의 일반적인 특성으로, 찾는 것 또는 듣는 것을 아무것도 발견하지 못하는 탐색은 분명 지루한 작업이다. 발생하지 않는 소리를 듣는 것과 같이 실제로 지루한 작업의 맥락에서, 긴 시간은 특히 야간인 경우에는 30 분 정도일 수도 있다.

뿐만 아니라, 인간 관측자에 의한 탐지 가능성에 대한 해석은 다음과 같은 사실로 인해서 복잡해진다. (1) 특정 한 명의 관측자에 대한 능력은 자동 시스템에서 볼 수 있는 것과 비교해서 각 이벤트마다 더 큰 정도로 변화할 것이고, (2) 서로 다른 관측자 사이의 능력 편차는 한 관측자에 대한 편차보다 더 클 수도 있다. 이는 처리 과정에 대한 통계를 결정하는데 어려움을 초래하고, 결정될 수 있는 확률 분포상에서 큰 표준편차로 이어질 수 있다. 이는 또한 특정 작업에 대한 관측자 성능의 양호한 실험 측정을 위해서는 다수의 관측자를 통한 많은 수의 시도가 필요할 것이다.

이러한 모든 이유로 인해서, 관측자의 환경을 알 수 없다면, 위에서 언급된 것과 같은 감지되는 소음 수준의 계산은 항공기가 탐지될 수 있는가의 여부에 대한 질문에 대답하는 과정의 시작일 뿐이다. 엔지니어가 모든 질문에 대답할 수 있도록 하기 위해서는, 대부분의 시간 동안 실제 상황에서 수용될 수 있는 것으로 고려되는 지상에서 감지된 소음 수준이 주어져야만 하거나, 또는 위에서 파악된 관측자 불확실성의 모든 것을 해결해야만 한다.

이러한 예측에 기반하면, 만약 단발 경 항공기 등급의 UAV 가 10,000 또는 15,000ft 에서 운용될 수 있다면, 이를 듣기 어렵게 만드는 것이 그렇게 어렵지는 않겠지만, 대형 터보프롭 또는 제트 AV 의 경우 동일한 작업을 위해서는 소음저감 기법에 상당한 투자가 필요할 것이라고 얘기할 수 있을 것이다.

11.5.1.1.2 회전익 항공기

지금까지의 논의는 엔진 소음에 집중되었고, 이는 거의 확실히 고정익(피스톤 또는 터빈 엔진) 또는 덕티드팬 항공기에 대해서는 지배적인 소음이다. 반면 회전익 항공기의 경우 일반적으로 로터 끝단이 음속으로 접근함에 따라서 이의 충격파로 인해서 발생하는 특성화된 회전 소음을 갖는다.

로터 끝단으로 인해서 발생하는 충격파는 끝단 부근 블레이드의 앞전에 수직으로 전파되어, 블레이드의 각 회전마다 한 번씩 지상의 모든 부분을 휩쓸고 지나가는 (블레이드가 헬리콥터의 비행 방향에 대해서 전방으로 이동하면 공기 질량에 대해서 가장 높은 끝단 속도가 발생) 결과를 초래한다.

블레이드 끝단으로부터의 소음을 감소시키는 상당히 간단한 두 가지 방법이 있다. 블레이드의 끝단을 뒤로 젖히면, 블레이드 앞전에 수직인 블레이드 속도 성분이 감소하고 끝단으로부터의 소음이 감소한다. 로터에 더 많은 블레이드를 사용하면 블레이드가 짧아질 수 있고, 이는 끝단 속도를 감소시키고 회전 소음을 감소시킨다.

11.5.1.1.3 자동화된 탐지

이번 논의는 AV 로부터의 소음에 대한 인간의 탐지에 집중되어 왔다. 최근 특히 저격수를 포함한 다양한 종류의 위협을 탐지하기 위해서, 음향 탐지기와 컴퓨터 처리를 이용하는 다양한 시스템에 대한 관심이 증가되고 있다. 이의 분명한 확장은 항공기 엔진 또는 헬리콥터 로터의 소음을 탐색하는 소프트웨어를 설계하는 것이다. 이는 2 차 대전 당시 대공 포격의 방향을 위해서 널리 사용되었던 증폭된 음향탐지기의 새로운 시행일 것이다. 이와 같은 접근방법은 많은 상황에서 음향 탐지의 가능성을 상당히 증가시킬 수 있겠지만, 이러한 가능성은 인간인가 또는 신호처리 시스템인가에 상관없이 항상 주변 소음 배경에 따라서 제한될 것이다.

11.5.1.2 시각 시그니처

항공기를 보기 어렵게 만드는 전형적인 접근방법은 이를 배경에 혼합될 수 있는 색상 조합으로 칠하는 것이다. 만약 아래쪽에서 바라본다면, 배경은 파란색 하늘 또는 구름일 것이다. 밝은 회색 또는 밝은 파란 하늘색이 주로 군용 항공기의 아랫배 부분에 사용된다. 만약 위쪽으로부터의 공격이 예상된다면, 표면이 수면, 사막, 또는 수풀인가에 따라서 항공기의 윗부분이 파란색, 갈색, 또는 초록색 음영으로 칠해질 수 있다. 만약 야간 운용이 예상된다면, 광택이 거의 없는 어두운 색이 선호될 것이다.

하늘에 대한 항공기의 대비를 감소시키기 위해서 능동적인 방법을 사용하려는 시도가 있어왔다. 직관적이지 않은 것처럼 보이지만, 항공기에 밝은 빛이 장착된다면 밝은 하늘에 대해서는 눈에 덜 띄게 될 수 있다고 제안되었다.

반사표면의 반짝임은 지상 차량과 표면 근처에서 운용되는 헬리콥터에 대한 시각적 단서의 주요 출처이다. 전형적인 사례는 자동차 유리창에 대한 햇빛의 반짝임이다. 이는 지오메트리에 따라서 달라지며, 태양이 관측자의 후방 또는 다른 바람직한 위치에 있어야 할 필요가 있다. 콕핏 캐노피와 같이 둥근 반사표면은 태양, 항공기, 그리고 관측자의 위치에 대한 제한을 상대적으로 덜 받으면서 반짝임을 유발할 수 있다. UAV 는 일반적으로 콕핏 캐노피를 갖지 않지만 항공기의 기수와 같이 다른 둥근 표면을 가질 수 있고, 만약 이러한 표면이 빛이 난다면 이는 반짝임의 원인이 될 수 있다. 반짝임을 피할 수 있는 가장 쉬운 방법은, 무광 페인드를 이용하거나, 또는 표면으로부터의 거울과 같은 반사가 지상의 관측자에게 보일 수 있는 방향으로 돌아갈 가능성을 최소로 하는 각도를 갖도록 표면을 평평하게 만드는 것이다.

물론, 지면으로부터 UAV 를 보기 어렵게 만드는 가장 좋은 방법은 크기를 작게 만드는 것이다. 이는 조종사나 다른 승무원이 탑승하도록 크기가 정해질 필요가 없는 UAV 에 대해서는 고유한 장점 중의 하나이다.

11.5.1.3 적외선 시그니처

가장 중요한 IR 시그니처는 고온의 표면때문이다. 수동이며 태양, 달, 별, 또는 인공적인 출처로부터의 일부 조명에 따라서 달라지는 시각 시그니처와 달리, IR 열 시그니처는 내부적으로 발생되고 주변 조명에 관계없이 존재한다.

IR 시그니처는 소형 공대지 미사일에서 사용되는 절대적으로 가장 흔한 시그니처로, 군용 시스템의 생존성에 대해서는 중요한 문제가 된다. 상대적으로 최근까지만 해도 군사 조직만이 IR 영상 장비를 가질 수 있었지만, 이번 세기의 첫 10 년 동안 상황이 달라져서 지금은 테러리스트, 게릴라, 또는 범죄조직도 정찰 또는 치명적인 공격을 전달하는 UAV 의 탐지에 사용될 수 있는 IR 장비를 보유하는 것이 가능해졌다. 인간이 운반할 수 있는 지대공 미사일의 확산 또한 반군의 수준까지 도달하였으며, 자금이 풍부한 범죄조직에까지 도달할 수도 있을 것이다.

항공기 엔진으로부터 발생하는 상당한 열을 피하기는 어렵다. 전용으로 설계되는 UCAV 의 경우, 미사일 탐지기와 IR 탐색 시스템으로부터 이러한 열을 숨기기 위해서 유인 스텔스 항공기에 사용하기 위해서 개발된 다양한 접근방법이 존재한다. 공개된 자료에서는 항공기의 전면부로부터 터빈의 고온부위가 보이지 않도록 하기위해서 터빈 엔진의 입력부위에 개다리 형태를 이용한 개념을 논의하고 있다. 제트 엔진의 출구에서는 제트 화염의 방사를 감소시키기 위해서 고온 배기가스를 차가운 공기와 혼합하는 것이 가능하다.

처음부터 스텔스 시스템으로 설계되지 않는 유틸리티 UAV 의 경우, 가장 가능성이 있는 접근방법은 엔진의 입구와 출구 부위를 기체 또는 날개의 상단에 배치해서 가장 뜨거운 출처가 아래쪽으로부터 보이지 않도록 하는 것이다. 이는 배기 시스템이 주변 공기흐름으로 냉각될 수 있고, 엔진의 모든 고온부위에 대한 아래로부터의 다른 시야는 가려질 수 있는 피스톤 엔진 항공기에 대해서 특히 효과적이다.

만약 IR 미사일의 추적을 단순히 방지하는 것이 아닌 탐지를 방지하는 것이 목적이라면, IR 영상 시스템으로 보는 경우에는 배경에 비해서 단지 몇 도의 온도 차이만으로도 확연한 목표물이 되기에 충분하다는 것에 주목하는 것이 중요하다. 맑은 야간에 하늘의 온도는 외부 우주를 바라보는 것이기 때문에 거의 절대 0 도에 가깝다. 이러한 상황에서 UAV 의 외피는 아마도 배경에 비해서 큰 온도 차이만큼 따뜻할 것이고 밝은 불빛처럼 보일 것이다.

다행히도, 대부분 IR 영상 시스템의 해상도는 IR 탐지기의 기술에 따라서 FOV 의 높이와 폭 내에서 대략

500~1,000 픽셀 정도로 제한된다. UAV 를 찾기위해서 하늘을 탐색하는데 IR 뷰어를 이용하는 경우, 예를 들어 (가시거리 내에서 유사한 용도를 위해서 주로 사용되는 7×50 쌍안경에 전형적인) 7.5 도의 상당히 넓은 FOV 가 필요할 것이다. 만약 IR 시스템의 해상도가 7.5 도의 1/1,000 이라면, 픽셀은 0.13mrad 의 각도 치수를 가질 것이다. UAV 에 대한 유용한 탐색과 탐지를 위해서는 UAV 가 직접 상공에 이르기 한참 전에 탐지할 수 있어야 할 필요가 있고, 약 5,000m 인 15,000ft 에 있는 UAV 의 경우 최소 20km 의 경사 탐지거리가 상당히 바람직할 것이다. 이러한 경사거리에서 0.13mrad 는 약 2.6m 의 선형 치수를 가질 것이다. 중형 AV 의 대략적인 정면도에 대해서, 이는 탐지를 위해서는 두 개의 선이 목표물을 지나야 한다는 Johnson 기준을 만족하지 못할 것이다. 그러나, 제 10 장에서 설명된 것과 같이 만약 열 탐지기의 한 픽셀보다 상당히 적게 채우더라도 해당 픽셀이 주변 픽셀에 비해서 두드러지게 보일 정도로 충분히 고온이라면 이러한 고온 목표물은 보통 탐지될 수 있을 것이다.

맑은 밤하늘 배경과 같은 최악의 경우, AV 의 외피조차도 최소한 한 픽셀은 밝게 만들 수 있을 정도로 하늘에 비해서 충분히 따뜻할 수 있다. 외피의 열방사율은 적절한 페인트 또는 광택된 금속 표면의 사용으로 감소될 수 있다. 기체의 외피를 지나는 풍부한 공기흐름이 고고도에서 이의 온도를 주변대기 온도와 대략 비슷한 온도로 유지시키고, 감소된 복사 냉각으로 인해서 모든 상당한 가열을 방지할 것이다.

엔진 배기와 라디에이터는 2.6m 보다 훨씬 작은 치수를 가질 것이고 따라서 한 픽셀의 매우 작은 일부만을 채울 것이지만, 이의 기여가 해당 픽셀의 전체 면적에 걸쳐서 평균값이 취해지더라도 밝은 픽셀을 생성할 수 있을 정도로 충분히 고온일 것이다. 이는 열추적 방공 미사일과 관련한 앞의 설명과 같이 숨겨지고 또는 냉각될 수 있다.

11.5.1.4 레이다 시그니처

레이다 시그니처는 AV 의 구조상에서 전자기파가 반사되는 것으로부터 발생한다. 이러한 시그니처에 대해서 추가로 논의하기 전에, 전자기 스펙트럼의 기본적인 특성에 대해서 간단한 소개와 함께 라디오와 라디오파를 설명하는데 사용되는 용어를 알아본다.

11.5.1.4.1 전자기 스펙트럼

1MHz 에서부터 300GHz 까지의 전자기 스펙트럼이 그림 11.4 에 나와 있다. 여기에는 일부 방송과 장거리 비가시선 통신에 사용되는 낮은 kHz 주파수 범위인 장파 대역, 그리고 자외선, 가시광선, 그리고 IR 에서 극도로 높은 주파수인 광통신 대역은 제외한다.

전자기파는 주파수, 파장, 그리고 편파로 특성이 결정되며, 초당 186,000mile(300,000,000m)인 빛의 속도로 이동한다. 파장과 주파수는 식 (11.1)의 관계를 갖는다. 이러한 두 매개변수는 식에서 보여진 관계를 통해서 근본적으로 상호 교환될 수 있고, 주파수와 파장은 일반적으로 마이크로파 주파수와 같은 표현으로 혼합되지만, 스펙트럼의 RF 부분에서는 전자기파를 주파수에 대해서 서술하는 것이 일반적이다. 전자기파의 주파수(또는 파장)는 안테나의 형상, 크기 및 설계, 송신기와 수신기로 분리된 매체를 통해서 전파되는 파동의 능력, 그리고 입사되는 물체로부터 파동이 반사되는 특성에 영향을 미친다.

$$f = \frac{c}{\lambda} \tag{11.1}$$

분자 흡수로 인해서 주파수가 증가하면 대기 전송은 감소하는 일반적인 경향이 존재한다. 전송은 보다 긴 파장(낮은 주파수)에서는 X 대역의 끝단까지 우수하고, Ku 대역의 상단을 벗어나더라도 그렇게 나쁘지 않다. 20~30GHz 사이에서는 흡수에 대한 국소적인 피크가 존재하지만, K 대역 주파수를 단거리에 사용할 수 없을 정도로 전송이 나빠지지는 않는다. 그리고, Ka 대역 내에는 보다 우수한 전송을 갖는 창이 존재한다. V 대역에서는 전송이 불량하지만, 신호가 그다시 멀리 이동하지 않는 것이 유용한 일부 단거리 적용에 대해서는 바람직할 수도 있다. 마지막으로, W 대역의 중심 부근에는 보다 우수한 전송을 갖는 창이 존재한다. Ka 와 W 대역에서의 전송은 L 에서부터 Ku 대역 사이에서보다 상당히 좋지 않다. 그럼에도 불구하고, 더 짧은 파장이 직접적으로 더 작은 안테나 크기를 의미하는 좁은 빔 레이다에 대해서는 Ka 대역을 사용하려는 움직임이 있어왔다.

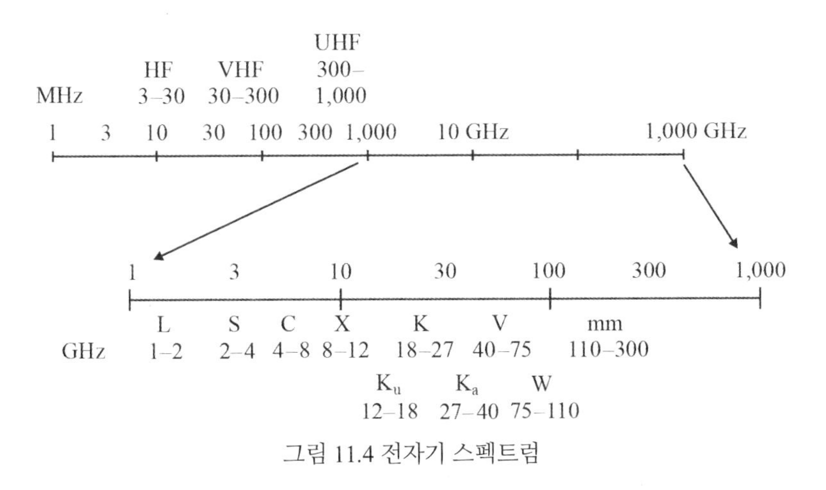

그림 11.4 전자기 스펙트럼

레이다 반사의 특성은 레이다 파장과 파동이 반사되는 물체의 치수 사이의 비율에 따라서 상당히 달라진다. 만약 파장이 레이다빔에 수직인 목표물의 치수와 비슷하거나 더 작다면, 반사는 거시적인 물체의 빛 반사와 매우 유사할 것이다. 다시 말해서, 평평한 표면은 거울이 빛을 반사하는 것과 매우 비슷하게 레이다 빔을 반사시키는 경향을 보일 것이다. 레이다 파장은 최소한 수 mm 크기이기 때문에 파장은 1 미터의 수 백만 분의 1 수준이고, 많은 표면이 파장의 단위에 비해서 거칠고 반사를 분산시킬 광학 반사와는 달리 모든 평평한 표면은 매끄럽게 보일 것이고 거울처럼 반사시킬 것이다. 이러한 정반사 영역에서 레이다 시그니처는 물체의 지오메트리와 레이다가 물체를 바라보는 방향에 매우 민감하다. 사례로써, 거울에 수직 입사각으로 비추어지는 플래시빛은 그 출처(플래시빛)로 그대로 반사되어 돌아가지만 만약 거울이 경사진다면 플래시로부터의 빛은 (만약 거울이 깨끗하고 매우 매끄럽다면) 아무것도 그 출처로 되돌아가지 않는 것이나 마찬가지로, 대형 금속 평판은 수직 입사각에서 보는 경우에는 매우 큰 시그니처를 가질것이지만 수직 입사각으로부터 충분히 벗어난 각도에서 보는 경우 매우 작은 시그니처를 가질 것이다.

만약 물체의 치수가 레이다의 파장과 비교해서 작다면, 에너지는 정반사 방식으로 반사되는 것이 아닌 모든 방향으로 산란되고, 반사되는 양은 물체의 세부적인 형상에 민감하지 않다.

레이다 반사에 대한 이러한 간단한 설명은 매우 단순화된 것이지만, AV 의 레이다 시그니처에 대한 일반적인 출처와 이러한 시그니처가 감소될 수 있는 방법에 대한 논의를 위해서는 충분한 수준이다.

11.5.1.4.2 레이다 시그니처

물체의 레이다 시그니처는 레이다 단면적(Radar Cross-Section, RCS)으로 표현된다. 단면적은 레이다 수신기의 방향으로 동일한 리턴 신호를 생성할 수 있는 완벽하게 반사하는 구의 단면 면적으로 정의된다. 흔히 사용되는 단위는 dBsm 으로, 이는 $1m^2$ 의 면적에 대한 비율이다. 기준 목표물로 구를 사용하는 것은 구로부터의 반사는 (모든 방향으로 동일한) 등방성이기 때문에, 테스트 목표물 근처에 알고 있는 구를 두고 기준 목표물의 정렬에 대한 걱정이 없이 두 리턴 사이의 비율을 결정하는 것이 상대적으로 용이하기 때문이다.

파장이 목표물의 치수와 비슷한 비 정반사 영역에서, 산란은 거시적인 스케일에서 목표물의 (전도체인가 절연체인가) 전기 특성, 그리고 파장과 (레이다 빔이 편파되는 방향 및 편파에 대한 수직 방향으로 빔을 따르는) 3 차원상에서 목표물 치수 사이의 비율의 함수이다. 입사되는 전자기 에너지가 최대한 많이 흡수될 수 있도록 AV 표면의 전기적인 특성을 변경하는 것 외에 레이다 단면적을 줄이기 위해서 처리될 수 있는 것은 많지 않다.

레이다 흡수를 증가시키기 위해서 항공기의 표면을 처리하는 가장 일반적인 접근방법은 레이다 흡수 재료(Radar Absorbing Material, RAM) 또는 레이다 흡수 페인트(Radar Absorbing Paint, RAP)를 사용하는 것이다. RAM 은 주로 AV 의 표면 위에 적용되는 타일로 구성되고, 손상되면 교체될 수 있다. 이는 특히 에어포일의 공기흐름에 영향을 줄 수 있고, AV 의 중량을 추가시킬 것이다. 이의 장점으로는, 타일은 상당한 두께를 가지고 있어서 입사되는 에너지의 보다 양호한 흡수가 가능하다는 것이다.

RAP 는 페인트로 적용되기 때문에 타일에 비해서 적용 비용이 저렴하며 표면을 지나는 공기흐름에 대한 영향이 작아질 수 있다. 이는 또한 타일에 비해서 중량의 증가가 작다. RAM 과 RAP 의 구성은 이를 사용하는 기관에 의해서 엄격하게 통제되고 있지만 일부는 공개 시장에서 구매가 가능하다.

정반사 또는 반 정반사 영역에서 레이다 파장이 AV 의 특성 치수보다 작은 경우, 주어진 모든 방향에 대한 레이다 리턴은 AV 의 형상에 따라서 달라진다. 이는 최신 추적 레이다를 사용하는 경우 가장 가능성이 높은 영역이다. 레이다 단면적을 줄이기 위해서 형상에 대한 가장 중요한 기본 원칙은 다음과 같다.

- 90 도 이면각과 삼면각의 회피
- 곡면의 회피
- 평면은 모든 큰 레이다 시그니처가 항공기 측면을 벗어나는 몇몇 방향으로 지정

90 도를 이루는 이면각과 삼면각이 그림 11.5 에 나와 있다. 흔히 코너 큐브로 부르는 90 도 삼면각은, 코너의 내부 방향으로 입사되는 시준된 레이다 빔의 모든 에너지를 레이다 송신기/수신기의 방향으로 리턴하고, 이는 동일 면적의 구로부터 리턴되는 것보다 훨씬 더 큰 수준의 리턴을 생성할 것이다. 이는 입사경로의 반대방향을 따라서 리턴하기 때문에 이러한 리턴을 재귀반사 또는 역반사라고 한다. 코너 큐브는 역반사기의 한 가지 종류이다. 역반사는 빔이 코너로 들어가기만 한다면 레이다 빔에 대한 코너의 방향과 무관하게 발생한다. 이러한 이유로 인해서, 삼면각 코너 큐브는 부표에 흔히 장착되어 안개낀 날씨에서도 선박의 레이다에 의해서 쉽게 탐지될 수 있도록 한다.

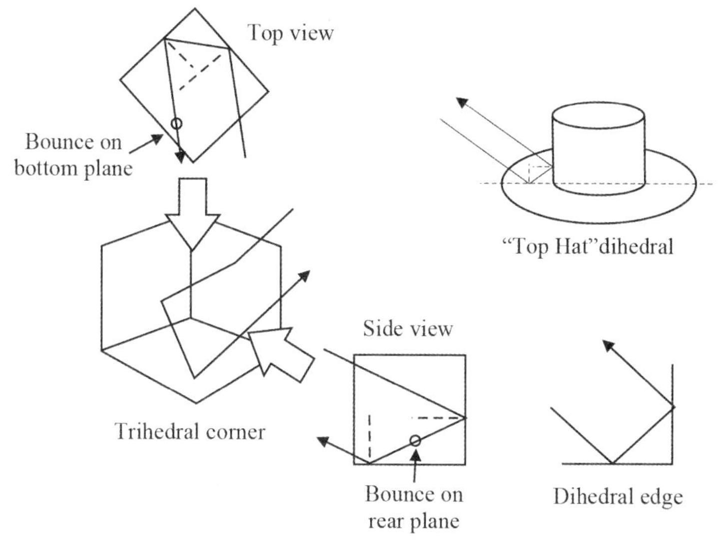

그림 11.5 90 도 이면각 및 삼면각 지오메트리

역시 그림에 나와있는 90 도 이면각도 삼면각과 유사한 효과를 갖지만 이는 2 차원으로 한정된다. 다시 말해서, 만약 레이다 빔이 두 면이 만나는 선에 수직이라면 리턴은 들어오는 빔을 따라서 돌아갈 것이다. 만약 들어오는 빔이 선에 대해서 각을 이룬다면 리턴은 정반사되지 않을 것이다.

90 도 이면각 지오메트리의 특별한 경우로는, 최소한 한 면은 평면이 아닌 두 면이 서로 수직으로 만나는 것이다. 이에 대한 간단한 사례로는 그림에 나오는 모자 형태인 지오메트리가 있고, 항공기에서 이러한 종류의 이면각이 흔히 나타나는 부위로는 에어포일과 동체 사이의 조인트 또는 수직 꼬리날개와 수평꼬리날개 사이의 조인트가 있다. 모자 형상의 일반적인 경우에 대해서, 만약 레이다 빔이 실린더의 중심축과 만나는 광선을 포함한다면 이러한 선은 정반사되어 레이다 시그니처를 증가시킬 것이다.

두 번째 규칙은 곡면을 피하는 것이다. 이에 대한 이유는, 곡면으로부터의 레이다 반사는 넓은 각도로

확산되어 이의 일부가 레이다 수신기로 되돌아갈 가능성이 증가하기 때문이다. 이는 큰 레이다 시그니처의 전부를 항공기의 측면으로 벗어난 위치상의 일부 이산적인 방향에서만 관측될 수 있는 방향으로 집중시킨다는 세 번째 목적을 달성하기 어렵게 만들기 때문에 바람직한 특성이 아니다.

이러한 규칙을 적용하는 간단한 사례로, 꼭지점이 전방을 향하고 피라미드의 평면이 만나서 뾰족한 모서리를 이루는 피라미드와 같은 형상을 가진 항공기 동체는, 만약 레이다가 피라미드의 상단, 하단, 그리고 양 측면과 같이 피라미드의 각 네 개의 면에 대해서 수직인 네 방향 중 하나에 있는 경우에만 에너지를 레이다로 반사시킬 것이다. 만약 날개도 또한 평평하고 동체와 만나는 부위에서 90 도 이면각을 이루지 않도록 수직면에 대해서 기울어져 있고, 다른 모든 표면과 90 도를 이루지 않도록 하기위해서 기울어진 두 개의 조합된 수평/수직안정판으로 구성된 꼬리날개를 갖는다면, 이러한 형상은 항공기의 전방 또는 후방 어느 것도 아닌 몇몇의 각도로부터 바라보는 경우를 제외하고는 매우 작은 레이다 시그니처를 가질 것이다. 만약 항공기가 기동을 한다면, 더 길어진 시간 동안 모든 레이다의 각도 중 어디에도 나타내지 않을 것이다. 때로는 큰 레이다 단면적을 갖는 이러한 각도의 하나에 레이다가 위치할 수도 있지만, 이러한 지오메트리는 순식간일 것이고 탐지의 확인 또는 항공기의 추적을 어렵게 만들 것이다.

물론, 이러한 단순한 지오메트리는 일부 심각한 공기역학적인 문제를 갖기도 하지만, 오래전 미국에서 배치했던 F-117 Nighthawk 스텔스 전투기의 형상에서 이러한 많은 특성을 볼 수 있다.

레이다 시그니처를 감소시키기 위한 완전한 처리는 형상과 최소한 선택적인 RAM 및/또는 RAP 의 적용 모두를 포함하며, 레일에 장착되는 외부 무장은 원하지 않는 레이다 시그니처 성분을 상당히 유발하기 때문에 AV 상에서 운반되어야 하는 모든 무기를 내부에 수납하는 것을 포함해야만 할 것이다.

11.5.1.5 방사 신호

만약 신호 지체가 인터셉트 및 해석될 수 있고, 위치 정보를 포함하는가의 여부를 인터셉트 및 방향탐지할 수 있는 능력을 상대가 갖는다면, 방사 신호는 항공기의 위치를 노출시킬 수 있다. 후자의 문제는 UAV 데이타 링크와 관련해서 이후에 논의될 것이다. 여기서는 신호상에 포함된 정보를 읽을 수 있는 능력에 따라서 달라지는 것이 아닌 인터셉트와 방향탐지에 대해서 다룰 것이다.

상대가 필요한 인터셉트 및 방향탐지 장비를 가지고 있다고 가정하면, 탐지와 위치추적을 피할 수 있는 유일한 방법은 신호의 방사를 중단하거나 저피탐(Low Probability of Intercept, LPI) 전송 기법을 이용하는 것이다. 가장 흔한 LPI 기법의 하나인 확산 스펙트럼 접근방법에 대해서는 이 책의 데이타 링크 부분에서 논의될 것이다.

위성 데이타 링크를 통해서 통제 스테이션과 통신하는 UAV 는 지상에서 탐지가 어렵게 만들고 방향 탐지의 정확도를 저하시키기 위해서 신호가 아래방향으로는 거의 복사되지 않도록 전송 안테나의 방향을 조정할 수 있다. 이는 LPI 전송 파형과 조합될 수 있다.

11.5.2 자율성

자율성에 대한 일반적인 주제는 제 9 장에서 논의되었다. 예상할 수 있는 것과 같이, 진정으로 자율적인 AV 가 할 수 있는 작업의 하나가 무언가 또는 누군가에 대해서 치명적인 무력을 사용하는 경우와 관련된 자율성의 일부 특별한 문제가 존재한다. 어떤 상황에서든, 로봇이 인간을 살상하는 결정을 내리도록 허용하는 것이 좋은 생각인가에 대한 근본적인 의문이 존재한다. 이러한 질문은 논란의 여지가 있으며 이 책에서 다룰 범위를 벗어난다. 여기서는 그러한 수준의 자율성을 성취하기 위해서 시도할 수 있는 방법과 관련된 기술적이고 실용적 문제를 파악하는 것으로 한정할 것이다.

현재 UAV 에 대해서 잘 확립된 최신 기술은 경로지점 또는 운용자로부터의 다른 일반적인 방향에 기반한 자동화된 비행이 가능하고, 만약 원한다면 자동화된 이륙과 착륙 또는 회수가 가능하다. 자동 목표물 추적과 인식에 대한 기술은 적극적으로 추진되는 중이지만 아직까지 확립된 능력은 아니다.

현재로써는 어떤 무인 시스템이라도 치명적인 공격을 적용하기 위해서 자동화된 결정을 내리도록 허용되지는 않을 것이다.

무장된 Predator 에 반능동 레이저 유도의 사용에 대해서 인지된 장점의 하나로는, 무기는 페이로드 운용자에 의해서 제어되는 레이저 지점에 의해서 유도되고, 운용자는 새로운 위치로 지점을 이동하는 것으로 충돌 몇 초 직전까지도 언제든 무기를 우회시킬 수 있다는 것이다. 이는 미사일이 추적해왔던 지점으로부터 벗어나는 기동을 하기에 더 이상 충분한 시간을 갖지 못할때까지 인간 운용자가 루프 내에 유지되는 것을 의미하며, 민간인과 혼합된 목표물에 대해서 수행되는 비대칭 전쟁에서는 바람직한 것으로 보인다.

AV, 그리고 아마도 목표물의 움직임에 따라서 레이저가 선택된 목표물을 추적하도록 Predator 운용자는 흔히 영상 자동추적기를 사용할 수도 있다. 그럼에도 불구하고, 발사할 목표물, 발사할 시점, 그리고 실제로 미사일의 발사에 대한 결정은 거의 충돌 직전까지 자신의 생각을 바꿀 수 있는 운용자에 의해서 이루어진다.

교전 과정은 시간에 민감하지만, 최소한 현재 적용에 대해서는 발사에 대한 결정을 내리는 운용자에 대한 요구조건이 기회를 놓칠 수 있을 정도로 시간에 민감하지는 않다. 만약 운용자가 한 AV 이상을 동시에 제어한다면, 교전 과정을 모니터링하지 않고 영상 자동추적기가 교전을 완수할 수 있도록 발사후 망각 모드로 시스템을 운용하는 것이 일부 장점을 가질 수도 있다. 현재로써는 이는 다음과 같은 두 가지 이유로 인해서 이루어질 가능성이 없다. (1) 목표물이 민간인 지역에 혼재된 정밀 타격 시나리오의 경우, 본래 조준지점으로부터 미사일을 이동시키는 것이 바람직한 만약의 상황을 대비해서 최후의 순간까지 운용자를 루프 내에 유지하는 것이 보다 바람직한 정책이라고 고려할 것이고, (2) 영상 자동추적기는 신뢰성이 부족하다고 널리 인식되어 있으며, 운용자가 추적을 복구하거나 조준지점을 수정하는 것이 필요할 수도 있다.

따라서, 현재 목표물 탐지와 선택에 대한 자율성의 결여는 신뢰성있는 자동 목표물 인식 알고리즘의 부재로 인한 것이다. 론치 이후 자율성의 결여는 큰 장애물은 아니며, 인간이 루프 내에 유지되는 것의 장점이 이러한 사소한 단점보다 더 큰 가치를 갖는다.

이러한 결론은 반란군 환경에서 중급 지상공격, 그리고 현재 및 가까운 장래의 자동 목표물 탐지와 인식 기술에 적용된다. 이와 같은 결론이 미래에 추가될 임무에도 역시 적용될 것인가, 그리고 만약 일부 미래 전투 시나리오에 적용될 수 있는 목표물 탐지와 선택에 대한 신뢰할만한 방법이 존재한다면 어떻게 달라질 것인가에 대해서 질문할 수도 있을 것이다.

새로운 임무에 대한 질문에 대해서는, 그러한 임무가 무엇인가에 대한 짐작이 없이는 대답할 수 없을 것이다. 무장 유틸리티 UAV 무대의 한계 내에서, 중급 지상공격 외에 어떠한 임무가 추가될 수 있을 것인지 저자로써는 확실하지 않다. 다른 모든 분명한 임무는 UCAV 라고 불러왔던 보다 완전히 전투에 준비된 AV 가 필요할 것이다. 무장 UAV 분야에 종사하는 모두는 근본적인 문제점에 대한 인식이 필요하기 때문에, 여기서는 진정한 UCAV 에 특화된 문제점을 고려하는 것으로 한정하지 않고 무장 UAV 로 가능한 임무에 대한 간단한 논의를 제공할 것이다. UCAV 를 고려하면, 적군 방공망 제압(Suppression of Enemy Air Defense, SEAD), 장거리 공대공 미사일을 이용한 (공중 공격으로부터 편대를 보호하기 위한) 적기에 대한 원격 요격, 전술 및 전략 폭격, 그리고 근접 공중전 상황에서의 공대공 전투를 추가할 수 있다.

공대공 근접공중전 임무를 제외한 전부는 목표물 설정과 발사 또는 사격에 대한 결정이 인간 운용자에 의해서 내려져야만 한다는 구속조건 내에서 수행될 수 있을 것으로 보인다. 이는 더 많은 과정이 자동화된다고 해서 효율성과 더 높은 교전율을 이룰 수 없을 것이라는 얘기가 아니다. 오히려 보안 데이타 링크를 고려했을때, 이러한 데이타 링크가 상당한 지연과 레이턴시를 갖는다고 하더라도, 지상공격, 단독 대공방어, 또는 인간이 루프상에 개입되는 다양한 폭격에 대한 임무를 수행하는 것이 가능할 것이라는 결론으로 한정된다.

그러나, 공대공 근접공중전은 상당히 짧은 순간에 결정되는 성격의 활동이다. UCAV 가 거의 실시간에 가까운 광각 비디오가 제공되는 몰입형 비행 시뮬레이터를 통해서 조종사(필요하다면 무장 운용자)에 의해서 작동된다고 하더라도, 비디오의 레이턴시 상에 몇 분의 1 초라도 페널티가 존재할 것이고, AV 로 전송되는 명령에도 유사한 지연이 발생할 것이다. 만약 데이타 링크 대역폭 제한 또는 위성을 통한 중계 또는 단순히 세계의 다른 멀리 떨어진 곳으로부터 전송되는 시간으로 인해서 발생하는 레이턴시가 1 초 또는 2 초까지 누적된다면, 근접공중선에서 유인 항공기를 물리치는 능력에는 상당한 감소가 발생할 것이다. 저자는 이러한 분야에 대해서 수행된 연구결과에 대해서는 알지 못한다.

그러면 첫 번째 질문에 대한 답변으로, 이러한 평가는 치명적인 무기를 사용하는 것에 대한 자율적인 결정은 아마도 대부분의 UCAV 적용에 대해서 필수가 아니지만, 그러한 수준의 자율성이 없이는 가능할 수 없는 적어도 한 가지 분야는 존재할 수 있다는 것을 시사하는 것이다.

두 번째 질문에 대해서는, 다른 종류의 전쟁에서 발생할 수도 있는 것과 관련해서 발전된 군사력을 갖는 두 민족국가 사이의 전형적인 대칭 전쟁은 현재 진행 중인 비대칭 분쟁에서 존재하는 것과는 다른 종류의 전장으로 이어질 수 있다.

만약 잘 정의된 전선과 상대적으로 잘 정의된 전투지역이 존재한다면, 목표물 선택을 위해서 일종의 자동 목표물 탐지와 인식을 사용하려고 할 수도 있다. 정밀 항법을 고려했을때, 자율적인 처리는 예를 들어서 모든 또는 대부분의 움직이는 차량이 적군과 관련되었을 것으로 예상되는 지상의 특정 지역으로 한정될 수 있다. 레이다는 이동하는 차량을 탐지할 수 있고 아마도 궤도차량과 차륜차량을 구별할 수 있을 것이므로, 레이다에서 영상센서로 단서를 제공해서 이동하는 차량을 록온하고 공격을 가할 수 있도록 만들 수 있을 것이다. 이는 선택된 지역 부근에서 움직이는 모든 것은 적군이라고 가정하는 교전수칙이 필요할 것이다. 이는 앰뷸런스나 공격하지 않아야 하는 차량을 식별할 방법에 대한 의문을 제기할 것이다.

적군 차량만이 예상되는 지역에서 아군 차량을 공격할 위험은 이미 심각하며, 다양한 종류의 피아식별장치(Identification Friend or Foe, IFF)로 해결되고 있다. 이러한 시스템은 전형적으로 암호화된 질문 신호와 질문을 받은 차량 또는 사람이 아군이라는 것을 질문자에게 알려주는 암호화된 응답을 포함한다. 그러면 교전 수칙에 따라서 적절히 응답하지 않는 물체나 누군가는 합법적인 목표물이라고 가정할 수 있을 것이다.

이는 아군 차량에는 작동할 수 있지만, 앰뷸런스와 같이 적군이 운용하는 비전투 차량에서도 작동하기 위해서는 아군측 IFF 시스템과 호환되는 IFF 트랜스폰더가 장착되고 응답될 신호가 제공되어야할 필요가 있다. 이를 앰뷸런스에 높은 가시성의 적십자 또는 적신월을 표시하는 것과 같다고 볼 수도 있으며, 이는 인간 관측자가 교전할 것인가의 여부를 결정하는 상황에서 이러한 차량에 대한 보호가 이루어지는 방법이다. 그러나, 이는 매우 민감한 기술과 신호 정보의 공유에 대한 문제가 제기될 것이다.

아마도 UAV 의 센서가 읽을 수 있는 페인트 마킹을 개발하려는 노력도 가능하지만, 이는 분명 전장과 같은 지저분한 환경뿐 아니라 전투중 텐트를 설치하는 병사, 침낭, 접힌 방수포, 그리고 모든 차량이 점유하고 있는 표면상에 존재하는 많은 다른 종류의 장비 및 탑재물로 인한 어려움을 확실히 나타낼 것이다.

IFF 는 전투기에서는 이미 일반적으로 사용되고 있다. 민간 항공기가 근접 공중전이 발생하고 있는 공역상에 나타날 가능성은 없다는 사실과 조합되면, 이는 IFF 가 공대공 전투 문제에 대한 해결방법을 제공할 수 있음을 의미한다. 만약 UCAV 또는 아마도 지상 아니면 유인이나 무인 감시 항공기의 레이다에 의해서 일부 공역상의 모든 항공기가 탐지되고 심문된다면, 각각에 대한 피아 구분과 이동 경로가 표시되는 모든 항공기에 대한 3 차원 지도가 모든 아군 UCAV 에 배포될 수 있으며, 원칙적으로 완전한 자율성을 위한 기반을 제공할 수 있을 것이다. 의료 호송용 헬리콥터가 존재할 수 있고 이는 해결되어야할 필요가 있는 위험 분야이지만, 근접 공중전이 진행 중인 공역상에서 비전투 항공기의 가능성은 아마도 무시될 수 있을 정도로 낮을 것이다. 또한 이러한 접근방법은 UCAV 전력에게 어떤 항공기를 공격해야 하고 어떤 항공기를 보호해야 하는가를 알려주는 책임을 일부 자동화된 시스템에 부여하는 수준에 거의 확실히 이를 것이다.

이러한 매우 일반적인 논쟁에 기반해서, 전형적인 전쟁에서는 가능한 목표물을 아군과 미상이지만 추정되는 적으로 구분하는 문제를 해결할 수 있는 방법이 존재할 것이라고 결론을 내릴 수 있다. 만약 이러한 방법이 자율적인 공격을 허용하기에 충분하다고 고려된다면, 완전한 자율성은 아마도 지형적으로 제한된 지상 또는 공역의 일부 지역 이내에서는 UCAV 에 대해서 실현될 수 있을 것이다.

자율 UAV 의 일반적인 개념과 관련된 논의에서와 같이, 저자들은 진정한 자율적인 결정을 하는데 필요한 인공지능 능력은 지정된 한 지점으로부터 다른 지점까지의 비행과는 달리 아마도 일종의 지능적인 경로지정 결정과 함께 여전히 미래의 일이라는 의견을 가지고 있다. 지상 공격에서 가능할 수도 있다고 위에서 제안되었던 종류의 자율성은 현재로써는, 만약 IFF 질문에 대해서 아군으로 응답하지 않는다면, 만약 지상의 일부 한계가 정해진 영역에 있다면, 만약 궤도차량으로 분류된다면, 또는 유사한 성격의 다른 조건과 같은 일종의 판단기준과 함께 단순히 움직이는 모든 것에 대한 사격과 같은 비슷한 종류에 기반할 것이다. 이는 어느 시점에서는 허용할 수 있을 정도로 지능적이 될 수 있겠지만, 외부 관측자에게 마치 인간 조종사가 교전될 목표물을 선택하는처럼 보일지의 여부를 묻는 Turing 테스트를 통과하지는 못할 것이다.

치명적인 무기를 적용하는 것에 대해서 자율적인 결정 능력을 제공할 것인가의 여부를 결정할때 고려될 필요가 있는, 그 성격상 기술적이 아닌 몇몇 매우 기본적인 문제가 존재한다고 많은 사람들이 얘기할 것이다. 기술 커뮤니티는 이러한 문제에 대한 토론에서 확실히 중요한 역할을 가지고 있지만, 이는 기술적인 논쟁과 분석으로는 해결될 수 없을 것이다.

참고문헌

1. US Department of Transportation, Federal Aviation Administration; Advisory Circular 36-1H: *Noise Levels for US Certified and Foreign Aircraft*, November 15, 2001.

제 12 장 기타 페이로드

Other Payloads

12.1 개요

앞에서 논의되었던 영상 센서와 무기 관련 페이로드에 추가해서 UAV 에 대해서 상당히 많은 가능한 페이로드가 존재한다. 제공될 수 있는 어떤 리스트라도 확실히 완전하지 않을 것이고 발간될 시점에서는 이미 구식이 되어있을 것이다.

시도될 수 있는 최선의 방법은 AV 나 데이타 링크 또는 전체 UAS 의 다른 부분에 특별한 요구조건을 부여할 수 있는 종류에 집중해서 가장 가능성이 있는 몇 가지 페이로드를 논의하는 것이다.

이에 대한 논의는 이러한 기타 페이로드의 설계에 대한 소개를 위한 목적이 아니다. 반대로, 이는 관련된 기술의 일부에 대한 매우 기본적인 소개와 UAV/UAS 에 사용될 수 있는 다양한 방식이 전체 시스템 설계에 영향을 미치는 방법에 대한 사례를 제공하려는 것이다.

12.2 레이다

12.2.1 일반적인 레이다 고려사항

레이다 주파수에서 (UAV 에 대해서는 일반적으로 9~35GHz 인) 전자기 복사는 (원거리 적외선을 통해서 보이는) 광학 주파수에 비해서 수분에 의한 흡수가 적기때문에 레이다를 이용하면 전천후 정찰이 가능하고 구름과 안개를 관통해서 볼 수 있다. 레이다 시스템은 자체의 에너지원을 제공하고, 따라서 목표물로부터 반사되는 빛이나 복사되는 열의 영향을 받지 않는다.

레이다 센서는 레이다 신호가 비행하는 왕복 시간에 기반해서 목표물까지의 거리를 측정할 수 있는 고유의 능력을 갖는다. 펄스 레이다의 경우 이러한 측정은 전송된 펄스에 대해서 상대적인 반사된 펄스의 도착시간으로써 이루어진다. 연속파 레이다의 경우 연속파 신호에 중첩된 변조를 이용해서 신호에 대한 왕복 시간을 측정한다.

레이다 시스템의 주요 장점은 능동 시스템으로써 고정된 배경으로부터 이동하는 목표물을 구분하는 도플러 처리를 할 수 있다는 것이다. 이동하는 표면으로부터 반사되는 레이다 에너지는 레이다빔이 전파되는 방향을 따라서 위치하는 반사면적의 속도 성분에 비례하는 정도만큼 편이된 (도플러 편이) 주파수를 갖는다. 만약 리턴 신호가 수신기에서 편이되지 않은 신호와 조합된다면, 목표물 리턴의 도플러 편이에 대응하는 다른 주파수에서 도플러 신호가 생성될 것이다. 수신기는 편이되지 않은 리턴을 무시할 수 있고, 따라서 고정된 배경과 클러터로부터의 리턴과 이동하는 목표물로부터의 리턴을 구분할 수 있다.

UAV에 사용되는 레이다 시스템에 대해서는 거의 항상 적용되는 것과 같이, 레이다 송신기가 이동하면 송신기와 지면 사이에서 상대속도가 발생한다. 이에 대한 보상이 없다면 레이다는 지상의 고정된 물체를 이동하는 목표물로 인식할 것이다. 이러한 문제는 클러터 참조 접근방법을 이용해서 극복될 수 있다. 레이다는 대부분의 리턴이 지상의 고정된 클러터 물체로부터 돌아온다고 가정하고, 편이된 주파수를 도플러 천이를 측정하는 속도가 0인 지점으로 정의하기 위해서 이러한 리턴에 도플러 편이를 사용한다. 그러면 주변에 대해서 상대적으로 이동하는 모든 목표물로부터의 리턴을 탐지할 수 있다. 레이다빔을 따르는 상대 지상속도의 성분은 레이다빔과 비행체 속도 사이의 각도의 함수로 변화하기 때문에 개별적인 각 레이다 리턴에 대해서 새로운 클러터 참조를 취할 수 있다. 클러터 참조 시스템의 세부적인 적용은 예상되는 목표물의 크기, 레이다의 파장형태, 그리고 시스템에 특화된 기타 설계 특성에 대한 상대적인 레이다빔의 크기에 따라서 변화한다.

도플러 신호는 목표물의 전체적인 움직임 때문일 수도 있고, 또는 목표물 일부분의 움직임 때문일 수도 있다. 예를 들어, 궤도차량의 접지 루프(무한궤도) 상단은 차체와는 다른 속도로 움직일 것이다. 두 도플러 신호 사이의 관계를 이용해서 이동하는 궤도차량으로부터의 리턴을 인식할 수 있다. 유사한 효과가 헬리콥터(메인로터과 테일로터, 그리고 로터 허브로부터), 회전안테나, 그리고 목표물의 몸체에 대해서 상대적으로 움직이는 목표물의 다른 부위에 대해서도 나타날 수 있다.

대부분의 레이다는 차량 크기의 목표물에 대한 영상을 제공하는데 충분한 해상도를 갖지 않는다. 레이다는 선박 또는 건물에 대한 저해상도 영상을 제공할 수 있을 것이고, 때로는 도로, 건물, 나무선, 호수, 그리고 언덕을 보여주는데 충분한 정도의 이미지를 제공할 수 있다. 만약 이러한 영상이 바람직하다면, 센서 자체는 영상을 직접 탐지하지 못하기 때문에 이는 레이다 프로세서 내에서 종합되어야만 한다. 반면, 센서는 각도와 거리에 대한 (도플러 주파수와 같은) 부가적인 처리와 함께 또는 처리가 없이 레이다 리턴 강도에 대한 지도를 제공한다. 프로세서는 운용자에게 보여지는 디스플레이를 위한 유사 영상을 생성하기 위해서 이러한 정보를 이용할 수 있다. 차량과 같은 소형 목표물은 이러한 영상에서 밝은 지점으로 나타날 수도 있고, 또는 (배경에 대해서 상대적인 움직임의 상태와 같이 레이다에 알려져 있지만 영상과는 직접적으로 관련되지 않은) 특성의 일부에 대한 정보나 아니면 내부 도플러 신호에 기반한 (예를 들어 이동하는 궤도차량) 식별을 제공하는 아이콘으로 표시될 수도 있다.

도플러 처리에 추가해서, 레이다는 전송된 신호에 대한 반사된 신호의 편파 변화를 알아내도록 설계될 수도 있다. 이 정보는 목표물과 클러터 사이, 그리고 서로 다른 종류의 목표물 사이의 추가적인 판별을 제공할 수 있다.

레이다 센서는, 특히 만약 도플러 처리가 사용되고 주요 관심 대상인 목표물이 이동한다면, 탐지될 목표물의 각도 치수보다 더 큰 빔을 사용할 수 있다. 그러나, 대부분 레이다 시스템의 성능은 클러터로부터 목표물을 분리할 수 있는 레이다의 능력에 따라서 제한되고, 이 능력은 레이다 빔이 목표물보다 과도하게 커지지 않도록 유지하는 것으로, 다시 말해서, 빔의 단면 면적대 빔에 수직으로 투영된 목표물 면적의 비율인 충전율을 거의 1 에 가깝게 이용하는 것으로 향상될 수 있다. 따라서, 지상의 차량과 다른 소형 목표물을 탐지하려고 시도하는 특히 전형적인 UAV 적용에 대해서는 작은 빔을 사용하는 것이 일반적으로 바람직하다.

레이다의 최소 빔 크기(각의 폭)는 광학 센서의 해상도에 적용되는(제 10 장) 동일한 회절 효과에 따라서 지배된다. 따라서, 빔폭은 레이다 파장과 안테나 직경의 비율에 비례한다. UAV 안테나는 크기가 제한되기 때문에 일반적으로 짧은 파장을 사용하는 것이 바람직하다. 그러나, 현재 사용 가능한 상업용 레이다 부품에 대한 최고 주파수(최단 파장)인 95GHz 에서 조차도 파장은 여전히 약 3.2mm 이다. 따라서, 광학 및 적외선 센서에 대해서 일반적인 λ/D 값인 1/100,000 과 비교해서, 30cm 안테나에 대한 λ/D 값은 겨우 1/94 이다. 결과적으로, 레이다에 대한 빔폭은 수십 마이크로 라디안(μrad)의 크기를 갖는 광학센서의 해상도와 비교해서 수십 밀리 라디안(mrad)으로 측정된다.

소형 안테나를 사용하는 경우 좁은 빔폭에 대한 요구는 짧은 파장을 선호한다. 그러나, 대기중 습기로 인한 감쇠는 약 12GHz 이상 주파수에 대해서는 상당히 증가한다. 이는 UAV 에 사용되는 단거리 레이다에 대해서는 수용할 수 있지만, 시스템의 트레이드오프를 수행하는 경우에는 반드시 고려해야만 한다.

주파수, 파형, 그리고 처리 접근방식에 따라서 구별되는 많은 다른 종류의 레이다 시스템이 존재한다. 적절한 종류의 시스템 선정은 수행될 임무에 따라서 달라진다. UAV 적용에 대해서는, 크기, 중량, 안테나의 형상과 크기, 그리고 비용(레이다는 비행체 자체와 마찬가지로 소모되어야만 하기때문에)과 관련된 추가적인 구속조건이 존재한다. 레이다 센서 설계에 대한 세부사항은 이 책에서 다룰 범위를 벗어나지만, UAV 에 사용되어왔고 또한 매우 양호한 해상도를 갖는 레이다 센서의 한 가지 특별한 종류에 대해서는 다음 단락에서 설명한다.

12.2.2 합성 개구 레이다

합성 개구 레이다(Synthetic Aperture Radar, SAR)는 레이다의 주파수가 매우 높더라도 레이다 처리 전자장비가 반송파 주파수에서 미가공 신호로 운용될 수 있도록 여전히 충분히 낮다는 사실을 이용한다. 이를 통해서 레이다는 리턴 신호의 위상이 전송신호의 위상과 비교되는 동기검파로 알려진 기능을 수행할 수 있다. 이는 신호가 왕복하는 동안 이동한 거리를 신호 파장의 몇 분의 일까지도 측정할 수 있음을 의미한다.

SAR 은 AV 이동 방향에 다소 직각으로 신호를 전송하고, AV 가 일부 상당한 거리를 이동하는 동안의 시간 간격에 걸쳐서 리턴을 수신한다. 이는 동기 데이타를 사용할 수 있는 기간 동안 이동한 거리에 의해서 수신기의 개구를 실질적으로 증가시킨다. 이러한 모든 사항이 수행되는 방법에 대한 세부적인 내용으로 들어가는 대신, 결론적으로 SAR 은 개별 나무와 차량, 그리고 레이다로부터 상당한 거리에 있는 사람에 대해서도 영상을 생성할 수 있는 충분한 분해능을 가질 수 있게 된다.

이러한 영상은, 전송되고 수신되는 신호의 시간 분해된 위상과 진폭뿐 아니라 AV 의 속도, 그리고 레이다의 세부사항 및 작동하는 주파수에 따라 달라지는 수 많은 매개변수를 입력으로 사용하는 상대적으로 복잡한 계산 과정의 결과물이다. 영상은 AV 비행경로의 한쪽면을 따르는 스트립의 형태로 생성되기 때문에, SAR 을 때로는 측면감시 공중 레이다(Side Looking Airborne Radar, SLAR)로 부르기도 한다.

데이타 링크와 관련해서 뒤에서 다시 논의될 것과 같이 SAR 에 대한 미가공 데이타율은 너무 높기때문에, 만약 이를 획득하는대로 모두 지상으로 전송하려고 시도한다면 이는 대부분 데이타 링크의 수준을 넘어설 것이다. 이는 최종 영상만 전송될 수 있도록 AV 온보드 상에서 처리를 수행하거나, 또는 실시간보다는 다소 낮은 데이타율로 전송하기 위해서 미가공 데이타를 현재 사용가능한 대용량 디지탈 저장장치를 이용해서 저장하는 것으로 처리될 수 있다. 후자의 경우 엄청난 저장능력에도 불구하고, 아마도 최대 데이타 수집 기간을 제한하고 더 이상 추가적인 새로운 데이타를 취하기 전에 데이타를 다운링크할 필요가 있을 것이다.

12.3 전자전

전자전(Electronic Warfare, EW) 페이로드는 전자기 스펙트럼의 적대적인 이용을 탐시, 활용, 그리고 방지 또는 감소시키는데 사용된다. 미 합동 참모본부에서는 1969 년 EW 를 단순하고 기본적인 용어로 다음과 같이 정의했다.

> 전자전은 전자기 스펙트럼의 적대적인 사용을 판단하고, 이용하고, 감소시키고, 또는 방지하기 위해서 전자기 에너지의 이용을 수반하는 군사행위이고, 전자기 스펙트럼의 우호적인 사용을 유지하는 행위이다.

EW 의 실행은 다음과 같은 세 가지 항목으로 구분되어 정리될 수 있다.

1. 적대적 신호의 인터셉트 및 위치 추적, 그리고 향후 작전을 위한 이의 해석을 수반하는 전자지원수단(Electronic Support Measure, ESM). 인터셉트된 신호와 관련된 수집된 정보를 신호정보(Signal Intelligence, SIGINT)라고 한다. 만약 신호가 레이다 신호라면 이러한 절차를 전자정보(Electronic Intelligence, ELINT)라고 하고, 통신 신호라면 통신정보(Communication Intelligence, COMINT)라고 한다. 현재 UAV 시스템에 사용되는 가장 흔한 ESM 페이로드는 라디오 방향탐지기이다. 기본적인 방향탐지(Directon Finding, DF) 장비는 수신된 라디오 또는 레이다 신호의 방향 또는 방위각을 감지하는 안테나와 신호처리기로 구성된다. 경찰 또는 다른 긴급 라디오의 신호를 수신하고 수신된 라디오 신호의 탐색용으로 판매되는 단순한 상업용 스캐너를 지향성 안테나와 조합해서 사용하면 효과적인 UAV ESM 페이로드가 될 수 있다.
2. 대전자 대응수단(Electronic Counter Measure, ECM)은 전자기 스펙트럼의 적대적인 사용을 방지하기

위해서 취하는 조치이다. 이는 보통 전파방해의 형식을 갖는다. 통신 또는 레이다 재머는 상대적으로 비싸지 않고 UAV 에 적용하기에 용이하다. 전파방해는 적에게 향하는 수신 신호와 경쟁하기 위한 전자기 에너지의 의도적인 복사이다. 재머의 모든 에너지는 수신기의 주파수에 집중되거나 또는 출력이 주파수 밴드에 걸쳐서 확산될 수 있다. 전자를 지점 전파방해라고 하고, 후자를 광역 전파방해라고 한다. 다른 시스템과 통합되어 전파방해를 제공하기 위한 목적의 UAV 적용에는 엄청난 수준의 잠재력이 존재한다.

3. 대-대전자 대응수단(Electronic Counter Counter Mesure, ECCM)은 적군이 아군에 대해서 ECM 을 수행하는 것을 방지하기 위해서 취하는 조치이다. UAV 는 페이로드와 데이타 링크를 보호하기 위해서 ECCM 기법이 필요할 수도 있다.

12.4 화학물 탐지

화학물 탐지 페이로드의 목적은, 대기 중 또는 간혹 지면 또는 수면상 화학물의 존재를 탐지하는 것이다. 이는 대량 살상을 목적으로 화학물이 의도적으로 살포된 군사 또는 테러 상황 또는 화학물이 오염물질, 누설, 유출 또는 화재나 화산의 산물인 민간 상황에 적용될 수 있다. 군사 및 테러리스트 시나리오의 경우, UAV 의 임무는 사상자와 오염을 방지 또는 감소시키기 위한 목적으로 부대에 방호장비를 전개할 수 있도록, 또는 민간인에게 내부에 머물거나 또는 화학물로 위협받는 지역을 탈출할 수 있도록 경고를 제공하는 것이다. 민간 시나리오의 경우, 임무는 정기적인 샘플링과 정찰, 또는 심각한 위험 화학물이 살포된 경우 군사용 임무와 유사하게 민간인에게 경고를 주는 것이다.

화학물 센서에는 지점 및 원격과 같은 두 가지 기본적인 종류가 있다. 지점 센서는 탐지장치가 화학물질과 접촉할 필요가 있다. 이러한 센서는 화학물질과 접촉할 수 있도록, 그리고 따라서 정보를 모니터링 스테이션으로 직접 또는 AV 에 포함된 중계기에 의해서 전송될 수 있도록 AV 가 오염된 공간을 통과해서 비행하거나 또는 센서를 검사될 위치로 떨어뜨려야할 필요가 있다. 접촉센서에 사용할 수 있는 탐지 기술에는 습식화학, 질량 분석, 그리고 이온 이동성 분광 분석기가 있다.

원격 센서는 탐지하는 화학물질과 직접 접촉해야만할 필요가 없다. 이는 화학적 질량을 통과하는 전자기 복사의 흡수 또는 확산을 이용해서 화학물질을 탐지하고 식별한다. 레이저 레이다와 필터가 장착된 FLIR 가 원격 화학물 탐지에 사용될 수 있다.

UAV 는 어떤 인력도 노출하지 않으면서 센서가 위험한 화학물질을 통과해서 비행할 수 있기때문에 접촉센서 용도로 이상적일 수 있다. 이는 무인 비행체의 사용에 대한 고전적인 정당화 중의 하나이다. 그러나, UAV 가 단 한 차례의 비행 이후 소모될 것이 아니라면, 이는 회수되어야만 하고 지상 요원의 처리를 받아야만 한다는 것을 명심해야만 한다. 이는 오염물질의 제거가 용이해야할 필요가 있다는 것을 의미하고, 이로 인해서 처음부터 의도적으로 설계되지 않는다면 UAV 에 의해서 만족될 가능성이 높지 않은 구조, 실링, 마감, 그리고 재료상의 제한이 발생할 것이다.

12.5 핵 방사 센서

핵 방사 센서는 다음과 같은 두 가지 종류의 임무를 수행할 수 있다.

1. 화학물질 센서에 의해서 제공되는 것과 유사한 예측 또는 경고에 대한 데이타를 제공하기 위한 방사능의 누출 또는 대기중에 부유된 낙진의 탐지
2. 핵 전달 시스템의 위치 또는 조약 준수에 대한 모니터링을 위한 저장된 무기 또는 무기생산 설비에 대한 방사능 시그니처의 탐지

첫 번째 역할의 경우, 이에 대한 고려사항은 만약 UAV 가 회수되려고 한다면, 오염제거의 용이성에 대한 요구조건을 포함해서 화학물질 탐지에 적용되는 것과 유사하다.

핵 전달 시스템에 대한 탐색은 비우호적인 영역에 대한 저고도 및 저속 비행을 필요로 한다. 낮은 수준의 시그니처 탐지는 저고도 및 감지될 약한 신호에 대한 긴 통합시간에 의해서 향상될 수 있다. UAV 의 상대적으로 높은 생존성은 소모성과 결합되어 이러한 임무에 대해서 양호한 선택이 될 수 있도록 한다.

조약의 검증을 위한 일부 국가 상공을 비행할 수 있는 승인이 있다고 하더라도, UAV 는 유인 정찰 플랫폼에 비해서 상대국의 심기를 덜 거스르는 것으로 고려될 수 있다.

12.6 기상 센서

기상 정보는 군사 작전의 성공적인 수행에 결정적인 역할을 한다. 기압, 주변 대기온도, 그리고 상대습도는 포와 미사일 시스템의 성능을 결정하고, 그리고 지상 및/또는 공중 운용과 전술에 영향을 미치는 향후 기상 조건을 예측하는데 필수적이다.

기상 데이타는 많은 민간 상황에서도 또한 중요하다. 운용자의 피로가 없는 매우 긴 관측시간 또는 임무 대기시간에 대한 잠재력은 발달하는 폭풍 또는 다른 장기 기상 현상의 모니터로써 UAV 에 많은 가능성을 열어준다.

어떤 경우이든 센서를 (대략적인 관심 지점인) 적절한 위치에 두는 것으로 가장 정확한 관측이 가능하다. UAV 에서는 이를 용이하게 해결할 수 있다. 거의 모든 비행체에 장착될 수 있고, UAV 의 대기속도, 고도, 그리고 항법 데이타와 함께 사용된다면 다양한 무기 시스템이 작동해야만 하는 환경 조건에 대해서 매우 정확한 화상을 제공하는 간단하고 가볍고 저가인 기상 센서가 UAV 용으로 개발되었다.

12.7 유사 위성

최근에는 매우 높은 고도에서 비행하고 매우 긴 항속시간을 가지며, 일반적으로 전기모터로 구동되고 태양전지를 이용해서 배터리가 무한정 충전되는 UAV 개념에 대한 관심이 증가하고 있다. 이러한 UAV 는 정지궤도상에 있는 인공위성 특성의 많은 부분을 갖는 플랫폼을 일부의 비용만으로 제공하기

위해서 지상의 한 지점 상공에서 로이터할 수 있다.

이러한 적용을 위해서 설계된 UAV 는 해당 고도를 유지하는데 필요한 동력을 최소화하기 위해서 매우 높은 최대고도와 운용 고도에서 높은 *L/D* 를 가져야만 한다. 이는 어떠한 바람을 만나더라도 지상의 한 지점 위를 유지해야 할 필요가 있고, 따라서 이러한 바람과 비교될 수 있는 대기속도 능력을 가져야만 한다. 그러나 이는 아마도 바람직한 바람을 선택하기 위해서 고도를 변경할 수 있을 것이다.

일반적으로, 높은 고도에서 장시간 로이터하기 위한 UAV 는 공역관리 문제와 잠재적인 분쟁을 최소화하기 위해서 상업용과 군사용 항공기에 대한 정상 고도보다 더 위에서 운용되는 것이 아마도 바람직할 것이다.

이는 주어진 임무를 수행하는데 필요한 어떤 페이로드라도 운반할 수 있어야만 하고, 또한 페이로드에 필요한 동력을 공급할 수 있어야만 한다. 고려되었던 임무의 일부는 다음과 같다.

- 산림/덤불 화재 모니터링
- 기상 모니터링
- 통신 중계
- 광역 감시

이러한 페이로드 모두에 대한 세부사항은 수행될 특정 임무에 따라서 달라질 것이다.

산림과 덤불 화재 모니터링의 경우, 페이로드는 주로 가시 및 열영상 센서로 구성될 것이다. UAV 의 위치와 자세를 영상 시스템의 LOS 각도와 조합하면 영상 내에서 각 밝은 고온 지점의 지상 위치가 결정될 수 있다.

기상 모니터링은 기상위성에 사용되는 모든 센서뿐 아니라 운용고도에서 바람 및 다른 대기정보의 직접 측정을 포함할 수 있다. 통신 중계 적용의 경우, 유사 위성으로 운용되는 UAV 는 상대적으로 저렴하고, 넓은 영역을 커버하고, 대형 휴대폰 중계기와 실제 위성 사이의 중간 정도 기능을 할 수 있는 가시선 통신 노드를 제공할 수 있다.

표면까지 그리고 표면으로부터의 가시선 거리는 정지위성에 대한 것보다 훨씬 짧을 것이다. 정지위성에 대한 해수면 기준 고도는 약 36,000km(22,000mi)인 반면, 로이터링을 하는 UAV 는 60,000ft 정도일 것이므로, 이는 겨우 약 18km(11.3mi) 수준이다. R^2 에 비례하는 단방향 손실의 경우, 이는 단방향 경로의 끝단에서 동일한 신호강도를 발생시키는데 필요한 전송 출력이 약 4,000,000 배 감소하는 결과를 초래한다. 이는 비정지위성 집단이 주로 위성전화 또는 TV 방송과 같은 무지향 안테나를 이용한 업링크 또는 다운링크와 관련된 적용에 사용되는 이유이다. 그러나, 낮은 지구궤도 역시 160~2,000km 로, 고고도 UAV 에 대한 R^2 의 비율이 약 80 에서 높게는 12,000 까지로 이어진다. 송신기와 수신기의 설계에서는 이러한 범위의 하한선 수치조차도 상당한 수준이다. 반면, 단일 유사위성에 의해서 커버되는 영역은 실제 위성에 대한것보다 R^2 비율과 유사한 배수만큼 작아질 것이다.

유사 위성의 광역정찰 적용은 현재 사용 중인 상업용과 군사용 영상 위성과 유사한 관련성을 가지고 있을 것이다. 유사 위성은 훨씬 더 저렴하고 또한 낮은 고도로 인해서 해상도에서 일부 장점을 제공하겠지만, 지상의 특정 지점 상공에 위치하는 경우 보다 작은 커버리지 영역을 가질 것이다. 주요 차이점으로는, 이는 매우 높은 고도라고 하더라도 비행하는 국가의 공역상에서 운용될 것이라는 점이다. 따라서, 대기권 밖에서 운용되는 위성과는 달리 잠정적으로 영공비행의 제한을 받을 것이다.

유사 위성으로써 기능을 하는 UAV 의 경우, 전체 시스템상에 나타나는 위험의 종류에 흥미로운 차이점이 존재하며, 이는 비용대 부품 또는 서브시스템 고장의 위험에 대한 시스템 수준 트레이드오프상에서 상당한 차이로 이어질 수 있다.

실제 위성은 론치 동안 상당한 위험성을 가지며, 일단 궤도상에 진입하고 나면 공기역학적인 측면에서의 위험성은 낮아진다. 유사 위성으로 작동하는 UAV 는 이륙과 초기상승 동안 가장 위험하겠지만, 위험의 수준은 위성의 론치에 비해서는 낮을 것이다. 반면, 항공기는 위성에 비해서 비행에 치명적인 더 많은 작동부품과 서브시템을 갖기때문에, 임무에 돌입한 이후 플랫폼 고장의 위험성은 위성보다 항공기에 대해서 더 높을 것이다.

론치 이후 실제 위성에 대한 주요 위험성은 일부 임무에 치명적인 항목이 고장이며, 전체 임무에 필수적인 어떤 고장이라도 재난적일 것이다. 이는 페이로드의 모든 임무에 치명적인 구성요소뿐 아니라 내부와 외부에 페이로드가 장착되는 위성 자체도 포함된다. 위성이 완벽하게 비행을 지속하더라도, 만약 페이로드의 기능이 중지되면 이는 전체 손실로 이어질 것이다.

그러나 UAV 의 경우, 만약 여전히 비행할 수 있고 제어될 수 있다면 이는 착륙할 수 있고, 고장난 무엇이든 수리 또는 교체될 수 있으며, 그리고 다시 이륙해서 임무를 재개할 수 있다. 일부 UAV 와 경항공기는 날개가 파손되는 극단적인 상황에서도 항공기가 지상으로 비재난적인 귀환이 가능하도록 하는 낙하산을 포함하도록 설계된다.

원칙적으로, 태양광으로 배터리를 충전해서 무한대로 공중에 머물 수 있는 UAV 의 능력과는 무관하게, 배터리와 많은 작동 부품은 정비 및/또는 시간이 지남에 따라서 마모되는 부품의 일정한 계획에 따른 교체가 필요할 것이다. 위성 또한 마모되며, 예상되는 고장과 함께 위성을 설정된 궤도와 위치로 유지하는 추진기를 위해서 필요한 연료비용으로 인해서 약 10 년 정도의 설계 수명을 갖도록 설계된다.

따라서, 정비를 위해서 정기적으로 착륙해야 하는 UAV 유사 위성에 대한 요구조건을 실제 위성에 비해서 단점이라고 볼 필요는 없으며, 착륙하고 부품과 서브시스템의 고장을 수리할 수 있는 능력은 상당한 장점이라고 할 수 있을 것이다.

UAV 설계자는 비행에 치명적인 서브시스템을 제외한 모든 것에 대해서 상용부품과 서브시스템을 사용하는 것을 고려할 수 있다. 비행에 치명적인 서브시스템에 대해서도, 정기적인 정비 주기를 예상한다면 비용대 리던던시 및 신뢰성 사이에서 보다 완화된 트레이드오프가 가능할 것이다.

사례로써, 만약 예를 들어 재중계 위성 TV 와 같은 임무를 지원하는데 필요한 고대역폭 데이타 링크를, 수리를 위해서 UAV 를 기지로 다시 착륙시키는데 적절했던, 신뢰성은 매우 높지만 또한 능력은 매우 한정된 데이타 링크로 백업하려고 한다면, 이는 UAV 에 대해서는 상당히 적절하겠지만 위성에 대해서는 선택사항이 될 수 없을 것이다.

우주공간의 위성과 유사위성 역할로 사용될 UAV 사이의 트레이드오프는 다음과 같은 항목에 따라서 달라질 것이다.

- 단일 UAV 가 일정 기간 동안 고장나는 결과 또는 즉시 론치될 준비가 된 대체기를 갖는 비용 (그리고 대체기가 고고도 스테이션에 도달하는데 걸리는 시간)
- 충격이 발생할 수 있는 지역에서 잠재적인 충돌 또는 낙하산 착륙의 수용 능력
- 위성에 대한 매우 높은 신뢰도와 리던던시를 위한 설계, 그리고 우주공간에서 유용한 수명이 종료된 이후 위성을 대체할 필요로 인한 추가비용과 비교되는 UAV 와 페이로드에 대한 정기적인 정비의 수행으로 인해서 추가되는 수명주기 비용
- 모든 정기적인 정비에서 UAV 페이로드를 업그레이드하는 능력대 매우 높은 비용, 또는 궤도상의 무언가에 대한 수리 또는 페이로드 업그레이드를 처리하는 완전한 비실용성
- 특정 적용에 대한 낮은 고도의 장점과 단점
- 위성에서는 회피할 수 있는 특정국 공역 상공에 대한 비행 문제
- 대형 부스터로 궤도상에 진입될 수 있는 페이로드와 비교해서 긴 체공시간 UAV 의 페이로드 능력은 한동안 낮은 상태로 유지될 가능성이 높음. 이 트레이드오프는 낮은 고도(예를 들어 낮은 송신기 출력 요구조건), 잠재적인 낮은 리던던시, 그리고 아마도 한 개의 위성을 대체하기 위한 하나 이상의 UAV 를 사용하는 것으로 인한 2 차 효과의 영향을 받을 것이다.

그러나, UAV 를 회수하고 수리할 수 있는 능력이 어떤 방식으로 UAV 설계의 시스템과 서브시스템 트레이드오프에 상당한 영향을 미칠 수 있을지, 비용을 상당히 감소시킬 수 있을지, 그리고 궤도상에 진입된 위성에 비해서 UAV 의 핵심적인 장점이 될 수 있을지는 쉽게 알 수 있다.

5 부 데이타 링크

Data Links

여기서는 UAV 데이타 링크의 기능과 특성을 소개하고, 이러한 데이타 링크에 대한 주요 성능, 복잡성, 그리고 비용 인자를 살펴보며, 그리고 데이타 링크 서브시스템에 대한 다양한 수준의 구속조건 내에서 필요한 시스템의 성능을 성취하기 위해서 UAV 시스템 설계자에게 주어지는 옵션을 논의한다. 데이타 링크 설계의 세부사항 보다는 일반화된 특성 및 이러한 특성과 전반적인 UAV 시스템 성능과의 상호관계에 대해서 주로 강조할 것이다.

이 책에서 이번 부분의 의도는, 데이타 링크를 특히 센서 설계, 온보드 및 지상 처리, 그리고 인간 요소를 포함한 시스템의 모든 다른 측면과의 균형을 잡고 통합할 목적으로, UAV 시스템과 관련된 시스템 트레이드오프를 구성하는 방법 및/또는 테스트베드와 기술적인 노력을 기획하는 방법에 대한 독자의 이해를 돕는 것이다.

데이타 링크는 라디오 주파수 전송 또는 광섬유 케이블을 사용할 수 있다. RF 데이타 링크는 AV 가 통제 스테이션에 물리적으로 연결되지 않은채 비행할 수 있도록 하는 장점을 갖는다. 이는 또한 비행 종료시 일반적으로 회수될 수 없는 광섬유 케이블의 비용을 피할 수 있다.

광섬유 케이블은 극단적으로 높은 대역폭을 가지며, 보안성과 함께 전파방해가 불가능하다는 장점을 갖는다. 그러나, AV 가 비행하는 동안 지상 스테이션과 AV 사이에서 물리적인 연결을 유지하는 것과 관련된 심각한 기계적인 문제점이 존재한다. UAV 가 한 지점 상공에서 기동 또는 선회하고 지상 스테이션으로 돌아오도록 하려는 모든 시도는 기체의 뒤를 따르는 케이블로 인한 문제점을 즉각적으로 일으킬 것이다.

대부분의 UAV 시스템은 RF 데이타 링크를 사용할 것이다. 예외로는 레이다와 전자광학 센서를 위한 높은 유리한 지점을 제공하기 위해서 선박으로부터 론치되고 연결되는 회전익 UAV 와 같은 매우 짧은 거리의 관측 시스템, 또는 회수 가능한 UAV 가 아닌 광섬유 유도 무기 시스템인 단거리 치명적인 (무기) 시스템일 것이다.

데이타 링크의 기능은 적용되는 방법에 무관하게 동일하지만, 이 책에서는 RF 데이타 링크에 적용되는 문제점에 집중한다.

제 13 장 데이타 링크 기능 및 속성

Data-Link Function and Attributes

13.1 개요

이번 장에서는 UAS 의 데이타 링크 서브 시스템의 기능과 속성에 대한 일반적인 설명을 제공하고, 데이타 링크의 속성이 UAV 의 임무 및 설계와 상호 작용을 하는 방법을 설명할 것이다.

데이타 링크는 UAV 와 지상 스테이션 사이의 통신 링크를 제공하는 전체 UAS 에서 핵심적인 부분이다. UAS 의 설계자는 데이타 링크의 특성이 전체 시스템의 설계에서 임무, 제어, 그리고 AV 의 설계와 데이타 링크의 설계 사이의 수 많은 트레이드오프와 함께 고려되어야만 한다는 사실을 이해하는 것이 무엇보다도 중요하다. 만약 UAS 의 설계자가 데이타 링크를 데이타와 명령을 위한 단순하고 거의 즉각적인 파이프라인이라고 생각한다면, 시스템이 실제 데이타 링크의 한계를 처리해야만 하는 경우 시스템 실패와 같은 예상하지 못한 상황이 나타날 가능성이 높다. 반대로, AV 와 제어 개념, 그리고 설계를 데이타 링크 비용과 복잡성에 대한 트레이드오프를 통해서 조정하면서 데이타 링크를 포함한 시스템을 전체로 설계한다면, 데이타 링크의 근본적인 한계를 수용하면서도 전체 시스템의 성공적인 작동이 가능할 것이다.

13.2 배경

데이타 링크와 관련된 가장 높은 수준의 난이도와 복잡성은 의도적인 전파방해와 기만에 대한 저항과 같은 영역에서 군용 UAV 데이타 링크의 특별한 요구로부터 발생한다. 그러나, 가장 일상적인 민간용 적용에서도 모든 개발된 거주 지역에서 지속적으로 방사되는 수 많은 RF 시스템으로부터의 의도되지 않은 간섭도 회피되어야만 하기때문에, 군용과 민간용에 대한 요구조건 사이의 차이는 기본적인 수준이 아니다. 이러한 논리는 모든 군사용 요구조건을 설명할 것이므로, 독자는 UAV 데이타 링크가 작동해야만 하는 일반적으로 어려운 환경 중에서도 실질적으로 가장 최악의 경우가 무엇인지에 대해서 이해할 수 있을 것이다.

이번 장에서는 미 육군의 Aquila RPV 와 이의 데이타 링크인 MICNS 에 대한 경험에 기반한 특정한 사례를 다수 살펴볼 것이다. MICNS 는 양방향 데이타 통신과 AV 에 명령하기 위한 위치측정 능력, 센서 데이타의 지상 전송을 제공하고, 또한 지상 스테이션의 위치에 상대적인 정확한 위치를 제공하는 것으로 AV 항법을 보조하기 위해서 설계된 정교한 대전파방해 능력을 갖는 디지탈 데이타 링크이다. 이는 가혹한 전파방해 환경에서 작동하도록 설계되었다. MICNS 프로그램의 지연으로 인해서 Aquila AV 의 초기 테스트에서는 모바일 TV 작동에서 영상을 스튜디오로 전송하는데 사용되는 종류의 고대역폭

상업용 데이타 링크를 이용하였다. MICNS를 사용할 수 있게 되어 Aquila UAS에 통합되었을때 많은 심각한 문제점이 발견되었다.

MICNS/Aquila 개발과 테스트 이력으로부터 얻을 수 있는 중요한 교훈이라면, UAV 수준의 복잡성을 갖는 시스템과 데이타 링크의 통합이 결코 쉬운 작업이 아니라는 것이다. 데이타 링크가 단순하고, 실시간이며, 실제 하드와이어와 같이 취급될 수 있는 고대역폭 통신 채널이 아니라면, 이의 특성은 시스템의 성능에 상당한 영향을 줄 수 있다. 만약 이러한 영향이 시스템 나머지 부분의 설계에 고려된다면, 필수적인 시스템 특성은 유지될 수 있을 것이다. 만약 근본적으로 무제한인 데이타 링크 능력을 가정해서 시스템이 설계된다면, 실제 제한된 데이타 링크가 장착되었을때 대규모 재설계가 필요할 가능성이 매우 높다. 가시선 밖에서도 작동하며 간섭에 저항하는 어떤 데이타 링크라도 단순하고 실시간이며 고대역폭이 될 수는 없다. 따라서, 목표 데이타 링크의 구속조건과 특성이 초기 시스템 설계 동안에 고려되어야만 한다.

데이타 링크의 주요 문제의 대부분은 비행체와 지상의 제어기 사이의 루프를 닫는 모든 제어 과정상에 도입되는 데이타 링크의 시간 지연과 관련된다. Aquila 시대에서는, 이러한 지연은 대부분 대역폭 제한과 AJ 처리시간으로 인해서 발생했을 가능성이 높다. 보다 최근의 경우에는, 통신위성을 통해서 보다 원거리로부터 UAV를 제어하는 것이 일반화되었다. 예를 들어서, 미국 서부에 위치한 지상 스테이션으로부터 서남 아시아 지역에서 전투임무를 수행하는 훈련을 하는 것이다. 이번 장에서 논의되는 MICNS AJ 데이타 링크를 사용한 영상 및 명령 레이턴시와 관련된 모든 문제점은, 신호가 지점대 지점으로 중계되면서 누적되는 작은 지연과 상당한 거리로 인해서 개입되는 시간지연이 조합되는 경우에도 동일하게 적용된다.

데이타 링크와 UAV 시스템의 나머지 사이의 설계 트레이드오프는 전체 시스템 설계 과정의 초기에 발생해야 한다. 이를 통해서 데이타 링크, 공중 및 지상에서의 처리, 임무 요구조건, 그리고 운용자 훈련 사이의 부담을 분할할 수 있다.

대부분의 기술과 마찬가지로, 비용과 복잡성의 급격한 차이로 구분되는 데이타 링크 능력의 자연스러운 수준이 존재한다. 비용면에서 효과적인 시스템 정의를 위해서는 이러한 수준과 각 수준 사이의 차이를 인식할 필요가 있으며, 이를 통해서 비용상 다음 단계로의 이동으로 인해서 제공되는 능력의 증가가 정당화될 수 있는지 여부에 대한 근거있는 결정을 내릴 수 있다.

데이타 링크와 UAV 시스템의 나머지 사이의 상호작용은 복잡하고 다면적인 문제이다. 상호작용에서 복잡성의 대부분을 설명하는 중요한 특성은 AJ 능력, 거리, 중계, 또는 UAS에서 사용하는 일반적인 목적의 통신 네트워크에 대한 제한과의 관련성과 상관없이 대역폭의 제한과 시간 지연이다.

여기서는 데이타 링크 기능과 속성에 대한 일반적인 설명, 그리고 이들이 상호작용을 하는 방법으로부터 시작할 것이다. 이러한 배경을 이해하고, 다음으로는 AJ 능력과 관련된 트레이드오프를 평가하고,

다양한 조건에서 AJ 와 전파방해에 저항하는 데이타 링크에 대한 가능한 데이타율 한계를 설정할 것이다. 마지막으로, 어떠한 출처이든 데이타 링크 제한이 RPV 의 임무 성능에 미치는 영향을 고려하고, 또한 UAV 설계에 대한 전체적인 시스템 접근방법이 이러한 영향을 감소시키는 방법에 대해서 고려할 것이다.

13.3 데이타 링크 기능

UAV 데이타 링크의 기본적인 기능이 그림 13.1 에 나와 있다. 이는 다음과 같이 정리될 수 있다.

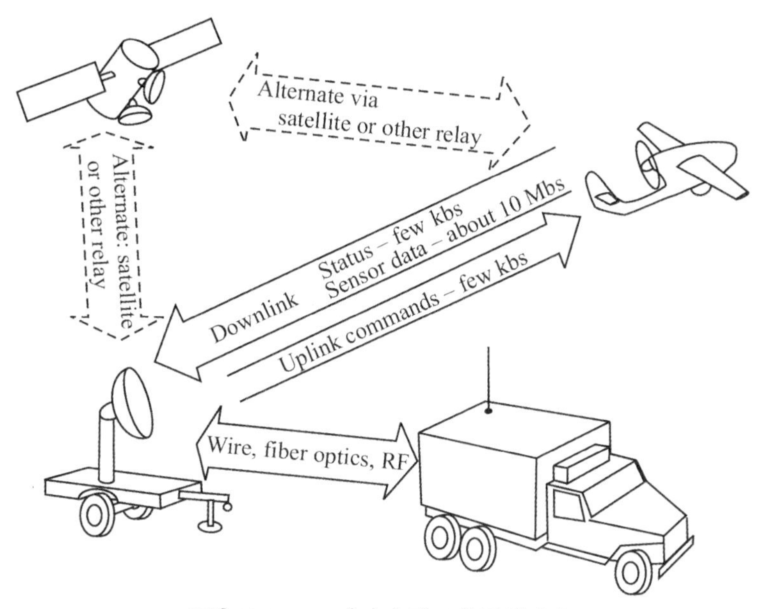

그림 13.1 UAS 데이타 링크의 구성 요소

- 지상 스테이션에서 AV 와 이의 페이로드를 제어할 수 있도록하는 수 kHz 의 대역폭을 갖는 업링크 또는 명령링크. 지상 통제 유닛에서 명령을 전송하려고 하면 언제든 업링크를 사용할 수 있어야 하지만, AV 가 (예를 들어서, 한 지점에서 다른 지점까지 자동조종 상태로 비행하는 것과 같이) 이전 명령을 수행하고 있는 기간 동안에는 침묵일 수도 있다.

- (단일 데이타 스트림으로 통합될 수도 있는) 두 개의 채널을 제공하는 다운링크. 상태 (또는 원격측정) 채널은 현재 AV 의 속도, 엔진 RPM 등과 같은 정보와 지향각과 같은 페이로드 상태 정보를 통제 유닛으로 전송한다. 상태 채널은 명령 링크와 유사하게 단지 작은 대역폭만을 필요로 한다. 두 번째 채널은 센서 데이타를 지상으로 전송한다. 이 채널은 센서에서 생성되는 데이타량을 처리할 수 있을 정도로 충분한, 일반적으로 300kHz 에서 10MHz 사이 범위의 대역폭을 필요로 한다. 보통 다운링크는 연속적으로 작동하지만, 지연된 전송을 위해서 데이타의 일시적인 온보드 저장을 위한 대비를 갖기도 한다.

- 데이타 링크는 지상 안테나로부터 AV 까지의 거리 및 방위각을 측정하는데 사용될 수도 있고, 이는

AV 의 항법을 보조해서 AV 에 장착된 센서에서 측정되는 목표물 위치에 대한 전체적인 정확도를 증가시킬 수 있다.

데이타 링크는 일반적으로 몇 개의 주요 서브시스템으로 구성된다. AV 상에 위치하는 데이타 링크의 부분은 대기데이타 터미널(Air Data Terminal, ADT)과 안테나를 포함한다. ADT 는 RF 수신기 및 송신기를 포함하며, 수신기와 송신기를 시스템의 나머지 부분과 연결하기 위해서 모뎀뿐 아니라 때로는 다운링크의 대역폭 한도 이내에 맞추어 전송될 수 있도록 데이타를 압축시키는 프로세서도 필요하다. 안테나는 전방향이거나 또는 약간의 이득을 가질 수 있으며 지향이 필요할 수도 있다.

지상의 장비를 지상 데이타 터미널(Ground Data Terminal, GDT)이라고 하고, 이는 하나 또는 이상의 안테나, RF 수신기와 송신기, 모뎀, 그리고 만약 센서 데이타가 전송 전에 압축이 되었다면 이를 재구성하는 프로세서로 구성된다. (데이타의 압축과 재구성을 데이타 링크의 내부 또는 외부에 두어야 하는가에 대해서는 이후에 논의될 것이다.) GDT 는 보통 UAS GCS 로부터 일부 떨어진 곳에 위치할 수 있는 안테나 차량, 지상 안테나로부터 GCS 까지의 지역 데이타 링크, 그리고 GCS 내의 프로세서와 인터페이스를 포함하는 몇 개의 부분으로 구성될 수 있다.

만약 GDT 로, 또는 이로부터 ADT 로의 데이타 스트림이 높은 대역폭의 하드와이어 또는 광섬유의 일부 조합을 통해서 전송되고, 2 차 또는 3 차 위성으로 연결되는 위성으로 업링크된 후에 최종적으로 우주로부터 ADT 로 링크된다면, 데이타 링크의 기능적인 요소는 근본적인 방식으로 달라지지는 않는다. UAS 의 측면에서 본 것과 같이, 여전히 업링크와 다운링크 채널이 존재한다. 이러한 채널에 요구되는 기능은 그림에 나온 것과 같고, 이들의 능력은 체인 내의 가장 약한 링크에 따라서 설정된다.

13.4 바람직한 데이타 링크 속성

만약 데이타 링크가 특정 시험장에서 상당히 통제된 조건에서만 작동해야 한다면, 아마도 단순한 원격측정 수신기와 송신기를 사용하는 것이 적절할 것이다. 시험장 이내의 다른 방사체로부터 간섭을 받을 수도 있지만, 작동 주파수의 신중한 선택을 통해서 그리고 필요하다면 다른 방사체를 조정하는 것으로 제어될 수 있을 것이다. 그러나, 경험에 따르면 현실적인 전장 또는 도심의 전자기파 환경은 말할 것도 없이, 만약 UAV 시스템이 모든 주파수 충돌이 해결된 한 시험장으로부터 다른 시험장으로 이동한다고 하더라도, 이러한 단순한 데이타 링크는 신뢰할만한 작동을 보장하기에 적절하지 않다는 것을 보여주었다. 여기서는 오늘날 수 많은 가능한 충돌하고 간섭하는 신호를 의미하는, 고도로 발달되고 최소한 적당히 인구가 밀집된 지역인 전자기 환경에 대해서 도심이라는 표현을 사용할 것이다.

절대적인 최소한도로, UAV 데이타 링크는 사용자가 테스트, 훈련 또는 고의적인 전파방해가 없는 환경에서 운용할 필요가 있는 어디에서도 작동할 수 있도록 강건해야만 한다. 이를 위해서는 링크가 모든 가능한 위치에서 할당될 수 있는 주파수에서 작동해야 하며, 존재할 가능성이 있는 다른 RF 방사체로부터의 의도하지 않은 간섭으로 인한 방해에 저항할 수 있어야 한다.

전장에서 UAV 시스템은 지상 스테이션의 포병을 목표로 하는데 사용되는 방향탐지, GDT 로부터의 방출을 추적하는 대방사 무기(Anti-Radiation Munitions, ARM), 인터셉트와 적대적 활용, 기만, 그리고 데이타 링크의 의도된 또는 의도하지 않은 전파방해를 포함한 다양한 종류의 전자전(Elecronic Warfare, EW) 위협에 노출될 수 있다. 데이타 링크는 이러한 위협에 대해서 합리적으로 사용 가능한 최대한의 보호를 제공하는 것이 매우 바람직하다.

상호 간섭 및 EW 와 관련된 UAV 데이타 링크에 대한 일곱 가지의 바람직한 속성은 다음과 같다.

1. 주파수 할당/지정에 대한 세계적인 사용 가능성: 평화시 사용자가 관심있는 모든 지역에서 테스트 및 훈련 작동으로 사용할 수 있을뿐 아니라 전시 동안에도 사용할 수 있는 주파수에서 작동
2. 의도하지 않은 간섭에 대한 저항: 다른 RF 시스템으로부터 방출되는 대역내 신호의 간헐적인 존재에도 성공적으로 작동
3. 낮은 인터셉트 가능성: 적의 방향탐지 시스템에 대해서 사용가능한 거리와 지역에서 방위각을 인터셉트 및 측정하기 어려움
4. 보안: 인터셉트를 당하더라도 신호의 디코딩으로 인해서 해석이 불가
5. 기만에 대한 저항: 적에 의해서 AV 로 보내지는 명령 또는 GDT 로 보내지는 기만정보의 시도를 거절
6. 대 ARM: ARM 에 연결되기 어렵고 또는 ARM 에 연결되더라도 지상 스테이션에 대한 피해를 최소화
7. 대전파방해: 업링크 및/또는 다운링크에 대한 의도적인 전파방해 시도에도 불구하고 성공적으로 작동

이러한 바람직한 속성의 상대적인 우선순위는 특정 UAV 의 임무와 시나리오에 따라서 달라진다. 일반적으로, 우선순위는 다운링크보다는 업링크에 대해서 달라질 것이다. 이러한 우선순위에 영향을 미치는 일반적인 고려사항은 다음 장에서 논의될 것이다.

13.4.1 전세계 가용성

이는 일반용도의 민간 또는 군용 시스템에서 가장 중요한 문제이다. 특수용도의 시스템은 특정 지역에서만 사용하도록 설계될 것이다. 원칙적으로 이들은 (만약 이후 다른 곳에서 시스템을 사용하려고 한다면 잠재적인 재설계의 비용을 감수하고) 해당 지역에서만 사용할 수 있는 주파수 대역을 사용할 것이다. 그러나 이와 같은 특별한 경우에서 조차도, 시스템이 최종적인 운용 사이트와는 다른 주파수 제한을 가지고 있을 수도 있는 하나 또는 그 이상의 테스트 사이트에서 사용될 수 있어야만 할 것이라는 사실을 잊지 않아야 한다.

일반 용도의 시스템의 경우, 주파수 사용가능성과 관련해서 현재 가장 제한된 지역은 아마도 유럽일 것이다. 세계적으로 개발이 가속화됨에 따라서, 다른 지역에서도 유사한 제한이 따를것이고 다른 종류의 규칙을 가질 수도 있다. 오늘날에도 일부 비개발품목(Non-Developmental Item, NDI), 다시 말해서, 유럽 이외 지역에서 상용품 데이타 링크는 평화시 유럽에서 사용될 수 없는 주파수 대역을 사용하고 있다.

만약 데이타 링크가 세계적으로 사용할 수 없는 주파수를 사용한다면, 이는 사용될 지역에 따라서 대체 주파수를 사용하도록 설계되어야만 할 수도 있다. 민간 시스템의 경우 이는 단순한 필요성이다. 군사용 시스템의 경우에는 평화시의 제한에도 불구하고 전시에는 해당 주파수가 사용될 수 있다고 주장될 수도 있지만, 군용 사용자는 테스트와 훈련에 대한 요구조건을 갖기때문에 데이타 링크를 평화시에도 필수적으로 사용할 수 있어야 한다. UAV 운용자의 기술은 지속적인 재교육이 필요할 것이다. 특정 지역에서는 UAV 가 비행할 수 있을 장소를 찾는 것이 어려울 수도 있지만, 훈련은 UAV 페이로드와 데이타 링크를 운반하는 유인 항공기로 수행될 수도 있다. 이러한 훈련은 작동하는 데이타 링크를 이용해야만 이의 특성이 훈련에 내재될 수 있다.

만약 세계적으로 사용할 수 없는 NDI 데이타 링크가 초기 획득으로 승인된다면, 어디에서나 사용할 수 있는 이후 버전으로의 교체가 프로그램의 특성으로 사전에 계획되어 있어야 한다. 이러한 상황에서는 초기 데이타 링크의 폐기 비용을 불가피한 비용으로 고려해야만 하고, 이는 만약 NDI 데이타 링크의 조기 배치가 가능하고 과도하게 많은 시스템이 전달되기 전에 교체될 수 있다면 정당화될 수도 있다.

13.4.2 비의도적 간섭에 대한 저항

비의도적 간섭으로 인한 임무 실패의 큰 위험부담이 없이 작동할 수 있는 능력은 UAV 데이타 링크에 대해서 두 번째로 필수적인 요구조건이다. 이러한 능력을 지정하고 테스트하는데 사용되는 전자기 환경은 해당 시스템에 대해서 고려 가능한 최악의 조건이어야 한다. 군용 시스템의 경우, 이는 시험장, 훈련 지역, 그리고 운용 지역에서 직면할 수도 있는 상황을 포함하기 위해서 통합 운용과 현실적인 방사체의 조합을 포함한다. 경험에 따르면, 단순한 원격측정 링크의 경우, 현재 전장에서 존재할 수 있는 기혹한 전자기 환경은 언급할 필요도 없이, 시험장과 훈련 지역에 대해서도 이러한 요구조건을 만족하지 못하는 것으로 나타났다.

주파수 충돌을 피하는 것에 추가해서, 오류검출 코드, 확인응답, 그리고 재전송 프로토콜, 그리고 전파방해에 대한 저항을 제공하는데 사용되는 것과 동일한 많은 기법을 통해서 의도하지 않은 간섭에 대한 저항이 향상될 수 있다.

13.4.3 저피탐

AV 가 공중에 있는 동안 지상 스테이션은 상당한 시간 동안 고정된 위치에 머물러야만 하고, 이로 인해서 만약 위치가 노출된다면 포병 또는 호밍 미사일에 대해서 정지된 목표물이 되기때문에, 군사용 업링크에서는 저피탐(Low Probability of Intercept, LPI)이 상당히 바람직한 특성이다. 지상 스테이션의 생존성은 (일부 경우에는) 이의 위치를 멀리 후방에 두거나 또는 AV 가 한 지상 스테이션에서 다른 스테이션으로 인계되어 지상 스테이션이 보다 자주 이동할 수 있도록 하는 것으로 개선될 수 있다. 뿐만 아니라, 업링크에 대해서 신호를 방사하는 안테나는 지상 스테이션의 나머지로부터 원격인 지점에 배치되고, 지상 스테이션의 모든 부분은 (보다 크고 무거운 차량이라는 비용으로) 방호성을 제공받을 수 있다. 그러나, 적이 방향탐지를 통해서 양호한 위치를 차지할 수 있을 가능성을 줄이는 방법을 통해서 지상 스테이션의 취약성을 원천적으로 감소시키는 것이 보다 바람직할 것이다.

다운링크에서는 LPI가 덜 중요하다. 그러나, 만약 테러리스트 결집장소에 대한 감시 및/또는 공격 또는 법 집행과 관련된 유사한 작전과 같은 은밀한 임무에서는, 공중 감시의 목표가 되는 대상인물이 AV가 상공에서 전송을 한다는 것을 알 수 없도록 한다면 잠재적인 장점이 있을 것이다. 사용되는 주파수에 따라서 이러한 종류의 경고를 제공할 수 있는 종류의 스캐닝 수신기를 획득하는 것은 그렇게 어렵지는 않을 것이다.

LPI는 주파수 확산, 주파수 민첩성, 전력 관리, 그리고 낮은 임무 주기를 통해서 제공될 수 있다. 더 높은 주파수에서 업링크 신호는 GDT 안테나에 대한 막히지 않은 가시선의 부족으로 인해서 지상기반 방향탐지기로부터 가려질 수도 있다. 저비용이라는 구속조건 내에서 LPI 는 주로 대 ARM 및 AJ 요구조건으로 추진되는 특성으로 인해서 보너스로 제공되는 있으면 더 좋은 것이라는 속성으로 고려되어야만 할 수도 있다.

13.4.4 보안

첫 현대식 시스템이 1980 년대 배치되었을때 UAV 에 대해서 고려되었던 많은 전술적인 기능에 대해서, 인터셉트로부터 수집된 정보에 기반한 기만으로 침입할 수 없었다면 업링크나 다운링크를 청취할 수 있었던 적에게는 아마도 이득이 거의 없었을 것이다.

그러나 최근 UAV 의 주요 적용의 일부에서는 운용 기밀을 유지하는 것이 결정적인 임무가 되었다. 앞에서 설명된 것과 같이, 테러리스트 또는 범죄자는 상공에서 감시를 당하고 있다는 정보를 사용해서 자신의 행동을 변경하거나 또는 UAV 로부터 발사되는 공격으로부터 피신할 수 있다. 이러한 상황에서는 업링크와 다운링크 데이타 스트림 모두에 대한 암호화가 요구되는 보안이 중요한 요구조건이 된다.

13.4.5 기만에 대한 저항

업링크의 기만으로부터 적은 AV 에 대한 제어를 획득할 수 있고, 또한 이를 충돌, 방향전환, 또는 회수할 수도 있다. 전파방해는 일반적으로 특정 임무의 성능을 거부할 뿐이지만, 기만은 AV 와 페이로드의 손실로 이어지기 때문에 전파방해보다 더 좋지 않다. 뿐만 아니라, 만약 적이 AV를 추락하도록 할 수 있다면, 단일 기만 시스템을 통해서 많은 AV를 순차적으로 공격할 수도 있다. 반면 전파방해의 경우, 재머가 다른 AV 로 이동한다면 AV 는 임무를 계속할 수 있기때문에 전파방해는 장시간 동안 자산을 묶어두게 된다. 업링크의 기만은 AV가 (예를 들어서, 엔진정지, 데이타 링크 주파수 변경, 낙하산 전개, 지형보다 낮은 고도로 변경과 같은) 단 하나의 재난적인 명령을 수락하는 것으로 충분하다.

다운링크의 기만은 운용자가 이를 알아차릴 가능성이 있기때문에 보다 까다롭다. 다운링크의 센서 데이타와 관련된 기만을 위해서는 믿을만한 허위 센서 데이타가 필요하지만, 이를 제공하는 것은 매우 어렵다. 상태 다운링크의 기만은 임무의 중단 또는 추락까지 초래할 수도 있다. 예를 들어서, 지속적으로 상승하는 고도 지침은 운용자로 하여금 보다 낮은 고도를 설정하도록 유도할 것이고, 이는 추락으로 이어질 것이다. 그러나, 이를 위해서는 AV 에 하나의 나쁜 명령을 보내는것 이상의 정교함이 필요할 것이다.

기만에 대한 저항은 인증코드를 통해서, 그리고 보안코드를 사용한 확산 스펙트럼 전송과 같은 전파방해에 대한 저항을 제공하는 일부 다른 기법을 통해서 제공될 수 있다. 특히 만약 공용 지상 스테이션을 사용하는 것으로 인해서 공용 데이타 링크 및 일부 공통된 명령 코드를 사용하는 전술 UAV 그룹을 전개하는 것이 목적이라면, 업링크에 대한 일부 보호가 합리적인 것으로 보인다.

인증코드는 (인증이 포함된 메세지를 전송하는 것을 제외하고는) 데이타 링크의 직접 개입이 없이 시스템 소프트웨어에서 생성되고 AV 컴퓨터에 의해서 검증될 수 있기때문에, 기만에 대한 저항은 데이타 링크의 외부에 적용될 수도 있다.

13.4.6 대방사 무기

지상 스테이션은 위치가 고정되고, 적을 향해서 신호를 복사하고, 그리고 상당히 고가의 자산이기 때문에 대방사무기(Anti Radiation Munition, ARM)에 대해서 공격하기 어려운 목표물이 되도록 하는 것이 바람직하다. ARM 에 대한 상당한 보호는 업링크에 원격 전송 안테나와 낮은 듀티 싸이클을 이용하는 것으로 제공될 수 있다. 이상적으로, 업링크는 AV 로 전송될 명령이 없다면 전송을 중단해서 오랜 시간 동안 침묵을 유지할 수 있도록 해야한다. 이는 전체 시스템이 업링크를 최소한으로 사용하도록 설계되어야 하기때문에 부분적으로는 시스템의 문제이지만, 일부 데이타 링크는 전송을 기다리는 새로운 명령이 없더라도 정기적으로 신호를 방사하도록 설계될 수도 있기때문에 데이타 링크의 문제이기도 하다.

ARM 에 대한 추가적인 보호는 다른 관점에서도 바람직한 특성인 LPI, 주파수 민첩성, 그리고 확산 스펙트럼 기법으로 제공될 수 있다.

만약 ARM 위협이 충분히 심각한 것으로 판단된다면, 지상 스테이션을 보호하기 위해서 디코이와 같이 다양한 능동적인 접근방법을 지상 스테이션의 보호에 추가하는 것이 가능하다.

AV 의 경우 ARM 에 대한 적절한 목표물이 아니기 때문에, 이는 다운링크에서는 문제가 되지 않는다.

13.4.7 대전파방해

데이타 링크가 전파방해를 위한 고의적인 시도의 존재하에서도 작동할 수 있는 능력을 대전파방해(Anti-Jam, AJ) 또는 전파방해 저항 능력이라고 한다. 때로는 대전파방해는 최악의 경우에 해당하는 전파방해 위협에 대한 완전한 보호를 의미하고, 전파방해 저항은 전파방해에 대한 다소 완화된 정도의 보호를 설명하는데 사용되기도 한다. 여기서 사용되는 것과 같이 전파방해 저항은 AJ 의 부분집합이다.

이 시점에서 수학적인 정의가 없이 AJ 마진의 개념에 대해서 소개하는 것이 유용할 것이다. 데이타 링크의 AJ 마진은 링크의 작동이 허용 가능한 수준 아래로 저하되기 전까지 링크가 견딜 수 있는 재머 출력의 크기를 측정하는 수단으로, 일반적으로 링크에 대해서 지정된 최대 허용 가능한 에러율로 결정된다. AJ 마진은 보통 dB 로 나타낸다.

AJ 마진의 특별한 경우에서, dB 로 표현되는 비율은 전파방해가 없는 시스템에서 사용할 수 있는 실제 신호대 잡음비를 성공적인 시스템의 작동에 필요한 최소 신호대 잡음비로 나눈 것이다. 따라서, 30dB 의 AJ 마진은 시스템의 성공적인 작동을 간섭하기 위해서는 재머가 수신기의 신호대 잡음비를 1,000 보다 큰 배수만큼 ($10\,log\,1000 = 30$) 줄여야만 한다는 것을 의미한다.

dB 로 표현되는 AJ 마진을 논의할때, dB 에서 2 라는 배수는 재머파워에 대한 배수 2 가 아니라는 것을 명심하는 것이 중요하다. 따라서, 40dB 의 AJ 마진을 20dB 로 2 배만큼 줄인다면, 필요한 재머파워는 약 100 정도 배수만큼 감소될 것이다. 예를 들어서, 10,000W 재머와 100W 의 재머 사이의 차이는 단순히 배수 2 로 처리할때 가정되는 것보다 훨씬 더 상당한 의미를 갖는다. AJ 마진에 대해서는 제 14 장에서 보다 상세히 논의될 것이다.

AJ 능력의 전체적인 우선 순위는 UAV 가 직면할 것으로 예상되는 위협과 UAV 임무가 전파방해에 견딜 수 있는 정도에 따라서 달라진다. 데이타 링크는 언제 어디서든 전파방해를 받지 않을 것이다. 임무 내성의 한쪽 한계에서는, 미리 프로그램된 임무 프로파일을 수행하는 동안 UAV 온보드상에서 센서 데이타를 저장하고, 전파방해의 헛점이 발견되는 경우 데이타를 내려보내거나 또는 데이타를 메모리로 가져오는 것까지도 가능할 것이다. 이러한 한계에서는 회수지점에 거의 이르기까지 업링크는 전혀 사용할 필요가 없을 것이므로, 업링크 AJ 는 그다지 중요하지 않을 것이다. 일부 UAV 적용에 대해서, 이는 주 모드로 계획되지 않았다고 하더라도 허용될 수 있는 저하된 성능의 작동 모드일 수도 있다. 이러한 경우, AJ 능력이 거의 없는 데이타 링크를 사용하는 것이 가능할 것이다.

다른 한계는, 많은 주요 기능이 실시간으로만 수행될 수 있는 Predator 와 유사한 임무로 대표된다. 가장 분명한 사례로는 획득, 위치추적, 그리고 이동하는 목표물에 대한 공격 또는 국경을 가로지르는 영역의 감시가 있다. 이와 같은 대부분의 경우에서는 단 몇 분 전이라도 지나간 녹화를 재생하는 것은 거의 쓸모가 없을 것이다. 이러한 임무에 대해서는, 전파방해 위협과 함께 AJ 능력의 수준에 따라서 적이 UAV 시스템의 임무 효율성을 거부할 수 있을지의 여부가 결정될 것이다.

많은 경우 업링크보다는 다운링크에 대한 전파방해가 임무에 더 유해하다. 많은 임무는 미리 프로그램된 비행 프로파일과 센서 탐색 패턴을 이용해서 수행될 수 있다. 만약 업링크가 전파방해를 받는다면 운용자는 다른 각도에서 관심의 대상이 되는 물체를 다시 관찰할 수 있는 유연성은 잃게 되지만, 만약 실시간으로 이미 관찰했던 것을 다시 보기를 원한다면 지상에서 데이타를 저장할 수 있고 이를 재생할 수도 있다. AV 는 임무 종료시 회수를 위해서 업링크가 전파방해를 받을 가능성이 낮은 지상 스테이션의 인근으로 귀환하도록 프로그램될 수 있다. 따라서, 대부분의 임무는 실시간 데이타를 거부하는 다운링크 전파방해 보다는 업링크 전파방해에 대해서 보다 더 내성을 갖는다.

13.4.8 디지탈 데이타 링크

데이타 링크는 디지탈 또는 아날로그 데이타를 전송할 수 있다. 만약 디지탈 데이타를 전송한다면, 이는 반송파의 디지탈 또는 아날로그 변조를 이용할 것이다. 많은 단순한 원격측정 링크는 적어도 영상 채널에 대해서는 아날로그 변조를 사용한다. 대부분의 AJ 데이타 링크는 디지탈 데이타를 전송하기 위해서 디지탈 변조를 사용한다.

모든 최신 UAV 시스템은 GCS 및 AV 에서 제어와 자동비행 기능에 대해서는 분명 디지탈 컴퓨터를 사용할 것이고, AV 에 탑재되는 센서 데이타 역시 최소한 최종 단계에서는 디지탈을 사용할 것이 거의 확실하다. 디지탈 데이타 포맷은 전부는 아니더라도 오류탐지, 리던던트 전송을 통한 간헐적 간섭에 대한 내성의 대부부 접근방법에서 필수이다. 이러한 모든 이유로 인해서, 디지탈 데이타와 변조는 UAV 데이타 링크에 대한 자연스러운 선택이다. 이러한 논리는 명시적으로 별도로 언급되지 않는다면 데이타 링크는 디지탈이라는 것을 가정한다.

13.5 시스템 인터페이스 문제

UAV 데이타 링크와 관련해서 인터페이스 문제가 발생할 수 있는 몇 가지 주요 영역이 존재한다.

- 기계적 그리고 전기적
- 데이타율 제한
- 제어루프 지연
- 상호운용성, 상호교환성, 그리고 공용성

13.5.1 기계적 및 전기적

일반적인 기계적 그리고 전기적 인터페이스를 포괄적인 방식으로 논의하기는 어렵고, 이 책에서 다룰 범위를 벗어난다. 분명, AV 에 대한 중량과 출력의 제한은 ADT 설계에 상당한 구속조건이 될 수 있다. 지상 안테나 크기와 지향 요구조건은 지상 스테이션의 형상에 영향을 줄 것이다. 지상 안테나의 크기와 지향은 AJ 요구조건이 없더라도 항법 요구조건에 따라서도 추진될 수 있지만, 이러한 요소는 비 AJ 데이타 링크 보다는 AJ 데이타 링크에 대한 시스템 기여인자가 될 가능성이 더 높다.

만약 링크가 상대적으로 높은 주파수를 사용하고, (동일한 송신기 파워에 대해서) 보다 긴 거리 또는 AJ 마진을 성취하기 위해서 조향가능한 중간 이득의 안테나를 사용한다면, AV 의 안테나도 문제가 될 수 있다. 조향가능 안테나는 일반적으로 AV 의 몸체로부터 돌출되어야만 하며 회수시 파손에 취약할 수 있다. 어떤 특정한 안테나 위치도 모든 AV 기동에 대해서 완전한 영역의 커버리지를 제공할 수 없기때문에, 최소한 두 개의 (일반적으로 상부에 장착되는 dorsal 과 하부에 장착되는 ventral) 안테나가 필요하다. 커버리지의 공백을 채우기 위해서 또는 수신과 송신 안테나가 분리되었다면 더 많은 안테나가 필요할 수도 있다. MICNS 는 Aquila 에서 송신용으로 세 개, 수신용으로 두 개의 안테나를 사용했다.

데이타 링크에 대한 전기적인 인터페이스는 단순한 전력과 데이타의 입출력 외에 더 많은 것을 포함한다. 일반적으로, 데이타 링크는 작동하는 동안 시스템의 나머지 부분에 출력 버퍼상의 데이타가 양호한가의 여부 (다시 말해서 오류검출 확인을 통과하는 새로운 데이타), 그리고 링크의 현저한 손실을 알려줄 수도 있는 감소하는 신호 강도 또는 증가하는 에러율과 같은 운용자가 필요할 수도 있는 다른 상태 정보를 통보해야 한다. 뿐만 아니라, 시스템의 나머지 부분과의 적절한 인터페이스를 갖는 빌트인 테스트 능력이 매우 바람직하다.

13.5.2 데이타율 제한

센서 다운링크에서 사용할 수 있는 데이타율에 대한 제한은 UAV 시스템의 나머지 부분에 가장 큰 영향을 미치는 영역일 것이다. 많은 센서는 어떤 적절한 수준의 데이타 링크에 의해서 전송될 수 있는 것보다도 훨씬 더 높은 속도로 데이타를 생성할 수 있다. 예를 들어서, TV 또는 표준인 초당 30 프레임(fps)으로 작동하는 전방감시 적외선(FLIR) 센서로부터의 고해상도 비디오는 약 75mil bits/sec(Mbps)의 미가공 데이타(8bits/pixel, 30fps 에서 640×480pixel)를 생성할 수 있다. UAV 크기, 중량, 그리고 비용 구속조건을 만족하는 모든 데이타 링크는 이러한 미가공 데이타율을 전송할 수 있을 정도로 충분한 능력을 갖지 못할 것이다.

정보의 손실이 없이 전송된 데이타율을 감소시킬 수 있는 운용자에게 투명한 또는 거의 투명한 다양한 방법이 존재한다. 그러나, 이후에 논의될 바와 같이, 만약 AJ 능력 또는 전파방해 저항 수준이라도 필요하다면, 아마도 임무에 영향을 줄 수 있는 지점까지 전송되는 데이타율을 감소시키는 것이 필요할 것이다. 여기서 중요한 문제는 그러한 영향의 성격이다. 만약 전체 시스템 설계가 제한이 없는 데이타율 근처로 이루어진다면, 데이타율의 감소로 인한 영향이 임무 성능을 저하시킬 가능성이 높다. 반대로, 만약 운용자 절차와 임무계획을 포함한 시스템 설계가 제한된 데이타율을 감안해서 이루어진다면 성능의 저하가 없이 임무를 수행하는 것이 전적으로 가능할 것이다.

전송된 데이타율은 압축 또는 절단으로 감소될 수 있다. 데이타 압축 처리는 원본 데이타가 지상에서 재구성될 수 있도록 데이타를 보다 효율적인 표현으로 변환하는 것으로 이루어진다. 이상적으로는, 데이타가 압축되고 나서 재구성되면 손실되는 정보가 없다. 실제로는, 처리과정 상에서 불완전성 또는 가정으로 인해서 정보의 작은 손실이 종종 발생한다. 반대로, 데이타 절단은 나머지를 전송하기 위해서 데이타의 일부를 버리는 것이다. 전형적인 사례로는, 데이타율을 배수 2 만큼 감소시키기 위해서 TV 비디오의 두 프레임마다 하나씩 버리는 것이다. 이러한 과정에서 일부 정보가 손실되지만, 필요한 모든 정보를 위해서 매 1/15 초마다 새로운 프레임만으로 충분하기 때문에 운용자는 이러한 손실을 감지할 수 없을 것이다. 보다 심각한 형태의 절단은 비디오 각 프레임의 경계를 버리는 것으로, 이는 각 치수상에서

2 의 배수만큼 센서의 유효 시야각도를 감소시키는 것이다. 이는 데이타율을 배수 4 만큼 감소시키지만, 동시에 지상에서 관찰될 수 있는 영역 또한 감소시킨다. 두 번째의 경우, 절단 과정에서 유용한 정보가 손실될 수 있다.

다운링크의 데이타율 한계 이내로 유지하기 위해서는 압축과 절단의 조합이 필요할 수도 있다. 압축과 절단 기법의 선택은 센서와 임무를 수행하기 위해서 데이타가 사용될 방법의 특성뿐 아니라 데이타 링크의 특성을 고려한 전체 시스템 엔지니어링 노력의 일부로 이루어져야 한다.

데이타 압축과 절단 요구조건은 데이타 링크의 대역폭 제한, 그리고 이는 결국 AJ 고려사항에 따라서 이루어진다. 제 14 장에서는 AJ 요구조건의 가능한 대역폭 적용에 대해서 살펴볼 것이다. 그리고, 제 15 장에서는 결과적인 데이타율을 수용하기 위해서 가능한 데이타 압축과 절단 접근방법에 대해서 논의할 것이다.

13.5.3 제어루프 지연

일부 UAV 기능은 지상으로부터 폐루프 제어를 필요로 한다. 목표물에 대한 센서의 수동식 지향과 목표물에 대한 자동 추적은 이에 대한 한 사례이다. 또 다른 사례로는, 수동 조종으로 회수 네트로 비행하는 것이나 활주로상에 착륙하는 것이다. 이러한 기능을 수행하는 제어루프는 데이타 링크를 통한 양방향 전송을 포함한다. 만약 데이타 링크가 압축 또는 절단, 메세지 차단, 단일 주파수에 대한 업링크와 다운링크의 시간 다중화 또는 전송 전후 데이타의 차단 처리을 사용한다면, 제어루프에서 명령과 피드백 데이타의 전송에 지연이 발생할 것이다. 제어루프상의 지연은 일반적으로 유해하기 때문에, 만약 심각한 또는 재난적인 문제를 피하기 위해서는 UAV 시스템 설계에서 이러한 지연을 반드시 고려해야만 한다.

예를 들어서, 특정 데이타 링크는 업링크로 명령을 전송하는데 초당 한 차례의 슬롯만을 제공하고, 초당 하나의 비디오 프레임만을 다운링크할 능력을 가질 수도 있다. 만약 UAV 가 운용자에 의해서 미리 설정된 하방각도로 TV 센서를 조준하고 TV 영상에 기반해서 활주로 끝단을 향해서 수동으로 비행하고 착륙한다면, 2 초 또는 그 이상의 전체 루프 지연이 발생할 것이다. 여기에는 명령을 전송하는데 1 초, AV 비행 경로상 모든 결과적인 변화가 반영된 비디오 프레임을 보기 위해서 기다리는 1 초, 운용자가 반응하는데 필요한 몇 분의 1 초, 그리고 운용자 콘솔의 전자장비 내의 작은 지연 등이 포함된다. 다음 업링크 시간 슬롯에 대한 지연 대기는 운용자 입력과 데이타 링크 시간 다중화 사이의 위상에 따라서 달라질 것이므로, 지연은 일정하지 않다는 것에 주의해야 한다. 이러한 지연은 특히 바람이 부는 상황에서는 AV 가 신뢰를 가지고 착륙하는 것을 불가능하게 만들 것이다.

두 가지 해결방법이 가능하다. 회수 운용을 위해서 가장 단순한 방법은 낮은 출력에 AJ 능력이 없고 넓은 대역폭을 갖는 보조 데이타 링크를 추가하는 것이다. 이 링크는 네트 또는 활주로에 최종 접근하는 동안에만 사용될 것이다. 다른 방법으로는, 데이타 링크 지연에 민감하지 않은 회수 모드를 사용하는 것이다. 이를 위한 가능성으로는, AV 의 온보드에서 제어루프를 닫는 자동착륙 시스템 (예를 들어,

활주로 또는 네트상의 비콘착륙을 위한 자동조종을 구동하는데 추적 데이타를 사용하는 시스템), 또는 낙하산이나 패러포일 회수를 포함한다. 낙하산의 경우, 낙하산의 전개를 위한 단일 명령만이 필요하다. 전개하는 시점에서 1 초 정도의 불확실성은 거의 영향이 없을 것이다. 패러포일 착륙은 제어루프상의 2 초 또는 3 초 정도 지연은 최소한 지상 회수에 대해서는 수용될 수 있을 정도로 충분히 느릴 수 있다. 그러나, 이는 진행 중인 선박과 같은 이동형 플랫폼에 대한 회수에는 해당하지 않을 것이다.

센서 지정의 경우, 단거리 백업 데이타 링크를 사용하는 옵션은 존재하지 않는다. 이러한 경우의 해결방법은, 2~3 초의 시간 지연에서도 성공적으로 작동할 수 있는 제어루프를 설계하는 것이다. Aquila RPV 프로그램에 대해서 수행된 연구에 따르면, 만약 운용자가 관찰하는 비디오와 시야각의 이동에 대한 운용자의 명령이 AV 에 도착하기까지 사이의 시간 지연 동안 센서 시야각의 움직임을 자동으로 보상하는 모드에서 제어루프가 작동한다면 이러한 방법이 가능하다는 것을 보여주었다[1]. 참고문헌 [1]에 설명된 것과 유사한 기법이 Aquila/MICNS 시스템에 성공적으로 적용되었다. 그러나, 이러한 기법은 최대 지연이 수용될 정도의 시간동안 안정적인 참조에 대해서 지향 명령이 계산되고 실행될 수 있도록 AV 상에서는 양호한 관성 기준과 센서 지향 시스템에서는 고해상도 리졸버가 필요하다는 것에 주목해야 한다.

물론, 어느 경우에서든 데이타 링크로부터 높은 데이타율을 요구하는 것으로 전송지연의 문제를 해결하는 것이 가능할 것이다. 그러나, 이러한 방법은 AJ 능력 또는 데이타 링크 복잡성, 그리고 비용에 대한 영향을 가질 수 있으며, 이는 회수를 위한 보조 데이타 링크 또는 보다 정교한 제어시스템 설계로 인한 영향에 비해서 덜 바람직한 항목이다. 또한, 만약 위성 전송이 데이타 링크 체인내에 존재한다면 지연은 근본적일 수 있으며, 높은 대역폭으로 인해서 제거되지 않을 것이다. 균형잡힌 시스템 설계는 부가시스템을 과도하게 또는 과소하게 요구하는 것을 피하기 위해서, 전체 시스템 영향의 측면에서 모든 해결방법을 고려할 것이다.

제어루프 지연의 주요 원인은 다운링크 내의 데이타율 감소로, 이는 앞의 사례에서 설명되었던 비디오 프레임율 감소와 같은 영향으로 이어진다. 프레임율 감소의 영향은 제 15 장에서 데이타 압축과 절단에 대한 논의의 일부로써 자세히 다룰 것이다. 그러나, 데이타 링크와 UAV 시스템 설계의 다른 요인으로도 상당한 지연이 발생할 수 있다. 앞서 언급된 것과 같이, 지상 스테이션과 조종사가 AV 로부터 지구 반대편에 멀리 위치하는 것과 관련된 완전히 예상되기는 어려운 상당한 지연이 존재할 수도 있다.

유사하지만 보다 용이하게 회피할 수 있는 지연은 AV 로 블록을 전송하기 전에 채워져야 하는 다중명령 메세지 블록을 기다리는 데이타 링크에 의해서 발생할 수도 있다. 이러한 경우, 블록을 채운 명령은 거의 즉각적으로 전송되지만, 다음 블록의 첫 명령은 블록을 채우기에 충분한 추가 명령을 기다려야만 한다. (데이타 링크는 일정한 최대 시간이 지난 후에는 불완전한 블록을 전송할 수도 있고, 또는 블록을 채우기 위한 대기가 절대로 허용될 수 없도록 보장하는 속도로 GCS 에 의해서 명령이 발생하는 것으로 가정할 수도 있다.)

블록의 재구성이 시작되기 전에 수신될 압축된 센서 데이타의 완전한 블록을 대기하는 것으로, 그리고 재구성을 수행하는데 걸리는 시간으로 인해서 부가적인 지연이 발생할 수 있다. 또한 다음 서브시스템의 컴퓨터가 데이타 전송을 수락할 준비를 위해 대기하는 각 서브시스템의 컴퓨터로 인해서 루프를 통해 누적되는 지연은 일부 적용에 대해서는 상당할 수도 있다.

제어루프의 지연을 수용하도록 설계되지 않은 시스템에서 이로 인한 영향은 상당히 심각할 수 있다. 이러한 지연을 위한 대비가 없다면, 단순한 원격측정 링크에 대한 AJ 데이타 링크의 대체 또는 직접 데이타 링크를 통한 인근이 아닌 위성을 통한 수천 마일 떨어진 곳으로부터 UAV 의 운용은 시스템 소프트웨어의 상당한 재설계가 필요할 것이고 또한 하드웨어의 변경까지 필요할 수도 있다.

13.5.4 상호운용성, 상호교환성 및 공용성

상호운용성과 상호교환성은 동일한 것이 아니다. UAV 데이타 링크에 대해서, 상호운용성은 한 데이타 링크로부터의 ADT 가 다른 링크로부터의 GDT 와 통신할 수 있거나 또는 그 반대가 가능하다는 것을 의미한다. 두 데이타 링크가 실제로 동일하고, 동일한 설계로 제작되지 않았다면 이는 가능성이 매우 낮다. 상호운용성이 실현될 가능성이 있는 유일한 수준이라면 독립적인 단방향 채널을 사용하는, 다시 말해서 상하방향 채널이 서로 다른 주파수로 분리되고 독립적으로 작동하는 단순한 원격측정 링크에 대해서이다. 보다 정교한 링크는 시스템이 함께 작동하는 것을 보장하도록 적절히 설정하기가 매우 어려운 변조, 시기, 동기화 등의 세부사항을 포함한다. 특히, 직접확산 스펙트럼 및 주파수 호핑과 같은 다른 AJ 기법은, 스펙트럼의 동일한 부분을 사용하더라도 근본적으로 상호운용이 가능하지 않다. 따라서, 서로 다른 UAV 시스템에 대해서 상호운용이 가능한 데이타 링크를 실현하는 실질적인 유일한 방법은 실제 하드웨어는 공통 설계에 따라서 경쟁업체로부터 제조될 수 있더라도 거의 확실히 공용 데이타 링크를 갖는 것이다.

상호교환성은 보다 작은 요구조건이다. 이는 두 개의 서로 다른 데이타 링크가 하나 또는 이상의 UAV 시스템에 대해서 서로 대체될 수 있을 것만을 요구할 것이다. ADT 와 GDT 는 모두 작동을 위해서 변경되어야만할 것이다. 상호교환성은 훈련과 관용적인 환경에 대해서는 저비용, 비 AJ 데이타 링크를, 그리고 가혹한 EW 환경에 대해서는 고비용, AJ 데이타 링크를 사용할 수 있도록 한다. 비용에 대한 트레이드오프로는 작은 수의 고용량 및 저용량 데이타 링크를 구입하고 필드에서 두 링크를 모두 지원하는 것과, 많은 수의 고용량 링크를 구입하고 필드에서 하나의 링크만을 지원하는것 사이에서 이루어질 수 있다.

상호교환성은 공통인 기계적 그리고 전기적인 사양(형태 및 적합성) 및 운용자와 UAV 시스템(기능)의 나머지에서 볼 수 있는 공통 특성이 필요하다. 만약, 가능성이 있는 것과 같이, AJ 데이타 링크가 제한된 대역폭, 지연, 그리고 비디오 또는 다른 전송되는 데이타에 대한 영향을 갖는다면, 시스템은 이러한 특성을 수용하도록 설계되어야만 하고 운용자는 이를 작동할 수 있도록 훈련해야만 한다. 한 가지 가능한 접근방법은 비 AJ 데이타 링크가 AJ 데이타 링크를 에뮬레이션하는 모드를 갖도록 하는 것이다. 이는 에뮬레이션을 데이타 링크에 내장하는 것이 아닌, 인터페이스로 내장되는 AJ 데이타 링크의 시뮬레이션으로 AV 에 연결되는 하드와이어와 같은 고대역폭, 비 AJ 데이타 링크를 사용해서 GCS 내의 인터페이스 또는 스마트버퍼로 실현될 수 있다. 인터페이스는 AJ 데이타 링크에 존재할 타이밍과 포맷으로 AV 로 명령을 전달하고, AV 로부터 다운링크된 센서 및 상태 데이타를 GCS 가 다른 데이타 링크에 존재할 타이밍과 데이타 압축 및 재구성에 대해서 동일한 효과를 볼 수 있는 방법으로 처리할 것이다. 이러한 개념이 원칙적으로는 가능한 것으로 보이지만, 실제 이를 실행하는 복잡성은 간과되지 않아야 한다.

하나 이상의 종류 또는 모델의 UAV 가 사용될 것으로 예상되는 모든 환경에서는, 획득 및 지원비용을 줄이고 상호 운용성을 보장하기 위해서 공용 데이타 링크에 대한 관심을 가질 것이다. 공용 데이타 링크는 둘 또는 그 이상의 UAV 시스템을 처리할 수 있으며, 군 또는 에이전시 라인에 걸쳐 적용하도록 설계될 수 있을 것이다. MICNS 는 원래 원격 목표물 획득 시스템(Stand-Off Target Acquisition System, SOTAS), Aquila, 그리고 공군의 정밀 위치추적 및 타격 시스템(Precision Location and Strike System, PLSS)의 요구조건을 만족하기 위한 공용 데이타 링크였다. SOTAS 와 PLSS 는 중단되었지만 Aquila 에 대해서 테스트된 MICNS 설계는 여전히 그 요구조건을 만족하는 조항을 가지고 있다.

공용 데이타 링크는, 아마도 선택 모듈과 함께, 다른 적용을 위한 단일 세트의 데이타 링크 하드웨어를 가질것이다. 모든 버전이 동일한 RF 섹션과 모뎀을 사용하지 않았다면 공용으로 취급될 자격이 거의 없기때문에, 공용 데이타 링크는 그 정의에 따라서 적어도 입력 또는 출력 버퍼의 디지탈 데이타로부터 또는 이로 들어가는 신호의 대화를 통해서 시스템 사이에서 상호운용 및 호환될 수 있다. 이는 다른 적용에 대한 다른 안테나, 그리고 아마도 다른 거리 능력에 대한 다른 송신기 출력을 배제하지는 않겠지만, 만약 관련된 공중 및 지상 시스템이 적절한 명령과 입력을 제공한다면 모든 ADT 가 어떤 GDT 와도 대화할 수 있도록 보장할 것이다.

20 세기 후반부에 시작된 주요 혁신은 인터넷과 같이 공용 프로토콜에 기반한 원거리 시스템 사이의 통신을 허용하는 표준화된 네트워크의 도입이었다. AV 와 지상 스테이션 사이, 또는 다수의 비행체 사이의 통신에서는 직접적인 일대일 데이타 링크 대신 이러한 네트워크를 사용할 수 있다. 그러면, 데이타 상호운용성은 AV 와 지상 스테이션을 네트워크에 연결하기 위한 적절한 통신 링크 및 프로토콜의 제공과, 네트워크를 통해서 필요한 정보를 상하 전송하는 메세지 포맷의 설계로 구성된다. 이러한 접근방법은 잠재적으로 데이타 링크가 UAV 시스템에 독립된 상황으로 이어질 수 있지만, 또한 전송 과정에서 상당한 예상하지 못한 레이턴시를 초래할 수도 있을 것이다.

공용 데이타 링크의 잠재적인 장점으로는 감소된 획득 및 지원비용, 그리고 상호운용성이 있다. 단점으로는 사용될 모든 시스템에 대한것 중에서 최악의 요구조건이 공용 데이타 링크에 적용된다는 부담으로 인해서 어떠한 페널티라도 지불되어야만 한다는 것이다. 이러한 부담은 다음과 같은 두 가지 방식으로 나타날 수 있다.

1. 만약 결과적인 데이타 링크가 충분히 복잡해지고 가격이 올라간다면, 잠재적인 비용의 감소 효과는 사라질 것이다.
2. 단일 적용에 최적화된 데이타 링크에서 가능하고 적절한 일부 능력은 다중 요구조건을 만족하는 공용 데이타 링크에는 가능하지 않을 수도 있다.

공용 데이타 링크와 관련된 문제는 AJ 능력, 데이타율, 그리고 데이타 링크 거리에 대해서 제 14 장과 15 장에서 논의될 것이다. 이 시점에서는, 만약 AJ 능력이 필요한 경우 단거리 데이타 링크를 위한 최고의 해법은 장거리 링크를 위한 최고의 해법과는 기본적으로 호환되지 않을 것이므로, 두 가지 거리 종류를 모두 처리하기 위해서 단일의 공용 데이타 링크를 시도하지 않아야 한다는 것을 주목할 필요가 있다.

참고문헌

1. Hershberger M and Farnochi A, *Application of Operator Video Bandwidth Compression Research to RPV System Design*, Display Systems Laboratory, Radar Systems Group, Hughes Aircraft Company, El Segundo, CA, Report AD 137601, August 1981.

제 14 장 데이타 링크 마진

Data-Link Margin

14.1 개요

이번 장에서는 신호를 감쇠시키거나 간섭할 수 있는 모든 것에 대비해서 데이타 링크가 얼마나 많은 마진을 가져야 하는가를 결정하는 방법의 기본에 대해서 설명한다. 이러한 마진과 이를 증가시킬 수 있는 방법은 UAS 에 대한 데이타 링크의 선택과 설계에서 중심이 되는 추진 인자 중의 하나이다.

여기서 마진은 데이타 링크 마진에 대해서 가장 큰 요구조건을 차지하는 상황인 전자전(Electronic Warfare, EW) 환경의 배경에서 논의될 것이다. 데이타 링크의 전파방해에 대한 의도적인 시도는 없지만 여전히 링크가 자연적인 신호 손실과 비의도적인 간섭을 처리해야만 하는 보다 완화된 환경에도 모든 동일한 원리가 적용된다. 전체 데이타 링크 마진은 비전파방해 환경에서 요구되는 마진에 대한 것과 AJ 마진에 대한 것 두 가지 항목을 포함하는 것이 일반적인 관례이다. 링크의 설계에서 목표는 전체 마진이고, 이러한 내역은 단지 의도적인 전파방해를 처리하기 위해서 할당될 추가적인 마진을 분명하게 보여주려는 목적일 뿐이다.

처리 이득 관련된 섹션도 네트워크 연결에 동일하게 적용되지만, 여기서 AJ 능력에 대한 논의는 주로 지점대 지점간 데이타 링크의 개념에 집중할 것이다.

네트워크 환경에서 AJ 능력에 대한 일반적인 논의는 이 책에서 다룰 범위를 벗어난다. 일반적으로 네트워크 자체는 UAV 시스템의 일부가 아닐 것이므로, UAV 의 설계자는 네트워크에 대한 요구조건을 설정하고 특정 네트워크에 대한 트레이드오프를 이해해야만 하겠지만, 일반적으로 직접 네트워크에 대한 설계 트레이드오프를 수행하지는 않을 것이다.

14.2 데이타 링크 마진의 출처

데이타 링크의 마진에 대해서는 다음과 같은 세 가지 가능한 출처가 있다.

1. 전송기 출력
2. 안테나 이득
3. 처리 이득

14.2.1 전송기 출력

전송기 출력은 신호 마진을 추가하는 용이한 방법으로, 가장 완화된 상황에 대해서 적절할 것이다. 그러나, 이는 강렬한 간섭 또는 교묘한 전파방해가 있는 상태라면 적어도 UAV 다운링크에 대해서는 전파방해를 물리치는 가장 비효율적인 접근방법이다. 이와 같은 경우, 출력 대결을 통해서 전파방해에 대항하는 AJ 성능을 성취하려고 시도할 수도 있다. UAV 상에 탑재된 다운링크 전송기는 이러한 대결에서 거의 확실히 패배할 것이다. 지상 기반 전송기의 업링크에 대해서 조차도, 전파방해에 경쟁할 수 있는 수준으로 깨끗하고 변조된 출력의 생성을 시도하는 것은 그다지 장점이 없을 것이다.

14.2.2 안테나 이득

실제로 더 높은 출력을 복사하지 않으면서 고출력 전송기의 장점을 성취하는 한 가지 방법으로는 수신기의 방향으로 복사를 집중하는 것이다. 이러한 처리방법을 이용하는 일상적인 사례로는 플래시 불빛이 있다. 만약 플래시의 전구가 반사경 또는 렌즈가 없이 단순히 배터리에 연결된다면, 이는 모든 방향으로 동일하게 등방성 패턴으로 복사될 것이다. 이러한 배열은 몇 피트 정도 이상의 거리까지는 유용한 양의 조명을 공급하지 못할 것이다. 그러나, 만약 반사경 및/또는 렌즈가 시스템에 추가된다면 많은 빛이 좁은 빔으로 집중될 것이다. 이러한 빔은 수십 또는 수백 야드 거리에서도 밝게 빛나는 지점을 발생시킬 것이다. 라디오 주파수의 경우, 이는 원하는 방향으로 복사를 집중시키는 안테나를 통해서 이루어지기 때문에 이러한 종류의 집중을 안테나 이득이라고 부른다.

14.2.2.1 안테나 이득의 정의

이상적인 등방성 안테나는 에너지를 모든 방향으로 균일하게 복사하기 때문에, 수신되는 출력은 등방지점 출처를 둘러싼 가상적인 구의 표면상 어느 지점에서나 동일하다. 모든 방향에 대한 균일한 복사가 항상 바람직한 것은 아니고, 때로는 복사되는 에너지를 특정 지점으로 집중하는 것이 필요하다. 만약 등방성 출처로부터의 에너지가 반대편 반쪽으로 나가는 출력이 없이 구의 나머지 반쪽으로만 복사된다면, 반 등방성 출처는 반구의 표면에 대해서 두 배를 복사할 것이다. 이러한 개념을 안테나의 지향성 이득이라고 한다.

주어진 거리에 대해서, 특정 방향으로 복사된 출력 밀도와 동일한 전체 출력으로 동일한 거리에 대해서 등방형 복사 출처로 복사된 출력 밀도의 비율을 지향성 이득 또는 단순히 안테나의 이득이라고 한다.

이득은 전송과 수신 모두에 적용된다. 다시 말해서, 만약 이득을 갖는 안테나가 신호를 수신하는데 사용된다면, 수신기에 입력되는 유효한 신호 강도는 안테나의 이득만큼 증가된다.

UAV 적용의 경우, AV 에서 저출력 송신기를 사용할 수 있도록 하기위해서 주로 지상 안테나에서 상당한 이득을 제공하는 것이 바람직하다. 이는 또한 전파방해에 대한 시스템의 저항을 증가시킨다. AV 상의 안테나에서 이득을 제공하는 것이 바람직할 수도 있지만, 이득은 일반적으로 큰 안테나가 필요하고 지향성 안테나는 통신이 유지되는 지점을 지향해야만 한다. 높은 이득의 안테나에 대한 크기와 지향성 요구조건은 AV 에서 보다는 지상에서 만족하기 용이하지만, 이러한 차이는 대형 AV 에서는 사라질 수 있다.

안테나 이득은 원하는 방향으로 방사되는 복사의 강도와 송신기가 모든 방향으로 동일하게 복사되는 등방 패턴을 갖는 경우 해당 방향에서 나타나는 강도의 비율로 정의된다. 이는 무차원 비율이기 때문에 편리하게 dB 로 표현될 수 있다. 만약 안테나가 일반적인 경우와 같이 각도에 따라서 달라지는 복사 패턴을 가지며, 특정 방향에서 피크를 갖는다면, 피크 안테나 이득은 피크인 방향에서 측정된 이득이다. 피크 안테나 이득에 대한 대략적인 추정은 다음 식으로 제공되며, 여기서 θ와 φ는 각각 수직과 수평 방향으로, 출력이 절반이 되는 지점에서 라디안 단위인 전체 빔의 폭이다.

$$G_{dB} = 10\,log\left(\frac{4\pi}{\theta\varphi}\right) \tag{14.1}$$

안테나의 빔 폭은 안테나의 높이(h)와 폭(w)과 같은 치수 및 전송된 신호의 파장(λ)에 비례한다는 사실을 이용하면, 이 표현을 (여전히 대략적으로) 다음과 같이 정리할 수 있다.

$$G_{dB} = 10\,log\left(\frac{hw}{\lambda^2}\right) \tag{14.2}$$

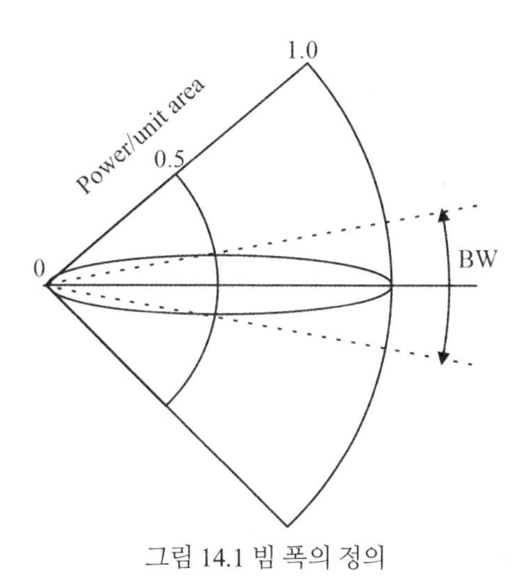

그림 14.1 빔 폭의 정의

그림 14.1 은 (높이 또는 폭의) 단일 차원으로 빔의 폭을 정의하는 방법을 보여주고 있다. 다양한 정의가 가능하지만, 여기서는 절반 출력 또는 3dB 가 되는 지점에서 전체 각방향 폭의 일반적인 정의를 이용한다. 그림은 단위 면적당 출력을 반경방향 좌표로, 축에서 벗어난 각도를 각방향 좌표로 사용하는 극좌표상에 타원으로 그려진 빔의 메인 로브를 보여주고 있다.

14.2.2.2 안테나

UAV 에서 흔히 사용되는 세 가지 안테나의 종류에는 포물형 반사경 또는 접시형, 야기 어레이, 그리고 렌즈가 있다. 이 중에서 첫 두 가지는 지상에서 보다 흔히 사용되는 반면, 세 번째(렌즈 안테나)는 AV 에서 사용하기에 적합한 몇 가지 지향성 안테나 중의 하나이다.

14.2.2.2.1 포물형 반사경

포물형 반사경은 수 도 정도의 빔 폭을 제공하는, 상대적으로 저렴한 고이득 안테나의 설계에 사용될 수 있다. 포물면은 단면이 포물선인 원통형 대칭을 갖는 수학적인 표면이다. 이는 평행인 선을 그림 14.2 에 나온 것과 같이 초점으로 부르는 한 지점에 집중시킨다. 만약 복사의 출처가 포물면의 초점에 위치한다면, 포물면으로부터의 에너지는 반사경의 직경과 관련된 회절 한계에 따라서 결정되는 빔폭을 갖는 빔으로 반사될 것이다. 이와 유사하게, 접근하는 평행 또는 수신된 복사는 포물형 반사경 안테나를 이용해서 초점이 맞춰지고 시스템의 수신모드인 수신기로 보내진다.

대형 포물형 반사경 안테나는 단파장에서 사용되는 경우 30~40dB 까지 높은 이득을 가질 수 있다.

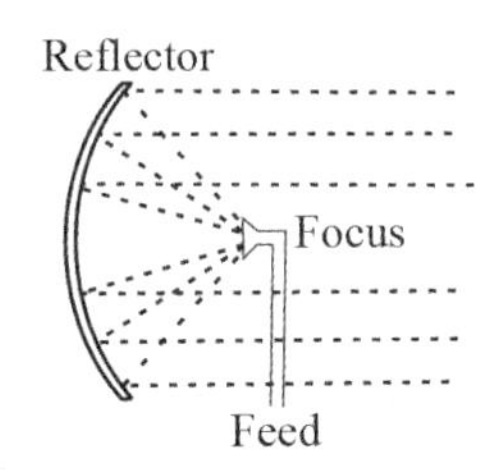

그림 14.2 포물면 반사 안테나

14.2.2.2.2 배열 안테나

보다 낮은 주파수 응용(VHF)과 수평선 너머 전송의 경우, 우수한 지향성 복사 패턴을 제공할 수 있도록 배열된 수평 다이폴 배열이 UAV 시스템에서 사용된다. 구동 또는 여진 다이폴, 반사경, 그리고 지향기 로드의 조합된 배열이 그림 14.3 에 나온 것과 같은 야기-우다 안테나이다.

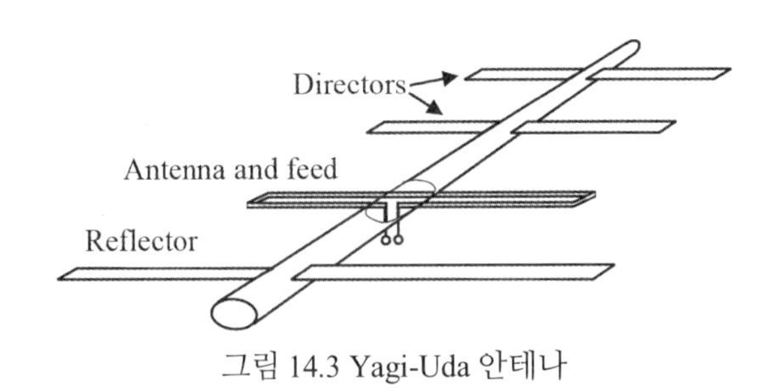

그림 14.3 Yagi-Uda 안테나

야기-우다는 구동 다이폴과 많게는 30 개까지의 평행하고 좁은 간격을 갖는 기생 다이폴을 이용한다. 이러한 소자의 하나를 반사기라고 하고, 구동 소자보다 후방에 위치하며 약간 더 길다. 남은 기생 소자는 지향기라고 부르며, 구동 다이폴보다 다소 짧으며 전방에 위치한다. 소자 사이의 간격은 대략 0.1~0.4 λ 정도이다.

야기-우다 안테나는 우수한 지향성과 높게는 20dB 까지의 이득을 갖는다. 이는 가정용 TV 안테나에서 흔히 볼 수 있다.

14.2.2.2.3 렌즈 안테나

렌즈 안테나는 광학 렌즈와 동일한 원리로 작동하며, UAV 적용에 대해서는 10GHz 보다 높은 주파수에서 작동한다.

마이크로파 에너지의 지점 출처는 구형으로 확산되고, 광학렌즈가 빛의 출처인 광원을 시준하는 것과 마찬가지로, 복사되는 전자기 에너지의 지점 출처의 전방에 위치하는 유전체 또는 금속판 렌즈에 의해서 동일한 방향으로 시준될 수 있다. 이러한 과정이 그림 14.4 에 나와 있다.

굴절률이 중심에서부터 표면까지 변화하는 유전체 재료로 만들어진 중실 구체로 제작되는 렌즈 안테나의 특별한 종류를 룬버그 렌즈라고 한다. 이 안테나는 구의 반대쪽의 공급지점에서부터 나오는 광선을 시준하고, 이는 AV 에 적용된다.

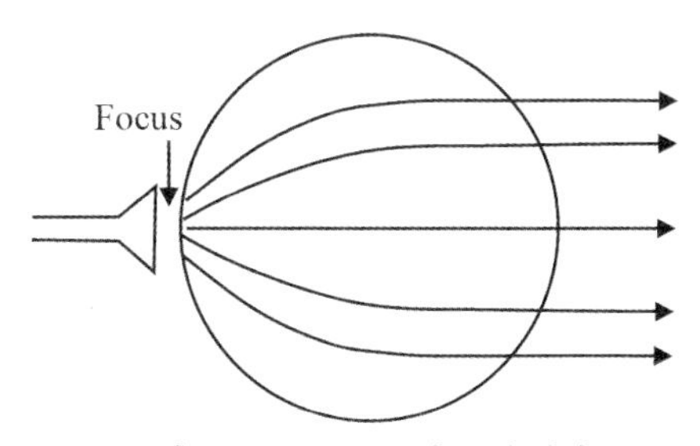

그림 14.4 Lunberg 렌즈 안테나

일반적으로 재료는 폴리스틸렌 또는 Lucite 이다. 렌즈를 통과하는 파동은 속도가 줄어든다. 렌즈의 중심을 통과하는 파동은 유전체 재료 내에서 보다 짧은 경로를 갖는 것에 비해서 보다 더 지연된다. 이는 그림에 나오는 것과 같이, 나가는 빔을 시준하도록 만들거나 들어오는 빔을 초점에 모아준다. 만약 렌즈가 올바른 형태를 갖는다면 구형으로 방사되는 에너지는 빔으로 집중되고 따라서 이득을 갖는다. 유전체 렌즈는 중심부위가 몇 파장만큼 두꺼워야만 하기때문에 무겁고 또한 상당한 출력을 흡수하는 경향을 갖는다. 만약 파면에 영향을 미치지 않기 위해서 각 컷아웃과 관련된 위상의 편이가 파장의 배수가 된다면, 렌즈의 단면은 컷아웃 또는 계단을 통해서 제거될 수 있다. 이를 구획 렌즈라고 부르고, 구획 렌즈 안테나의 사례가 그림 14.5 에 나와 있다.

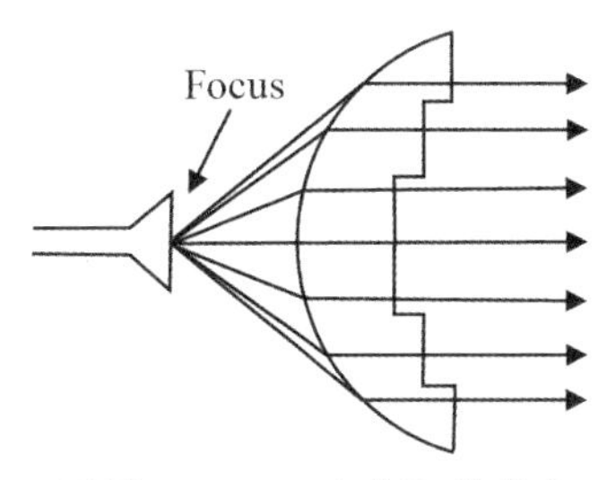

그림 14.5 Zoned 렌즈 안테나

14.2.2.3 데이타 링크를 위한 안테나 이득의 응용

안테나 이득은 두 가지 다른 방법으로 데이타 링크 마진을 제공할 수 있다. 송신기에서는 안테나 이득이 신호 출력을 수신기로 향하는 빔에 집중시킨다. 이는 실제 송신기 출력에 안테나 이득을 곱한 것과 같은 유효 복사전력(Effective Radiated Power, ERP)을 발생시킨다. UAV 에 탑재 가능한 정도로 소형인 안테나는 10dB 의 이득을 쉽게 가질 수 있어서 송신기 출력의 유효 배율이 10 배까지 나타날 수 있다. 만약 송신기가 지상에 있다면 단파장 마이크로파 대역에서는 30dB 또는 이상의 안테나 이득을 얻을 수 있다.

이러한 이득의 장점을 갖기 위해서는 송신기 안테나가 수신기를 향해야만 하고, 이는 안테나가 조향가능해야 하고, 시스템은 수신기 안테나에 대한 방향을 추적하면서 지향 명령을 제공해야 한다. 송신기와 수신기 안테나의 이득은 송신기 출력이 동일한 배수만큼 증가된 것과 같이 수신기에 전달되는 출력도 직접적으로 증가시킨다. 대기와 거리로 인한 손실을 처리하는 경우, 이러한 증가는 데이타 링크의 유효거리를 용이하게 상당히 배가시킬 수 있다. 의도하지 않은 간섭에 대해서도, 간섭을 일으키는 송신기는 이득이 있는 안테나를 가지고 있더라도 일반적으로는 간섭하고 있는 UAV 수신기를 가리키지 않을 것이기 때문에, 이러한 장점은 또한 중요할 수 있다.

안타깝게도, 의도적인 전파방해가 있다면 재머 또한 이득이 있는 안테나를 사용할 수 있고 전파방해를 시도하려는 UAS 수신기를 가리키도록 할 것이다. 수신기가 어디 있는지 정확하게 알 수 없기때문에 매우 좁은 빔은 사용할 수 없을 것이고, 이로 인해서 모든 가능한 지역을 처리하기 위해서 충분히 넓은 빔을 사용해야만 할 수도 있다. 그러나, 폭 50 도 × 높이 10 도의 빔은 약 18dB 의 이득을 갖기때문에, 재머는 UAV 다운링크만큼 높은 안테나 이득을 송신기에서도 쉽게 가질 수 있을 것이다.

UAV 송신 안테나로부터 사용할 수 있는 모든 이득은 가치가 있으며 링크의 전체 마진에 기여한다. 그러나, 15GHz 에서 작동하는 데이타 링크에 대해서조차도, 대부분의 RPV 는 재머에 대해서 송신기 안테나 이득만을 통해서 상당한 장점을 제공하기에 충분한 이득을 갖는 안테나를 운반할 수 있을 정도로 충분히 크지 않다.

수신 안테나에서의 이득은 에너지가 안테나에 도달하는 방향에 기반해서 신호와 재머 에너지를 판별하는 것으로 AJ 마진에 기여한다. 그림 14.6 은 이러한 메커니즘을 보여주고 있다. 만약 수신 안테나가 수신을 원하는 AV 송신기를 가리키고 있다면, 데이타 링크 신호는 안테나 메인 빔에 대해서 (그림에서 G_S) 완전한 이득을 가질 것이다. 만약 간섭 또는 전파방해 신호가 메인 빔의 외부로부터 도달한다면, 이는 안테나 사이드로브에서의 (그림에서 G_J) 이득만을 가질 것이다. 이러한 영향은 재머에 대항하는 신호를 배수 G_S/G_J 만큼 강화시키고, 이는 재머 에너지의 정확한 도달각도와 안테나 사이드 로브의 구조에 따라서 달라진다.

이러한 향상은 수신기 안테나의 메인빔 외부에 있는 간섭의 출처에 따라서 달라진다는 점에 주목하는 것이 중요하다. 만약 출처가 메인빔 내부에 있다면, 재머가 데이타 링크 송신기와 직접 일치하지 않는한 이득의 일부 차이가 여전히 존재할 것이지만, 이득의 차이는 재머가 사이드로브에 있는것에 비해서 훨씬 작을 것이고, 두 출처 사이의 각도가 0 으로 가면 무시될 수 있을 것이다.

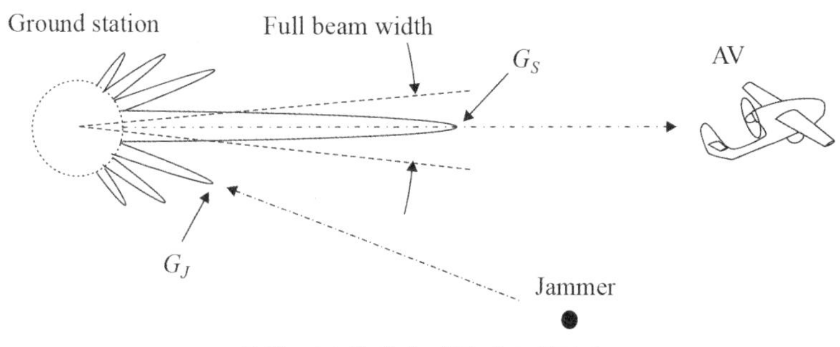

그림 14.6 안테나 이득 지오메트리

데이타 링크의 경우, 안테나의 사이드 로브에 있는 모든 구조는 무시하고 그림 14.6 에 나온 것과 같이 재머가 지정된 빔 폭에 따라서 정의되는 메인 로브의 외부에 있다고 (그리고 때로는 첫 번째 또는 두 번째 사이드 로브) 가정하는 수신기 안테나 이득으로부터 데이타 링크 마진에 대한 기여를 주장하는 것이 일반적이다. 그러면 마진에 대한 기여는 메인 로브의 피크 이득과 지정된 빔 폭의 외부에 있는 가장 높은 사이드 로브의 이득 사이의 비율로 표현될 수 있다.

신호와 간섭 또는 재머 사이의 판별은 사이드 로브의 신호를 억제하거나 간섭의 방향으로 위치될 수 있는 조향가능한 안테나 널을 제공하는 안테나의 능동 소자를 이용해서 향상될 수 있다. 이러한 기법은 사이드 로브에서의 이득을 낮추고, 특정 수준의 판별을 위해서 유효 빔 폭을 좁힐 수 있다.

데이타 링크의 반송파 주파수와 얼마나 대형이고 고가의 안테나를 수용할 수 있는가에 따라서 지상 안테나에서 신호와 재머 사이의 유효한 판별은 45~50dB 까지 높아질 수 있다. 이러한 범위의 상단에서는, 다중 경로 전파와 안테나의 일부 결함으로 인해서 재머 에너지가 메인 로브로 누출되는 문제가 발생할 수 있다. 이러한 영향으로 인해서 판별의 실질적인 수준에 제한이 생긴다.

UAV 에 탑재되는 공중 안테나는 보통 큰 이득을 가질만큼 충분히 커질 수 없다. 15GHz 에서 조차도 반송파 파장은 2cm 이다. 직경 8cm 의 안테나는 전형적인 소형 UAV 에 대한 조향가능 안테나로는 상당히 대형일 것이다. 이는 단지 4 파장의 직경을 가질 것이고, 이론적인 피크 이득은 약 21dB 이다. UAV 표면에서의 반사로 인해서 메인빔으로 누출되는 축을 벗어난 신호 역시 공중 시스템에 대해서는 심각한 문제가 될 수 있다. 공중 시스템은 적어도 높은 반송파 주파수에 대해서는 판별을 개선하기 위해서 비용의 상당한 증가를 댓가로 조향가능 널을 사용할 수 있다.

더 낮은 반송파 주파수에서는 높은 안테나 이득을 갖는 것이 훨씬 더 어렵다. 5GHz 에서 반송파 파장은 6cm 이고, 10cm 의 안테나는 지름이 겨우 1.7 파장일 것이므로, 안테나 이득은 14dB 또는 이보다 작다는 것을 알 수 있다. 동일한 이득을 갖기 위해서는 지상 안테나 조차도 5GHz 에서는 15GHz 에서보다 3 배 더 커야만 한다.

수신 안테나에서 각도 판별을 통한 상당한 AJ 마진을 성취하기 위해서는, 데이타 링크가 송신기를 가리키는 수신 안테나와 함께 가시선 모드에서 작동할 필요가 있다. 만약 터미널 중의 하나가 지상에 있다면, 이는 공중 터미널의 고도에 따라서 달라지는 데이타 링크의 거리상에 제한을 두게 된다. 그림 14.7은 AV가 레이다 수평선 위에 있는 최저 고도를 수평거리의 함수로 보여주고 있다[1]. 이 곡선은 매끄러운 지구에 대한 것이다. 상승된 지형으로 인한 가림은 보통 지상에서 운용되는 UAV에 대해서는 동일한 거리에서 더 높은 최저 고도를 초래할 것이다.

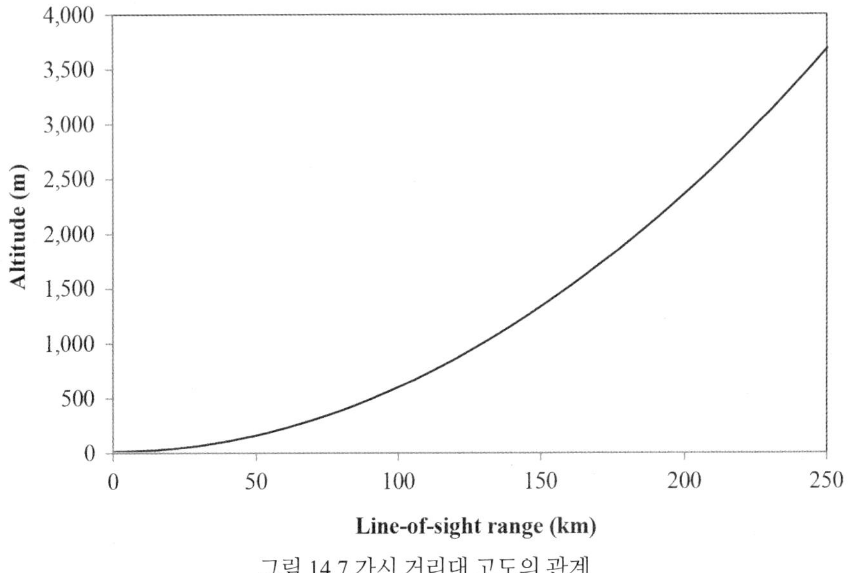

그림 14.7 가시 거리대 고도의 관계

FLIR를 포함한 광학센서를 사용하면, 센서의 고유한 거리 한계와 뒤덮인 구름 아래에 머물러야 한다는 요구조건으로 인해서 UAV는 많은 시간 동안 1,000m 또는 미만의 고도에서 운용되어야만 할 것이다. 보다 높은 고도에서의 운용을 위해서 센서의 거리가 증가될 수 있지만, 기상 조건은 시스템 설계자가 통제할 수 없다. 예를 들어서, 유럽에서 겨울(10월에서 4월까지) 동안 중위 주간 구름 고도는 1,200m 미만이다[2]. 따라서, 유럽 기후에서 광학센서를 사용하는 경우, 직접 지대공 가시선 링크에 대한 최대 거리는 약 150km 일 것이다. 지상 터미널이 지상에서 터미널과 AV 사이에서 충분한 높이의 양호한 위치에 있는 것이 아니라면, 직접 링크의 거리에 대한 실질적인 한계는 장거리에서 가시선의 지형 가림으로 인해서 100km 보다 상당히 작아질 것이다.

지상으로부터 UAV까지 데이타 링크의 거리를 직접, 가시선 전파(propagation)가 가능한 범위 너머로 연장시키기 위해서는 중계기가 사용될 수 있다. 중계기를 사용하는 경우, 지상과 중계기 사이의 링크, 그리고 중계기와 UAV 사이의 링크와 같은 두 가지 다른 데이타 링크가 전파방해를 받을 수 있다. 중계기는 지상까지의 직접 가시선이 확보되어 지상과 중계기 사이의 링크가 지상에서 높은 안테나 이득으로부터 모든 장점을 누릴 수 있도록 높은 고도에 위치할 수 있다. 그러나, 중계기와 UAV 사이의 안테나 이득은 중계 항공기가 운반할 수 있는 안테나의 크기에 따라서 제한될 것이다. 만약 중계기가 소형 UAV 에 의해서 운반된다면, 직접 안테나 이득은 15~20dB 로 제한될 것이다. 조향가능 널을 통해서 일부 추가적인 유효 이득이 제공될 수 있다.

수신 안테나에서 이득이 낮아지면 재머가 메인빔에 있지 않는 경우 AJ 마진을 감소시킬뿐 아니라 재머가 메인빔 내에 있을 가능성을 증가시키고, 이로 인해서 AJ 마진에 대한 수신 안테나 이득의 기여를 제거한다. 이러한 영향은 이후 전파방해 지오메트리 주제에서 논의될 것이다.

위성 링크가 사용되는 경우, 모두 상대적으로 높은 이득의 안테나를 사용할 위성과 지상 스테이션 사이의 링크 또는 위성 사이의 링크에서는 일반적으로 문제가 없을 것이다. 남은 문제는 연결고리 상의 마지막 위성과 AV 사이의 링크이다. 보다 대형인 AV 는 기동으로 인한 간헐적인 짧은 소실이 허용된다고 가정하면 일반적으로 상반구만 커버할 필요성을 가질 것이므로 최소한 중간 정도의 이득과 지향을 갖는 안테나를 운반할 수 있다. 간섭과 전파방해의 출처는 지상일 것이므로, 이는 AV 상의 윗방향을 가리키는 지향성 안테나에는 거의 또는 전혀 접근할 수 없을 것이다. 이러한 상황에서 안테나 이득의 장점은 특히 AV 로부터 위성까지의 기하학적으로는 윗방향을 가리킬 다운링크에서 증가된 신호강도를 제공하는 것이다. 추가적인 신호 강도는 더 높은 신호 대역폭을 지원한다.

그림 14.8 UAV 에 장착된 지향성 안테나

14.2.3 처리 이득

AJ 마진의 배경에서 처리 이득은 데이타 링크로 통신되는 신호의 정보 대역폭보다 더 큰 대역폭으로 출력을 확산하도록 재머를 강요하는 것으로 인해서 발생하는 재머에 대한 신호의 상대적인 증대를 의미한다. 만약 간섭의 출처가 단일 주파수에서 작동한다면 의도하지 않은 간섭에 대응하는 장점이 존재할 수 있고, 이는 데이타 링크를 간섭할 수 있는 일반적인 종류의 복사 RF 출처에서는 전형적이다.

처리 이득은 전송하기 전에 대역폭을 증가시키는 일종의 방법으로 데이타 링크를 인코딩한 다음, 수신기에서 본래 대역폭으로 복구하는 것으로 수행될 수 있다. 재머는 코딩을 복제할 수 없기때문에 인위적으로 확장된 전송 신호의 대역폭을 전파방해해야만 하는데, 이는 출력을 본래 데이타 링크 정보의 실제 대역폭 이내로 집중할 수 없도록 한다. 비 전파방해 간섭 출처는 좁은 범위에서 작동하는 파장 대역과 중복되는 신호의 일부만을 간섭할 것이다. 이러한 종류의 처리 이득은 재머를 해결할때 특히 중요하기 때문에 이의 설계는 일반적으로 전파방해를 물리치는 것을 목표로 하며 여기서는 AJ 마진과 효용성에 대해서 논의할 것이다.

그림 14.9 은 처리 이득의 한 가지 형식인 직접 확산 스펙트럼 전송을 보여주고 있다. 이러한 경우, 본래 신호에 비해서 더 큰 대역폭과 단위 주파수 간격당 더 낮은 출력을 갖는 전송 신호를 생성하기 위해서 유사-잡음 변조가 신호에 추가된다. 그러면 재머는 확산 전송의 전체 대역폭에 걸쳐 전파방해를 해야만 한다. 만약 재머가 데이타 링크 전송기보다 출력이 더 강하다면, 이는 확산 대역폭에 걸쳐서 1 보다 작은 신호대 재머의 비율(signal-to-jammer ratio, S/J)을 생성할 수 있다. 그러나, 데이타 링크 수신기는 송신기에 추가된 유사 잡음 변조의 형태를 알 수 있고 수신된 신호로부터 이를 제거할 수 있기때문에, 본래 대역폭 내의 본래 신호를 재생성할 수 있다. 그러면 수신기는 본래 신호 대역폭을 벗어난 모든 재머 에너지를 제거할 수 있다. 재머 에너지가 전송 대역폭에 걸쳐서 확산되었기 때문에, 본래 신호 대역폭 내의 재머 출력은 확산되지 않은 전송 및 재머와 비교해서 본래 대역폭대 전송된 대역폭의 비율과 동일한 배수만큼 감소되고, 본래 신호를 복구한 이후 수신기의 S/J 는 1 보다 커질 수 있으며, 이는 바람직한 효과이다.

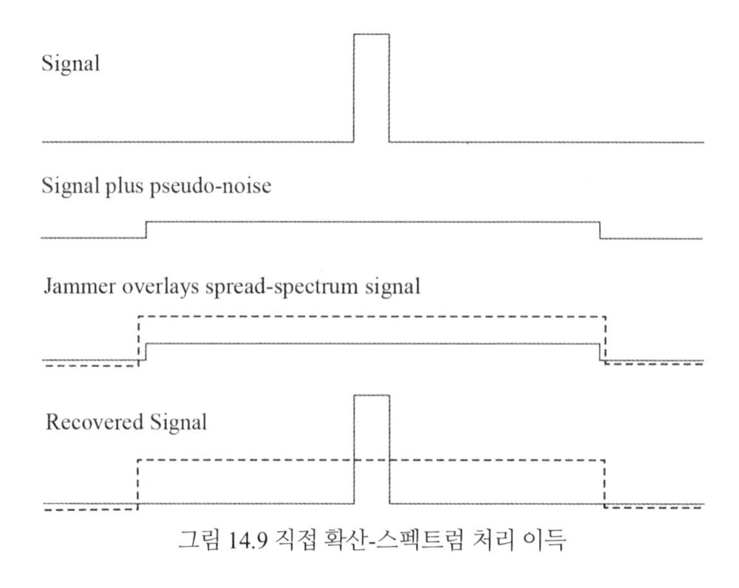

그림 14.9 직접 확산-스펙트럼 처리 이득

처리 이득은 다음과 같이 정의된다.

$$PG_{dB} = 10\,log\left(\frac{B_{Tr}}{B_{Info}}\right) \tag{14.3}$$

여기서 PG 는 처리 이득, B_{Tr} 은 전송된 신호의 대역폭, 그리고 B_{Info} 는 전송된 신호상에 포함된 정보의 대역폭이다.

그림 14.9 에 나온 것과 같이, 순시 RF 신호가 넓은 대역폭으로 확산되는 직접 확산 스펙트럼은 처리 이득을 제공하는 한 가지 방법이다. 이는 전송된 신호를 잡음처럼 보이도록 해서 인터셉트하기 어렵게 만들거나 이에 대한 방향 탐색을 수행하기 어렵게 만드는 장점을 갖는다. 이는 다운링크 정보의 대역폭에 비해서 넓은 신호를 생성하는데 필요한 변조율이 매우 크고, 전체 RF 시스템이 결과적인 대역폭을 수용할 수 있어야만 한다는 단점을 갖는다. 예를 들어서, 만약 다운링크 신호가 1MHz 의 정보 대역폭을 가지며 20dB 의 처리 이득이 필요하다면, 유사-잡음 변조기는 100MHz 에서 작동해야만 하고 RF 시스템의 순시 대역폭 또한 100MHz 가 되어야만 한다. 고속 변조기와 수신기에서의 복조기, 그리고 넓은 순시 대역폭은 데이타 링크의 비용을 증가시킬 것이다.

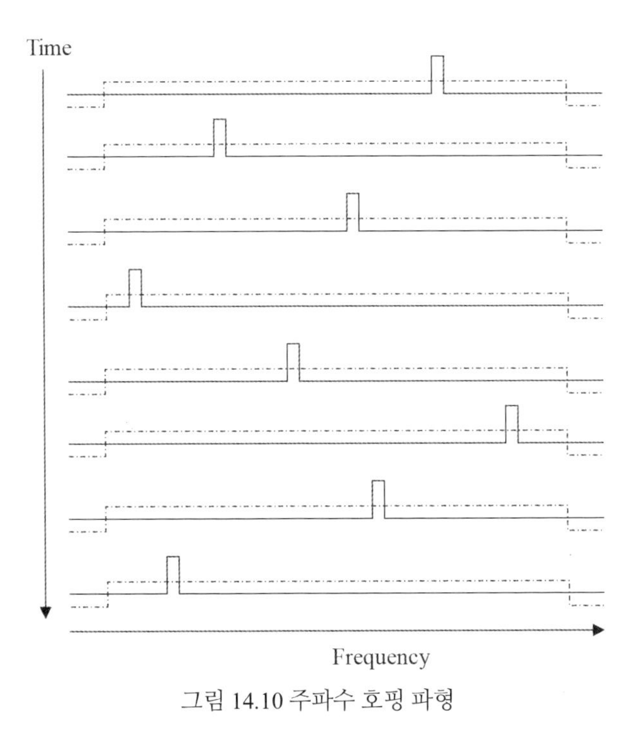

그림 14.10 주파수 호핑 파형

처리 이득을 생성하는 또 다른 방법은 주파수 호핑이다. 이러한 경우, 특정 순간에 전송된 신호는 정상, 비확산 신호이다. 그러나, 전송을 위한 반송파 주파수는 일련의 유사 임의 호핑에서 시간에 따라서 변화한다. 이는 그림 14.10 에 나와 있다. 만약 재머가 호핑의 패턴을 모르고 실시간으로 패턴을 따를 수 없다면, 이는 전송기가 호핑하는 전체 대역에 걸쳐서 전파방해를 해야만 한다. 물론 수신기는 패턴을 알 수 있고 자체적으로 튜닝해서 항상 정확한 반송파 주파수로 설정된 일치하는 대역으로 신호를 수신할 수 있다. 결과는 직접 확산 스펙트럼 신호에 대한 경우와 동일해서, 재머의 출력은 전체 대역폭으로 확산되어야만 하고 수신기는 전송된 신호의 대역폭 내에 있지 않은 모든 재머 에너지를 제거할 수 있다. 처리 이득 역시 전송된 대역폭대 정보 대역폭의 비율과 동일하며, 여기서 전송된 대역폭은 시스템이 호핑하는 대역폭이다.

주파수 호퍼에는 두 가지 종류가 있다. 저속 호퍼는 전자 시스템이 데이타를 처리하고 작동 보드를 변경할 수 있는 속도와 비교해서 상대적으로 느린 속도로 주파수를 변경한다. 저속 호퍼는 초당 1~100 호핑의 속도로 주파수를 전환할 수 있다. 수 밀리초 내에 새로운 주파수를 탐지하고 해당 주파수로 튜닝할 수 있는 재머는 저속 호핑 데이타 링크로 전달되는 정보의 대부분을 전파방해할 수 있을 것이다.

고속 주파수 호퍼는 정보가 획득되고, 처리되고, 그리고 간섭과 재밍 시스템에 의해서 반응될 수 있는 최대 속도에 보다 필적할만한 속도로 호핑한다. 예를 들어서, 고속 호퍼는 10kHz 또는 이상으로 호핑할 수 있기때문에, 주파수를 따르는 재머가 각 주파수에 대한 데이타 링크의 체류시간 대부분에 대해서 전파방해를 원한다면, 호핑을 탐지하고, 새로운 주파수를 결정하고, 그리고 재머를 튜닝할 수 있는 시간으로 단지 수 밀리초 정도의 여유만을 가질 것이다.

특정 주어진 순간에 주파수 호퍼로부터의 신호는 정상 대역폭에 집중된다. 그러나, 인터셉트 수신기는 특정 주어진 시간에 신호를 찾기 위해서 어디로 튜닝을 해야할지 모르기 때문에 여전히 광대역 전단부를 사용해야만 할 수 있다. 만약 단일 주파수 상에 머물면서 호퍼가 해당 주파수에 도달할때까지 기다린다면, 이는 간헐적인 신호의 짧은 버스트를 효과적으로 이용할 수 없을 것이다. 분명, 호핑이 더 빨라질수록 주파수 호퍼에 대항하는 인터셉트와 방향 탐지는 더욱 어려워진다.

저속 주파수 호퍼는 이론적으로 간섭, 방향탐지를 통한 위치 추적, 그리고 전파방해가 용이하다. 1 초의 상당한 분율조차도 되지 않는 체류시간만으로도 새로운 주파수를 탐지하고 이를 따르는데 충분한 시간을 부여한다. 실제로, 만약 주파수 호퍼와 동일한 대역에서 작동하는 많은 방사체가 존재한다면, 특히 만약 다른 방사체 중의 일부가 또한 주파수 호퍼인 경우에는 문제는 복잡해질 수 있다. 그러면 적의 EW 시스템은 데이타 링크 신호에서 핑거프린트를 추출하고 이를 다른 방사체로부터 구별해야만 한다. 그러나, UAV 다운링크의 경우 핑거프린트는 단순히 송신기가 전선의 적군측으로 수 킬로미터 공중에 위치하고 있다는 것일 수 있다. 이러한 링크에 대한 전파방해 기술이 명백하게 가능하기 때문에, 저속 주파수 호퍼의 취약성에 대한 판단은 시나리오에 대한 세부사항과 적군의 의도에 대한 가정을 중심으로 처리될 것이다.

주파수 호핑에 대한 스위칭 속도가 직접 확산에 대한 변조 속도보다 훨씬 낮고, 필요한 순시 RF 대역폭이 훨씬 낮기때문에, 동등한 처리 이득에 대해서 주파수 호핑 데이타 링크는 직접 확산 스펙트럼 링크보다 저렴할 것이다. RF 시스템은 순시 확산 스펙트럼 방사로 적절히 커버할 수 있는 것보다 더 넓은 대역에 걸쳐서 튜닝(호핑)할 수 있을 것이므로, 주파수 호퍼를 통해서 더욱 높은 처리 이득을 성취하는 것도 가능할 것이다. 사이드 로브 상쇄와 같은 능동 안테나 개선 또한 적어도 상대적으로 느린 호핑 속도에 대해서는 보다 용이할 수 있다.

직접 확산 스펙트럼에 상대적인 주파수 호핑의 단점은 주로 간섭, 위치 지정, 그리고 전파방해(주파수 추종과 함께)에 보다 취약하다는 것으로 보인다. 충분히 빠른 호핑 속도에 대해서는 취약성의 차이가 작아지지만, 비용과 복잡성에 대한 장점 일부도 역시 작아질 것이다. 서로 다르지만 동일하게 유능한 능력의 기관에서 세부적인 트레이드오프에 기반한 UAV 데이타 링크에 대해서 각기 다른 접근방법을 선택했다는 것은 특정 적용에 대해서 두 가지 모두 최적의 선택이 될 수 있다는 사실을 보여준다.

주파수 할당과 지정은 확산 스펙트럼 데이타 링크와 관련해서 간혹 제기되는 문제이다. 직접 확산 링크는 수십 MHz 의 순시 대역폭이 필요한 반면, 주파수 호퍼는 UHF 대역과 같이 전체 주파수 대역에 걸쳐서 호핑하도록 또는 고주파 대역의 하나인 1GHz 까지 사용하도록 설계될 수 있다. 그러나, 확산 스펙트럼 전송의 기본 특성으로 인해서 동일한 대역에서 작동하는 다른 시스템과의 간섭 가능성은 최소화된다.

직접 확산 시스템은 전송대역에서 작동하는 비확산 스펙트럼 수신기에 대한 배경 잡음의 다소 증가로 나타나는 반면, 확산 스펙트럼 수신기는 유사 잡음 변조를 제거할때 확산 대역폭에 걸쳐서 보는 모든 비확산 신호를 평균내고, 이러한 신호를 낮은 수준에서 잡음으로 변환한다.

주파수 호퍼는 각 호핑마다 해당하는 간섭이 존재하는 모든 주파수로부터 멀어지며 최악의 경우에도 간섭을 간헐적으로 만들기 때문에 의도하지 않은 간섭에 대해서 고유한 저항을 갖는다. 더구나, 이는 보통 해당하는 간섭이 예상되는 모든 주파수를 회피하도록 호핑 패턴이 프로그램되어 데이타 링크가 어떤 간섭도 겪거나 일으키지 않도록 설계된다. 훈련 목적의 경우, 주파수 호퍼는 링크의 작동에 대한 근본적인 영향을 미치지 않으면서 전혀 호핑을 하지 않거나 또는 매우 제한된 주파수 대역에서만 호핑하도록 프로그램될 수 있다.

주파수 할당과 지정은 미국과 유럽 모두의 AJ UAV 데이타 링크에서 전형적인 대역폭 또는 호핑 범위를 사용하는 특정 직접 확산 및 주파수 호핑 시스템에서 사용되어 왔다. 평화시 또는 전시 모든 종류의 링크에 대한 근본적인 장벽은 없는 것으로 보이며, 또한 이러한 측면에서 두 가지 종류 모두 어떤 장점을 제공하는가도 분명하지 않다. 주파수 관리 과정의 본질은 각 특정 링크 설계가 개별적인 사례로 고려되어야만 한다는 것이다. 적용되는 것으로 보이는 유일한 일반적인 규칙은, 사용될 주파수 대역이 확산 스펙트럼 모드에서 사용될 수 있는가의 여부를 고려조차 하기도 전에 기본적인 UAV 데이타 링크 적용에 사용될 수 있어야만 한다는 것이다.

주파수 호핑과 조합되어 사용될 수 있는 직접 확산 스펙트럼 전송의 특별한 경우는, 오류 검출 코드와 함께 스크램블된 리던던트 전송의 사용이다. 영상 정보의 한 프레임에 대한 경우가 그림 14.11 에 나온 것과 같다. 영상 데이타를 수치화한 이후, 데이타 링크는 프레임을 스크램블해서 화상의 인접한 (예를 들어 영상의 연속적인 선) 부분이 전송된 데이타의 프레임 내에서 넓게 분리된 시간 동안 전송될 수 있도록 한다. 뿐만 아니라, 데이타 링크는 수신기가 수신된 신호에서 오류에 대한 확인을 할 수 있도록 프레임 내의 데이타의 각각 작은 블록에 추가 비트를 더해준다. 마지막으로, 데이타 링크는 데이타의 각 블록을 프레임 내에서 서로 다른 시간에 두 번 전송한다. 이러한 접근방법은 두 가지 효과를 갖는다. 첫 번째는, 오류검출 코딩과 리던던트 전송의 추가로 인해서 전송된 신호의 대역폭이 증가되고, 이는 처리 이득을 생성하기 위해서 수신기에서 디코딩될 수 있다. 두 번째로, 예를 들어서 주파수 연속변경 재머 [8]에 의한 간헐적인 전파방해의 영향이 감소된다. 그 이유로는, (1) 짧은 간격의 전파방해는 화상의 인접한 부분에 영향을 미치지 않는 대신 전체 화상에 걸쳐 고립된 결점을 확산시킬 것이고, (2) 리던던트 전송으로 인해서 한 간격 동안 전파방해를 받은 모든 정보를 다른 간격 동안 전송된 정보로부터 복구할 수 있기 때문이다.

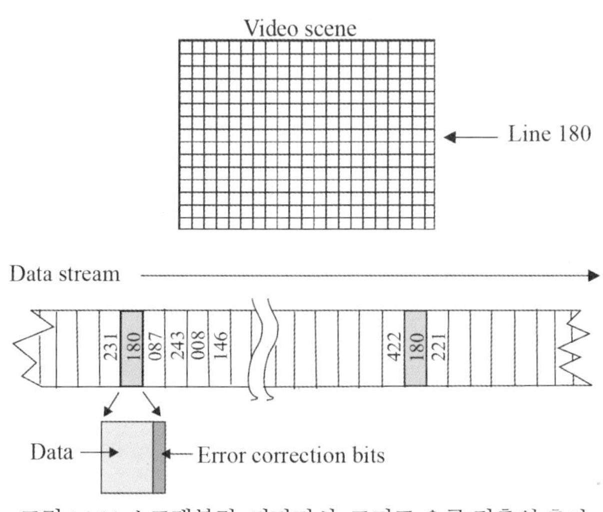

그림 14.11 스크램블링, 리던던시, 그리고 오류 검출의 추가

스크램블링과 리던던시는 일반적으로 전송되는 대역을 2 배 또는 많으면 3 배까지 증가시켜 3~5dB 의 처리 이득을 생성할 수 있다. 이러한 이득은 유사-잡음 변조 또는 주파수 호핑으로 인한 모든 이득에 추가된다. 이와 같은 기법은 한 프레임의 데이타 내에서 수 차례 호핑하는 주파수 호퍼에 특히 유용하다. 스크램블링과 리던던트 전송은, 만약 호퍼가 해당 프레임 동안 한 차례 또는 이상의 호핑에 대해서 간섭하는 방사체의 상단으로 떨어진다면 데이타의 손실을 감소 또는 방지할 수 있다.

14.3 AJ 마진의 정의

AJ 마진에 대한 일반적인 수학적 정의는 다음과 같다.

$$AJM_{dB} = PG_{dB} + FadeM_{dB} \tag{14.4}$$

PG_{dB} 는 식 14.3 으로 정의되고, $FadeM_{dB}$ 는 페이드 마진(Fade Margin)으로, 이는 정상 조건에서

[8] Swept 재머는 모든 출력을 한 주파수에서 다른 주파수로 빠르게 이동해서 모든 주파수를 연속적으로 전파방해할 수 있다.

시스템의 사용 가능한 신호대 잡음비(S/J)와 필요한 S/J 의 비율로 정의된다. 모든 잘 설계된 데이타 링크는 일부 페이드 마진을 가지며, 재머는 시스템의 성능을 저하시키기 전에 이러한 마진을 먼저 극복해야만 한다. 그러나, 재머가 시스템에 유효한 잡음을 기여하기 전에 시스템상에 존재하는 모든 처리 마진만큼 이의 유효한 출력은 감소된다.

AJ 마진의 정의가 수신하는 안테나의 이득을 명시적으로 포함하지 않는다는 것에 주목할 필요가 있다. 이러한 안테나의 이득은, 만약 존재한다면, 잡음에 대한 신호를 증가시키는 것으로 페이드 마진에 기여한다. 다른 모든 변수가 일정하게 유지된다면, 안테나 이득이 일정 수치의 dB 만큼 증가하면 페이드 마진도 증가하고, 따라서 AJ 마진도 동일한 수치의 dB 만큼 증가한다. 따라서, AJ 마진의 정의는 재머가 메인빔의 외부에 있고 수신 안테나의 이득으로부터 장점을 갖지 않는다는 것을 내재적으로 가정하는 것이다.

이와 유사하게, 송신기 출력의 증가 또는 송신기 안테나 이득은 페이드 마진을 통해서 AJ 마진으로 들어간다. 수신 안테나에서 능동 사이드로브 상쇄 또는 조향가능 널의 영향은 위의 간단한 정의에서는 직접적으로 설명되지 않는다. 이는 확산 스펙트럼 처리 이득과는 정성적으로 다르지만, 처리 이득에 추가될 수 있거나 또는 식에서 추가적인 항으로 표현될 수 있다. 데이타 링크의 기본적인 페이드 마진은 14.5 장 데이타 링크의 신호대 잡음 버짓에서 추가로 논의될 것이다.

AJ 마진에 대한 모든 단순한 단일 수치는 단지 근사치일 뿐이며, 전체적인 비교와 일반적인 논의에는 유용하지만 모든 시나리오에서 정확하게 올바르지는 않을 것임을 이해해야 한다. 만약 AJ 성능에 대한 정확한 예측이 필요하다면, 실제 신호와 재머 출력 버짓은 특정 상황과 해당 경우에 대해서 결정된 최종 S/N 에 대해서 계산되어야 한다.

모든 잘 설계된 링크는 약간의 페이드 마진을 가질 것이므로, 모든 데이타 링크는 일부 AJ 마진을 갖는다는 것을 강조할 필요가 있다. 그러나, 획득하기 어려운 것은 첫 10dB 또는 20dB 가 아니다. 성취가 어려운 것은 가혹한 전파방해 환경에서 필요한 마지막 10dB 또는 12dB 이다. 앞에서 언급된 것과 같이, 예를 들어서 AJ 마진에서 50dB 과 40dB 사이의 차이가 재머 출력으로는 선형 스케일상으로 20%의 감소가 아닌 10 배의 차이라는 것을 기억하는 것이 중요하다.

14.3.1 재머 지오메트리

데이타 링크가 특정 순간에 전파방해를 받을지의 여부는 데이타 링크와 재머의 특성, 그리고 해당 순간에서 데이타 링크와 재머 빔 사이의 기하학적 관계에 따라서 달라진다. 일반적으로 데이타 링크는 재머의 위치에 대한 상대적인 특정 AV 위치에서 전파방해를 받으며, 다른 위치에서는 방해를 받지 않는다. AJ 마진에서와 마찬가지로, 링크가 어디서 전파방해를 받을 것인가의 정확한 결정을 위해서는 시스템 및 시나리오에 특화된 링크와 재머에 대한 출력버짓의 계산이 필요하다. 그러나, 전형적인 미니 UAV 데이타 링크에 정성적으로 적용되는 재머(또는 전파방해) 지오메트리에 대한 일부 일반적인 의견을 제시할 수 있다.

만약 데이타 링크가 전방향 또는 매우 낮은 이득의 수신기 안테나를 사용한다면, 전파방해가 발생하는 지오메트리는 재머로부터 수신기까지, 그리고 링크 송신기로부터 수신기까지의 상대적인 거리에 따라서만 달라진다. 링크가 적절히 기능을 유지할 수 있는 일부 S/J 값이 존재할 것이다. 만약 S/J 가 이러한 수치 아래로 감소한다면 링크는 전파방해를 받을 것이다. 단순화를 위해서 만약 전파에 대한 대기 손실과 지형의 영향을 무시한다면, 수신기에서 신호와 재머의 강도는 링크 송신기와 재머로부터 링크 수신기까지 거리의 제곱에 반비례한다.

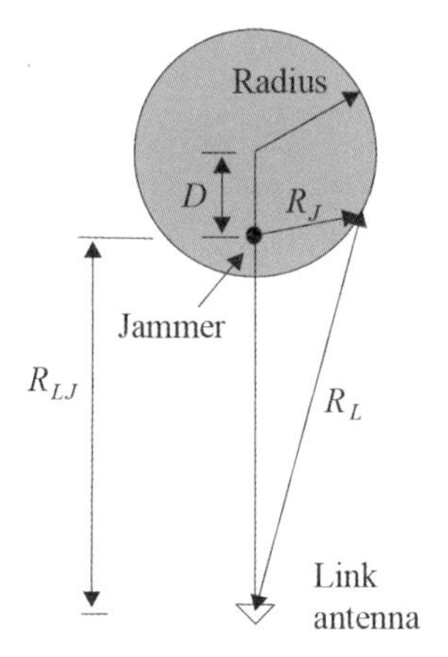

그림 14.12 전방향 수신 안테나에 대한 업링크 전파방해

그림 14.12 는 UAV 업링크에 대한 이러한 경우를 보여주고 있다. 관심대상인 거리는 지상의 링크 안테나로부터 UAV 까지의 거리(R_L)와 재머로부터 UAV 까지의 거리(R_J)이다. 단순화된 가정 하에서, S/J 는 R_L^2/R_J^2 에 반비례한다.

거의 수용될 수 없는 S/J 값을 생성하는 R_L^2/R_J^2 비율의 값을 k 값으로 표시하면, 이 비율이 일정한 지점의 자취(locus)는 중심이 재머와 링크 지상 스테이션을 지나는 직선상에서 재머의 후방으로 거리 $D = R_{LJ}/(k-1)$ 만큼 이동된 원으로 나타나는 것을 알 수 있다. 여기서 R_{LJ} 는 링크 지상 스테이션으로부터 재머까지의 거리이다. 원의 반경은 다음과 같이 주어진다.

$$Radius = \frac{R_{LJ}\sqrt{k}}{(k-1)}$$

원의 내부 면적은 재머가 업링크를 물리칠 수 있는 영역이다.

만약 특정 링크와 재머에 대한 k 값을 알고 있다면, 그림 14.12 에 나오는 지오메트리는 쉽게 계산될 수 있고 모든 시나리오에 대해서 지도상에 그려질 수 있다. 안타깝게도, 링크와 재머 모두에 대한 완전한 신호-강도 해석을 수행하지 않고 k 를 계산하는 간단한 방법은 존재하지 않는다. k 값은 AJ 마진과 관련되고, 마진이 증가함에 따라서 증가된다. 원의 반경은 $k^{-1/2}$ 에 비례해서, AJ 마진과 k 가 증가하면

원은 작아진다. 보다 정확한 계산은 $1/R^2$ 외의 손실을 고려해야만 하고, 링크가 전파방해를 받을 재머 주변의 영역은 원에서 타원형 영역으로 찌그러질 것이다. 그러나, 그림 14.12 에 나오는 간단한 사례는 전방향 안테나에 대한 업링크 전파방해 지오메트리의 정성적 특성을 보여주고 있다.

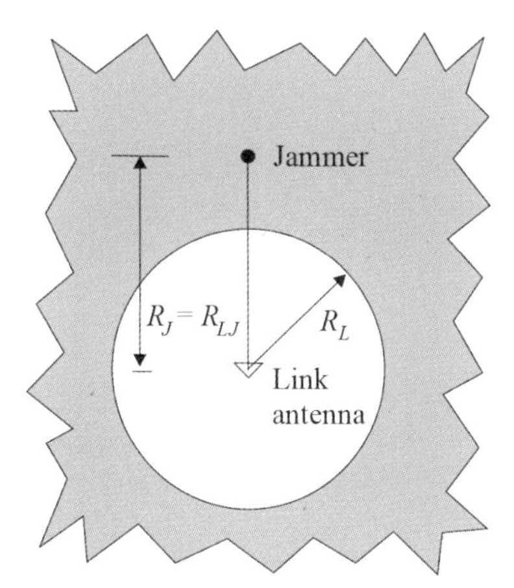

그림 14.13 다운링크 전파방해 지오메트리

그림 14.13 은 전방향 수신기 안테나를 사용하는 다운링크의 전파방해에 대한 지오메트리의 유사하게 단순화된 해석을 보여주고 있다. 이러한 경우, 수신기까지의 재머 거리(R_J)는 고정되고, 재머에서 지상 스테이션까지의 거리(R_{LJ})와 동일하다. 고정된 재머 거리대 링크 거리의 비율을 필요로 하는 고정된 S/J 에 대해서, 링크 거리(R_L) 또한 고정되어야만 한다. 따라서, 링크는 지상 스테이션을 중심으로 하는 원의 내부 어디에서도 작동할 수 있고, 원의 외부에서는 어디서나 전파방해를 받을 것이다. 만약 다운링크 송신기 안테나가 높은 이득을 갖는다면, 이러한 이득은 원을 크게 만드는데는 기여하겠지만, 링크가 전파방해를 받는 영역의 형태는 변경시키지 못할 것이다.

만약 링크가 UAV 와 일치하지 않는 재머를 거부하기 위해서 지상에서 고이득 안테나를 사용한다면, 다운링크 전파방해에 대한 지오메트리가 변경된다. 그림 14.14 는 이러한 경우를 정성적으로 보여주고 있다. 만약 재머가 수신기 안테나의 메인빔 내에 있다면 전파방해 상황은 전방향 안테나에 대한 상황과 유사해서, UAV 가 지상 스테이션을 중심으로 하고 반경은 링크와 재머의 매개변수에 따라서 달라지는 원의 내부에 있는한 링크가 작동할 수 있다. 그러나, 만약 UAV 가 재머가 안테나의 메인빔 외부에 있도록 재머와 충분히 일치하지 않는다면, 링크는 메인빔의 이득과 동일한 추가적인 AJ 마진을 갖는다. 그림 14.14 는 재머가 메인빔 내에 있지 않는한 이러한 추가적인 이득이 링크가 성공적으로 작동하는데 충분하다고 가정한다. 이는 내부에서 다운링크가 전파방해를 받게 되는 웨지 형태의 영역을 형성한다. 웨지는 지상 스테이션으로부터 재머까지의 축 상에 중심이 있고, 지상 스테이션 안테나의 메인빔의 폭과 동일한 각도 폭을 갖는다. 웨지의 지점은 지상 스테이션 주변 원의 둘레에서 절단되고, 해당 원의 내부에서는 안테나 이득으로 인해서 제공되는 추가적인 AJ 판별의 보조가 없이 링크가 작동할 수 있다.

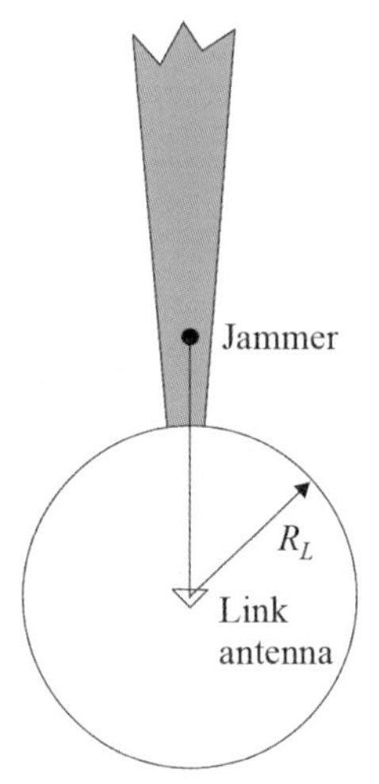

그림 14.14 고이득 안테나의 다운링크에 대한 전파방해

그림 14.14 의 지오메트리는, 지상 안테나의 이득이 축을 벗어난 일부 각도에서 뾰족한 경계를 갖는 스텝함수로 설명된다는 가정에 의해서 단순화되었다. 실제 안테나는 보다 복잡한 이득 패턴을 가지며, 이는 웨지의 형태로 반영될 것이다. 또한, 단순화된 해석에서는 재머로부터 지상 안테나까지 막힘이 없는 RF 가시선을 가정한다. 이는 또한 안테나는 고도 기준으로는 UAV 신호와 재머를 효과적으로 판별할 수 없는 것으로 가정한다. AV 까지의 고도각은 상당히 낮고, AV 아래 지상으로부터의 신호는 거의 대부분 메인빔 이내에 있거나 다중 경로를 통해서 내부로 쉽게 진입할 수 있기때문에, AV 가 지상 스테이션 부근에 있지 않는한 마지막 가정은 소형 UAV 시나리오에 대해서는 정확하다.

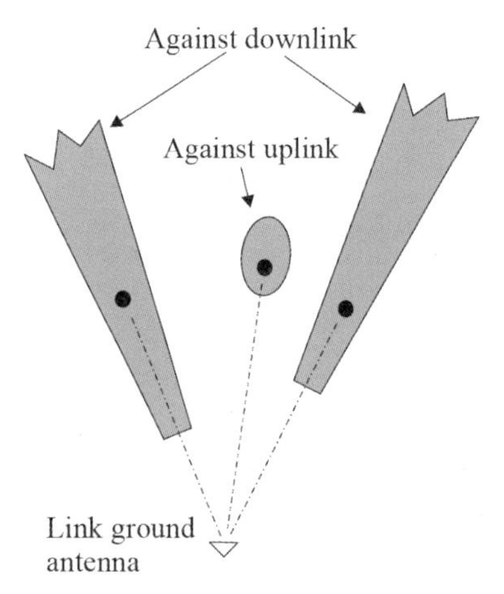

그림 14.15 다중 전파방해에 대한 업링크 및 다운링크에 대한 전파방해 지오메트리

만약 몇 개의 재머가 존재한다면, 각 재머는 그림 14.12~14.14 에 나오는 형태 중의 하나로 보호된 영역을 설정할 것이다. 그림 14.15 는 다운링크에 대해서 고이득 지상 안테나를, 업링크에 대해서는 필수적으로 전방향 수신기 안테나를 갖는 UAV 에 대한 전형적인 전파방해 시나리오를 요약하고 있다. 다운링크를

목표로 하는 각각의 두 재머는 유효 전파방해에 대해서 웨지 형태의 영역을 생성하고, 업링크를 목표로 하는 한 재머는 유효 업링크 전파방해에 대해서 타원형 영역을 생성한다. 만약 다운링크에 대해서 충분히 많은 재머가 사용된다면, 다수의 웨지에 의해서 생성되는 전체 전파방해 영역은 임무 효율성에 상당한 영향을 미칠 수 있기에 충분한 정도로 증가될 수 있다. 웨지는 해당 링크의 최대 거리까지 뻗어나간다.

매우 좁은 안테나 빔은 AJ 마진을 위해서 안테나 이득에 의존하는 UAV 데이타 링크에서는 중요한 자산이라는 것이 분명하다. 좁은 빔은 고이득과 같이 작동하는 반면 이득 단독보다는 안테나의 각방향 판별이 링크가 전파방해를 받을 영역을 최소화하는 핵심이기 때문에, 사이드로브 상쇄 또는 조향가능 널이 더 높은 이득보다 더욱 유용한 지점이 존재할 수 있다.

논의할 가치가 있는 특별한 경우로는 비 가시선 수신에 사용되는 Yagi 와 같은 저이득 안테나이다. 이러한 안테나는 50 도의 빔폭으로 10 또는 15dB 의 이득을 가질 것이다. 이러한 안테나는 링크의 페이드 마진에 추가되고, 따라서 일반적인 정의를 이용해서 AJ 마진에 추가된다. 그러나, 빔이 너무 넓기때문에 재머는 거의 항상 빔 내에 있을 것이고 신호와 동일한 이득만큼 강화될 것이다. 따라서, 전파방해가 존재하는 상황에서 저이득 안테나는 데이타 링크가 작동하는 능력에 실질적인 기여를 하지 못한다. 이는 링크의 강건도에 대한 결론을 도출하기 전에 AJ 마진에 대한 시스템에 특화된 평가를 수행해야 하는 필요성을 보여주는 것이다.

14.3.2 AJ 능력의 시스템 적용

UAV 데이타 링크에서 AJ 능력에 대한 요구조건은 많은 시스템 관련사항을 갖는다. 이는 작동 주파수, 거리, 그리고 데이타율과 같은 세 가지 상호 관련된 영역으로 요약될 수 있다.

AJ 능력은 보다 높은 작동 주파수를 선호하는 경향을 갖는다. 더 짧은 파장은 동일한 안테나 치수에 대해서 더 높은 안테나 이득을 허용하고, 안테나 이득은 여러가지 면에서 AJ 마진을 향상시키는 가장 용이한 방법이다. 그러나 보다 높은 주파수는 전송기로부터 수신기까지 가시선 전파을 필요로하고, 이는 중계가 사용되지 않는한 데이타 링크의 거리를 제한한다. 만약 중계가 사용된다면, 링크의 공대공 단계에 대해서는 고이득 안테나를 사용하는 것이 어려울 수 있다.

기본 주파수가 높을수록 동일한 비대역폭에 대해서 보다 큰 처리 이득을 얻을 수 있다. 예를 들어서, 1MHz 데이타 대역폭과 400MHz 작동 대역에 대해서 20dB 의 처리 이득은 100MHz 의 확산 스펙트럼 대역폭 또는 25%의 비대역폭이 필요하다. 약 15GHz 에서 작동한다면 동일한 처리 이득과 확산 스펙트럼 대역폭은 단지 1.33%의 비대역폭만 필요하고, 이는 성취하기 쉬우며 사이드 로브 상쇄기와 같은 능동 안테나 처리를 보다 용이하게 만들 수 있을 것이다.

단거리 데이타 링크는 보다 높은 주파수에서 안테나 이득과 처리 이득의 장점을 모두 완전히 활용할 수 있다. 장거리 데이타 링크는 처리 이득으로부터의 장점만을 가질 수 있을 것이다. 따라서, AJ 능력을 위해서 더 높은 주파수를 사용한다는 논리는 장거리 데이타 링크에 대해서보다 단거리 링크에 대해서 더 강화될 것이다.

더 높은 주파수의 단점은 부품이 더 고가이고 전반적인 기술이 덜 성숙했다는 것이다. 가시선 전파에 대한 제한 또한 장거리 데이타 링크에 대해서는 단점이 된다.

AJ 능력과 데이타율 사이의 상호작용은 AJ 마진의 대부분에 대해서 가시선 전파와 고이득 안테나에 의존할 수 없는 모든 데이타 링크에 대해서 매우 강하다. 고이득 안테나는 다운링크에 대해서 30dB 의 AJ 마진을 용이하게 제공할 수 있다. 처리 이득으로부터 동일한 30dB 의 마진을 얻기 위해서는, 예를 들어서 10MHz 에서 100kHz 로 전송 데이타율의 감소, 또는 전송된 확산 스펙트럼 대역폭에서 동등한 증가가 필요할 것이다. 단거리 가시선 데이타 링크의 경우, 대형 고이득 안테나를 중간 수준의 처리이득과 조합하는 것으로 양호한 전파방해 저항과 함께 중간 주파수 대역에서 상당히 높은 데이타율을 갖는 것이 가능하다. 장거리 데이타 링크의 경우, 다음과 같은 세 가지 선택이 존재한다.

1. 낮은 데이타율에서 저주파수 비 가시선 운용. 비 가시선 운용은 상대적으로 낮은 주파수의 사용을 강요하고, 이는 다시 처리이득을 위해서 사용할 수 있는 전송된 대역폭을 제한한다. 이는 AJ 마진이 여전히 제공되는 동안 처리될 수 있는 전송된 데이타율을 제한한다.
2. 저이득 안테나와 중간 데이타율을 갖는 중계를 이용한 고주파수 가시선 작동. 이 선택은 사용 가능한 안테나의 크기와 이득을 제한하는 댓가로 UAV 를 중계 기체로 사용할 수 있도록 한다. 고주파수 작동 대역은 큰 순시 확산 스펙트럼 대역폭을 허용하기 때문에 중간 데이타율이 지원될 수 있다.
3. 고이득 중계 안테나와 높은 데이타율을 이용한 고주파수 가시선 작동. 이 선택은 대형, 고이득, 추적 안테나를 갖는 대형 중계 기체를 이용하는 것으로 안테나 이득과 넓은 대역폭의 모든 AJ 장점을 제공해서 높은 AJ 마진에서 상대적으로 높은 데이타율을 허용한다. .

다음의 간단한 예제 14.1 과 14.2 는 이러한 트레이드오프의 전체적인 특성을 보여준다. 다운링크로 10MHz 의 데이타율을 전송해야만 하고, 모든 일상적인 신호 마진을 사용할 수 있더라도 이에 추가해서 40dB 의 AJ 마진이 필요한 데이타 링크를 고려한다. 만약 이 데이타 링크가 제한된 최대 거리를 수용하고 가시선 모드에서의 작동할 수 있다면, 이는 예를 들어 30dB 의 이득을 갖는 지상 안테나를 사용할 수 있고 단지 10dB 의 처리 이득만이 필요할 것이다. 이는 100MHz 의 전송 대역폭이 필요할 것이고, (주파수 할당을 사용할 수 있다고 가정하면) 낮게는 UHF 까지 내려가는 모든 편리한 주파수에 해당하는 것이다.

예제 14.1

필요한 데이타율	10MHz
필요한 AJ 마진	40dB
안테나 이득	30dB
처리 이득 (=AJ 마진–안테나 이득)	10dB
전송된 대역폭 (=처리이득×데이타율)	100MHz

반대로, 만약 데이타 링크가 전방향 안테나로 장거리에서 비 가시선 모드로 작동해야만 한다면 이는 40dB 의 처리 이득이 필요하고 100GHz 의 전송 대역폭이 발생하겠지만, 이는 비 가시선으로 전파될 수 있는 모든 주파수에서 불가능하다. (실제로, 전통적인 RF 기술이 적용되는 모든 주파수에서 가능하지 않을 것이다.) 따라서, 10MHz 의 데이타율, 40dB 의 AJ 마진, 그리고 중계가 없는 장거리라는 요구조건은 상호간에 호환되지 않는다.

예제 14.2

필요한 데이타율	10MHz
필요한 AJ 마진	40dB
안테나 이득	0dB
처리 이득 (=AJ 마진–안테나 이득)	40dB
전송된 대역폭 (=처리이득×데이타율)	100MHz

실제로, 40dB 의 AJ 마진으로 장거리를 성취하는 유일한 방법은 고주파수에서 고이득 중계 안테나를 사용하는 것이다. 10MHz 데이타율에 대해서는 40dB 의 처리 이득을 사용할 수 없으며, (모든 단순화된 사례에서 가정되었던 것과 같이 전송 출력을 무시한다면) AJ 마진을 위해서 가능한 유일한 다른 방법은 안테나 이득이다. 만약 저이득 중계 안테나를 사용하려고 한다면, 안테나 빔이 너무 넓어지기 때문에 재머는 항상 안테나 빔의 내부에 위치할 것이고, 안테나 이득으로부터의 명백한 기여는 재머에 대한 어떠한 실질적인 판별도 제공하지 못할 것이다. 데이타율이 1MHz 로 감소한다고 하더라도, 처리 이득으로부터 40dB 의 AJ 마진을 획득하기 위해서는 10GHz 라는 지나치게 높은 전송 대역폭이 필요할 것이다.

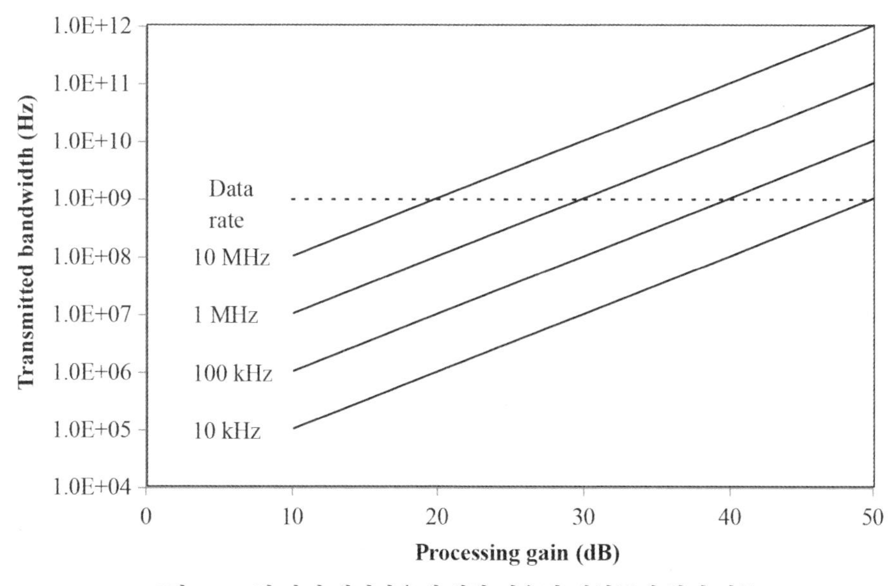

그림 14.16 몇 가지 데이타율에 대한 전송된 대역폭대 처리 이득

그림 14.16 은 데이타율, 처리 이득, 그리고 전송 대역폭 사이의 관계를 보여주고 있다. 점선은 1GHz 의

최대 전송 대역폭을 나타내지만, 15GHz 대역에서는 이보다 다소 높은 (2 또는 3GHz) 수치가 가능할 수도 있다. 이 그림을 통해서, 100kHz 보다 높은 데이타율에 대해서는 40dB 처리 이득을 사용할 수 없다는 것이 분명함을 알 수 있다. 위의 예제에서 사용되었던 10MHz 데이타율에서는, 가까운 미래에 데이타 링크로 사용될 가능성이 있는 가장 높은 주파수 대역에서 20dB 보다 높지 않은 처리 이득까지 사용할 수 있다. 이로 인해서, 재머와 출력 대결에 들어가는 것을 제외하고 또한 이를 탑재하기 위해서 어떠한 기체가 필요하다고 하더라도, 10MHz 까지 높은 데이타율에서 20dB 보다 높은 AJ 마진을 위해서 사용 가능한 옵션으로는 고이득 안테나만이 남을 것이다.

14.3.3 대전파방해 업링크

여기서 다루는 AJ 문제에 대한 대부분의 논의는 다운링크에 집중된다. 업링크에 대한 상황은 두 가지 면에서 상당히 달라진다.

1. UAV 에 장착된 업링크 수신기 안테나는 제한된 수의 재머 신호를 억제할 수 있는 조향가능 널을 가질 수는 있지만, 아마도 높은 이득을 가질만큼 충분히 커질 수 없을 것이다.
2. 업링크에 대한 데이타율은 매우 낮기때문에 큰 처리 이득을 가질 수 있다.

업링크에 대해서 필요한 전체 데이타율은 1~2kHz 수준이다. 만약 업링크 신호가 다운링크와 시간 다중화되어야할 필요가 없다면 40dB 의 처리이득은 약 10~20MHz 의 전송 대역폭만 필요할 것이다. 이는 만약 업링크와 다운링크가 이중 단방향 모드에서 작동하는 두 개의 독립된 세트의 전송기와 수신기를 사용하는 경우에 해당할 것이다.

반대로, 만약 데이타 링크가 각 끝단에서 단일 수신기와 송신기로 양방향 모드에서 작동한다면, 업링크 데이타는 다운링크로부터 제거된 짧은 시간 슬롯 동안에 전송된다. 이러한 경우, 업링크 데이타는 다운링크에 대해서 사용되었던 것과 유사한 순시 데이타율로 전송될 것이고, 본질적으로 다운링크와 동일한 처리 이득을 가질 것이다.

양방향 시스템에서 업링크는 지상 안테나를 다운링크와 공유할 것이다. 만약 안테나가 높은 이득을 갖는다면 업링크는 높은 ERP 로부터 장점을 가질 것이다. 그러나, 업링크에 대항해서 작동하는 재머는 고이득 및 AV 를 지향하는 추적 안테나를 이용할 수도 있다. 이와 같은 업링크에 대한 AJ 보호를 위해서 사용할 수 있는 방법으로는 처리이득과 조향가능 널과 같은 능동 안테나 처리만 남을 것이다.

따라서, 다운링크와 전송시간을 공유해야만할 필요가 없이 링크가 높은 처리 이득을 제공할 수 있는 이중 단방향 시스템에서는 업링크에 대한 높은 AJ 마진을 제공하는 것은 상당히 용이하다. 양방향 시스템의 경우, 업링크의 처리 이득은 다운링크의 이득과 비슷하다. 만약 이러한 이득이 적절한 AJ 마진을 제공하지 못한다면 업링크에는 능동 안테나 처리를 통한 수신기 안테나 이득과 동등한 수준이 제공되어야만 한다.

14.4 전파(propagation)

RF 신호가 지구 근처의 대기를 통과해서 전파될때 손실에 기여하는 모든 인자에 대한 세부사항을 고려하는 것은 이번 논의의 범위를 벗어난다. 그러나, 전파에 영향을 미치는 기본적인 요소에 대한 이해는 데이타 링크 설계의 이해를 위해서 필수이다. 다음 단락에서는 데이타 링크 신호 전파에서 기본적인 세 가지 문제점인 전파 경로상의 장애물, 대기 흡수, 그리고 강우 손실의 일반적인 특성을 설명할 것이다.

14.4.1 전파 경로상의 장애물

전자기파는 일반적으로 직선으로 전파된다. 그러나 전파의 단순한 직선 모드는 몇 가지 효과로 인해서 수정될 수 있다. 여기에는 (대기밀도의 변화로 인해서 발생하는) 대기의 굴절율의 변화로 인한 굴절, 송신기와 수신기 사이의 공칭 직선의 실제 이내는 아니지만 인근의 장애물로 인해서 초래되는 회절, 그리고 충분히 긴 파장에 대해서는 대기층과 지구표면으로 구성되는 도파관 내의 복잡한 채널링과 다중 전파 경로가 포함된다. 이 중에서 후자의 효과가 상대적으로 긴 파장에서 초장거리 통신을 허용하는 것이다. 이는 대부분의 데이타 링크 적용에 대해서는 너무 긴 파장에 적용되기 때문에 여기서는 더 이상 세부적으로 설명되지 않을 것이다.

일반적으로, 수 GHz 이상의 주파수는 가시선 통신에 대해서만 유용한 것으로 간주된다. 다시 말해서, 이는 송신기로부터 수신기까지 장애물이 없이 직통하는 가시선이 필요하다. 이러한 주파수에서는 대기중 약간의 굴절로 인해서 빔이 수평선 너머로 약간 곡선으로 휘어져 나가는 것이 가능하다. 만약 지구를 매끈한 구체로 가정한다면, 굴절에 대한 일반적인 보정은 지구가 실제 반경의 4/3 인 반경을 갖는 것으로 고려하는 것이다. 이는 레이다 수평선을 유사한 분율만큼 멀리 이동시키고, 빔이 실제 수평선 위로 다소 굴절된다는 사실을 설명하는 것이다. 이는 표면을 매끈한 지구로 적절하게 근사할 수 있는 해상에서 사용하기에 적합한 계수이다.

그러나, 육상에서 운용되는 데이타 링크의 경우, (전송을) 제한하는 수평선은 매끈한 지구 모델 보다는 데이타 링크 경로 아래쪽의 높은 지표면에 따라서 결정될 가능성이 높다. 이러한 경우, 회절 효과로 인해서 직선 경로는 신호의 파장에 따라서 달라지는 여유만큼 가장 근접한 장애물을 제거할 필요가 있다. 특히, 빔은 첫 Fresnel 구역의 약 60%가 장애물을 통과할 수 있는 거리만큼 모든 장애물을 제거해야만 하는 것으로 밝혀졌다.

전파되는 전자기 빔의 경우, 안테나까지의 거리와 비교해서 안테나의 치수가 무시될 수 있는 안테나로부터의 거리에서 Fresnel 구역은 송신기로부터 수신기로 직접 이동하는 에너지에 대한 송신기로부터 Fresnel 구역의 둘레를 통해서 수신기로 통과하는 에너지에 대한 경로 거리가 신호 파장의 반정수 배수가 되는 (빔에 수직인 평면에서) 원으로 정의된다. 그림 14.17 은 이러한 지오메트리를 보여주고 있다. 경로 TBR 에서 경로 TAR 을 빼면 $n \times \lambda/2$ 와 같다는 요구조건을 만족하는 지점의 자취는 송신기와 수신기가 초점에 있는 좁은 형태의 타원이다. 막히지 않은 전파를 위해서는 이러한 타원이 상당한 장애물을 갖지 않아야 한다. 가장 가까운 장애물이 경로의 중간 지점에서 발생하는 특별한 경우에 대해서 첫 Fresnel 구역의 반경은 대략적으로 $r = 0.5(\lambda R)^{1/2}$ 로 주어지는 것으로 나타났고, 여기서 R 은 송신기로부터 수신기까지의 거리이다. $R = 50\text{km}$ 이고 장애물이 직접 가시선으로부터 최소한 $0.6r$ 벗어나야 하는 조건이 필요한 경우, 이는 직접 가시선이 장애물을 가시광선($\lambda = 0.5\mu\text{m}$)에 대해서는 약 0.05m, $\lambda = 5\text{cm}$ 에 대해서는 15m, 그리고 $\lambda = 5\text{m}$ 에 대해서는 150m 만큼 제거해야만 한다는 것을 의미한다. 대부분의 데이타 링크는 cm 또는 mm 범위의 파장에서 작동할 것이므로, 100m 또는 미만 수준의 제거는 가시선 빔에서 진정한 막히지 않는 전파를 보장할 것이다.

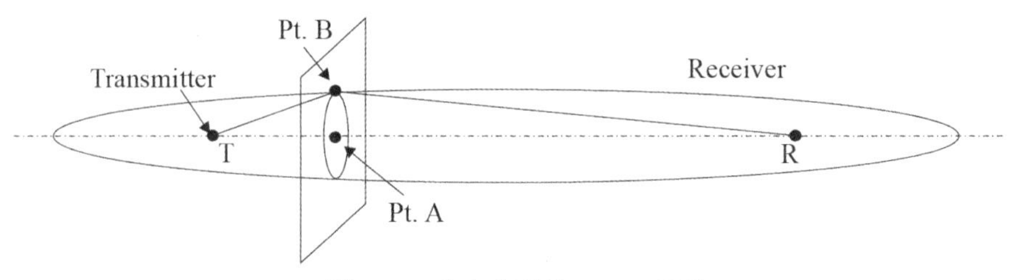

그림 14.17 전자기 빔의 Fresnel 구역

회절은 비 가시선 통신을 허용하기 때문에 유리할 수 있다. 이러한 경우, (언덕과 같은) 장애물의 존재는 에너지를 가시선 빔의 밖으로 언덕 후방의 계곡으로 회절시킬 수 있다. 이러한 효과는 (1GHz 이하) 중간 주파수에서 가장 중요하다. 이는 TV 송신기까지 분명한 가시선을 갖지 않는 지역에서도 비록 신호 강도는 감소하더라도 TV 신호를 수신하는 것이 가능한 이유를 설명하는 것이다. 앞에서 언급된 것과 같이, 수십 MHz 아래의 주파수에서는 다른 더 복잡한 전파 모드가 중요해진다. 이러한 영역에서는, 가시선 상의 장애물 개념은 더 이상 의미가 없다.

14.4.2 대기 흡수

대기 중의 다양한 분자는 신호상의 에너지 일부를 흡수할 수 있다. 데이타 링크에 대한 관심 대상인 파장에서, 이러한 흡수의 주요 원인으로는 수증기와 산소 분자이다. 약 15GHz 까지의 주파수에서 이러한 흡수는 (100km 전파 거리에서 전형적으로 3dB 미만으로) 매우 작다. 대기 흡수는 보다 높은 주파수에서 더욱 중요해진다는 것에 주목할 필요가 있다. 특히, 95~120GHz 의 주파수에서 대기창 대기 흡수는 데이타 링크 거리에 대한 제한 요소가 될 수 있다. 또한 이러한 흡수로 인해서 매우 짧은 거리를 제외한 모든 통신에 대해서 창 밖의 주파수는 사용할 수 없다.

14.4.3 강우 손실

약 7~10GHz 이상에서는 전파 경로상에서 강우로 인한 손실이 상당해질 수 있다. 7GHz 아래에서는, 폭우에서 조차도 손실은 데이타 링크에 대한 모든 관심 범위에서 1dB 보다 작을 것이다. 강우 손실은 신호의 주파수와 빔의 고도각 모두에 따라서 달라진다. 고도각이 증가하면 더 짧은 거리만에 빔이 강우의 위로 상승할 수 있기때문에 전체 손실은 감소된다. 전형적인 UAV 데이타 링크는 장거리에 사용되는 경우 낮은 고도각을 가질 것이므로, 경로의 대부분이 비구름보다 아래에 머물게될 것이다. 이러한 상황에서, 폭우(12.5mm/h)시 15GHz 에서의 손실은 약 50km 거리에 대해서 100dB 까지 높아질 수 있다. 동일한 조건하에서 10GHz 에서의 손실은 30dB 를 넘어갈 수 있다. 이러한 손실은 상당한 것이기 때문에 폭우의 가능성이 높은 기후에서 운용되어야만 하는 시스템의 설계에서는 반드시 고려되어야만 한다. 가벼운 강우(2.5mm/h)에서 조차도 15GHz 에서의 손실은 50km 수준의 거리에 대해서 6dB 정도의 크기까지 될 수 있다.

14.5 데이타 링크 신호대 잡음 버짓

데이타 링크에서 신호대 잡음(Signal-to-Noise, *S/N*) 버짓은 데이타 링크의 페이드 마진을 링크가 작동할 환경과 링크의 매개변수에 대한 함수로 결정하는데 대단히 유용한 개념적인 프레임워크이다. *S/N* 버짓은 데이타 링크에 대한 거리 방정식을 풀기 위한 테이블 양식을 제공한다. 각 이득 또는 손실을 dB 로 표시하는 것으로 인해서 방정식의 풀이는 링크의 전체 페이드 마진을 찾기 위해서 이득과 손실을 합산하는 과정으로 감소된다.

수신기 안테나의 출력에서 신호 강도는 다음과 같이 주어진다.

$$S = ERP_T G_R \left(\frac{\lambda}{4\pi R} \right)^2 \tag{14.5}$$

여기서 ERP_T 는 송신기 안테나의 이득과 송신기 및 이의 안테나 시스템에서의 모든 손실을 고려한 등방성 복사기에 대한 송신기의 유효 복사 출력이고, G_R 은 안테나 시스템에서 손실의 영향을 포함한 수신기 안테나의 전체 이득이다.

식 (14.5)는 일반적으로 UAV 데이타 링크에서는 상대적으로 작은 많은 손실을 무시한다. 이러한 손실에는 다음이 포함된다.

1. 15GHz 이하의 모든 주파수에서 100km 까지의 경로 길이에 걸쳐서 3dB 보다 작은, 대기 흡수로 인한 손실
2. 잘 설계된 시스템에 대해서 기껏해야 일반적으로 1~2dB 정도인, 송신기와 수신기 안테나 사이의 편파 불일치로 인한 손실
3. 일부 파장에서는 상당한 수준일 수도 있는, 전파 경로상에서 강우로 인한 손실

대략적인 계산을 위해서는 3dB 의 추가 손실이 흡수와 편파의 영향을 고려하기에 일반적으로 충분할 것이다. 그러나, 높은 주파수에서는 강우 손실이 상당히 클 수도 있다. 예를 들어서, 앞에서 언급된 것과 같이 15GHz 에서 12.5mm/h 의 강우는 50km 경로에서 거의 50dB 의 손실을 초래한다. 만약 데이타

링크가 폭우 조건에서 사용되어야 한다면 이는 분명히 반드시 고려되어야만 한다. 강우 손실에 대한 수치는 해당 엔지니어링 핸드북에서 찾아볼 수 있다.

데이타 링크 수신기의 잡음은 다음과 같이 주어진다.

$$N = kTBF \tag{14.6}$$

여기서 k 는 Boltzmann 상수(1.3054×10^{-23} J/K), T 는 수신기에서 한계 잡음에 기여하는 부분의 K 단위인 온도, B 는 수신기의 잡음 대역폭, 그리고 F 는 수신기의 잡음 지수이다. 관례적으로 대부분의 계산에서는 $T = 290\text{K}$ 를 사용해서 수행되기 때문에 $kT = 4\times10^{-21}\text{J} = 4\times10^{-21}\text{W/s} = 4\times10^{-18}\text{mW/Hz}$ 가 된다.

S/N 비율은 다음과 같이 주어진다.

$$\frac{S}{N} = \frac{ERP_T G_R (\lambda/4\pi R)^2}{kTBF} \tag{14.7}$$

이 식은 다음과 같이 로그 형태로 정리될 수 있다.

$$\begin{aligned} log(S) - log(N) = log(ERP_T) - log(G_R) - log(kT) - log(B) - log(F) \\ - log(4\pi R/\lambda)^2 - log(precip.loss) - log(misc.loss) \end{aligned} \tag{14.8}$$

λ 를 포함한 항은 자유공간 손실이고, 역수로 사용되었기 때문에 로그는 양수가 되어 해당 항은 명시적으로 빼기로 계산된다. 이러한 형태에서, 로그로 표현되는 잡음에 대한 전체 신호의 초과는 이득 항의 합에서 손실 항을 빼는 것으로 나타난다. 강우 손실에 대한 항과 흡수 및 편파로 인한 기타 손실이 식 (14.8)에 명시적으로 추가되었다.

ERP_T	____dB
Plus G_R	____dB
minus kT	____dB
minus B	____dB
minus F	____dB
minus $(\lambda/4\pi R)^2$	____dB
minus precipitation loss	____dB
minus misc losses	____dB
EQUALS AVAILABLE S/N	____dB
minus required minimum S/N	____dB
EQUALS fade margin	____dB

표 14.1 데이타 링크의 버짓을 위한 포맷

만약 모든 로그에 10 을 곱하는 것으로 식 (14.8)이 dB 로 표현된다면, 결과는 데이타 링크 버짓을 구성하기 위해서 표 14.1 과 같이 정리될 수 있다.

페이드 마진은 그 명칭을 가져온 기하학적 페이드와 같은 부가적인 손실을 처리하기 위해서 사용할 수 있는 초과되는 S/N 의 양이다. 이는 또한 처리 이득과 같은 추가적인 AJ 단계가 더해지기 전에 시스템에서 사용할 수 있는 AJ 마진이다.

간단한 사례로, 비행체 송신기 출력 = 15W , 비행체 안테나 이득 = 12dB , 그리고 송신기 시스템 손실 = 1dB 과 같은 특성으로 15GHz 에서 작동하는 가시선 데이타 링크를 고려한다.

15W 출력을 41.8dBm 으로(1mW 초과 데시벨) 변환하고, 다음으로 안테나 이득과 내부 손실을 적용하는 것으로 41.8dBm + 12dB − 1dB = 52.8dBm 의 전체 ERP_T 를 간단히 구할 수 있다.

추가적으로, 비행체로부터의 거리 = 30km , 대역폭 = 5MHz , 잡음 지수 = 6dB , 안테나 이득 = 25dB , 최대 강우량 = 7.5mm/h (중급), 그리고 최소 필요한 S/N = 10dB 과 같은 특성이 지상 스테이션의 수신기 시스템을 설명한다고 가정한다.

30km 경로에 대해서 7.5mm/h 와 15GHz 에서의 강우 손실은 약 15dB 이다. 이러한 매개변수에 대한 자유공간 항인 $10\,log(\lambda/4\pi r)^2$ 은 146dB 이고, $10\,log$(5MHz) 는 67dB 이고, 그리고 290K 에서 $10log(kT)$는 −174dBm/Hz 이다(이 매개변수가 음의 값을 갖는 것에 주목해야 하며, 이는 174dBm/Hz 를 S/N 방정식의 테이블 형식에 더해지는 것임을 의미한다).

이제 위에 주어진 표 14.1 을 채운다면 그 결과는 아래 표 14.2 와 같아질 것이다.

ERP_T	52.8 dB
Plus G_R	+25.0 dB
minus kT	− (−174.0) dB
minus B	−67.0 dB
minus F	−6.0 dB
minus $(\lambda/4\pi R)^2$	−146.0 dB
minus precipitation loss	−15.0 dB
minus misc losses	−3.0 dB
EQUALS AVAILABLE S/N	14.8 dB
minus required minimum S/N	10.0 dB
EQUALS fade margin	4.8 dB

표 14.2 완성된 데이타 링크 버짓

다시 말해서, 이러한 데이타 링크는 고려된 거리와 조건 하에서는 성공적으로 작동하겠지만, 계산상의 오차에 대한 또는 환경이나 하드웨어의 기능 이상으로 초래되는 과도한 손실에 대한 여유는 매우 작을 것이다. 단지 약 5dB 의 추가적인 손실만으로도 수신기에서의 신호는 필요한 S/N 아래로 떨어질 것이다. 양호한 설계 적용을 위해서는 보통 최소한 10dB 의 페이드 마진이 필요할 것이다.

참고문헌

1. Skolnick M, *Introduction to Radar Systems*, 2nd Edition. New York, McGraw Hill, 1980.
2. Friedman D, et al. *Comparison of Canadian and German Weather*. Arlington, VA, System Planning Corporation, Report 566, March 1980.

제 15 장 데이타율 감소

Data-Rate Reduction

15.1 개요

모든 네트워크 또는 데이타 링크에서 가장 가치있는 자산 중의 하나는 대역폭 또는 데이타율이다. 무선 네트워크의 경우, 전자기 스펙트럼의 모든 부분에서 사용할 수 있는 전체 대역폭을 제한하는 근본적인 요소가 존재하고, 물론 정보를 전송하기를 원하는 모든 사용자 사이에서 분할될 수 있는 전체 스펙트럼도 제한되어 있다.

이는 UAS 의 데이타 링크 중에서도, 미가공 형태로 전송하기 위해서 매우 넓은 대역폭이 필요한 다량의 데이타가 존재할 수 있는 다운링크에 대해서는 특히 중요한 문제이다. 앞의 두 장에서 논의된 것과 같이, UAV 에 대한 AJ 데이타 링크 또는 전파방해 저항 데이타 링크조차도 UAV 의 센서에서 사용할 수 있는 최대 미가공 데이타율보다 상당히 낮은 데이타율을 가질 것이다.

예를 들어서, 제 14 장의 한 사례에서 계산된 것과 같이, 고해상도 TV 또는 FLIR 센서로부터의 미가공 데이타율은 75Mbps 까지 높아질 수 있지만, 해당 사례에서는 AJ 데이타 링크에 대해서 실용적으로 가장 높은 데이타 링크는 약 10Mbps 로 예측되었다. 이러한 불일치의 결과는 미가공 센서 데이타를 지상으로 전송하는 것이 불가능하다는 것이다. 온보드 처리를 통해서 어떤 방법으로든 데이타 링크에 수용될 수 있을 수준까지 데이타율이 감소되어야만 한다.

이번 장에서는 이를 수행하는 방법을 논의하고, 데이타율과 전송되는 정보에 따른 기능을 수행하는 능력 사이의 트레이드오프를 소개할 것이다.

15.2 압축대 절단

데이타율을 줄이는 방법에는 데이타 압축(compression)과 데이타 절단(truncation)의 두 가지가 있다. 데이타 압축은 데이타의 모든 (또는 거의 모든) 정보가 보존되고, 만약 원한다면 본래 데이타가 지상에서 재구성될 수 있도록 데이타를 보다 효율적인 형태로 처리한다. 이상적으로는 정보가 유용한가와 무관하게 어떠한 정보도 손실되지 않는다. 그러나 실제로는 압축과 재구성 과정의 불완전성으로 인해서 정보가 손실된다. 데이타 압축은 미가공 데이타에서 리던던시를 제거하기 위한 알고리즘을 포함하고, 만약 운용자가 데이타를 이해할 수 있도록 해야할 필요가 있다면 이를 지상에서 다시 추가한다.

데이타 압축의 매우 간단한 사례로는, 매 초마다 지침값을 제공하는 대기온도 센서로부터의 데이타를 처리하는 것이다. 만약 온도가 이전 지침으로부터 변하지 않았다면 데이타 압축은 새로운(리던던트) 지침을 전송하지 않는 것으로 이루어질 수 있지만, 지상 스테이션에서 데이타의 재구성은 새로운 온도가 감지되고 전송되기까지 이전 지침을 유지하고 보여주는 것으로 구성될 수 있다. 이러한 과정은 일정 기간의 시간에 걸쳐서 전송되는 비트의 수를 지상에서 정보의 손실이 없이도 큰 배수만큼 줄일 수 있다.

데이타 절단은 전송되는 데이타율을 감소시키기 위해서 데이타를 버리는 것이다. 이러한 과정에서 데이타는 손실된다. 그러나, 만약 올바르게 처리된다면 손실되는 정보는 임무를 완수하는데 필요하지 않기때문에, 절단 처리는 임무 성능에 거의 또는 전혀 영향을 미치지 않는다. 예를 들어서, 비디오 데이타는 디스플레이 상의 깜빡임과 급작스런 움직임을 피하기 위한 주로 외관상의 이유로 보통 30fps 의 속도로 획득된다. 인간 운용자는 30Hz 의 속도로 새로운 정보를 이용할 수 없기때문에, 2 의 배수만큼 데이타율을 감소시키기 위해서 두 프레임당 하나씩 버리는 것은 비록 일부 정보는 확실히 손실된다고 하더라도 운용자의 성능에는 거의 또는 전혀 영향을 미치지 않는다.

만약 불필요한 데이타의 압축과 절단이 데이타율을 충분히 감소시키지 못한다면, 전송되었을때 지상에서 유용할 데이타를 버려야할 필요가 생기기도 한다. 이러한 지점에서는, 시스템의 성능 저하에 대한 가능성이 발생한다. 그러나, 임무의 성능에 영향을 미치지 않으면서 전송된 정보상의 상당한 감소를 용인하는 것도 가능하다. 임무를 수행하기 위한 서로 다른 접근방법에 따라서 필수적인 정보와 있으면 단지 더 좋은 정보 사이의 서로 다른 분할이 가능하기 때문에, 이는 보통 시스템 설계자와 사용자가 통제할 수 있는 부분이다.

특히 만약 데이타 링크가 상당한 AJ 능력을 제공해야만 하는 경우, 핵심은 데이타율은 데이타 링크에 무료로 제공되는 것이 아니라는 점이다. 실제로 1Mbps 보다 더 높은 데이타율은 장거리, 중비용, 전파방해 저항인 데이타 링크에서는, 이러한 데이타 링크를 설명하는 일부 수사적인 표현이 얼마의 수치적인 사양으로 해석되는가에 따라서 실현되지 못할 수도 있다. 거리는 기본적인 임무 고려사항과 관련되고, 전파방해 환경은 다른 누군가의 제어를 받기때문에, 높은 데이타율이 기술적으로 가능한가에 무관하게 데이타율은 저비용 또는 중비용이라는 목표를 유지하기 위해서 변경될 수 있는 설계 트레이드오프에서 유일한 주요 매개변수일 것이다.

15.3 비디오 데이타

UAV 센서에서 생성되는 가장 흔한 고데이타율 정보는 TV 또는 FLIR 와 같은 영상 센서로부터의 비디오이다. 이 데이타는 전형적으로 30fps 속도인 일련의 정지화상 또는 프레임으로 구성된다. 각 프레임은 많은 수의 화상 요소 또는 픽셀로 구성되며, 각 요소는 회색조의 밝기에 대응하는 수치값을 갖는다. 전형적인 미가공 비디오는 수치화되고 나면 픽셀당 6 또는 8 비트의 회색조 정보로 구성된다. 만약 화상의 해상도가 가로 640 픽셀 × 세로 480 픽셀이라면 307,200 픽셀이 존재하는 것이다. 8bit/pixel 과 30fps 의 속도에서 이는 거의 75Mbps 의 미가공 데이타율이 된다. 만약 비디오가 칼라라면 픽셀의 칼라를 지정하기 위해서 더 많은 비트가 필요하다. 이러한 이유로 인해서, UAV 에 대한 영상 센서의 설계에서 생략될 수 있는 화상에 잠재적으로 포함된 첫 번째 정보의 하나는 칼라이다.

비디오 데이타에 대한 주요 데이타 압축 접근방법은 픽셀을 설명하는데 필요한 비트의 평균 수치를 감소시키기 위해서 화상의 리던던시를 이용하는 것이다. 화상 데이타는 인근 픽셀에 독립되지 않는다는 점에서 상당한 리던던시를 갖는다. 예를 들어서, 만약 화상이 맑은 하늘의 일부를 포함한다면, 장면의 해당 부분에서 모든 픽셀은 동일한 밝기를 가질 것이다. 만약 이러한 모든 픽셀에 대해서 실제로 각 픽셀의 값을 반복하지 않으면서 회색조의 단일 값을 지정할 수 있는 방법을 찾을 수 있다면, 전체 장면에 대한 bits/pixel 의 평균 수치는 감소될 수 있다.

사물을 포함하는 장면의 일부에 대해서라도, 픽셀과 픽셀 사이의 상호관계가 존재하는 경향이 있다. 그림자의 경계 또는 높은 명암의 물체를 제외하고, 회색조는 장면상에 걸쳐서 부드럽게 변화하는 경향을 갖는다. 따라서, 인접한 픽셀 사이에서 회색조에 대한 차이는 스케일 상에서 6 또는 8 비트 범위로 허용되는 최대 차이보다 훨씬 작아진다. 이는 각 픽셀이 이의 절대 수치가 아닌 이전 픽셀로부터의 차이로 설명되는 차분 코딩을 사용하는 것으로 이용될 수 있다.

각 픽셀에 대해서 동일한 수의 비트를 사용하는 것이 필수는 아니지만 매우 편리하기 때문에, 차분 코딩은 일반적으로 모든 차이가 일부 작은 고정된 수치의 비트로 표현될 필요가 있다. 예를 들어서, 알고리즘에서 차분을 설명하는데 3 비트만 허용할 수도 있다. 이는 0, ±1, ±2 또는 ±3 의 차분을 허용한다는 의미이다. 만약 미가공 비디오가 6 비트로 수치화된다면, 이는 0 에서 64 까지의 절대 회색조 값을 가질 수 있다. 예를 들어서, 그림자의 가장자리에서 흑에서 백으로의 전이가 64 의 차분을 가질 수 있으며, 이는 3 의 차분만을 기록할 수 있는 시스템에서는 심한 왜곡이 발생할 수 있다. 이러한 전이를 처리하기 위해서, 0 에서부터 ±3 까지의 허용되는 상대적인 차분에 표 15.1 에 나온 것과 같은 절대 수치가 할당된다.

상대 차분	절대 차분
0	0 ~ ±2
±1	±3 ~ ±8
±2	±9 ~ ±16
±3	±17 ~ ±32

표 15.1 회색조의 인코딩

절대 차분에서 실제 수치는 전송될 것으로 예상되는 장면의 종류에 대한 통계적인 해석에 근거해서 선택된 것이다. 이러한 계획은 분명 화상에서 회색조의 일부 왜곡과 날카로운 전이의 부드러운 변경을 초래할 것이다. 따라서, 이는 지상에서 재구성시 정확도의 일부 손실을 댓가로 데이타를 압축하는 것이다. 주어진 사례에서 압축은 6bits/pixel 에서 3bits/pixel 로 단지 2 배일 뿐이다. 차분 코딩 계획을 이용하면 2bits/pixel 까지 낮아지는 것도 가능하다.

보다 정교한 접근방법을 이용하면 추가적인 압축도 가능하다. 이러한 많은 접근방법은 화상이 변위 공간으로부터 주파수 공간으로 변환되고, 주파수 공간을 대표하는 계수가 전송되는 Fourier 변환과 유사한 개념에 기반한다. 이는 전형적인 화상에서 정보의 대부분이 상대적으로 낮은 공간 주파수이고,

보다 높은 주파수에 대한 계수는 버려지거나 생략될 수 있기때문에 필요한 비트의 수를 감소시키는 경향을 갖는다. 화상을 주파수 공간으로 변환하고 어떤 계수를 전송하고 어떤것을 버릴 것인가를 결정하기 위한 알고리즘에는 영리한 설계에 대한 상당한 잠재 가능성이 존재한다. 화상은 일반적으로 전송되기 전에 16×16 픽셀의 크기인 치수를 갖는 서브 요소로 분리되고, 각 서브 요소에 대해서 사용될 비트의 수를 서브 요소의 내용에 맞추어 조정하는 것이 가능하다. 이로 인해서 맑은 하늘 또는 특징이 없는 초원의 서브 요소에 대해서 매우 작은 비트수를 사용하고, 세부적인 물체를 갖는 서브 요소에 대해서는 큰 비트수를 사용하는 것이 가능하다.

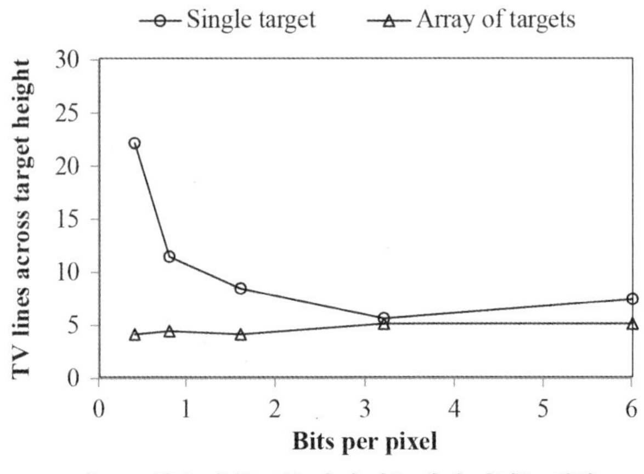

그림 15.1 압축이 목표물 탐지 가능성에 미치는 영향

차분과 변환 코딩의 조합을 사용하면, 작게는 0.1bits/pixel 까지의 평균만으로 인식될 수 있는 화상을 전송하는 것이 가능하다. 이는 6bits/pixel 로부터는 배수가 60 인 것을 나타내며, 8bits/pixel 로 가정되었던 이번 장의 첫 부분에서 계산된 사례로부터는 배수가 80 이 된다. 0.1bits/pixel 에서는 30fps 의 비디오를 640×480 의 해상도로 1Mbps 미만으로 전송할 수 있다. 안타깝게도, 0.1bits/pixel 에서 재구성된 화상은 감소된 해상도, 압축된 회색조, 그리고 전송과 재구성 과정에서 개입되는 인위적인 결과물을 갖게된다.

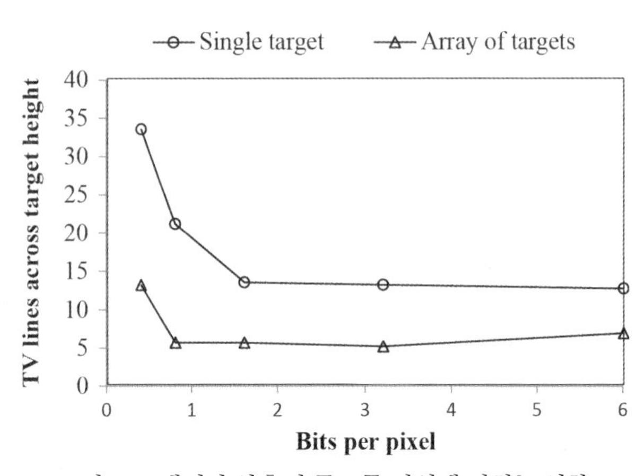

그림 15.2 데이타 압축이 목표물 인식에 미치는 영향

육군과 다른 군의 RPV 프로그램을 지원하기 위해서 수행된 테스트에서 운용자 성능에 대한 대역폭 압축의 영향을 연구하였다. 많은 수의 실험 결과가 참고문헌 [1]에 요약되어 있다. 참고문헌 [1]에 나오는 그림을 재구성한 그림 15.1 과 15.2 는 차분 코딩과 코사인 변환의 조합을 사용한 다양한 수준의 압축에 대해서 측정된 성능을 보여주고 있다. 연구에서 목표물로 사용된 것은 전형적인 RPV 시야각도와 거리로부터 보여지는 장갑차량과 포대였다.

성능의 척도는 운용자가 탐지와 인식을 성취하는데 필요한 최소 목표물의 치수를 가로지르는 TV 라인의 수였다. 더 많은 수의 라인은 해당 기능을 성공적으로 수행하기 위해서 화면상에서 확대를 사용하는 필요성에 해당한다. 탐지에 대해서 다루는 경우, 이는 센서의 순간적인 시야각도가 높이와 폭 모두 감소될 수 있음을 의미한다. 이는 지상의 주어진 영역에 대한 탐색 시간을 필요한 라인 갯수의 제곱에 대략적으로 비례하는 비율로 증가시킬 수도 있다.

실험의 흥미로운 특성으로는, 단일 목표물과 열 개의 목표물을 포함하는 배열에 대해서 모두 성능이 측정되었다는 점이다. 목표물 배열의 사례로는 한 명이 벌판을 걸어가는 것과 비교해서 6 명의 인원이 동일한 벌판을 가로질러 걸어가는 것이다. 다수 목표물의 존재는 대부분의 압축 수준에서 탐지 가능성을 향상시켰다. 만약 네 개의 목표물이 있다면 운용자는 이 중에서 최소한 하나를 볼 수 있고, 그러면 탐지된 하나의 인근에서 더 찾아볼 가능성이 높아지는 것이 합리적으로 보이기 때문에 이는 직관적으로 만족스러운 것이다.

그림의 결과에 따르면, 열 개의 목표물 배열의 경우 실험에 사용되었던 가장 낮은 수의 bits/pixel 인 0.4 까지 내려가더라도 압축의 수준이 목표물 탐지 능력에 영향을 미치지 않는다는 것을 보여주고 있다. 그러나, 단일 목표물에 대해서는 1.5bits/pixel 에서부터 저하되기 시작해서 1bit/pixel 아래에서는 심각하게 저하되었다. 인식의 경우, 목표물 배열에 대해서는 0.8bits/pixel 까지는 성능의 저하가 없었지만 0.4bits/pixel 에서는 상당히 저하되었다. 단일 목표물의 경우 인식에 대한 결과는 탐지와 비슷하게 나왔다. 이러한 측정으로부터 일단 목표물이 발견되고 이를 낮은 bits/pixel 의 저하된 성능에서라도 인식이 가능할 정도의 충분한 확대를 제공하는 좁은 시야각으로 볼 수 있을 것이라고 가정하면, (예를 들어서 사선으로부터 멀리 너머의 주요 적군 부대의 탐색, 또는 목장 지역에서 대규모 무리의 동물과 같은) 일부 적용에 대해서는 0.4bits/pixel 까지도 압축이 허용될 수 있음을 알 수 있다. 대부분의 임무에 대해서는 1.0~1.5bits/pixel 정도가 허용 가능한 수준인 것으로 나타난다.

화상의 품질은 변환에 사용되는 특정 알고리즘의 함수이고, 한 실행에 대한 결과가 자동적으로 일반적인 것으로 가정되지는 않아야 한다는 것에 주의해야 한다. 참고문헌 [1]은 몇 가지 실험을 리뷰하였고, 1.0~1.5bits/pixel 까지는 모든 실험에서 운용자 성능의 강건도가 존재했다고 결론을 내렸다. 이는 허용될 수 있는 비디오를 전송하는데 필요한 비트수의 상한선을 제공하는 것으로 보인다. 반면, 보다 개선된 처리와 인코딩 기법을 통해서도 bits/pixel 수가 추가로 감소될 수 없는 근본적인 이유에 대해서는 분명하지 않다. 이러한 영역은 최소한 일부 적용에 대해서만이라도 0.1bits/pixel 까지 낮아지는 압축도 수용될 수 있도록 하는 추가적인 기술개발에 대한 가능성을 제공한다. 임무의 다양한 단계 동안 화상의 품질이 다른 매개변수와 트레이드오프될 수 있도록 운용자의 제어에 따른 조절가능 압축비를 고려하는 것이 바람직할 수도 있다.

일단 bits/pixel 의 수가 가능한 최대로 감소되었다면 전송될 픽셀의 수를 감소시키는 것이 필요하게 된다. 이는 데이타의 압축이 아닌 절단이 필요하다. 비디오 데이타의 경우, 초당 픽셀의 수를 감소시키는 가장 간단한 방법은 초당 프레임 또는 fps 로 표현되는 프레임 속도를 감소시키는 것이다. 깜빡임이 없는 화상에 대한 필요성에 기반해서 초당 30 프레임이 비디오 표준으로 선택되었다. 지상의 어떤 것도 0.033 초 내에 그렇게 멀리 이동하지 않기때문에, 각 프레임마다 새로운 정보는 거의 없다. 디스플레이상의 깜빡임은 비디오의 새로운 프레임 전송속도에 상관없이 30Hz 로 프레임을 저장하고 디스플레이를 재생하는 것으로 피할 수 있다.

대부분의 관측자는 주의를 기울이지 않는다면 15fps 까지의 프레임 속도 감소는 인식하지 못할 것이다. 7.5fps 에서는 만약 장면상의 뭔가가 이동하거나 또는 센서의 유리한 관측지점이 변경된다면 급작스러운 움직임이 분명해지기 시작한다. 더 낮은 프레임 속도에서는 관측자가 프레임이 들어오면 이를 분명히 인지할 수 있다. 그러나, 일부 기능은 15~30fps 에서와 마찬가지로 매우 낮은 프레임 속도에서도 잘 실행될 수 있다. 참고문헌 [1]에서는 0.23fps 까지의 프레임 속도 감소에서도 센서의 시야각 내에서 목표물을 탐지하는데 필요한 시간은 영향을 받지 않는 것을 밝혀냈던 일부 실험을 보고했다. 이는 전형적인 RPV 비디오 스크린상에 디스플레이되는 장면을 운용자가 탐색하는데 약 4 초가 걸린다는 예측과 일치하는 것이다[2]. 만약 탐색이 센서를 한 지역에 약 4 초간 유지하고 다른 영역으로 이동하는 이른바 단계식 응시 탐색으로 수행된다면, 이러한 특정한 임무에 대해서는 0.25fps 의 프레임 속도가 허용될 것으로 나타날 것이다.

일부 다른 활동은 센서, 데이타 링크, 그리고 운용자를 포함하는 닫힌 제어루프 필요하다. 예를 들어서, 운용자는 다양한 관심 영역을 보기 위해서 센서를 움직이고(대략적인 회전), 특정 목표물을 지정하고(정밀 회전), 레이저 지시를 수행하는 것과 마찬가지로 센서가 이를 자동으로 따라갈 수 있도록 자동추적기로 목표물을 록온 또는 수동으로 목표물을 추적할 수 있어야만 한다. 일부 UAV 의 경우, 활주로의 끝단을 바라보도록 고정된 TV 또는 FLIR 로부터의 비디오를 관찰하면서 운용자가 수동으로 비행체의 착륙에 관여한다. 이러한 모든 경우에 대해서, 프레임 속도의 감소는 자신의 명령에 대한 결과를 보고 있는 운용자에게 지연을 초래한다.

만약 데이타 링크가 상당히 멀리 떨어진 위치에 도달하기 위해서 위성 중계를 이용하거나 또는 다중 노드를 통과하는 전송으로 인해서 상당한 패킷 지연을 갖는 대규모 네트워크를 이용하는 경우 예상될 수 있는 것과 같은 긴 전송 지연은, 운용자와 시스템 성능에 대해서 감소된 프레임 속도와 매우 유사한 영향을 갖는다는 것에 주목할 필요가 있다. 어떤 경우에서든 운용자에게 제공되는 정보는 이를 운용자가 처음 보는 시점에서는 이미 지나간 오래된 것이고, 업링크를 통해서 보내지는 형태인 운용자의 반응도

AV 상의 액추에이터에 도달할 시점에서는 이미 과거의 것이다. 만약 1Hz 의 프레임 속도가 문제를 일으키다면, 1 초 크기의 (왕복) 전송 지연으로 인한 전체 레이턴시도 유사한 문제를 일으킬 것이다.

Aquila 와 MICNS 의 실험을 통해서 폐루프 활동은 프레임 속도의 감소로 인한 지연의 영향을 받는다는 것을 분명히 증명하였다. 만약 제어루프가 이를 수용하도록 설계되지 않는다면, 이러한 지연의 영향은 재난으로 이어질 수 있다. 참고문헌 [1]은 세 가지 서로 다른 종류의 제어루프에 대해서 정밀 센서 회전에 대한 성능의 측정을 프레임 속도의 함수로 보고하였다.

1. 연속
2. 뱅뱅(Bang-bang)
3. 이미지 움직임 보상(Image Motion Compensation, IMC)

연속 제어는 운용자로부터의 단순한 속도 입력이다. 운용자는 조이스틱을 밀고, 센서는 운용자가 얼마나 멀리 또는 강하게 미는가에 비례하는 속도로 지정된 방향으로 움직이고, 운용자가 미는 것을 멈추기까지 같은 속도로 계속 움직인다.

뱅뱅 제어는 개인용 컴퓨터 키보드상의 커서 제어키와 유사한 불연속적인 운용자의 입력이다. 운용자는 위, 아래, 오른쪽, 또는 왼쪽으로 불연속적인 입력을 할 수 있고, 센서는 각 입력에 대해서 지시된 방향으로 한 단계씩 움직인다. 만약 운용자가 제어키의 입력을 유지한다면, 시스템은 반복된 기능을 생성하고 지시된 방향으로 반복된 단계를 수행한다.

세 번째 제어 모드인 이미지 움직임 보상은, 센서가 가리키는 방향을 계산하고 수신될 새로운 비디오를 기다리지 않은채 이 정보를 운용자에서 보여지는 장면상에 표현하기 위해서 비행체와 센서 짐벌로부터의 정보를 사용한다. 예를 들어서, 낮은 프레임 속도에서 센서가 오른쪽으로 회전하도록 운용자가 명령을 내리면, 커서는 화면상에서 오른쪽으로 움직이면서 특정 시점에서 센서가 가리키는 방향을 상대적으로 현재 보여지는 디스플레이에 대해서 보여줄 것이다. 이는 매우 낮은 프레임 속도에서는 운용자가 센서가 가리키기를 원하는 방향으로 커서를 위치하는 동안에만 수 초 동안 계속될 수도 있다. 그러면, 다음 새로운 프레임이 전송되면 새로운 화상의 중심은 커서가 지난 프레임상에 위치했던 곳에 있을 것이다.

그림 15.3 에 나오는 결과로부터, 연속제어와 뱅뱅 제어는 1fps 보다 훨씬 낮은 프레임 속도에서는 재난적으로 실패할 것임이 명백하다. 연속제어는 1.88fps 에서조차도 성능이 심각하게 저하된다. 그러나, IMC 는 프레임 속도가 0.12fps 까지 내려가더라도 잘 실행된다. 연속제어의 형태에서 시작해서 이후 IMC 의 형태가 적용되었던 Aquila/MICNS 에 대한 방대한 경험은 최소한 프레임 속도 1 또는 2fps 및 그 이상에서 이러한 결과를 확인하고 있다.

그림 15.3 의 데이타는 고정된 목표물에 대한 정밀회전과 자동추적기 록온에도 적용된다. 만약 목표물이 움직인다면 운용자는 자동추적이 고정된 배경이 아닌 목표물을 록온할 수 있도록 최소한 순간이더라도

이를 수동으로 추적해야 할 필요가 있다. 목표물을 추적하는 필요성을 제거하기 위해서 운용자는 목표물이 이동하는 방향을 예측하고 센서를 목표물보다 전방에 위치해서 시야각의 중심을 지나가면 이를 잡아내도록 시도할 수도 있다. 이러한 접근방법이 Aquila/MICNS 에서 시도되었지만 상당히 낮은 성공율만을 보였다. 이러한 경험을 통해서 인해서 움직이는 목표물에 자동 추적기를 록온하기 위해서는 수동 추적과 유사한 프레임 속도가 필요하다는 결론에 이르게 되었다.

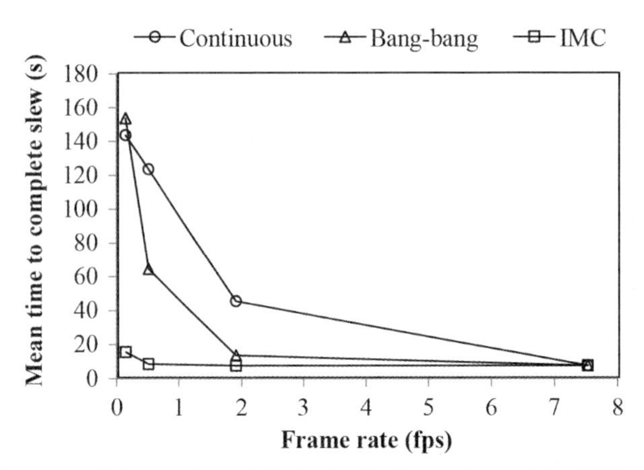

그림 15.3 프레임 속도가 미세회전 작업을 완수하는 시간에 미치는 영향

수동 목표물 추적은 미니 UAV 에 대해서 요구될 수 있는 가장 어려운 폐루프 활동이다. 참고문헌 [1]에 따르면, 이동하는 목표물에 대한 수동 추적은 3.75fps 까지 내려가더라도 성능의 저하가 거의 없지만, 프레임 속도가 이보다 더 낮아지면 급격하게 매우 어려워지고 결국은 불가능하다는 것을 보여주는 데이타를 제시하고 있다.

페루프 제어 기능에 대한 프레임 속도의 영향은 주로 낮은 프레임 속도로 인해서 발생하는 루프 지연으로 인한 것이다. 다시 말해서, 운용자는 오래된 영상과 데이타에 대해서 반응을 하고 이에 대한 결과가 발생한 이후 한참 지나기까지 해당 제어 입력에 대한 결과를 보지 못하는 것이다. 물리적으로 운용자의 위치로부터 상당히 멀리 떨어진 UAV 제어에 사용되는 위성기반 글로벌 통신 채널에서와 같이, 만약 전송시간에 의해서 링크 지연이 발생한다면 유사한 영향을 예상할 수 있다. 이러한 지연을 보상하는 조치가 취해지지 않는다면 이동하는 목표물에 대한 자동추적 록온 또는 수동 추적의 성능은 부족할 것으로 예상되어야 한다.

일부 다른 기능은 제어루프의 종류에 덜 민감하다. 그림 15.4 는 성공적인 목표물 탐색의 가능성을 프레임 속도의 함수로 보여주고 있다[1]. 위에서 설명되었던 동일한 세 가지 제어 모드가 시야각 내에서 목표물을 획득하기 위한 센서의 대략적인 회전을 필요로 하는 실험에 사용되었다. 이러한 활동에 대해서, 세 가지 모드 사이의 큰 차이가 발견되지는 않았다. 데이타에 따르면 대략적인 회전에 대해서는 1.88fps 에서 분명한 분기점을 보여주고 있다. 이 실험에서 사용되었던 탐색 작업은 넓은 영역에 대해서 수동으로 제어된 탐색이었다는 것에 주목해야 한다. 이는 센서를 제어하는 능력을 시험한 것이다.

Aquila 의 경험에 따르면, 영역 탐색은 아마도 센서를 (단계/응시 기법을 이용해서) 자동으로 회전시키고 체계적인 탐색을 보장하는 소프트웨어에 의해서 제어되어야 한다[2]. 이러한 종류의 탐색은 그림 15.1 과 15.2 에 나오는 탐지 성능으로 특성화될 수 있고, 적어도 1fps 에서까지도 심각하게 성능이 저하되지 않아야 한다.

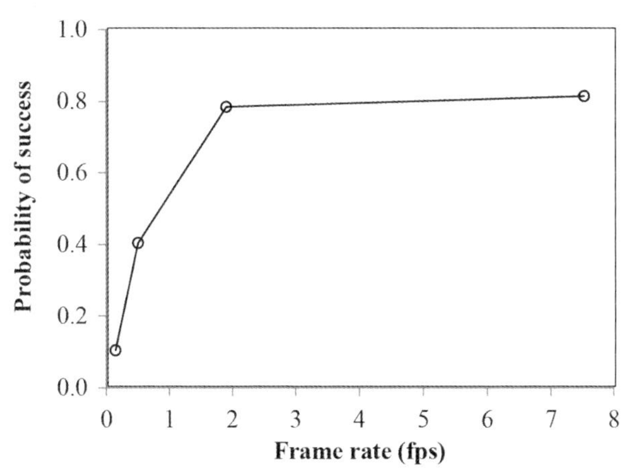

그림 15.4 수동 탐색에 대해서 프레임 속도가 성공 가능성에 미치는 영향

해상도 감소와 시야각 절단과 같은 두 가지 종류의 절단 방법이 UAV 데이타 링크에 사용되어 왔다. 첫 번째 경우에서는, 수평 또는 수직 방향 (또는 모든 방향)에 대해서 1/2 또는 1/4 배의 픽셀을 갖는 그림을 생성하기 위해서 인근 픽셀이 평균화된다. 데이타율 감소에 대한 배수 4 를 위해서 해상도를 각 축으로 1/2 만큼 감소시키는 것이, 동일한 배수 4 를 위해서 데이타 압축을 통해서 2bits/pixel 에서 0.5bits/pixel 로 가는 것보다 더 바람직하다는 참고문헌 [1]에 인용된 일부 증거가 존재한다. 그러나 표준 센서 성능 모델에 따르면, 해상도를 배수 2 만큼 감소시키면 목표물 탐지에 대한 최대 거리도 전형적으로 동일한 배수인 2 만큼 감소될 것임을 제안하고 있다[2]. 만약 이러한 제안이 사실이라면 센서는 동일한 기능을 수행하기 위해서 지상에 대한 시야각을 해상도를 감소시킨 것과 같은 비율만큼 줄여야만 하기때문에 해상도 감소의 전체적인 장점은 없어지게 된다. 각 축에 대해서 배수 2 만큼 시야각을 단순히 절단하는 것으로 동일한 효과를 성취할 수 있고, 이는 간혹 사용되는 다른 형태의 절단이다.

최저 프레임 속도가 수행될 기능을 지원하지 못하는 경우, 해상도의 감소 또는 시야각의 절단 모두 사용될 수 있다. 예를 들어서, 이동하는 목표물을 탐지하기 위해서 최소한 3.75fps 가 필요하고, 데이타 링크는 최저 bits/pixel 값에서는 이러한 프레임 속도를 지원할 수 없는 상황을 고려한다. 전송 가능한 데이타율을 성취하기 위해서는 절단을 통해서 시야각이 배수 2 또는 4 만큼 감소될 수 있다. 또 다른 방법으로는, 목표물을 추적하는데 필요한 것보다 더 높은 해상도를 갖는 좁은 시야각으로 센서가 설정될 수 있고, 초과 해상도는 전송되는 화상의 해상도를 줄이는 것으로 버려질 수 있다. 이와 같은 접근방법은 데이타율을 감소시키기 위해서는 가장 덜 바람직한 방법이지만, 이러한 방법의 적용이 적절하고 또한 이를 통해서 시스템의 성능을 저하되지 않고 오히려 개선할 수 있는 상황이 존재하기도 한다. 요약하자면,

알려진 자료에 따르면 비디오 데이타에 대해서는 다음과 같은 압축 또는 절단이 허용될 수 있음을 보여주고 있다.

- 고립된 단일 목표물의 탐색을 위한 1.0~1.5bits/pixel 까지의 데이타 압축
- 트럭 수송대, 대규모 인력, 몇 채의 빌딩을 갖는 구역, 또는 중대 인원의 전술 유닛과 같은 목표물 배열의 탐색을 위한 0.4bits/pixel 또는 이하까지의 데이타 압축
- 자동화된 목표물 탐색, 정밀 회전, 그리고 고정된 목표물에 대한 자동추적기 록온을 위한 0.12~0.25fps 까지의 프레임 속도 감소
- 수동 추적 및 이동하는 목표물에 대한 자동추적 록온을 위한 3.75fps 까지의 프레임 속도 감소
- 해상도의 감소 또는 특별한 경우 시야각의 절단

이러한 결과는 모두 특정 적용의 세부사항에 민감하며, 또한 운용자의 작업이 구성되는 방식에 따라서도 달라진다는 것이 강조되어야 한다. 15fps 와 1.5fps 또는 0.15fps 사이의 데이타율에서 배수 10 또는 100 은 1bit/pixel 과 0.4 또는 0.1bit/pixel 사이의 증배 계수 2.5 또는 10 과 조합되어 데이타 링크 비용과 AJ 능력에 상당한 영향을 미칠 수 있다.

디지탈 카메라와 캠코더와 같은 제품을 위해서 기본적인 기법 (압축 알고리즘) 영역에서 많은 연구가 되어왔음에도 불구하고, 이와 같은 분야에 대한 상당한 개선의 여지가 존재하며 지난 십여년간 이러한 기능에 대한 상업용 시장이 이에 대한 거의 실용적인 한계까지 압축 알고리즘을 추진해 왔을 것이다.

데이타 링크 지연을 보상하는 운용자를 보조하기 위해서, 특정한 UAS 기능과 향상된 IMC 기능에 대해서 낮은 프레임 속도를 사용하는 접근방법과 기법의 테스트베드 개발에 대한 가능성은 아마도 여전히 존재한다.

운용자 성능과 시스템 제어 루프 성능에 대한 데이타율 감소의 영향에 대한 모든 영역은 훈련 및 운용자의 작업구조에 밀접하게 연결되어 있으며, 지상과 공중 테스트베드 하드웨어를 이용해서 운용자와 함께 이상적으로 연구될 수 있다.

15.4 비디오 이외의 데이타

UAV 로부터 지상으로 전송될 수 있는 모든 비디오 이외의 형식 데이타를 식별하고 분석하는 것은 이번 장에서 다룰 범위를 벗어난다. 제안되었던 센서의 일부에는 재머, EW 인터셉트 시스템, 레이다(영상 및 비영상), 기상 패키지, 그리고 화학, 생물학, 방사능(Chemical, Biological, Radiological, CBR) 센서가 포함된다.

몇몇 가능한 센서 데이타 출처는 (TV 또는 FLIR 비디오와 비교해서) 고유한 낮은 데이타율을 갖는다. 이러한 종류의 사례로는 기상센서, CBR 센서, 그리고 외부 데이타를 수집하고 보고하는 대신 자신의 상태만을 보고해야만 하는 단순한 재머와 같은 EW 페이로드의 일부 종류가 포함된다.

몇몇 다른 가능한 페이로드는 매우 높은 미가공 데이타율을 가질 수 있다. 한 가지 사례로는 레이다 인터셉션 및 방향탐지 시스템이 있다. 이러한 센서로부터의 미가공 데이타는 매 초당 수십 개의 레이다로부터 수만 개 펄스에 대한 정보를 포함할 수도 있다. 이러한 경우 고려되어야만 하는 트레이드오프는 수천 개의 데이타 포인트를 수십 개의 목표물 식별자와 방위각으로 감소시키기 위한 온보드 처리와 이를 위해서 지상으로 미가공 데이타를 전송할 수 있는 데이타 링크 사이에서 이루어진다. 비디오 데이타와 마찬가지로, 만약 데이타 링크가 상당한 AJ 능력을 제공해야만 한다면, 온보드 처리가 최고의 선택일 것이다.

또 다른 사례로는 AV 가 이동함에 따라서 여러 지점으로부터 반사되는 신호를 동기적으로 조합하는 것으로 향상된 해상도를 성취하고, 따라서 수신 조리개를 합성적으로 확대하는 측면감시 공중 레이다 시스템이 있다. 이는 계산적으로 매우 집중적인 처리로, 거의 확실히 미가공 데이타는 AV 상에서 처리되어 결과적인 이미지만 지상으로 전송될 필요가 있다.

위에서 언급된 레이다 인터셉트 시스템을 위해서 제안된 종류의 온보드 처리는 현재 비디오 데이타에서는 가능하지 않지만, 적어도 일부 종류의 비디오 이외 데이타에 대해서는 아마도 가능할 수 있는 형태의 데이타 압축이다. 이러한 처리는 시간에 대한 데이타의 상관관계를 수행하고, 미가공 데이타로부터 상당한 정보를 추출한다. 이는 이미 배치된 위협경고 수신기에서 이미 수행되고 있다. 비디오에 상당한 것으로는 UAV 상에서 자동적으로 목표물을 인식하고 지상의 일부에 대한 전체 화상 대신 인코딩된 목표물의 위치만 전송하는 것이다.

비디오 데이타에 대한 것과 같은 개념에서 데이타 압축은 또한 대부분의 다른 종류의 데이타에 대해서도 가능하다. 간단한 사례로는, 뭔가 발생하거나 또는 변동이 있는 경우에만 지상으로 데이타를 보내는 예외보고 전송을 사용하는 것이다. 비디오의 변환 코딩과 유사한 보다 정교한 종류의 압축은 데이타에 따른 특정한 특성에 기반해서 각 유형의 데이타에 대해서 탐색될 수 있다.

절단 또한 가능하다. 비디오 이외 데이타의 경우 이는 짧은 시간 동안 매우 높은 데이타율로 저장하고 긴 시간에 걸쳐 데이타를 링크로 내려보내는 형태를 가질 것이다. 결과적으로 모든 센서 데이타를 사용할 수 있겠지만 일부 시간 영역에 대해서만 포함할 것이다. 이는 SLAR 센서에 대한 대안이 될 수 있다. 센서는 수 초 동안 할당된 영역에 대한 데이타를 받을 수 있고, 그리고 몇 분에 걸쳐 지상으로 데이타를 전송할 수 있다.

비디오 데이타와 마찬가지로 중요한 점은 데이타 링크에 의해서 지원될 수 있는 데이타율은 데이타 링크 거리, AJ 능력, 그리고 비용과 강한 상호작용을 하는 요인에 따라서 제한된다는 것이다. 온보드 처리와 데이타율 한계가 용인될 수 있는 임무에 대한 접근방법의 선택에 기반한 전송된 데이타율의 감소는, 시스템 설계자와 사용자가 적절한 데이타 링크 특성과 함께 필수적인 시스템 요구조건을 만족할 수 있도록 구현하는데 사용할 수 있는 주요 도구 중의 하나일 것이다.

15.5 데이타율 감소 기능의 위치

데이타율의 감소가 대부분의 센서에서 필요하다는 것을 감안하면, 이러한 기능이 전체 UAS 아키텍처 내의 어느 부분에서 수행되어야 하는가에 대한 문제가 남는다. 데이타 링크 설계자는 이러한 기능이 데이타 링크 내에서 처리되어야만 한다고 생각할 것이다. 예를 들어서, MICNS는 비디오 압축과 재구성 기능을 포함했고, 표준 TV 비디오을 수용했으며, 표준 30Hz 재생율 TV 비디오를 지상 스테이션의 모니터에 제공하였다. 이로 인해서 데이타 링크와 나머지 시스템 사이에서 인터페이스 규격을 단순화할 수 있었다.

반면, 센서 데이타와 잘 일치하고 정보의 손실을 최소화하는 압축 및 재구성 알고리즘 설계에 대한 전문성은 데이타 링크 설계자 보다는 센서 설계자에게 있을 수도 있다. 단순히 데이타 링크에 의해서 절단될 데이타를 생성하는 센서를 설계할 이유가 없다. 이는 센서상의 불필요한 비용과 복잡성으로 이어질 것이다. 따라서, 데이타 압축과 절단은 정보가 전송을 위해서 데이타 링크로 전달되기 전에 센서 서브시스템 내에서 처리되어야 한다고 주장할 수 있을 것이다.

만약 데이타 링크가 각 종류에 따라서 압축과 절단에 서로 다른 접근방법을 필요로 하는 다양한 센서를 처리해야만 한다면, 이러한 주장은 더욱 강화될 것이다. TV와 FLIR 조차도 비디오 압축 전송에 대한 최적화를 위해서는 약간 다른 알고리즘이 필요할 정도로 충분한 차이를 갖는다. 영상 센서와 EW 시스템 사이의 차이는 훨씬 더 커진다. 범용 데이타 링크는 서로 다른 종류의 데이타를 처리하기 위해서 많은 다른 (소프트웨어 및/또는 하드웨어) 모듈이 필요할 것이다.

이와 반대되는 주장으로는, 만약 압축이 센서에서 처리된다면 데이타 링크의 지상쪽 끝단과 운용자 디스플레이 그리고 데이타 저장시스템 사이의 인터페이스상에 이와 일치하는 재구성 알고리즘이 존재해야만 한다는 것이다. 이는 각 센서 시스템으로부터의 모듈 또는 소프트웨어를 지상 스테이션으로 통합하는 것이 필요하다. 분명하게도, 만약 표준 압축과 재구성 알고리즘을 사용할 수 있다면 이는 단순화될 수 있을 것이다. 표준 알고리즘의 사례로는, 카메라와 기타 영상 시스템에서 흔히 사용되는 JPEG 화일의 압축과 재생에 사용되는 것이 있다.

만약 압축, 절단, 그리고 재구성이 센서 서브시스템에서 처리된다면, 데이타 링크는 특정한 특성을 갖는 디지탈 데이타 스트림을 받아들여 전송하는 파이프라인으로 정의될 것이다. 이러한 특성에 부합하기 위해서 필요한 모든 처리는 센서와 센서 공급자로부터 제공되는 재구성 장치에 의해서 이루어질 것이다.

어떤 경우에서도, UAS 통합자는 데이타 링크를 사용하기 위해서 필요한 데이타율 제한, 데이타 압축, 절단, 그리고 재구성의 영향뿐 아니라 이와 같은 처리로 인해서 발생하는 모든 제어루프 지연까지도 포함해서 이해해야만 한다. 시스템은 데이타율을 전파방해 조건에 맞추고 임무의 다양한 단계에 따라서 필요한 압축과 절단의 조합을 변경하는데 필요한 명령 능력과 소프트웨어를 제공해야만 한다.

저자는 특히 다중 페이로드 시스템의 경우에는 데이타율 감소 기능이 데이타 링크보다는 센서 서브시스템의 일부가 되어야 한다고 생각하는 편이다. 그러나 이러한 결정은 최상위 시스템공학 노력의 일부로써 특정 상황에 기반해서 각 시스템에 적용되어야 한다.

참고문헌

1. Hershberger M and Farnochi A, *Application of Operator Video Bandwidth Compression/Reduction Research to RPV System Design*, Display Systems Laboratory, Radar Systems Group, Hughes Aircraft Company, El Segundo, CA, Report AD 137601, August 1981.
2. Bates H, *Recommended Aquila Target Search Techniques*, Advanced Sensors Directorate, Research, Development and Engineering Center, US Army Missile Command, Report RD-AS-87-20, US Army, Huntsville, 1988.

제 16 장 데이타 링크 트레이드오프
Data-Link Tradeoffs

16.1 개요

이전 장에서 논의된 것과 같이 UAS 에 대한 데이타 링크의 선택 및 설계와 관련된 많은 트레이드오프가 존재한다.

이러한 트레이드오프의 대다수는 수행될 수 있는 임무, 전체 UAS 능력의 한도 내에서 임무를 수행할 방법, 운용자 훈련 및 스킬에 대한 요구조건, 센서의 선택과 사양, 지상 스테이션 설계, 그리고 최소한 AV 에 대한 비용, 중량 및 동력 요구조건과 같이 데이타 링크 자체의 경계를 넘는 사항을 포함한다.

이번 장에서는 제 13 장부터 15 장까지에서 논의되었던 데이타 링크 설계 문제점에 기반한 이러한 트레이드오프에 대해서 살펴본다.

16.2 기본적인 트레이드오프

작동 거리, 데이타율, AJ 마진, 그리고 비용은 데이타 링크 설계에서 강한 상호작용을 하는 요소이다. 긴 전송거리로 인한 데이타 레이턴시 또는 분산된 통신 네트워크상의 다른 지연은 이러한 감소된 데이타율로 인한 지연과 유사한 결과를 가지며, 따라서 반드시 고려되어야만 한다.

AJ 마진과 관련된 트레이드오프의 경우 거리의 영향은 스텝함수로 고려될 수 있기때문에, 한 세트의 설계 고려사항은 지상 스테이션으로부터 가시선 범위 내에서 작동하는 AJ 데이타 링크에 적용되고, 다른 세트의 고려사항은 이러한 범위를 넘어서 작동해야만 하는 링크에 적용된다. 데이타율과 AJ 마진은 주어진 거리와 비용에 대해서 반비례 관계를 갖는 연속변수이다. 일반적으로, 다른 세 가지 매개변수의 어느 것이라도 증가한다면 데이타 링크의 비용도 증가할 것이다.

작동거리는 임무 요구조건에 따라서 직접 달라지며, 확정되기 가장 쉬운 매개변수일 것이다. 이는 시스템 설계자에 의한 트레이드오프를 위해서 사용할 수 없을 것이다. 일단 작동거리가 확정되면, 데이타 링크 설계는 이에 따라서 다음과 같은 두 가지 일반적인 영역의 하나에 해당될 것이다.

- 가시선 거리의 경우, 지상 안테나 이득은 동일한 AJ 마진에 대해서 더 높은 데이타율을 허용하도록 적당한 비용(30dB 또는 40d 까지)을 통해서 처리 이득으로 대체될 수 있다. 이를 통해서 비용을 트레이드오프의 매개변수로 설정하고, 데이타율, 처리 이득, AJ 마진, 그리고 지상 안테나 크기 및 비용(능동안테나 처리를 포함한)에 대한 네 가지 방법의 트레이드오프가 가능하다.

- 가시선밖 거리의 경우, 대형 공중 중계용 기체가 제공되지 않는다면 안테나 이득은 트레이트 오프에서

사용할 수 없다.

- 직접 전파를 위한 낮은 주파수 또는 소형 중계 기체(또는 모두)를 이용하면 트레이트오프는 데이타율, 처리 이득, 그리고 AJ 마진과 같은 세 가지 요소로 제한된다. 중간 정도의 AJ 마진에 대해서 조차도 트레이드오프가 AJ 마진에 대한 데이타율의 직접 트레이드가 되도록 사용 가능한 전송 대역폭이 전부 사용될 것이다.

- 공중 데이타 및 통신 중계 시스템이 미래 전장에 등장할 것으로 예상되는 특성으로 고려되는 추세가 증가하고 있다. 이들은 UAV 사용만을 위한 플랫폼의 배치와 지원에 대한 필요가 없이 전용 UAV 데이타 링크에 AJ 데이타 링크 성능을 제공하기 위해서 높은 이득 안테나에 필요한 대형 플랫폼을 제공할 수 있다.

- 더 많은 수의 군사 시스템이 데이타의 신속한 범용 교환을 위한 일부 종류의 네트워킹 능력에 의존하게 되면서, UAV 시스템이 자체 시스템의 일부가 아닌 대체로 UAV 시스템 설계자의 통제 범위를 벗어나는 일부 분산 네트워크를 사용해야 할 필요성이 증가하고 있다. 만약 그렇다면, UAV 시스템 지지자는 모든 특화된 UAV 임무 요구조건이 네트워크에 의해서 지원된다는 것을 보장할 준비가 되어야만 한다. UAV 그리고 아마도 무인 지상 차량에 특화된 요구조건에 대한 가능한 사례에는 네트워크상에서 큰 데이타 레이턴시가 허용될 수 없는 프로세스의 폐루프 제어가 포함된다.

작동 주파수는 다음 항목에 대한 영향을 통해서 위의 트레이드오프에 포함된다.

- 안테나 이득의 사용 가능성
- 가시선대 가시선밖 전파 특성
- 전송 대역폭에 대한 제한, 그리고 따라서 처리 이득에 대한 제한

일반적으로 AJ 마진이 증가하면 더 높은 주파수가 필요하며 이는 하드웨어 비용을 증가시킬 것이다.

데이타율은 트레이드오프에서 시스템 설계자와 사용자가 가장 통제할 수 있는 항목이다. 전자공학의 발전을 활용한 온보드 처리는 주어진 정보내용에 대해서 전송되어야만 하는 데이타의 양을 상당히 줄일 수 있다. 제어 루프와 시스템 소프트웨어의 적절한 설계는 데이타율 감소와 데이타 레이턴시로 인한 시간 지연을 수용할 수 있다. 마지막으로, 데이타 링크 한계에 대한 인식을 통해서 결정된 UAV 시스템을 사용하는 방법에 대한 선택은 그러한 제한에도 불구하고 성공적인 운용을 허용할 수 있을 것이다.

이러한 요소를 감안해서, 성취하기 용이한것(저비용)으로부터 극도로 어려운것(고비용)까지 데이타 링크 속성의 계층구조를 설명하는 것이 가능하다.

용이함

- 비의도적인 간섭에 대한 저항
- ARM(Anti-Radiation Munitions)으로부터의 보호
- (AJ 없이) 센서 데이타의 원격 지상 배포

- 가시선에서 기하학적인 AJ (안테나 이득만)
- 처리 이득이 없이 높은 데이타율 다운링크

다소 어려움

- AJ 능력을 갖는 업링크
- 적대적 활용과 기만에 대한 저항
- 1~2Mbps 와 장거리에서 다운링크에 대한 중간 정도 AJ 마진
- 낮은 인터셉트 가능성의 업링크
- 가시선 거리에서 항법 데이타

매우 어려움

- 10~12Mbps 와 가시선 거리에서 다운링크에 대한 높은 AJ 마진, 또는 1~2Mbps 와 가시선 밖의 다운링크에 대한 다소 낮아진 AJ 마진

극도로 어려움

- 10~12Mbps 와 가시선 밖의 거리에서 다운링크에 대한 높은 AJ 마진

마지막 종류를 제외하고, 이러한 모든 속성이 UAV 와 사용될 수 있는 전용 데이타 링크에 제공될 수 있다는 것에는 의심의 여지가 없다. 난이도에 따른 순위는 복잡성과 비용의 상승을 나타낸다. 기술적인 위험은 모든 속성에 대해서 아마도 중간 수준을 넘지는 않겠지만, 일정과 비용에 대한 위험은 보다 어려운 속성의 조합에 대해서는 높아질 수 있을 것이다. 보정의 경우 MICNS 는 매우 어려움 분류에 해당한다. 용이함과 다소 어려움 분류 사이에는, 얼마나 많은 열거된 속성이 단일 시스템에서 조합되는가, 그리고 시스템 설계의 일부 기본적인 선택에 따라서 다소 모호함이 존재한다. 그러나, 매우 어려움과 극단적으로 어려움 분류에 나열된 속성은 위험하지는 않더라도 최소한 고비용인 데이타 링크에 속한다는 것에는 의심의 여지가 없다.

그러나, 만약 보안 위성 네트워크를 사용할 수 있고 UAS 임무가 데이타 링크의 상당한 전송 지연으로도 처리될 수 있다면, 보안 위성 네트워크가 거의 또는 전혀 비용이 없이 UAS 에 제공되는 것을 감안했을때, 극도로 어려움으로 위에서 열거된 궁극적인 수준이 가능할 뿐 아니라 상대적으로 간단하고 저비용이 될 것이다. 이는 지난 10~20 년에 걸친 세계적인 통신의 혁명으로부터 UAS 트레이드오프에 미치는 매우 중대한 영향이다. 물론, 이러한 네트워크를 위한 인프라 구조는 간섭, 전파방해, 또는 다양한 형태의 해킹에 취약할 수 있으며, 이는 UAS 설계자가 반드시 이해하고 고려해야만 한다.

저비용, 전파방해 저항 데이타 링크는 아마도 다소 어려움 등급에 포함될 것이다. 만약 그렇다면, 가시선 거리로 한정되지 않는한 1~2Mbps 보다 높은 데이타율을 갖기는 어려울 것으로 예상해야만 한다.

가시선으로부터 가시선밖 범위로 전송시 발생하는 특성의 불연속적 변화는, 이러한 두 가지 범위 요구조건을 모두 처리하려고 시도하는 공용 데이타 링크 아마도 서로 다른 범위 조건에 대해서 설계되는

두 개의 서로 다른 링크 중 어느 것보다도 상당히 더 고가의 설계로 이어질 것임을 시사한다. 가장 우수한 능력의 데이타 링크의 경우 데이타율과 AJ 요구조건을 만족하기 위해서 이미 가장 고가의 형상으로 추진되었기 때문에, 이러한 데이타 링크에 대해서는 이와 같은 차이가 다소 희미해질 것이다.

16.3 데이타 링크 문제를 연기하는 위험성

만약 높은 AJ 능력을 제공하기 위해서 또는 상당한 데이타 레이턴시를 갖는 네트워크를 사용하기 위해서 데이타 링크의 업그레이드가 늦은 시점에서 시도된다면, 저비용 과도적인 데이타 링크에서 거의 또는 전혀 없는 AJ 마진과 함께 사용할 수 있는 높은 데이타율과 낮은 데이타 레이턴시를 이용하도록 설계된 UAV 시스템의 경우에는 다른 선택의 여지가 없는 것으로 밝혀질 수도 있다. 이와 같은 경우 해결 방법은 다음과 같은 선택으로 제한될 것이다.

- 훈련과 임무 프로파일에 대한 주요 변경을 포함한 UAV 시스템의 대규모 재설계
- 추적 및 높은 이득 안테나를 갖는 대형 공중 중계기를 이용하는 매우 고가의 데이타 링크
- EW 환경에 대해서 적절하지 않은 AJ 마진

이러한 교착상태를 피하기 위해서는 본래 설계상에 목표 데이타 링크의 속성을 고려하는 것이 필요하다. 이는 궁극적으로 어떤 AJ 마진이 필요할 것인가, 그리고 이것이 데이타율에 어떤 영향을 가질 것인가 및/또는 어느 정도의 데이타 레이턴시 허용 필요할 것인가에 대한 결정이 필요하다. 그러면 사용될 방법을 포함한 시스템은 모든 필수적인 요구조건을 만족하는 적절한 목표 시스템을 생산하기 위해서 수용 가능한 임무성능을 지원하는 부담이 다양한 서브시스템 사이에서 합리적으로 분할되는 방향으로 설계되어야만 한다.

만약 목표 데이타 링크를 사용할 수 있게된 후에도 필드에서 데이타 링크의 하이/로우 혼합을 유지하려고 한다면, 아마도 단순한 비 AJ 링크가 훈련을 위한 목표 데이타 링크를 모방할 수 있도록 인터페이스 시스템을 제공하는 것이 필요할 것이다. 만약 이렇게 되지 않는다면, 운용자의 작업 성능에 미치는 데이타 감소의 영향으로 인해서 운용자가 두 데이타 링크 사이에서 전환하는 경우 재훈련이 필요할 수도 있다. 이러한 종류의 인터페이스가 아마도 전적으로 지상 스테이션 내에 위치할 수 있겠지만, 설계에 대한 기술적인 난관은 과소평가되지 않아야 한다.

16.4 미래 기술

기술의 관점에서, 데이타 링크와 관련된 가장 높은 영향력은, (1) 데이타율 요구조건을 감소시키기 위한 향상된 온보드 처리, (2) 사용 가능한 데이타율을 최대한 활용하는 절차의 설계를 가능하도록 하는 운용자 임무 성능에 대한 향상된 이해와 같은 영역인 것으로 나타난다. 적용 가능한 한계와 선택을 이해하고 감당할 수 있는 적절한 데이타 링크 구속조건 내에서 임무 성능을 허용하는 시스템 설계, 임무 프로파일, 그리고 운용자 절차를 선택하는 것이 중요하다.

6부 론치 및 회수

Launch and Recovery

론치 및 회수는 흔히 UAV 운용에서 가장 어렵고 결정적인 단계로 설명되며, 이는 충분히 그렇다고 할 수 있다. 무인 기체를 피칭, 롤링, 그리고 상하동요하는 소형인 선박으로 회수하기 위해서는 정밀한 최종 항법, 신속한 반응, 그리고 신뢰도 높은 데크 취급 장비가 필요하다. 지상 운용시 좁은 필드에서의 운용은 해상에서와 동일한 많은 특성을 필요로 한다. 후자의 경우, 플랫폼은 고정되지만 일반적으로 장애물로 둘러싸이며 예측불허한 바람을 받는다. 이러한 모든 요인으로 인한 영향의 해석은 별도의 책이 필요할 정도이다. 여기서는 개별 시스템의 상대적인 장점에 대한 결정을 내리는데 필요한 기본적인 원리와 함께 론치 및 회수와 관련된 매개변수를 논의할 것이다.

등장하기 시작하고 있는 대형 고정익 UAV의 경우, 론치 및 회수는 일반적으로 활주로 또는 항공모함의 데크를 이용한 이륙과 착륙이다. 이와 같은 경우, UAV에 대해서 다른 유일한 점은 항공기에 탑승한 조종사가 없다는 것이다. 이는 수동, 원격조종 이륙 또는 착륙이 필요하거나 아니면 이러한 절차상에 통제 스테이션으로부터 인간의 개입 유무와 함께 일정 수준의 자동화를 필요로 한다. 일부 소형 UAV도 유사한 방법으로 운용된다. 현재 유인 항공기에 대한 자동화된 착륙 시스템이 존재하고 이륙에 비해서 착륙이 상당히 더 어렵다는 것을 고려하면, 론치 및 회수를 위한 활주로 또는 항공모함의 데크의 이용은 충분히 최신 기술 수준 이내라고 할 수 있다.

여기서는 소형 AV에 대한 활주로 이륙과 착륙을 논의하면서 주로 무인 시스템에 보다 특화된 론치 및 회수의 종류에 집중할 것이다. 이는 캐터펄트 론치와 네트 회수 또는 공중 회수와 같이 개방된 공간 또는 대형 데크의 필요성을 제거하는 무활주 론치 및 회수에 대한 여러가지 개념을 포함한다. 이와 함께 잔잔한 해수면 상에서도 롤링과 피칭을 할 것으로 예상될 수 있는 보다 소형인 선박을 포함한 선상에서 VTOL AV의 회수에 대한 개념도 논의될 것이다.

제 17 장 론치 시스템

Launch Systems

17.1 개요

이번 장에서는 특히 활주로, 도로 또는 넓은 개방된 공간에 대한 필요성을 피할 수 있는 소형에서 중형 비행체의 론치에 대해서 주로 살펴볼 것이다. 만약 특정 UAV 에 대해서 활주로 또는 도로를 항상 사용할 수 있다면 가장 단순하고 저렴한 론치 모드는 휠이 장착된 랜딩기어를 사용해서 이륙하는 것이다. 이번 장에서 설명될 여러 기법 중의 하나를 이용해야 할 다른 이유가 여전히 존재하겠지만, 이는 일부 시스템에 특화된 요구조건에 기반할 것이다.

이륙 활주가 없는 론치를 보통 무활주 론치라고 한다. 실제로 모든 고정익 비행체는 일반적으로 론처로부터 해제되기 전에 최소 조종가능 속도에 이르기까지 가속될 필요가 있고, 이는 이동거리가 전혀 없이 처리될 수는 없다. 그러나, 캐터펄트 또는 로켓 부스터를 사용하면 AV 길이 정도에서부터 길이의 두세배 정도에 해당하는 론치 거리만으로 이를 해결할 수 있다.

17.2 기본적인 고려사항

론치 및 회수에 대해서 고려할 기본적인 매개변수는 복잡하지 않으며 물리학과 관련된다. 서로 연관되어 있는 공식은 다음과 같다.

$$\text{직선 운동 방정식:} \quad v^2 = 2aSn \tag{17.1}$$

$$\text{운동에너지(}KE\text{) 방정식:} \quad KE = \frac{1}{2}mv^2 \tag{17.2}$$

$$\text{일과 }KE\text{ 의 등가:} \quad KE = FS \tag{17.3}$$

여기서 v 는 속도, a 는 가속도 (또는 감속도), n 은 효율 계수, m 은 가속되는 총 질량, F 는 힘, 그리고 S 는 힘이 작용해야만 하는 거리 또는 론치 거리 또는 회수를 위한 정지 거리 또는 스트로크라고 부르기도 한다.

모든 실제 시스템은 스트로크 동안 가속도에 약간의 변화를 갖는다. 효율 계수인 n 은 이러한 변화를 고려하는 경험적인 조정 계수이다. 만약 가속도가 일정하다고 한다면, n 의 값은 1 이 되고 식 (17.1)은 익숙한 형태인 $v^2 = 2aS$ 가 될 것이다.

이러한 관계가 g 단위로 표현된 세 가지 가속도에 대해서 속도대 스트로크의 그래프로 그림 17.1 에 나와 있다. 설명의 편의를 위해서 그림 17.1 은 $n = 0.9$ 에 대한 결과를 보여주고 있다. 식 (17.1)로부터, 주어진

속도에 대해서 효율이 감소하면, 선택된 가속도 또는 감속도 값의 기체에 대한 론치 및 회수를 위해서는 더 긴 스트로크가 필요하다는 것을 알 수 있다.

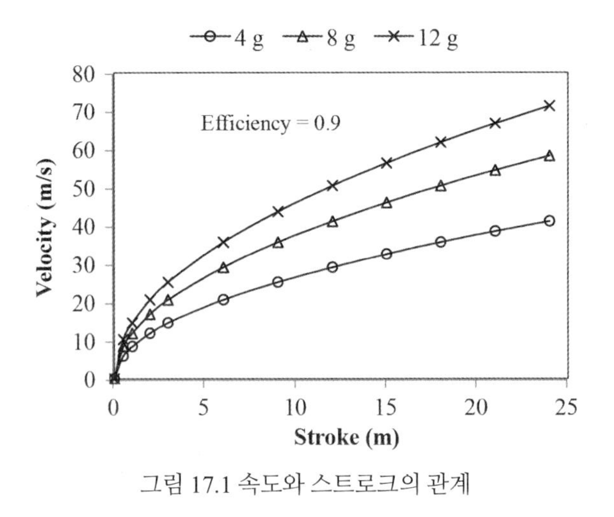

그림 17.1 속도와 스트로크의 관계

계산의 편의를 위해서, 고려하고 있는 예제 UAV 의 총 중량을 1,000lb(453.6kg)라고 가정한다. 현재 논의를 위해서는 기체의 중량만을 고려할 것이다. 실제로 론처의 성능을 위해서는 비행체 중량만이 아닌 테어 중량을 고려해야만 한다. 테어 중량은 비행체의 중량 이외에 론치 레일상에서 비행체를 운반하는 셔틀과 연결되는 모든 움직이는 부품까지 포함한다. 또한 기체는 론치 또는 회수 속도로 80kts(41.12m/s)의 진대기속도(True Air Speed, TAS)가 필요하고, 바람은 없으며 기체와 구성품은 8g 의 세로 가속도 또는 감속도를 견딜 수 있는 것으로 가정한다.

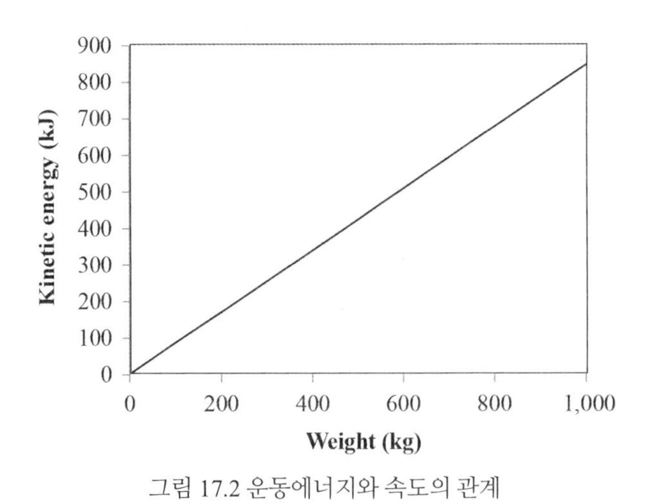

그림 17.2 운동에너지와 속도의 관계

그림 17.1 을 참조하면, 8g 의 가속도와 0.9 의 효율을 갖는 현재 가정된 시스템의 론치(회수) 스트로크는 약 12m 라는 것을 확인할 수 있다. 그림 17.2 는 주어진 중량의 기체를 80kts 의 비행속도로 론치하기 위해서 제공되어야만 하는 운동에너지 선도이다. 이 그래프로부터 1,000lb(453.6kg)의 기체를 론치하기

위해서는 약 400kJ 의 에너지가 필요하다는 것을 알 수 있다. 반대로, 회수 또는 정지를 위해서 기체는 동일한 양의 운동에너지가 흡수되어야 한다는 의미이다. 제공되거나 또는 흡수되어야 하는 에너지는 속도의 제곱에 따라서 달라지기 때문에 이러한 계산에서는 속도가 가장 중요한 성분이다.

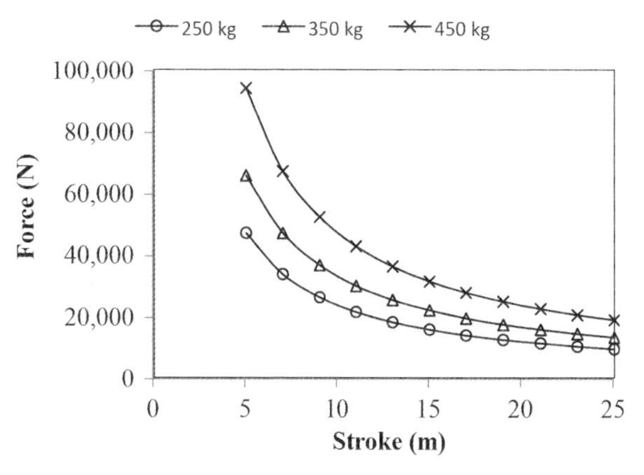

그림 17.3 다양한 기체 중량에 대한 힘과 스트로크의 관계

필요한 에너지 수준이 결정되고, 가속도를 선택한 수치까지 제한하는데 필요한 스트로크를 알고 있다면, g 한계 이내에서 론치속도에 도달하도록 스트로크 길이에 걸쳐서 작용되어야만 하는 힘을 계산하는 것은 어렵지 않다. 그림 17.3 은 세 가지 질량에 대한 운동에너지에 따른 힘과 스트로크의 관계를 그래프로 보여주고 있다. 이 그래프로부터, 약 15m 의 론치 스트로크와 450kg 의 질량에 대해서는 약 30,000N(6,750lb)의 힘이 필요하다는 것을 알 수 있다. 이러한 이론적인 힘이 론치(또는 회수)의 전체 스트로크에 걸쳐서 작용해야만 한다는 것에 주의해야 한다. 만약 그렇지 않다면. 실제 스트로크는 적절히 조절되어야만 한다.

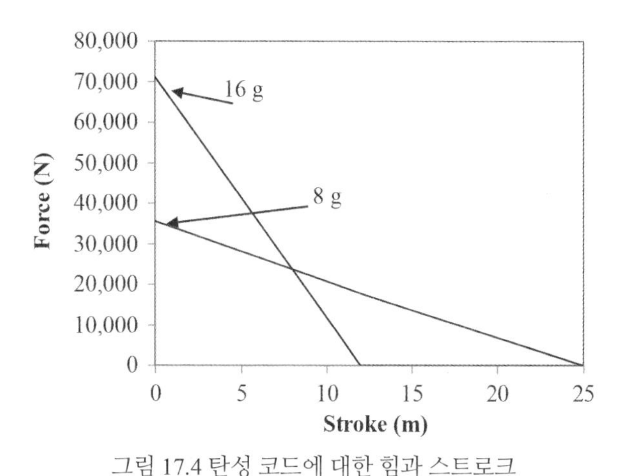

그림 17.4 탄성 코드에 대한 힘과 스트로크

$v^2 = 2aSn$ 공식에서 필요한 스트로크를 계산하는데 일부 효율의 손실이 고려되었지만, 이제는 사용될 특정 동력원(또는 에너지 흡수 장치)에 대한 힘과 스트로크의 관계를 살펴볼 필요가 있다.

운동에너지는 힘과 스트로크 그래프에서 곡선 아래부분 면적이라는 것을 기억하면, 그림 17.4 는 론처를 구동하는데 탄성코드를 사용하는 것으로부터 얻을 수 있는 성능을 보여준다. 이러한 형태의 전형적인 사례로는 번지코드 론처일 것이다. 힘과 가속도는 스트로크의 초기에 높으며 스트로크가 진행되면서 점차 줄어든다. 명백하게도, 가장 바람직한 장치는 필요한 스트로크 거리에 걸쳐서 일정한 힘을 제공하는 장치일 것이다.

실제로 스트로크 동안 일정한 (또는 거의 일정한) 힘을 얻는 것은 가능하다. 그러나, 원하는 힘의 수준에 빠르고 효율적으로 도달하기 위해서는 작용하는 힘의 급격한 변화율이 필요하며, 원하는 수준을 넘어서는 힘의 오버슈트가 흔히 발생한다. 다시 말해서, 오버슈트는 스트로크의 초기 또는 회수의 경우에는 스트로크의 최종 단계에서 과도한 g 를 초래할 수 있다는 의미이다. 이러한 오버슈트 문제를 피하기 위해서 론처 설계에서는 상당한 오버슈트가 없이 평형에 이를 수 있도록 힘의 제어가능한 증가를 위한 시간을 허용해야할 필요가 있다. 이를 위해서는 필요한 수준의 운동에너지를 제공하기 위한 다소 긴 스트로크가 필요하다. 그림 17.5 는 원하는 수준까지 증가되고 이후 남은 스트로크 동안 일정하게 유지되는 조절된 힘을 제공하는 공기압-유압 론처에 대한 전형적인 힘과 스트로크 관계의 그래프를 보여주고 있다.

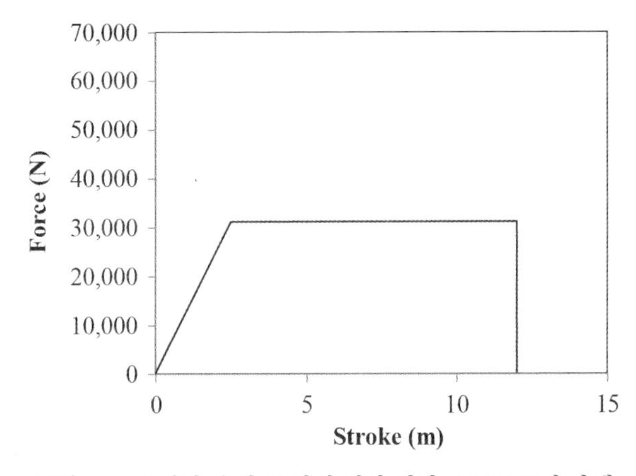

그림 17.5 공기압-유압 론처에 대한 힘과 스트로크의 관계

이전에 설명된 것과 같이, 앞서 언급된 논의는 기본적인 이론적인 고려사항이다. 이러한 원리는 론치 또는 회수의 방법에 관계없이 적용되는 것이다. 물론 다른 실용적인 고려사항도 존재하며 이는 사용되는 기계장치에 따라서 달라질 수 있다. 예를 들어서, 일상적인 목격자에게는 로켓 론처가 무활주로 보일 수도 있지만 실제로 로켓은 (앞에서 제시된 공식으로부터 유도되는) 필요한 힘을 계산된 거리에 걸쳐서 전달해야만 한다. 따라서, 론치 장비의 기계적인 부분은 무활주일 수도 있지만 UAV 는 계산된 거리동안 로켓의 추력벡터 성분에 의지해야만 한다. 이와 유사한 방법으로, 네트 회수 동안에는 네트에 의해서 그리고 당김줄이 늘어나면서 정지 에너지를 흡수하는 부분이 존재하기 때문에 제동시스템에 의해서 흡수될 필요가 있는 에너지의 양을 감소시킨다.

17.3 고정익 기체에 대한 UAV 론치 방법

UAV 가 론치될 수 있는 방법에는 여러가지가 있다. 몇 가지는 개념상 매우 간단한 반면 다른 것은 상당히 복잡하다. 많은 종류의 론치 개념이 실제 크기의 항공기 경험으로부터 도출되었고 나머지는 소형 무인기체에 특화된 방법이다.

아마도 가장 단순한 방법은 모형비행기에 사용되는 것에서 가져온 수동 론치일 것이다. 이 방법이 실용적이기는 하지만 낮은 익면하중과 적절한 출력을 갖는 상대적으로 가벼운 (약 10lb 이하인) 기체에 대해서만 실용적이다. 또한 간단하기는 하지만 일반적으로 포장된 표면을 필요로 하는 일반적인 휠을 사용한 이륙이 있다.

특히 타겟 드론과 같은 일부 UAV 는 고정익 항공기로부터 공중에서 론치된다. 일반적으로 이러한 UAV 는 상대적으로 높은 실속속도를 가지며 터보제트 엔진으로 추진된다. 이러한 기체는 흔히 로켓보조이륙(Rocket Assisted Take Off, RATO)을 이용해서 지상에서 론치될 수도 있다. RATO 론치 방법에 대해서는 이후 상세히 설명될 것이지만, 일반적으로 기체가 비행속도에 도달하기 위해서 상당한 거리에 걸쳐 론치힘이 작용될 필요가 있다. 이러한 적용에 대해서는 추진힘이 가해지는 작용선이 기체에 작용하는 모멘트를 발생하지 않도록 세심하게 정렬되어야만 하고, 이는 제어의 문제를 일으킬 수도 있다.

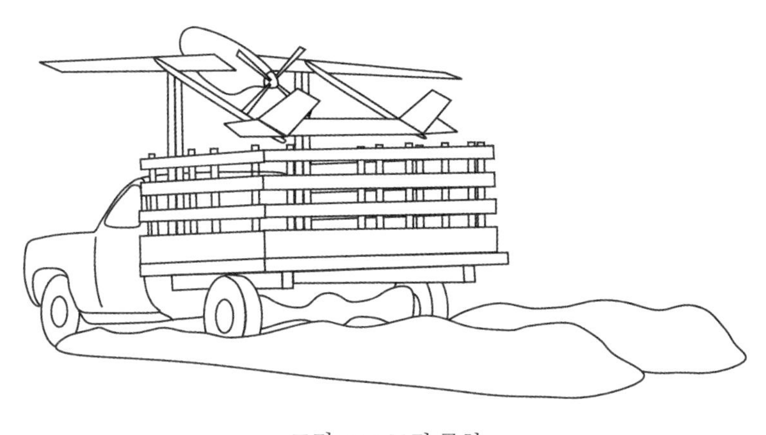

그림 17.6 트럭 론치

소형 UAV 의 작은 휠을 이용해서 이륙하기에는 과도하게 거칠더라도 다소 평판한 표면을 사용할 수 있다면 트럭 론치가 저비용의 실용적인 접근방법이다. 소형 트럭이라고 하더라도 상대적으로 큰 휠과 서스펜션으로 인해서 경항공기보다 작은 UAV 에게는 사용이 불가능할 자갈, 울퉁불퉁한 표면, 또는 높은 잔디에서도 이륙속도까지 주행할 수 있을 것이다. 비행체는 트럭의 운전석 상단에 위치한 크레이들에 최대 양력을 위한 받음각을 만들 수 있도록 기수가 들린 상태로 장착된다. 대기속도가 충분해지면 비행체는 고정에서 해제되며 크레이들에서 분리되어 자유비행 상태로 직접 위로 부양될 것이다. 지붕 위에 UAV 와 이의 지지구조물을 장착한 상태로 약 100km/h(60mph)로 트럭을 주행하는 것은 흥미로울 것이다. 이러한 배열이 사용되어 왔으며 그림 17.6 에 표현되어 있다.

UAV 론치에 대한 한 가지 혁신적인 접근 방법은 2 차대전 당시 소형 타겟 드론과 영국의 Flight Refueling Ltd 사에서 자사의 Falconet 타겟에 사용되었던 로터리 시스템이다. 이 시스템에서 UAV 는 원형 트랙 또는 활주로 내의 중앙에 위치한 기둥에 매달려 연결된 돌리 위에 놓여진다. 엔진은 UAV 가 돌리상에 위치한 상태로 작동된다. 그리고 돌리가 고정에서 해제되면 론치속도에 이르기까지 속도가 증가하면서 원형 트랙상에서 회전하게 된다. 그러면 UAV 가 돌리로부터 고정이 해제되면서 회전 원의 접선 방향으로 비행을 시작하는 것이다. 이 시스템은 해제되는 순간 몇 가지 흥미로운 제어 입력을 필요로 하지만 이는 잘 작동하며 상대적으로 조작이 용이하다. 그러나 이러한 시스템은 상당한 면적의 공간이 필요하며 이동식으로 운용하는 것이 불가능하다.

과거 제안되었던 또 다른 형태의 론처는 플라이휠 캐터펄트이다. 이 론처는 회전하는 플라이휠에 저장된 에너지를 이용해서 UAV 가 고정되는 셔틀에 연결된 케이블 시스템을 구동한다. 이에 대한 아이디어는, 플라이휠은 천천히 속도가 증가될 수 있고 론치가 필요한 상황이 되면 플라이휠이 동력 전달장치(케이블 등)에 클러치를 연결해서 UAV 에 회전에너지를 전달한다는 것이다. 다양한 종류의 이러한 론처가 기계식 클러치와 전자기계식 클러치를 이용했다. 플라이휠 론처가 테스트와 시제기 용도로 성공적으로 제작이 되었지만, 대부분은 수백 파운드를 넘지 않는 UAV 를 상대적으로 낮은 속도에서 론치하였다. 이러한 개념이 갖는 문제점은 클러치의 작동이다. 대부분의 클러치 설계는 에너지 전달의 급격한 시작을 견딜 수 있을 정도로 충분히 강건하지 못했다.

전형적인 이륙과 착륙을 위해서 활주로를 사용하는 대형 UAV 는 일부 자동조종과 제어의 문제를 나타내지만, 이를 제외하고는 특별히 론치나 회수를 위한 부가 시스템을 필요로하지 않는다. 이번 논의의 나머지 부분은 론치 및 회수에 대해서 전형적이지 않은 접근방법을 사용하는 보다 소형인 UAV 에 집중할 것이다.

많은 UAV 론치 시스템은 이동식 운용에 대한 요구조건을 가지고 있으며, 이는 적절한 트럭이나 트레일러에 장착될 수 있어야 한다는 것을 의미한다. 일반적으로 이러한 시스템은 레일 론처 또는 무활주 론처의 하나로 구분된다. 뒤에 이어지는 설명에서는 이러한 각 종류의 론처에 대해서 별도로 살펴볼 것이다.

17.3.1 레일 론처

레일 론처는 기본적으로 UAV 가 론치 속도까지 가속되는 동안 가이드 레일 또는 여러개의 레일에 구속되는 형태이다. 레일 론처가 로켓 동력을 이용할 수도 있지만, 일반적으로는 다른 추진력이 사용된다.

UAV 에 사용하기 위한 목적으로 여러가지 다양한 형태의 레일 론처가 사용되고 제안되었다. 번지로 추진되는 론처가 테스트 운용을 위해서 사용되어 왔지만, 이러한 동력원은 매우 가벼운 중량의 기체로 제한된다. 번지 론처의 전형적인 사례로는 영국의 Raven RPV 론치에 사용된 것이 있다. 소형 비행체에 대해서 번지 론처는 레일이 없는 대형 새총과 거의 유사한 형태가 될 수 있고 손에 잡은채 작동될 수도 있다.

그림 17.7 수동 번지 론처

500~1,000lb 중량 등급의 UAV를 론치하는데 사용되는 대부분의 레일 론처는 공기압 또는 유압-공기압 동력으로 작동하는 장치의 종류를 사용한다.

17.3.2 공기압 론처

공기압 론처는 UAV 를 비행 속도까지 가속시키는데 필요한 힘을 제공하기 위해서 압축가스 또는 공기만을 사용하는 것이다.

그림 17.7 공기압 론처

이러한 론처는 이동식 공기 압축기로 충진되는 압축공기 축압기를 이용한다. 밸브가 열리면 축압기 내의 가압된 공기가 론처 레일을 따라서 연결된 실린더로 전달되어 실린더 아래로 피스톤을 밀어낸다. 이 피스톤은 론처레일 상에서 이동하는 AV 크레이들과 연결된다. 스트로크가 줄어드는 대신 사용 가능한 힘이 증가되거나, 또는 힘이 줄어드는 대신 스트로크가 증가될 수 있도록 하는 케이블과 풀리로 구성된 시스템을 통해서 연결되기도 한다. 우선 크레이들은 지정된 위치상에 래치로 고정된다. 래치의 해제 과정에서 급격한 가속도의 시작속도를 조절하기 위해서 캠을 사용할 수도 있다. 파워 스트로크의 종료 시점에서는 일종의 충격 흡수장치를 사용해서 크레이들이 정지되고, AV 는 비행을 유지할 수 있는 충분한 속도를 가지고 캐리어를 이탈하게 된다.

공기압 론처는 상대적으로 경량 UAV 에 대해서 만족스러운 성능을 보이지만, 낮은 주변대기 온도에서는 문제를 일으킬 수도 있다. 낮은 온도의 주변대기를 사용하는 경우 오염물질과 습기가 압축공기에 혼합되어 운용에 부정적인 영향을 미치는 것으로 나타났다. 이러한 문제를 해결하기 위한 공기의 조절장비를 추가할 수 있지만, 이는 중량과 부피가 증가한다는 문제를 갖는다.

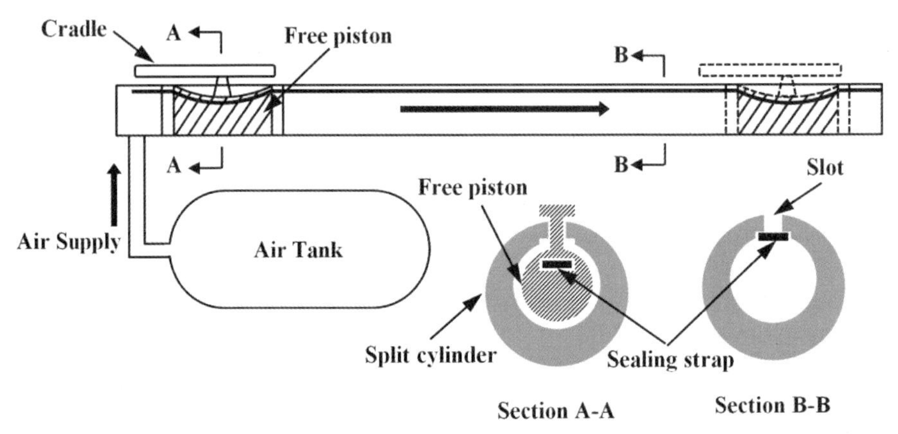

그림 17.8 자유 피스톤 공기압 론처

또 다른 혁신적인 공기압 론처 개념으로는, 분리된 실린더로 작동하는 지퍼 실링 [9] 자유 피스톤을 사용하는 것이다. UAV 에 추진력을 전달하는 크레이들 또는 기타 장치는 자유이동 피스톤과 연결된다. 피스톤이 실린더의 길이 방향으로 이동함에 따라서 실링 스트랩이 이동하면서 재장착된다. 압축공기는 론치 신호가 있기까지 탱크 내에 유지된다. 신호가 전달되면 압축공기가 초기 충격하중을 감소시키기 위해서 압력의 급증을 조절하는 밸브를 통해서 론치 실린더로 공급되고, 일부 경우에는 일정한 가속을 성취하기 위해서 스크로크 동안 밸브가 압력을 조절한다. 파워 스트로크의 종료 시점에서는 피스톤이 충격흡수기와 부딪치거나 피스톤 전방에서 누적된 압력으로 인해서 피스톤이 정지된다.

이러한 종류의 론처도 위에서 설명된 다른 공기압 론처에서 나타났던 동일한 단점을 가질 것이다. 한 가지 사례를 보면, 며칠간 비가 내리는 곳에 보관되어 있던 지퍼 실링 론처를 사용하려고 시도했던 적이 있다. 지정된 압력으로 설정이 되었지만 실제 론치 속도는 예상된 속도의 약 2/3 정도밖에 나오지 않았다. 수 차례의 추가적인 시도 이후에야 지정된 속도에 도달할 수 있었다. 조사 결과 수분이 피스톤 앞부분의

[9] 크레이들과 이동하는 피스톤에 직접 연결하기 위해서 실린더상에 길이방향으로 패인 홈인 슬롯(slot)이 필요한데, 이러한 슬롯을 통해서 누출되는 공기압을 방지하기 위해서 실링 스트랩이 필요하다. 실링 스트랩(sealing strap)의 작동이 지퍼(zipper)와 유사하다는 의미이다.

테이프를 막고 있어서 배압을 형성하고, 이로 인해서 피스톤의 전방 가속을 방해하는 것으로 드러났다. 이러한 종류의 론처에 대해서 발생 가능한 또 다른 문제로는, 운송을 위해서 론처를 접어야할 필요가 있는 경우 실린더 단면의 적절한 결합에서 나타날 수 있다.

세 번째 종류의 공기압 론처는 이스라엘 AAI 의 Pioneer UAV 에 사용되었던 것이다. 이 설계의 경우, 다른 종류와 마찬가지로 대형 탱크에 저장되는 압축공기는 공기 모터로 방출되면서 테이프 스풀을 구동시킨다. 이 스풀에 동력이 전달되면 UAV 와 연결되어 고정된 나일론 테이프를 감아돌린다. UAV 는 론치 레일의 끝단을 지나가면서 테이프 끝단이 해제되는 메커니즘을 가지고 있다. 이와 같은 론처는 셔틀을 가지고 있지 않으며, 대신 UAV 에는 동체에서 돌출되어 있는 작은 핀의 끝단에 슬리퍼가 장착되어 있어서 론처 레일을 따라서 세로 방향으로 위치하는 슬롯상에 올려져 이동된다. 이 론처의 공기저장 탱크는 재충전 또는 재가압이 없이도 수 차례의 론치를 수행할 수 있을 정도로 충분한 체적을 가지고 있다. 대형 탱크 체적과 함께 론치가 이루어지는 동안 테이프가 감기면서 유효한 드럼 직경이 증가하는 효과로 인해서 거의 일정한 론치 가속도율을 가질 수 있으며, 따라서 상대적으로 높은 효율을 갖는다.

그림 17.9 AAI Pioneer RQ-2 공기압 론처

알려진 바에 따르면, 이 론처는 중량 500lb 이하, 론치 속도 75kts 이하, 그리고 지속 가속도 4g 이하의 UAV 로 사용이 제한되었다. 어쨌든, 미국 해병대에 제공되는 장치의 론치 스트로크는 약 70ft 의 길이를 갖는다. 순수한 공기압 론처에 대한 이전 경험에 따르면 이러한 론처가 고온 환경에서도 만족스러운 작동을 할 것으로 보이지만, 공기를 조절하고 건조시키기 위해서 압축 이전에 건조기 및/또는 냉각기가 적용되지 않는다면 저온에서 문제가 발생할 것으로 예상된다. 이러한 종류의 론처를 높은 중량의 UAV 와 높은 론치 속도에 적용하는 가능성에 대해서는 알려진 바가 없지만, 이와 같은 조건을 위한 동력 요구조건은 공기모터의 크기와 필요한 공기의 체적에 상당한 증가가 필요할 것이다.

17.3.3 유압/공기압 론처

유압 공기압(Hydraulic Pneumatic, HP) 론처 개념은 다수의 UAV 프로그램에서 성공적으로 적용되어 왔다.

이 종류의 론처는 최소 555kg(1,225lb)까지의 중량을 갖는 비행체에 대해서 속도 44m/s(85kts)까지 사용되었다. 대형급에서부터 경량급 종류까지 사용할 수 있는 론처가 현재는 Engineered Arresting Systems Corporation(ESCO)사인 Zodiac Aerospace 사의 자회사인 All American Engineering (AAE)사에서 개발되었다.

기본적인 HP 론처 개념은 론치를 위한 동력원으로 압축된 질소가스를 이용하는 것이다. 질소는 가스/오일 축압기에 저장된다. 축압기의 오일 부분은 파이프를 통해서 론치 실린더에 연결되고, 실린더의 피스톤 로드는 케이블 리빙 시스템의 이동하는 크로스헤드와 연결된다. (대부분의 경우 이중 리던던트 시스템으로 구성되는) 케이블은 론치 레일의 끝단의 윗부분을 넘어가도록 배열되어 후방의 론치 셔틀과 연결된다. 론치 셔틀은 유압으로 작동하는 해제 시스템에 의해서 위치가 고정된다. UAV 가 셔틀에 자리를 잡고 나면 유압오일이 축압기의 오일 부분으로 펌핑되면서 시스템의 압력이 가해지고, 따라서 케이블 리빙 시스템에 프리텐션이 가해지면서 UAV 셔틀에 힘이 작용된다. 압력 모니터링 시스템에서 적절한 론치압력에 도달된 것을 가리키면 해제 메커니즘이 작동하는 것으로 론치 절차가 시작된다. 해제 메커니즘은 가속의 시작율을 경감시키도록 설계된 미리 프로그래밍된 작동 주기를 갖는다. 해제 이후 셔틀과 UAV 는 기본적으로 일정한 가속도율로 론치레일을 따라서 가속된다.

그림 17.10 HP-2002 론처 (Engineering Arresting Systems Corporation)

파워 스트로크의 종료 시점에서 셔틀은 회전식 유압 브레이크와 연결된 나일론 어레스팅 테이프에 연결되면서 셔틀은 정지하고 UAV 는 이륙을 하게 된다. 일부 론처의 경우, 론처의 종단속도를 보여주기 위한 선택적인 계기를 가지고 있다. 그러나, 종단속도의 변화가 예상수치로부터 ±1kts 를 넘는 경우는 거의 없다. 순수한 공기압 시스템과는 달리 질소의 프리차지가 유지되며, 드물게 발생하는 누수를 제외하고는 재보충이 거의 필요하지 않다. 이로 인해서 건조한, 조절된 공기 또는 건조 질소를 충전에 사용할 수 있으며, 따라서 주변대기를 사용하는 것으로 인한 문제를 방지할 수 있다. 론치 에너지는 축압기 사이에서 유압액을 전달하는 펌프에 의해서 공급된다. 이러한 종류의 론처는 매우 낮은 시각, 청각, 그리고 열 신호를 갖는다.

그림 17.10 은 현재 ESCO 에서 생산되는 HP-2002 론처이다. HP-2002 는 68kg(150lb)의 UAV 를 35m/s(68kts)의 속도로, 또는 113kg(250lb)의 UAV 를 31m/s(60kts)의 속도로 론치할 수 있는 경량급 HP 론처이다. 트레일러를 포함한 이의 총 중량은 1,360kg(3,000lb)이다. 다른 ESCO HP 론처는 약 555kg(1,225lb)까지의 AV 에 사용될 수 있다.

17.3.4 UAV 의 무활주 RATO 론치

무활주 론처는 레일을 사용하지 않는다. AV 는 지지 구조물로부터 직접 떠오르고 이동하는 즉시 자유비행 상태가 된다.

가장 흔하고 가장 성공적인 론치 방법의 하나가 RATO(Rocket Assisted Take Off)이다. 로켓 추진 보조는 대형 군용기에 필요한 이륙활주 거리를 단축시키기 위해서 사용되었던 2 차 대전 시대까지 거슬러 올라간다. 당시에는 제트 보조 이륙 장치인 JATO(Jet Assisted Take Off)로 불렀고, 지금도 여전히 종종 사용되고 있다. RATO 론치는 오랜 기간 동안 타겟 드론의 론치에 일상적으로 사용되어 왔으며, Pave Tiger 와 Seek Spinner 와 같은 일부 미 공군의 UAV, 미 해군의 Pioneer 의 함상 및 지상 론치, 그리고 미 해병대의 BQM-147 UAV 에도 사용되어 왔다.

그림 17.11 RATO 이륙

다음에 나오는 논의는 UAV 적용을 위한 RATO 설계와 관련된 몇 가지 고려사항을 나타낸다. 특정한 적용 및/또는 AV 에 특화된 많은 요인이 RATO 장치의 최종 설계에 상당한 영향을 미칠 수 있기때문에 설명된 정보는 예비적인 근사로만 사용되어야 한다.

17.3.4.1 필요한 에너지(임펄스)

RATO 장치의 설계자는 가속될 비행체의 질량과 RATO 장치의 연소가 종료된 시점에서 원하는 AV 의 속도를 알아야할 필요가 있다. 이러한 두 가지 항목은 기체에 가해져야만 하는 에너지를 결정하고, 따라서 RATO 장치의 크기를 결정할 것이다. 필요한 에너지 또는 임펄스는 다음과 같은 임펄스 모멘텀 방정식으로부터 계산된다.

$$I = m(v_1 - v_0) \tag{17.4}$$

만약 질량 m 이 kg 단위로 입력된다면 속도는 m/s 가 되고, 그러면 계산되는 임펄스는 N·s 의 단위를 가질 것이다. 고정된 론처에 대해서 v_0 는 0 이다. 위의 관계는 그림 17.12 에 나온 것과 같이 그래프의 형태로도 표현될 수 있다. RATO 장치는 UAV 와 함께 가속되어야만 하기때문에, 이 식과 그림은 모두 RATO 장치 자체의 질량은 UAV 의 질량과 비교해서 작다고 가정되었다는 것에 주의할 필요가 있다. RATO 장치의 초기 질량은 가속되면서 연소되는 모터 그레인의 질량을 포함하게 된다. 이를 고려하는 간단한 가정으로, RATO 장치의 질량을 UAV 에 추가한 합산 질량을 방정식에 사용되는 m 값으로 사용할 수도 있을 것이다.

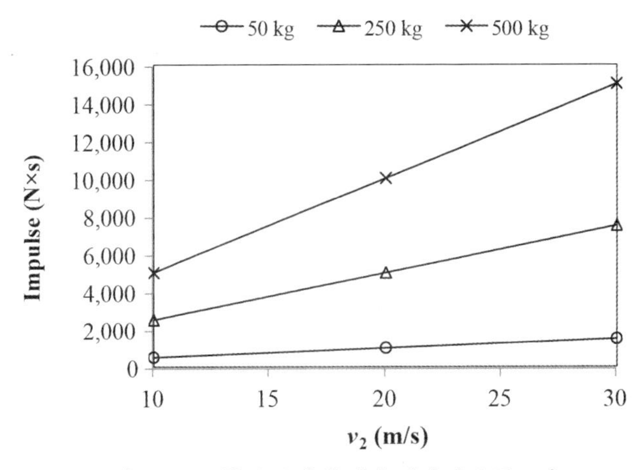

그림 17.12 무활주 론처에 대한 에너지 요구조건

예를 들어서, Exdrone UAV 는 (RATO 장치의 질량을 무시하면) 약 40kg 의 질량을 갖기때문에, 약 15m/s 의 RATO 연소 종료시 속도에 대해서는 동일한 v_2 값 지점의 50kg 에 대한 직선보다 약간 아래쪽에 위치할 것이다. 이는 약 630N·s 의 임펄스 값이 필요하다는 의미가 된다. Pioneer 는 모든 센서가 장착된 상태에서 약 175kg 의 질량을 가지며 상당히 무겁기 때문에 연소 종료시 40m/s 의 속도를 위해서는 약 7,000N·s 의 임펄스가 필요할 것이다.

17.3.4.2 필요한 추진제 중량

추진제가 전달할 수 있는 에너지 또는 비추력의 크기는 주로 사용되는 추진제의 종류와 로켓 설계의 효율에 따라서 달라진다.

추진제는 과염소산염을 함유한 폴리부타디엔 바인더와 같은 고에너지 주조 복합재로부터 낮은 에너지의 저속연소 암모늄 질산 또는 압출된 단기 또는 복기 조성까지 다양하다. 추진제의 종류는 환경적인 조건, 수명 요구조건, 연무 생성, 연소율, 비에너지, 공정성, 파편이나 소형 무기로 인한 우발적인 점화에 대한 둔감도, 그리고 비용과 같은 항목의 상대적인 중요도에 따라서 설계자가 선택한다. 추진제의 비추력은 단위 질량의 추진제의 연소로 인해서 발생하는 임펄스의 크기를 측정하는 수단이다. 단위는 임펄스를 중량으로 나눈 것으로 lb-s/lb 또는 N·s/kg 로 나타낸다. 비추력은 보통 임페리얼 단위계로 나타낸다. 일반적으로 추진제는 180~240lb-s/lb 범위의 비추력을 전달할 것이다.

$$W_P = \frac{I}{I_{SP}} \tag{17.5}$$

모터의 효율에 영향을 미치는 로켓 설계의 매개변수로는 작동압력, 노즐설계, 그리고 영향의 정도가 다소 작은 로켓 노즐 상류의 플레넘 체적이 있다. 필요한 전체 임펄스를 전달되는 비추력으로 나누면 필요한 전체 추진제 중량의 예측값을 쉽게 구할 수 있다.

RATO 장치 전체의 중량을 예측하기 위해서는 RATO 장치가 추진제 중량의 약 두 배 정도라는 가정을 사용할 수 있다.

17.3.4.3 추력, 연소시간 및 가속도

로켓의 에너지는 힘 또는 추력(F)과 한정된 시간 간격(시간 t_0 에서부터 시간 t_1 까지)의 곱으로 전달된다.

$$I = F(t_1 - t_0) \tag{17.6}$$

질량이 m (또는 중량 w)인 AV 에서 발생하는 가속도는 다음과 같이 표현할 수 있다.

$$a = \frac{F}{m} = F\frac{g}{w} \tag{17.7}$$

기체가 (그리고 온보드 탑재시스템이) 견딜 수 있는 최대 가속도는 매우 중요하며, 일반적으로 기체의 구조설계에 따라서 결정된다. 최대 가속도와 기체의 중량을 알고 있다면 추력과 연소시간은 위의 식을 이용해서 계산될 수 있다.

17.3.4.4 RATO 형상

RATO 장치는 AV 의 설계와 구조적인 하드포인트의 위치에 따라서 여러가지 다양한 방법으로 AV 와 연결되도록 설계될 수 있다. 일부 경우에는 한 가지 이상의 RATO 장비가 사용되기도 한다. 단일 RATO 장치가 사용되는 경우, 이는 AV 의 후방에 세로축 방향으로 위치하거나 또는 기체의 동체 아래에 위치할 수도 있다. RATO 장치가 장착되는 위치와 방법에 따라서 이의 크기, 장착대의 특성, 그리고 노즐이 축방향인지 경사방향인지 종류가 결정된다. 어떤 경우라도, RATO 시스템은 일반적으로 결과적인 로켓의 추력선이 론치 시점에서 AV 의 무게중심을 통과하도록 설계된다.

무활주 RATO 론치에 대해서 앞에서 언급된 것과 같이, 추력의 방향은 양력을 발생시킬 수 있는 정도로 충분히 빠른 속도로 움직이기까지 AV 를 지지하기 위해서 반드시 윗방향 경사를 가져야만 한다.

17.3.4.5 점화 시스템

RATO 점화 시스템은 로켓 압력용기의 헤드 또는 노즐의 끝단을 통해서 들어갈 수 있다. 모든 방법이 수용 가능하며, 별도로 운반되고 저장될 수 있는 기폭장치를 이용할 수 있고, 또한 필드에서 론치 직전에 장착될 수도 있다.

몇 가지 종류의 기폭 방식이 사용되어 왔다. 여기에는 1 차 기폭을 위한 전기적인 솔레노이드로 작동하는 타격식 뇌관과 원격으로 작동하는 회전식 안전/장전 장치에 내장되는 전기식 기폭관이 포함된다. Pioneer RATO 장치는 이중 브리지와이어, 필터 핀-기폭기를 사용했고, Exodrone RATO 장치는 타격식 프라이머 작동, 충격식 튜브 점화 시스템을 사용했다. 각 점화 시스템은 독특한 시스템과 사용자 요구조건을 만족하기 위해서 선택되었다. 탄약과 마찬가지로 RATO 점화 시스템은 의도하지 않은 점화를 방지하기 위해서 엄격한 안전 요구조건을 만족해야만 할 것이다.

17.3.4.6 소모된 RATO 의 분리

대부분 AV 의 비행 성능은 중량에 매우 민감하다. 따라서, 소모된 RATO 장비 론치 하드웨어를 비행체의 모든 비행에 대해서 운반하는 것은 바람직하지 않다. 결과적으로, 소모된 하드웨어는 일반적으로 공기역학적, 기계적, 또는 탄도적 방법으로 AV 로부터 분리된다. 분리 시스템의 선택은 얼마나 빨리 그리고 어떤 방향으로 소모된 하드웨어가 이탈되어야 하는가에 따라서 달라질 것이다. 낙하하는 RATO 장치의 용기는 지상 요원과 론치사이트 인근 장비에 대한 안전의 위험성을 갖기때문에 반드시 주의가 필요하다.

17.3.4.7 기타 론치 장비

RATO 론치를 위한 기타 장비로는 론치 받침대와 일반적으로 AV 를 고정하고 해제하는 시스템을 포함한다.

론치 받침대는 AV 의 날개를 수평으로 잡아주며 기수를 원하는 론치 각도만큼 올려준다. 론치 각도는 각 특정 AV 에 따라서 달라진다. 일반적으로 RATO 장치가 연소하는 동안 기체의 받음각을 최소로 하는 것이 바람직하다. 론치 받침대는 데크 고정용 장치와 RATO 장치의 배기 굴절기와 같은 기능을 제공할 수 있으며, 또한 용이한 운반을 위해서 분리식 또는 접이식일 수도 있다.

고정/해제 메커니즘은 돌풍이나 론치 이전 엔진 구동으로 인한 추력에 대해서 AV 를 구속시키는 방법을 제공한다. 이는 또한 RATO 장비의 연소 시점에서는 AV 의 자동 해제 기능을 제공하기도 한다. 이를 위해서 사용되었던 시스템으로는 Pioneer 에 적용되었던 전단라인 해제와 Exdrone UAV 에 적용되었던 탄도식 커터 해제가 있다.

17.4 수직 이착륙 UAV 론치

VTOL UAV 는 설계 특성상 특히 지상기반 운용에서는 론치 장비의 사용을 거의 필요로 하지 않는다. 그러나, 논리적으로 보자면 군사용 운용에 대해서는 이동성 고려사항으로 인해서 VTOL UAV 도 특정한 종류의 차량으로부터 운용될 필요가 있다고 할 수 있다. 이러한 차량은 지상에서 운송되는 동안 UAV 를 고정하는 장치가 마련되어 있을 것이고, 또한 아마도 체크업, 스타트업, 그리고 (리프트와 같은) 정비용 장비를 가지고 있을 것이다.

제 18 장 회수 시스템

Recovery Systems

18.1 개요

회수를 위한 가장 간단한 선택은 유인 항공기의 착륙과 같이 UAV 를 도로, 활주로, 평탄한 필드 또는 항공모함 데크에 착륙시키는 것이다. 중형에서 대형 AV 의 경우, 네트 또는 낙하산은 실용적이지 않기때문에 몇 가지 다른 옵션이 있다. 그러나, 휠을 사용하는 착륙은 보통 가장 저렴한 옵션이기 때문에 역시 많은 소형에서 중형 AV 에 사용되어 왔다.

무활주 회수에 대한 요구조건이 있는 경우, 소형 AV 에 대해서는 사용할 수 있는 수 많은 옵션이 있다. 가장 흔하게 사용되는 접근방법을 이번 장에서 확인하고 논의할 것이다. 의심의 여지가 없이 특정한 UAV 와 특수한 임무 요구조건에 대해서 특화된 방법도 있지만 여기서는 설명되지 않을 것이다.

18.2 전형적인 착륙

고정익 UAV 회수에 대한 가장 명백한 옵션은, 다시 말해서 실제 크기 항공기의 활주로 착륙과 유사하다. 가장 작은 AV 를 제외한 모든 종류에 대해서 이러한 옵션을 사용하기 위해서는 UAV 에 반드시 랜딩기어(휠)가 장착되어야만 하고, 이의 제어시스템은 고정익 항공기에 전형적인 플레어 기동을 수행할 수 있어야만 한다. 경험에 따르면 일종의 제동시스템에 대한 요구조건에서와 같이 롤아웃 동안 방향조종이 대단히 중요하다.

활주로 착륙 기법에 주로 사용되는 한 가지 방법은, UAV 에는 테일후크를 장착하고 활주로상에는 어레스팅 기어를 배치하는 것이다. 이러한 방법을 통해서 롤아웃 동안 방향조종과 기체에 탑재되는 제동에 대한 필요성이 최소화된다. 이러한 접근방법은 항공모함 착륙 기법과 유사하다.

일반적으로 사용되는 어레스팅 기어 에너지 흡수기에는 두 가지 종류가 있다. 하나는 주위에 데크 펜던트와 연결되는 케이블 또는 테이프가 감겨진 드럼을 갖는 마찰 브레이크이다. (지상 활주로에서 사용되는 경우라도 UAV 테일 후크가 연결되는 케이블 또는 라인을 데크 펜던트라고 부른다.) 두 번째 종류는 회전식 유압 브레이크로, 이는 주변에 나일론 테이프가 감져진 드럼에 연결된 로터를 갖는 단순한 워터 터빈이다. 마찰브레이크와 마찬가지로 테이프는 다시 데크 펜던트와 연결된다. 이러한 두 제동 시스템 사이에는 상당한 차이가 존재한다. 마찰 브레이크의 경우 제동력은 일반적으로 미리 설정되어 고정되며, UAV 를 잡아주는데 걸리는 거리인 런아웃은 UAV 의 중량과 착륙속도에 따라서 달라진다. 그러나, 회전식 유압 브레이크는 일정한 런아웃 장치로 간주되며, UAV 는 중량과 착륙속도가 달라지더라도 항상 활주로상에서 대략적으로 동일한 지점에서 멈출 것이다. 물론 이는 한도 이내에서만 적용되는 설명이다. 회전식 유압 브레이크 시스템은 UAV 중량과 착륙속도의 설계점에 대해서 설정되고, 이러한 설계점의 10~20% 정도 변화는 쉽게 수용된다.

스키드 착륙은 특히 Skyeye 에서 성공적으로 사용되어 왔고, 포장된 표면이 필요로하지 않는 장점을 갖는다. 큰 장애물이 없는 적당히 평평한 표면은 모두 사용될 수 있다. Skyeye 는 UAV 가 직선으로 이동하도록 유지하기 위해서 충격흡수기와 트랙이 장착된 단일 스키드를 이용한다. 엔진은 터치다운 직후 정지되고, 스키드와 착륙표면 사이의 마찰력으로 인해서 UAV 는 정지하게 된다. 충격흡수기의 사용으로 인해서 플레어 기동의 필요성이 제거되고, UAV 는 낮은 강하율로 설정되어 착륙 표면으로 비행한다.

고전적인 어레스팅 기어 회수 시스템의 변형은 네트를 데크 펜던트 대신 에너지 흡수장치의 당김줄에 연결하는 것이다. 네트는 UAV 를 감싸고, 억제하는 에너지가 기체에 균일하게 분포되도록 설계되어야만 한다.

매우 작은 AV 는 얕은 각도로 단순히 지상으로 비행되어 미끄러지면서 정지할 수도 있다.

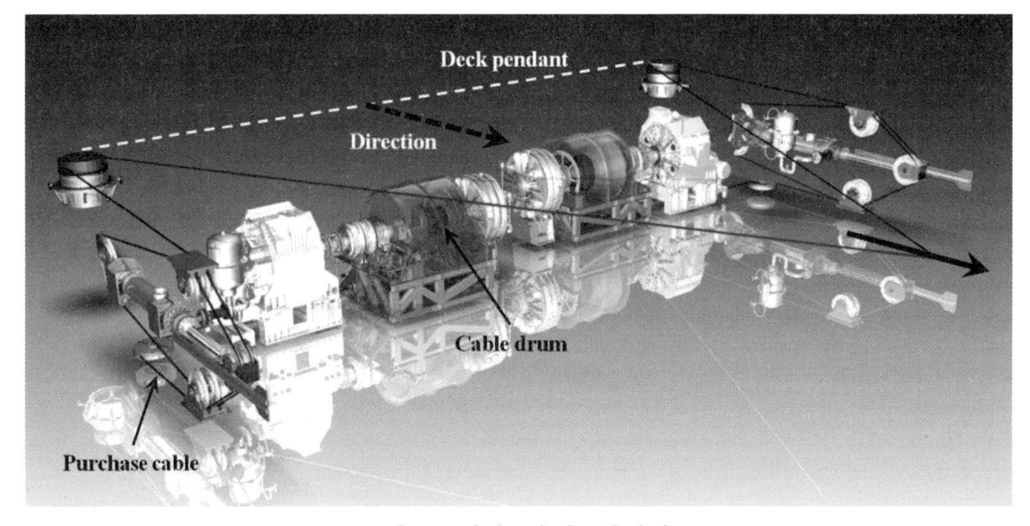

그림 18.1 어레스팅 시스템 사례

18.3 수직 네트 시스템

후크/펜던트 및 네트 형식에 대한 활주로 어레스팅 시스템의 논리적인 부산물이 수직네트 개념이다. 기본적인 형태로는, 네트의 끝단이 다시 에너지 흡수기와 연결되는 당김줄에 연결되어 네트가 두 개의 기둥 사이에 매달린다. 네트는 또한 일반적으로 이를 지상 위로 잡아주고 따라서 UAV 가 런아웃의 종료시 네트 내에 매달리도록 하는 구조 또는 선으로 매달린다.

네트를 이용하는 경우, AV 의 전방에 장착된 트랙터 프로펠러는 네트를 손상시키거나 또는 프로펠러에 작용하고 엔진의 축과 베어링으로 전달되는 힘으로 인해서 엔진의 손상으로 이어지기 때문에 일반적으로 트랙터형 프로펠러의 사용은 배제된다. AV 의 형상에 따라서 푸셔 프로펠러에서도 이러한 문제를 피하기 위해서는 셔라우드 처리가 필요할 수도 있다.

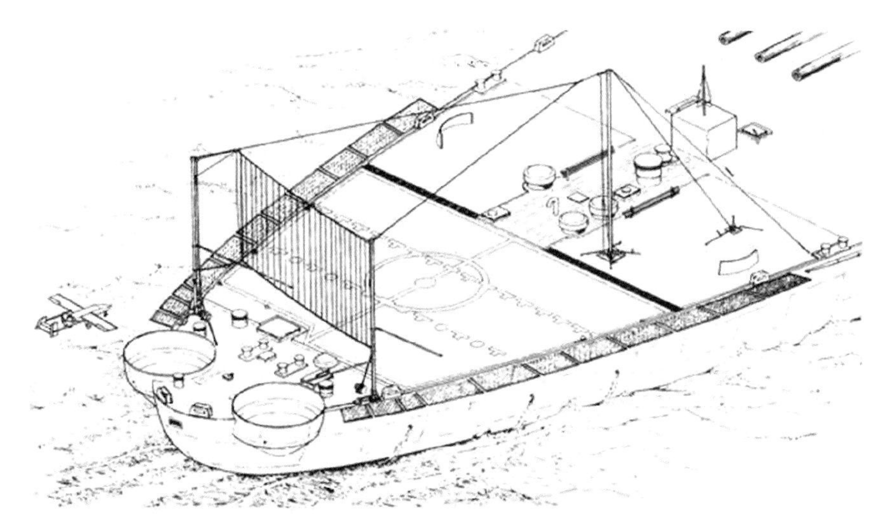

그림 18.2 USS Iowa 함의 Pioneer 장착

그림 18.2 에 나오는 Iowa 전함의 Pioneer 와 Lockheed 의 Altair UAV 에 사용된 세 개 기둥식 네트 회수 시스템은 대부분의 다른 수직 네트 시스템보다 앞서 있다. 1970 년대 중반, Teledyne Ryan STARS RPV 시스템은 세 개 기둥식 수직 네트 회수 시스템을 성공적으로 이용하였다. 이러한 접근방법은 런아웃이 진행됨에 따라서 줄을 감아주는 리빙시스템과 함께 UAV 를 잡아내는 주머니 형상을 만들기 위해서 주머니끈 형태를 이용하였다. 일부 변형에서는, UAV 가 안전하게 걸려들도록 보장하기 위해서 네트의 바닥 모서리를 잡아채기 위한 번지를 도입하였다. 또 다른 네 개의 기둥을 사용한 변형이 초기 이스라엘의 RPV 시스템에 사용되었다.

네트 시스템 성공의 핵심은 네트 자체의 설계이다. 초기 네트 시스템은 단순한 수하물 네트, 또는 적어도 한 소형 UAV 시스템에서는 테니스 코트용 네트를 이용하기도 했다. 네트는 제동력을 UAV 에 적절히 분산시켜야만 하고, 이러한 요구조건을 수행하기 위해서 다양한 수단이 고안되었다. Pioneer/Iowa 시스템에서 실물 크기 항공기 작업으로부터 도출된 다중 엘리먼트 네트를 사용한 초기 테스트 결과 이는 과도하게 무거운 것으로 나타났고, 수면상에서 선박의 전방 이동으로 인해서 발생하는 데크 위의 바람에 의해서 쉽게 움직였다. 최종적인 네트의 형상으로, 회수를 위한 스위트 포인트 또는 조준지점에는 소형(15×25ft)인 전형적인 네트와 대형 네트의 네 개의 구성으로 이어지는 삼각형 형태의 부재를 가지고 있었다. 이러한 형상은 바람에 대한 낮은 항력을 제공하였고 수동 회수를 위해서도 크기가 충분히 대형인 목표물이 되었다.

네트 설계에서 매우 중요한 측면은 UAV 가 정확하게 네트로 비행할 수 있는 방법이다. Aquila 와

Altair 는 매우 정확한 자동 최종 접근 유도 시스템을 사용했고, 네트의 중심으로부터 단지 1ft 정도 벗어난 변화만을 보통 달성할 수 있었다. 이러한 네트는 대략 높이 15ft 에 폭 26ft 에 불과했다. 이에 비해서 Iowa 의 네트는 약 25ft 높이에 47ft 폭을 가지고 있었다. Pioneer 는 더 긴 날개 스팬을 가졌고 최종접근 유도가 (인간 운용자가 라디오 제어를 하는) 수동이었기 때문에 이와 같은 보다 큰 치수가 필요했다.

그림 18.3 USS IOWA 함에 장착된 네트 시스템

18.4 낙하산 회수

낙하산 최종 회수 시스템은 타겟 드론과 다른 UAV 에 사용된 오랜 역사를 가지고 있다. 낙하산의 사용은 물론 UAV 가 접힌 낙하산의 부피를 수용할 수 있는 충분한 중량 및 체적 용량을 가져야할 필요가 있다. 다양한 종류의 낙하산 형상이 사용되어 왔으며, 지면 또는 수면과의 충격으로 인한 파손의 가능성을 감소시키기 위해서 보통 상대적으로 낮은 강하율을 갖도록 설계된다. 일부 UAV 는 충격시 하중을 흡수하기 위해서 부풀어오르는 충격 백 또는 찌그러질 수 있는 구조를 채용한다. 이러한 접근방법의 전형적인 사례로는 충격 백을 이용했던 Teledyne Ryan 사의 Model 124 와, 찌그러질 수 있는 상부 구조로 착륙하기 위해서 배면 자세를 취하는 BAE Systems 사의 Phoenix 가 있다.

여러가지 낙하산 설계와 성능에 있어서 다양한 차이가 있지만, 그림 18.4 에 나오는 것과 같이 상당히 낮은 패키지 부피와 강하하는 동안 훌륭한 안정성을 갖는 십자형 낙하산 설계가 특히 성공적이었다. 이는 또한 전개되는 동안 낮은 힘을 제공하는 장점을 갖는다.

표준 낙하산 형상의 한 가지 단점은 전개 이후 방향에 대한 제어가 부족하다는 것이다. 낙하산이 전개된 이후 UAV 의 강하는 바람의 변동에 따라서 달라지며, 지면상의 강한 바람 조건에서는 UAV 가 지면에서 끌려가는 것으로 인한 손상을 방지하기 위해서 지상해제 장치가 필요하다. 편류 거리를 줄이기 위해서 흔히 매우 낮은 고도에서 낙하산이 전개되도록 프로그램된다.

그림 18.4 십자형 낙하산

수면으로의 낙하산 강하는 UAV 내부 시스템의 침수에 대한 보호, 또는 특히 해수로 강하되는 경우에는 침수 이후 즉시 이용할 수 있는 오염제거 장비가 필요하다.

그림 18.5 회수용 낙하산 종류

표준 낙하산과 관련된 일부 문제를 극복하기 위해서 최근에는 활공 낙하산이 사용되어 왔다. 패러포일 또는 램에어로 부풀어지는 형태인 활공 낙하산은 상당한 장점을 갖는다는 것을 보여주었다. 패러포일은 차동식 라이저 조종을 사용해서 방향을 제어할 수 있고, 낮은 강하율에 대해서 전진속도를 트레이드오프한다. 수동 조종 또는 호밍 비콘과 기내에 탑재된 센서 및 제어 시스템을 이용해서 거의 정확한 지점으로 착륙할 수 있는 수준이 증명되었다. 패러포일은 근본적으로 일정한 속도 특성을 갖기때문에, 따라서 만약 UAV 엔진에 의해서 추력이 공급된다면 패러포일에 매달린 UAV 는 상승, 수평비행의 유지, 또는 추력이 감소하면 하강할 수도 있다. 동력이 있는 상태에서의 방향 조종은 일반적으로 훌륭하다.

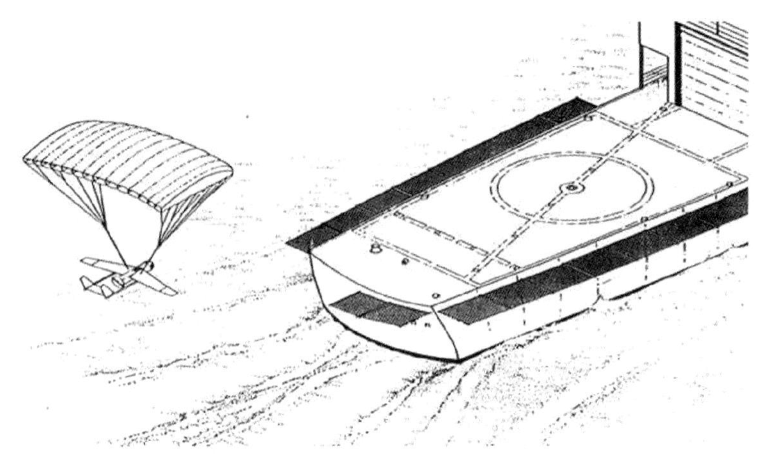

그림 18.6 패러포일 회수

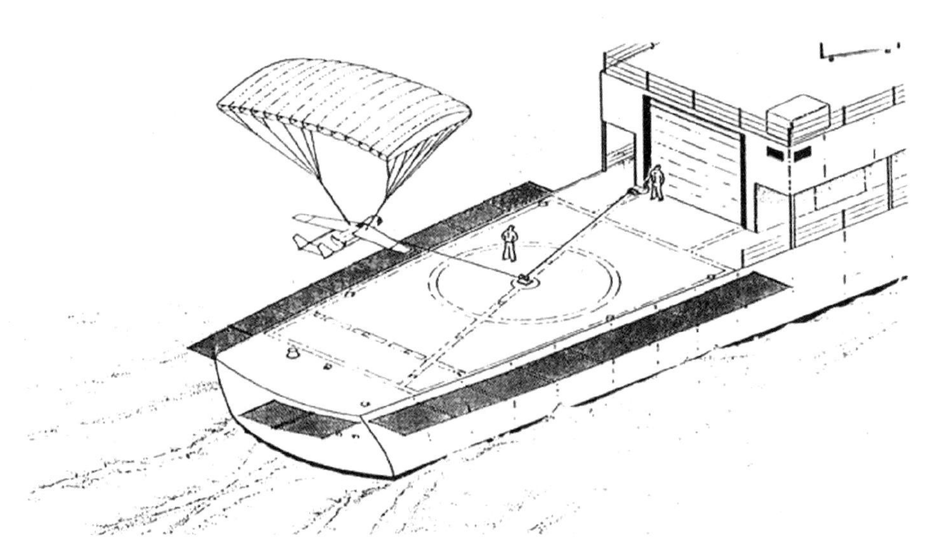

그림 18.7 윈치를 이용한 패러포일 회수

패러포일을 가진 UAV 의 선상 회수에 대해서는 일부 추가적인 선상 기반 보조장치가 바람직하다. 패러포일이 장착된 UAV 에 대한 유망한 접근방법은 깃발 하강 시스템을 이용하는 것이다. 이는 UAV 에서 선박의 데크로 줄을 떨어뜨리면 윈치를 이용해서 UAV 를 끌어당기는 것이다. 선박의 움직임으로 인해서 패러포일과 하강줄에 과도한 응력이 작용하지·않도록 윈치를 이용한 인장력의 제어가 필요할 것으로 고려된다. 이러한 깃발 하강 시스템 접근방법의 작동 절차가 그림 18.6 과 18.7 에 나와 있다. 특히 해상 상태 코드로 4 까지의 [10] 선상 운용이 고려된다면, 착륙한 UAV 를 안전하게 확보하는 일부 방법 또한 필요한 것으로 고려된다. (선상 운용 한계에 대한 일반적인 논의는 다음 섹션에 포함되어 있다.)

18.5 VTOL UAV

다수의 VTOL UAV 가 개발되고 배치되었다. 여기에는 순수한 헬리콥터에서부터 추력 벡터링 장치, 그리고 틸트윙 항공기까지 포함된다. 모든 VTOL UAV 는 UAV 와 선박의 데크 또는 착륙 패드 사이의 낮은 상대속도를 제공한다는 분명한 장점을 갖는다. 앞에서 설명된 것과 같이 이는 낮은 상대에너지 전달 요구조건으로 이어진다.

선상 운용을 위한 VTOL UAV 는 최종접근 유도 시스템, 선상 운용에 적합한 기체, 그리고 일단 데크에 착륙하고 나면 UAV 가 안전하고 선박의 운용에 부정적인 영향을 미치지 않도록 보장하는 적절한 확보장비가 필요하다.

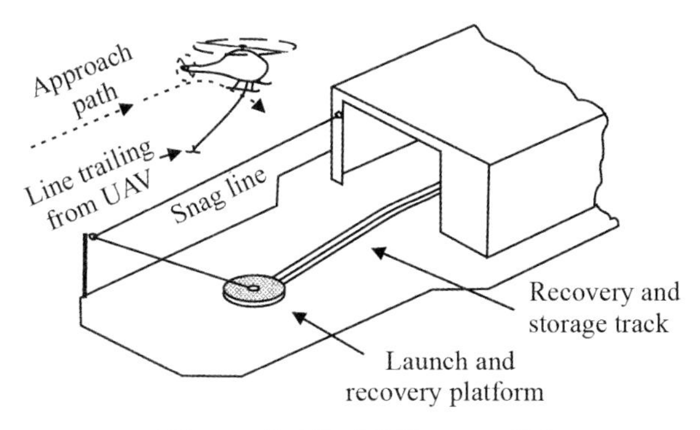

그림 18.8 테더를 이용한 VTOL 회수

그림 18.8 과 18.9 는 가능한 두 가지 VTOL 회수 기법을 일반화된 방식으로 보여주고 있다. 두 방법 모두 선박의 데크상에 론치 및 회수 플랫폼을 갖는다. 플랫폼은 트랙상에 위치하고 있어서, 상하동요하는 데크상에서 미끄러질 위험이 없이 행거 영역의 내부와 외부로 이동될 수 있도록 한다. 행거 내로부터 여러대의 AV 가 격납 및 출고될 수 있도록 행거 내에서 메인 트랙을 벗어나 이동될 수 있는 다수의 플랫폼을 가질 수도 있다.

그림 18.8 은 UAV 가 테더 라인 [11]과 후크를 떨어뜨리고 스내그 라인 [12]과 연결되는 개념을 보여주고 있다. 블록과 선의 영리한 배열(그림에 자세히 나오지 않은)을 통해서, 그림 18.7 의 패러포일 회수와 관련된 윈치 회수와 유사하게 테더라인을 윈치에 연결하는 회수시스템에 의해서 스내그 라인이 감기도록 한다.

[10] 세계 기상기구(World Meteorological Organization, WMO)에서 파고에 따른 해상 상태 코드를 지정해 두었다. Code 4 는 파고 1.25~2.5 m 인 보통으로 분류되는 수준이다.

[11] UAV 에서 아래로 떨어뜨리는 줄로 끝부분에 후크가 장착된다.

[12] 테더 라인의 끝에 있는 후크가 스내그 라인에 걸리면 선상에서 UAV 를 끌어당길 수 있다.

그러면 AV 에 의해서 선의 인장력이 유지되면서 테더 라인이 윈치로 감겨진다. AV 가 플랫폼과 접촉하면 자동 확보장치가 이를 잠그고 나면 AV 의 엔진이 정지된다.

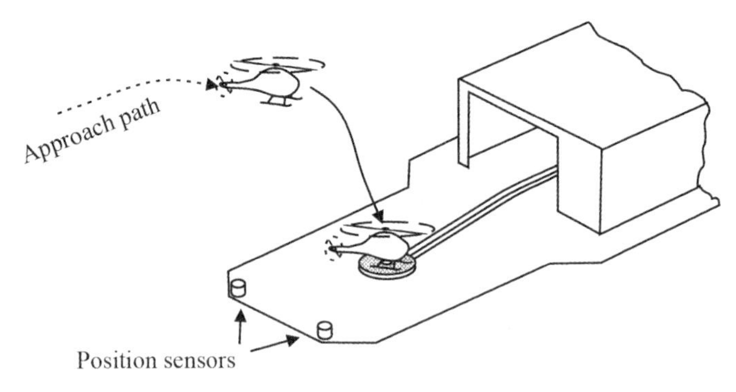

그림 18.9 자동 착륙을 이용한 VTOL 회수

그림 18.9 는 AV 가 착륙 데크에 위치한 센서에 기반한 폐루프 제어 시스템을 이용해서 자동적으로 플랫폼에 착륙하도록 하는 테더가 없는 개념을 보여준다. 센서는 회수 플랫폼에 대한 상대적인 AV 의 정밀한 위치 정보를 제공하고, 이는 AV 의 자동조종에 엄격한 폐루프를 구현해서 출렁이는 데크상에서 3 차원의 운동에도 불구하고 플랫폼에 정밀하게 착륙할 수 있도록 하는데 사용된다.

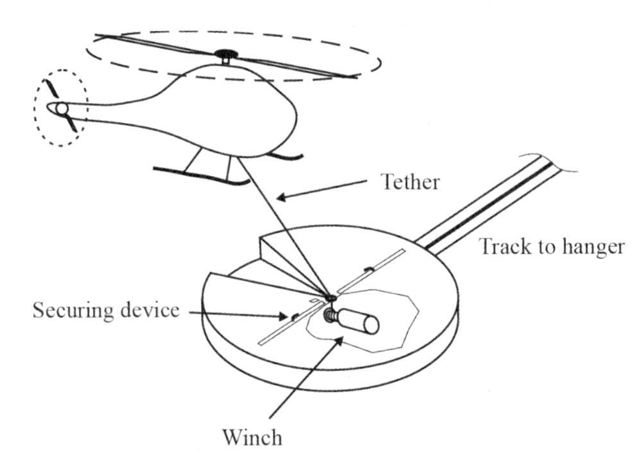

그림 18.10 UAV 를 확보하는 회수 플랫폼

그림 18.10 은 착륙 이후 UAV 를 확보하는 간단한 개념을 보여주는 회수 플랫폼에 대한 보다 상세한 그림을 제공한다. 이 개념에서는, 후크 형태의 클램프는 플랫폼 중앙의 양쪽 트랙상에 위치하고, 비행체의 착륙 스키드가 플랫폼에 접촉하면 이를 플랫폼에 고정시키기 위해서 클램프가 스키드 위로 미끄러져 이동하고 클램프를 채운다.

18.6 공중 회수

UAV 에 대한 공중회수 시스템(Mid Air Retrieval System, MARS)의 사용은 회수 작업을 선박에서 멀리 떨어진 곳에서 수행하고, 일반적인 헬리콥터 운용과 마찬가지로 UAV 를 수하물처럼 데크 위로 비행해서 내릴 수 있는 기회를 제공한다. 낙하산을 갖는 UAV 의 공중 회수를 위해서, 현재 선상 운용으로 사용되는 헬리콥터에 에너지 흡수 윈치와 막대 작동 보조 포드로 구성되는 임무 키트를 장착하는 것이 가능할 것이다. 사용된 낙하산이 패러포일 종류인 경우, 만약 UAV 가 패러포일의 전개 이후에도 저속 동력비행을 할 수 있도록 계속해서 추력을 적용한다면, 헬리콥터 조종사가 공중회수에 영향을 미치는 낙하산을 갖는 UAV 의 수직속도를 판단해야만 할 필요가 없기때문에 회수운용의 성능을 개선하는 것이 가능할 것이다. 동력이 작동한다면 UAV 는 전형적인 낙하산에 비해서 보다 점진적인 강하율을 가질 것이고, 이는 헬리콥터 조종사에게 회수작업을 하는 시간에 보다 여유를 제공할 것이다.

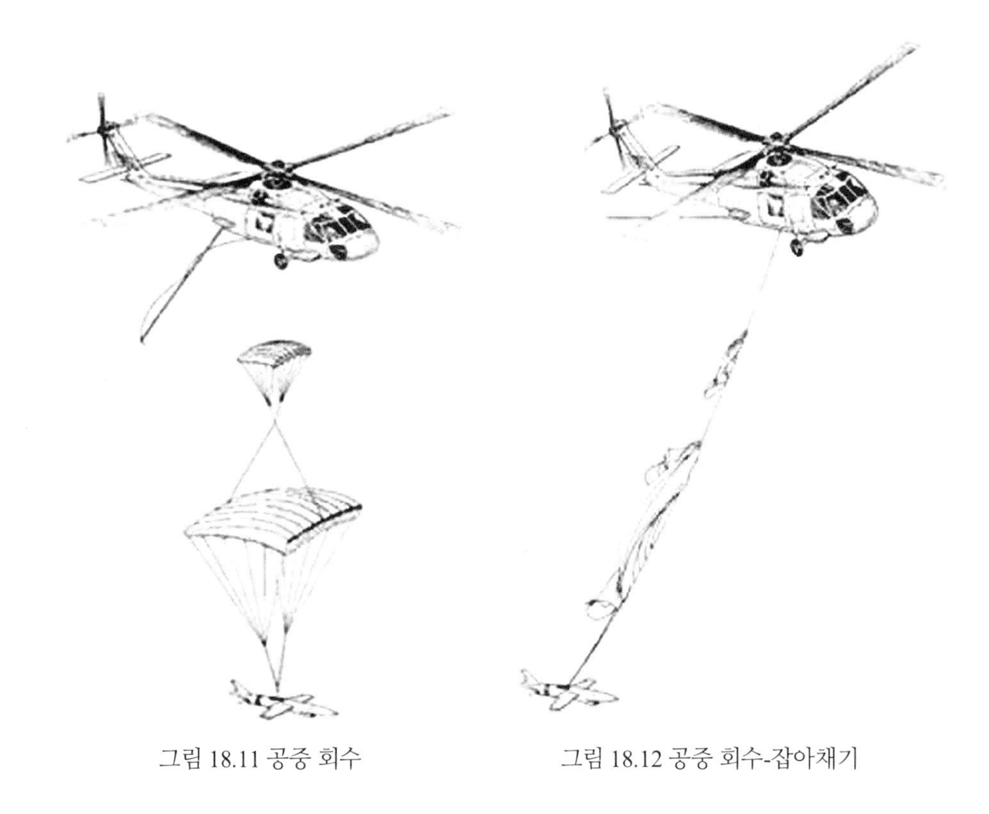

그림 18.11 공중 회수

그림 18.12 공중 회수-잡아채기

고전적인 MARS 회수의 운용 절차가 그림 18.11 에서 18.13 에 나와 있다. 중형(2,500lb) UAV 의 경우, 주 낙하산은 헬리콥터와의 연결 이후 이탈된다.

미 공군은 공중 회수 운용에 풍부한 경험을 가지고 있어서, 타겟 드론, 순항미사일 등에 대한 수천 회의 성공적인 회수가 이루어졌다. 예를 들어서, 베트남에서의 정찰 드론 프로그램에서는 96%가 넘는 임무 성공율을 기록하였다. 이는 최종접근 유도 시스템을 필요로하지 않는 한 종류의 시스템이다. 그러나 MARS 는 상당한 비행 승무원의 훈련뿐 아니라 특별한 형상을 갖는 전용 항공기를 필요로 한다. MARS 회수는 일반적으로 양호한 시계와 주간에만 수행되지만, 아래에서 낙하산으로 조명을 비추는 것으로 일부 실험적인 야간 회수가 이루어졌다.

그림 18.13 공중 회수 절차-회수

18.7 선상 회수

UAV 의 선상 회수에 대한 주요 관심사는 안전이다. 사용된 UAV 의 종류와 회수의 방법은 선박 또는 선박의 인력을 위험에 빠뜨리지 않아야만 한다. 이는 실제 회수 작업뿐 아니라 선박에 장착된 회수장비, UAV 취급, 저장, 그리고 시스템의 다른 모든 측면에도 적용된다. 다른 관심사로는 신뢰성과 임무 효용성이다. 대부분의 경우, 선박 위의 공간은 한정되기 때문에 시스템의 운용성을 유지하기 위한 많은 예비품의 보급이 필요하지 않도록 높은 수준의 신뢰성이 필요하다. 임무 효용성은 UAV 의 안전한 회수에 추가해서 최소한의 인원으로 시스템이 용이하게 설치되고 운용될 수 있어야만 하고, 또한 회수되는 UAV 에 최소의 손상만을 부가해야 한다는 것을 의미한다. UAV 회수에 영향을 미치기 위해서 선박이 정상적인 운용 조건으로부터 상당히 벗어나는 것이 필요하지 않아야만 한다.

지상에서의 UAV 운용과는 달리, 해상에서의 회수는 다양한 해상 상태, 그리고 매우 가혹한 환경의 선박 움직임에도 불구하고 UAV 가 반드시 실행해야만 한다. 바다의 상태와 선박의 움직임의 관계는 복잡하고, 다른 등급의 선박은 다양한 바다 상태 조건에 대해서 서로 다른 반응을 가질 것이다. 예를 들어서, 주어진 해상 상태에서 전함의 피치와 롤레이트는 프리깃함과 비교해서는 감지될 수 없을 정도일 수도 있다.

UAV 회수 운용이 수행될 수 있는 조건의 사례는 미 군사규격 MIL-R-8511A, LAMPS MK III 헬리콥터를 위한 회수보조, 확보 및 이동 시스템(Recovery Assist, Securing and Traversing System)에 포함되어 있다. 이 규정은 명시된 조건하에서 모든 요구되는 기능 특성에 대한 유지를 요구한다. 온도 범위는 −38°C 에서 +65°C 이고, 응축이 수분과 서리의 형태를 모두 갖는 95%의 상대습도에 노출된다. 선박의 움직임 조건은 다음과 같다.

> 선박이 정상적인 수평면으로부터 5 도까지 선미나 선수로 기울어져 영구적으로 트림된 경우, 수직의 양쪽 어느 방향으로든 15 도까지 영구적으로 기울어진 경우, 정상적인

수평면으로부터 10 도 상하로 피칭하는 경우, 또는 수직의 양쪽으로 45 도만큼 롤링을 하는 경우. 선박이 30 도 이상 롤을 하는 경우 완전한 시스템 성능은 필요하지 않지만, 선박이 수직의 양쪽 어느 방향으로든 45 도까지의 롤링 조건에 노출되더라도 롤링이 30 도 또는 이하로 감소되었을때 능력의 손실을 초래하지 않아야 한다.

선상의 다양한 상부구조를 지나는 공기흐름의 결과로 인해서 대부분의 수상함에서 공기후류 또는 버블이 생성되고, 이러한 사실로 인해서 바다의 상태로 인한 선박 움직임이 UAV 회수에 미치는 영향은 더욱 복잡해진다. 일부 선박의 경우 착륙 데크에 접근하는 동안 UAV 가 버블 영역을 통과해서 비행하기 때문에, 이러한 공기 버블은 UAV 제어에 상당한 영향을 줄 수 있다. 다양한 선박으로부터 안전한 헬리콥터 운용을 보장하기 위한 부가 방안으로써 이러한 우려 영역에 대한 일부 자료가 수집되었다. UAV 설계자는 UAV 선상 회수를 고려할때 이러한 데이타를 감안해야 하고, 버블 영역을 통과할때 적절한 제어를 갖도록 또는 이러한 영역을 회피하는 접근을 계획해야 한다.

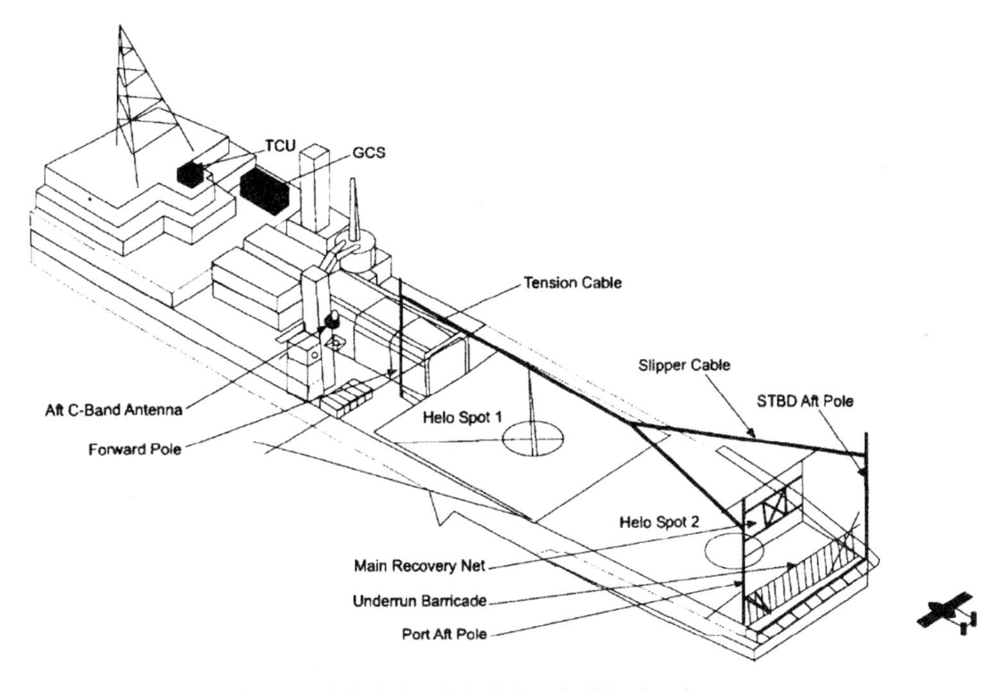

그림 18.14 선상 파이오니어 어레스팅 회수 시스템 SPARS III

걸프전쟁 이후 미 해군은 전함을 퇴역시켰고, 수직 네트 시스템인 선상 파이오니어 어레스팅 회수 시스템(Shipboard Pioneer Arrestment and Recovery System, SPARS)을 이용했던 선상 Pioneer UAV 능력을 상실하게 되었다. 선상 UAV 능력을 유지하기 위한 목적으로 해군에서는 수륙양용 운용의 지원으로 설계된 보다 작은 선박에 장착하기 위해서 SPARS 장비를 개조하였다. SPARS III 로 명명된 이 시스템은 선박의 비행 데크 후방의 뱃전을 따라서 후방 네트 지지 기둥을 장착하였고, 하나의 전방 기둥은 상부구조의 중심에서 약간 벗어나도록 장착되었다. 전함 장착에 사용되었던 것과 동일한 기본적인 지오메트리가 유지되었지만 후방과 전방 기둥 사이의 거리는 증가되었다. 이러한 장착은 기본적으로 비행 데크 전체를 차지했고, 따라서 근본적으로 헬리콥터 운용을 위해서 데크를 사용할 수 없도록 만들었다. 일부 케이블 등의 리깅과 관련된 초기 문제 이후 시스템은 제대로 작동했다.

극도로 정확한 최종접근 유도를 제공하는 공용 자동 회수 시스템(Common Automatic Recovery System, CARS)의 도입으로 인해서 SPARS 운용에 대한 매우 중요한 개선이 실현되었다. CARS를 적용하면 더 작아진 네트 크기와 전체적으로 더 소형화된 수직네트 시스템이 가능하다. SPARS 시스템의 문제점 중의 하나가 설치된 네트의 면적과 회수시 네트가 UAV에 가하는 항력과 관련되기 때문에 이는 중요하다. 이러한 항력은 네트가 UAV를 감싸고, 이를 네트 밖으로 떨어뜨리지 않고 잡아내는 방식에 영향을 미칠 수 있다.

네 개의 기둥에 네트 시스템이 매달리고 따라서 UAV 운용을 위해서 사용되는 데크 면적을 감소시키는 SPARS에 대한 또 다른 개선이 제안되었다. 단순화된 설치 및 해체 능력과 함께 이러한 변경은 UAV의 운용 중간에 헬리콥터가 선박의 데크를 사용할 수 있도록 하는 잠재력을 갖는다. UAV가 회수네트에 도달하지 못할 희박한 가능성을 방지하기 위해서 방벽 네트가 주 회수 네트의 아래에 설치될 수 있다.

수직 네트 회수 시스템은 이상적으로 트랙터형 프로펠러를 포함하지 않는 모든 고정익 UAV 형상에 적용될 수 있다. CARS 또는 일부 다른 자동화된 조종시스템과 결합되어 이는 효과적이고 신뢰할 수 있는 회수 시스템을 제공한다.

마지막으로, 선박의 선장은 어떤 것이든 마치 미사일과 같이 자신의 선박을 겨냥하는 것을 선호하지는 않을 것임을 인식해야만 한다. 사용될 UAV 회수 방법은 선박을 손상시키지 않고 UAV를 회수할 수 있는 능력에 대한 높은 신뢰도가 입증되어 있어야만 한다.

제 19 장 론치 및 회수 트레이드오프

Launch and Recovery Tradeoffs

19.1 UAV 론치 방법 트레이드오프

이전 장에서는 다양한 종류의 UAV 론치 방법과 장비에 대해서 논의되었다. 이러한 다양한 종류가 각 방법에 대한 트레이드오프의 정성적인 평가와 함께 아래에 요약되어 정리되었다. 이와 같은 평가를 위한 목적으로, 현재 사용되고 있는 기본 형식인 활주로 또는 도로 또는 다른 포장된 지역으로부터 전형적인 이륙, 공기압 레일 론처, 유압/공기압 레일 론처, 그리고 RATO 론처만이 고려되었다. 개발비용은 고려되지 않았다.

활주로 또는 포장된 이륙 지역에서 휠을 이용한 이륙

- ■ 장점
  - 적용을 위한 하드웨어가 필요없 때문에 시스템의 운송성 또는 비용에 대한 영향이 없음
  - 모든 크기의 UAV 에 적용 가능
  - 상당한 시그니처가 없음
- ■ 단점
  - 활주로, 도로, 또는 기타 포장된 또는 매끈한 영역이 필요함
  - UAV 의 중량과 복잡성을 증가시키는 휠이 장착된 랭딩기어가 필요함

활주로 또는 포장된 이륙 지역에서 트럭 론치

- ■ 장점
  - 도로 또는 소형 UAV 의 휠을 사용한 이륙에는 과도하게 거친 개방된 영역에서 사용 가능
  - UAV 에 휠이 장착된 랜딩기어가 필요하지 않음
  - 상당한 시그니처가 없음
- ■ 단점
  - 상대적으로 소형 UAV 에만 적용 가능
  - 적어도 평탄한 도로 또는 평평하고 개방된 지형이 필요함

분리형 튜브 형식 공기압 레일 론처

- ■ 장점
  - 비행속도에 이르기까지 론치동안 UAV 가 고정된 자세를 유지함
  - 상대적으로 낮은 부품수

- 낮은 테어중량 (비행체, 크레이들, 그리고 론치시 레일위에서 이동하는 모든 부품의 전체 중량)
- 검증된 개념
- 무시할 수 있는 수준의 소모품 및 반복 비용
- 상당한 시그니처가 없음

■ 단점

- 상대적으로 소형 UAV 에만 적용 가능
- UAV 에 상대적으로 비싼 부가시스템이 추가됨
- 악천후 조건에서 성능 저하
- 상대적으로 긴 압력 충전 시간
- 공기 압축을 위한 컨디셔닝 시스템 필요
- 접이식 실린더로 인한 잠재적인 실링 문제점
- 상당한 초기 비용
- 상당한 차지면적

에어모터 형식 공기압 레일 론처

■ 장점

- 비행속도에 이르기까지 론치동안 UAV 가 고정된 자세를 유지함
- 상대적으로 낮은 부품수
- 낮은 테어중량
- 검증된 개념
- 무시할 수 있는 수준의 소모품 및 반복비용
- 상당한 시그니처가 없음

■ 단점

- 상대적으로 소형 UAV 에만 적용 가능
- UAS 에 상대적으로 비싼 서브시스템이 추가됨
- 악천후 조건에서 저하된 성능
- 상대적으로 긴 압력 충전 시간
- 저온에서의 성능 불확실
- 상당한 초기비용

유압/공기압 레일 론처

■ 장점

- 비행속도에 이르기까지 론치동안 UAV 가 고정된 자세를 유지함

- 극한 환경에서 입증된 신뢰성과 성능
- 반복적이고 정확한 속도의 제공
- 최소 1,000lb 및 85kts 급 UAV 에 대해서 검증됨
- 짧은 압력 충전 시간
- 다양한 AV 의 중량, 속도 및 g 내성에 적용 가능
- 무시할 수 있는 소모품 및 반복비용
- 상당한 시그니처가 없음

■ 단점
- 상대적으로 소형 UAV 에만 적용 가능
- UAS 에 상대적으로 비싼 서브시스템이 추가됨
- 상당한 차지면적
- 상당한 초기 비용

그림 19.1 레일론처와 RATO 론처의 차지면적 비교

RATO 론처

■ 장점
- 작은 차지면적
- 상당한 환경에 대한 제한이 없음
- 낮은 초기비용
- 압력 충전 시간이 필요하지 않음
- RATO 가 장착된 상태로 UAV 를 장기간 보관 가능 (즉시 사용 개념)
- 대형 UAV 의 단거리 이륙에 사용될 수 있음

■ 단점
- 무활주 론치에 대해서는 상대적으로 소형 UAV 에만 적용 가능
- 열, 빛, 그리고 청각 시그니처
- 로켓은 특별한 취급이 필요함
- UAS 의 무게중심과의 정렬이 결정적으로 중요함

- 안전에 대한 고려
- 상당한 반복비용

마지막으로, 전형적인 레일론처 시스템과 전형적인 RATO 장치 론치 시스템의 운용비용을 비교하는 것이 흥미로울 것이다. 이 트레이드오프에서는, 단순화를 위해서 로켓에 대한 특수취급 또는 저장 장비와 같은 모든 부가비용이 제외된 것과 마찬가지로 인건비, 운송(트럭)비, 그리고 개발비도 제거되었다. 엔진 연료에 대한것과 같은 부수적인 비용 또한 제외되었다.

그림 19.2 는 각 시스템에 대한 비용대 론치 횟수를 나타내고 있다. 상당한 R&D 비용이 없이 적절한 크기의 로켓을 사용할 수 있다고 가정하면, 낮은 횟수의 론치에 대해서는 RATO 시스템이 매력적일 수도 있다는 것을 쉽게 볼 수 있다. 반면, 만약 많은 횟수의 론치가 예상된다면 레일론치가 더나을 것이다.

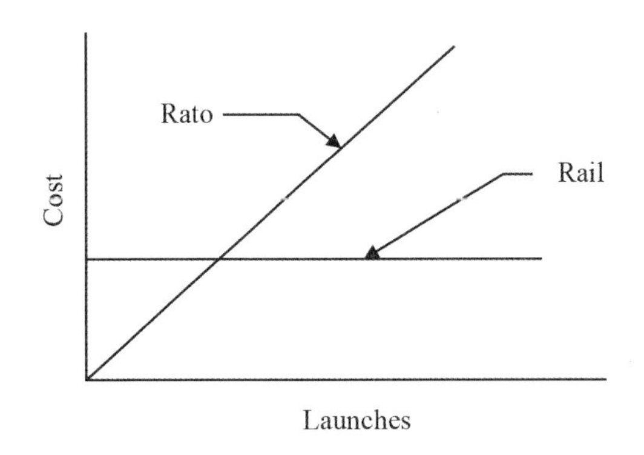

그림 19.2 레일과 RATO 론치에 대한 비용 트레이드오프

UAV 개발자는 다수의 론처 옵션을 갖지만, 특정 AV 와 일련의 임무 요구조건에 대한 최고의 방법을 결정하기 위해서는 다양한 론치 개념의 장점과 단점을 평가해야만 한다. 무엇보다도, 설계자는 론치와 관련된 문제의 발생이 제거되거나 또는 적어도 상당히 감소되도록 설계의 초기 단계에서 론치 시스템을 선택해서 론치 고려사항이 설계의 모든 측면에 통합된 전체 시스템을 생산할 수 있도록 해야한다.

19.2 회수 방법 트레이드오프

론치와 마찬가지로 UAV 의 회수를 위한 수 많은 옵션이 존재한다. 회수의 주요 종류 사이에 대한 정성적인 트레이드오프가 아래에 나와 있다.

활주로 또는 포장된 착륙 사이트에서 휠을 이용한 착륙

- ■ 장점
  - 어레스팅 랜딩을 제외하면 추가적인 장비가 필요하지 않음
  - 센서 장비의 (충격이 없는) 원활한 회수
- ■ 단점

- 매뉴얼 또는 자동 착륙 제어가 필요함
- 포장된 착륙 장소가 필요함
- 랜딩 사이트를 쉽게 숨기기 어려움

활주로 또는 포장된 착륙 사이트에서 스키드 또는 배면 랜딩

■ 장점
- 추가적인 장비가 필요하지 않음
- 착륙 사이트가 필요하지 않거나 최소한으로 필요함
- 착륙 사이트를 보다 용이하게 숨길 수 있음

■ 단점
- 하드 랜딩의 가능성이 높음

수직 네트 시스템

■ 장점
- 무활주 회수

■ 단점
- 상대적으로 비싼 서브시스템이 UAS 에 추가됨
- 상대적으로 하드한 랜딩
- 랜딩 사이트가 적에게 노출됨

낙하산 회수

■ 장점
- 쉽게 전개될 수 있음

■ 단점
- UAV 에 부피와 중량이 추가됨
- 상대적으로 하드한 랜딩
- 정확한 랜딩 지점의 제어가 어려움

패러포일 회수

■ 장점
- 부드러운 랜딩
- (제어시스템을 통해서) 랜딩 지점의 정확한 제어가 가능
- 전개가 용이함

■ 단점

- 일부 랜딩 사이트에 대한 준비가 필요함

VTOL AV

■ 장점

- 부드럽고 정확한 랜딩
- 추가적인 장비가 필요하지 않음

■ 단점

- 값비싼 AV
- VTOL AV 는 순항에 덜 효율적임

공중 회수

■ 장점

- 시스템이 손상되지 않은채로 회수됨

■ 단점

- 회수 항공기의 쏘티를 위해서 상당한 유인 항공기 자산과 회수당 상낭한 비용이 필요함
- 추가적인 통신과 조율이 필요함

선상 회수는 일부 특수한 제한이 있지만, 항공모함 데크상에서의 전형적인(어레스팅) 랜딩, 수직네트 회수, 패러포일 회수, 또는 VTOL AV 를 이용할 수 있다. 선상 론치된 AV 는 또한 만약 선박 편대의 일부 다른 선박이 유인 항공기를 가지고 있다면 공중 회수를 이용할 수도 있다.

수면상으로 직접 내리는 수면 불시착 회수는 위의 트레이드오프에 포함되지 않았지만 선상에서 론치되는 AV 에 대해서는 가능성이 있다. 이는 저렴한 옵션이지만 AV 및/또는 이의 페이로드에 대한 파손의 가능성이 높다.

19.3 종합적인 결론

UAV 의 론치 및 회수에는 많은 효과적이고 신뢰할 수 있는 방법이 있다. 가능한 론치 및 회수에 대한 접근방법 사이의 트레이드오프가 위에 개별적으로 요약되었지만, 대부분의 UAV 시스템은 론치 및 회수가 모두 필요하기 때문에 UAS 에 대한 전체 트레이드오프는 두 가지를 모두 포함해야만 한다. 이들은 서로 독립적이지 않다. 예를 들어서, 휠을 이용한 이륙을 선택했다면 동일한 휠을 이용해서 착륙하는 것에 대한 부가적인 비용이 들지 않는다. 반대로, 만약 레일론치를 선택했다면 휠을 갖는 랜딩기어는 레일론치와의 간섭을 피하기 위해서 아마도 접이식으로 되어야할 필요가 있으며, 이는 AV 에 대한 중량과 비용이 추가된다. 론치 및 회수에 대한 트레이드오프는 전체 UAS 에 대한 모든 다른 기본적인 트레이드오프와 동시에 이루어져야만 한다.

어떤 한 가지 론치 또는 회수 기법이 모든 UAV 설계에 대해서 전부 적절하지는 않을 것이다. 임무 요구조건과 기체 설계가 특정 프로그램에 대해서 어떤 기법이 가장 적절한지 결정할 것이다. 특히, Predator 크기 등급의 고정익 AV 는 실제로 단 한 가지 옵션만 가질 것이고, 이는 아마도 이륙시에는 RATO 로 또는 항공모함의 대형 캐터펄트로 보조되고 대형 항공기에 적절한 기어로 어레스트되는 전형적인 착륙과 이륙일 것이다. 그러나, 무엇보다도 UAV 개발자는 론치 및 회수 문제에 대한 고려가 UAV 프로그램의 가장 초기에서 인식되어야만 하고, 그렇지 않다면 비행체 설계뿐 아니라 전체 임무에 대한 절충을 해야만 하는 위험을 감수한다는 사실을 염두하는 것이 필요하다.

용어 번역

제 1 장 역사와 개요

decoy 디코이
propagation 전파
latency 레이턴시
delay 지연
interference 간섭
deep penetrator 종심침투기
target drone 타겟 드론
laser designation 레이저 지정
recovery net 회수 네트
commonality 공용성
interoperability 상호운용성
semi-autonomous 반자동
autopilot 자동조종
airborne 공중
telemetry 원격측정
shelter 셸터
command and control 명령 및 제어
arresting gear 어레스팅 기어
payload 페이로드
fire 발포
drop 투하
launch 론치
expendable 소모성
data rate 데이타율
downlink 다운링크
guidance 유도
anti-deception 대기만
demonstration 실증
location 위치지정
battery 포대
division 사단
pusher 푸셔형
tractor 트랙터형
flying wing 플라잉윙
inertial platform 관성 플랫폼
boresight 보어사이트
rangefinder 거리측정기
zero-length 무활주

제 2 장 UAV 등급 및 임무

tradeoff 트레이드오프
flapping wing 플래핑 날개
hovering 호버링
covertness 은밀성
endurance 체공시간
bungee 번지
tilting 경사
waypoint 경로지점
laser illuminator 레이저 조사기
battlefield 전장
spread-spectrum 확산 스펙트럼
gimbal 짐벌
artillery 포격
echo 반사파
landing rollout 착륙 활주거리
parafoil 패러포일
parachute 낙하산
intelligence 정보
surveillance 감시
target acquisition 목표물 획득
reconnaissance 정찰
tilt-wing 틸트윙

on-station	임무대기
electo-optical	전자광학
satellite link	위성 링크
warhead	탄두
recoverable	회수가능
loss rate	손실율
damage assessment	피해평가
close range	근접거리
short range	단거리
mid range	중거리
loiter	로이터
endurancec UAV	장기체공 UAV
wing loading	익면하중
hierarchy	계층구조
thearter	전구
observation	관측
relay	중계
detection	탐지
identification	식별
mobility	이동성
visibility	가시성

제 3 장 공기역학 기본

air vehicle	비행체
stability derivative	안정성 미계수
wind tunnel	풍동
geometry	지오메트리
chord	시위
drag polar	항력 극곡선
induced drag	유도항력
twist	비틀림
sweepback	후퇴각
planform	평면형상
dihedral	상반각,
pressure distribution	압력분포
swirl	회오리
vortex	와류
downwash	다운워시
spanwise	스팬방향
layer	층
boundary layer	경계층
lamina	막
laminar	층류
transition	천이
eddy	소용돌이
turbulent	난류
eddy	소용돌이
characteristic length	특성 길이
general aviation	일반항공
ventury	벤추리
pressure gradient	압력구배
separation	박리
profile drag	프로파일 항력
pressure drag	압력항력
bubble	버블
bursting	터짐
net velocity	최종 속도
canard	카나드
parasite drag	유해항력

제 4 장 성능

range	항속거리
endurance	항속시간
fraction	분율
sink rate	침하율

제 5 장 조종안정성

maneuverability	기동성
flight envelope	비행영역 선도
static stability	정안정성
overshoot	오버슈트

dynamic stability	동안정성
side force coefficient	횡력 계수
roll	롤
yaw	요
pitch	피치(항공기)
sideslip	옆미끄럼
adverse yaw	어드버스 요
adverse aileron drag	어드버스 에일러론 항력
damping	댐핑
amplification	증폭
elevator	엘리베이터
aileron	에일러론
rudder	러더
control surface	조종면
bank	경사
coordinated turn	정상선회
closed loop	페루프
open loop	개루프
deviation	편차
drift	편류
actuator	액추에이터
navigation system	항법시스템
magnetic course	자기경로
heading	방향
radio beam	라디오 빔
outer loop	외부루프
inner loop	내부루프
glide slope	활공각
flight path	비행경로
pickoff element	픽오프 엘리먼트
pitot tube	피토튜브
gyroscope	자이로스코프
long-term navigation	장거리 항법
inertial reference	관성 기준

제 6 장 추진

powered lift	동력형 양력
momentum generator	모멘텀 발생기
capture area	포획면적
induced power	유도동력
disk loading	디스크 하중
rotary engine	로터리 엔진
intake	흡기
induction	흡입
top center	상사점
bottom center	하사점
indicator	지압선도
pumping loss	펌핑손실
scavenging	배기
load	부하
residual gas	잔류가스
fuel injection	연료분사
lobe	로브
stator	스테이터
epitrochoid	에피트로코이드
concentric	동심원
pinion gear	피니언 기어
apex	정점
sling vane	슬라이딩 베인

7 장 하중과 구조

bending	굽힘
shear	전단
twist	비틀림
tensile strength	인장강도
fiber	섬유
metal forging	금속단조품
stress	응력
strain	변형율
neutral axis	중립축

load factor 하중배수
maneuver flight envelope 기동비행선도
gust 돌풍
sandwich panel 샌드위치 패널
working skin 작동외피
drape 도포
fabric 직물
resin 레진
homebuilt 홈빌트
thermosetting 열경화성
foam core 폼코어
mold 몰드
layup 적층
cavity 캐비티
hollow structure 중공구조

제 8 장 임무계획 및 통제 스테이션

nerve center 신경중추
readout 판독
automation 자동화
grid coornate 그리드 좌표
autonomy 자율성
pointing 지향
display 시현
azimuth 방위각
range 거리
glass cockpit 글래스 콕핏
pseudo-imagi 유사영상
alphanumeric 문자와 숫자
playback 재생
slew 회전
orientation 방향
fault isolation 고장 고립
domain 도메인
loading 로딩
architecture 아키텍처
openness 개방성
outside world 외부 세계
transparent link 투명링크
bridge 브리지
gateway 게이트웨이
topology 토폴로지
bus topology 버스 토폴로지
ring topology 링 토폴로지
star topology 스타 토폴로지
tap 탭
drop 드롭
broadcasting 브로드캐스팅
protocol 프로토콜
information packet 정보 패킷
token 토큰
acknowledgement 응답확인
routing 루팅
twisted pair 연선
shielded cable 차폐 케이블
twisted cable 동축 케이블
basic level 기본 수준
enhanced level 고도 수준
de facto standard 실질적인 표준
physical layer 물리 레이어
bit 비트
header 헤더
trailer 트레일러
network layer 네트워크 레이어
transport layer 전송 레이어
session layer 세션 레이어
presentation layer 표현 레이어
application layer 응용 레이어
freeze 정지

situational awareness	상황인식
field of regard	탐지범위
field of view	시야각도
vantage point	유리한 지점
synthetic image	합성 영상
rule of thumb	경험법칙
spoofing	스푸핑
dead-reckoning	추측항법
time tag	타임 태그
triangulation	삼각측량
digitized form	수치화된 형식
stadia range finding	스타디아 거리 측정
voice link	음성 링크
beacon	비콘
control console	통제콘솔

제 9 장 비행체와 페이로드 제어

human operator	인간운용자
remote operator	원격운용자
stability augmentation	안정성 증대
transient	과도현상
crosswind	측풍
fly by mouse	마우스 비행
fly by keyboard	키보드 비행
loss of power	동력상실
intercept	인터셉트
amplification	증폭
orbiting	궤도순환
exploit	활용
first principle	제일원리
exception reporting	예외보고
intervention	개입
threshold	한도
eye-brain system	시각-두뇌 시스템
power line	전력선
clutter	클러터
embedded	내장된
characterization	특성화
hierarchy	계층구조
noise	잡음
freeze	정지
peripheral image	주변 영상
mapping	매핑
intensity	강도
rote response	암기 반응
crash landing	추락 착륙
logic table	논리테이블
descent rate	강하율
self-governing	자기통제
self-directing	자기주도
artificial intelligence	인공지능
Turing Test	튜링 테스트
radiation	방사능
synthesis	종합
emulating	모방

제 10 장 정찰/감시 페이로드

illumination	조명
scatter	산란
night-vision	야간투시
recognition	인식
resolution	해상도
picture	화상
emissivity	방사율
thermal scene	열화상
polarization	편파
false color	허위 색상
symthetic image	합성 영상
contrast	대비
scan line	주사선

resolution chart 해상도 차트
aspect 방향
criteria 기준
diffraction 회절
detector 검출기
focal plane 초점면
vidicon 비디콘
aspect ratio 가로세로비
blur 흐려짐
attenuation 감쇠
distortion 왜곡
absorption 흡수
aperture 조리개
load line 부하선
veiling glare 광막글레어
overcast 오버캐스트
extinction coefficient 흡광계수
haze 연무
saturation effect 포화효과
dew point 이슬점
visible range 가시거리
thermal contrast 열대비
spatial frequency 공간 주파수
mapping 매핑
robustness 강건도
beacon 비콘
qualitative 정성적
calibration 교정
transmission 전송
compliance 적합성
wide-area surveillance 광역 감시
point 지점
area 영역
route 경로
tree line 수목선
field of fire 사계
survivability 생존성
look-down angle 하방감시 경사각
slant range 경사거리
keystone 쐐기돌
pointing angle 지향각
raster scan 래스터 스캔
step/stare 단계/응시
still picture 정지 화상
cumulative probability 누적확률
discouragement factor 단념계수
passing glance 지나치는 눈길
aim-point 목표 지점
low-altitude pass 저공통과
convoy 호송대
ambush position 매복지점
pointing vector 지향 벡터
gimbal lock 짐벌 잠김
half angle correction 반각 보정
ram air 램에어
optical window 광학 윈도우
spherical window 구형 윈도우
torquer current 토커 전류
shift 편이
jitter 지터
gimbal resonance 짐벌 공진
notch filtering 노치 필터링

제 11 장 무기 페이로드

guided weapon 유도무기
carriage 운송
delivery 전달
autopilot 자동비행
aerial torpedo 공중 어뢰

pulsejet engine	펄스제트 엔진	dedicated observer	전담 관측자
airspace	공역	shock wave	충격파
horowitzer	박격포	sweeping	젖힘
radar emission	레이다 방사	color scheme	색상 조합
seeker	탐색기	flat paint	무광 페인트
insurgent	반군	dog leg	개다리
asymetric	비대칭	jet flume	제트 화염
air power	공군력	thermal emissivity	열방사율
crosshair	조준선 크로스헤어	radar signature	레이다 시그니처
rationale	근거	optical band	광통신 대역
homing torpedo	추적 어뢰	wavelength	파장
stealth	스텔스	molecular absorption	분자 흡수
engage	교전	window	윈도우
standoff range	격리거리	specular	정반사
jettison	투하	isotropic	등방성
rotary launcher	회전식 론처	characteristic dimension	특성 치수
hold-back	홀드백	dihedral	이면각
umbilical connector	엄빌리컬 커넥터	trihedral	삼면각
arming	장전	collimate	시준
end-game	최종단계	retroreflection	역반사
squib	신관	autonomy	자율성
flag	신호	fire and forget	발사후 망각
multiplex	다중화	surgical strike	정밀 타격
demultiplex	역다중화	standoff interception	원격 요격
toggle	토글	frontline	전선
aircraft carrier	항공모함	rule of engagement	교전수칙
legacy	기존	coded response	암호화된 응답
shoulder-fired	견착발사식	legitimate target	합법적인 목표물
acquisition basket	획득 배스킷	transponder	트랜스폰더
delivery basket	전달 배스킷	red cross	적십자
separation	분리	red crescent	적신월
exploitation	적대적 활용	paint marking	페인트 마킹
cued laser radar	큐 레이저 레이다	interrogation	심문
aural indication	청각 신호	qualifier	판단기준

제 12 장 기타 페이로드

electromagnetic radiation	전자기 복사
optical frequency	광학 주파수
all-weather reconnaissance	전천후 정찰
pulsed radar	펄스 레이다
continuous-wave radar	연속파 레이다
Doppler processing	도플러 처리
Doppler shift	도플러 편이
clutter reference	클러터 참조
discrimination	판별
fill factor	충전율
off-the-shelf	상업용
beam width	빔폭
attenuation	감쇠
carrier frequency	반송파 주파수
phase	위상
coherent detection	동기검출
aperture	개구
angular resolution	분해능
point jamming	지점 전파방해
barrage jamming	광역 전파방해
contamination	오염
contact sensor	접촉센서
mass spectrometer	질량 분석기
ion mobility spectromete	이온 이동성 분광분석기
pseudo-satellite	유사 위성
conflict	분쟁
communication-relay	통신 중계
geostationary satellite	정지위성
nondirectional	무지향
coverage area	커버리지 영역
design lifetime	설계 수명
commercial-grade	상용

제 13 장 데이타 링크 기능 및 속성

jamming	전파방해
unintentional interference	비의도적 간섭
hard wire	하드와이어
data rate	데이타율
uplink	업링크
command link	명령 링크
delayed transmission	지연 전송
omnidirectional	전방향
gain	이득
fiber optic	광섬유
test range	시험장
emitter	방사체
deception	기만
error-detection code	오류검출 코드
acknowledgement	확인응답
ballistic protection	방호성
aerial surveillance	공중 감시
scanning receiver	스캐닝 수신기
duty cycle	임무 주기
encryption	암호화
authentification code	인증코드
jammer power	재머 출력
signal to noise ratio	신호대 잡음비
carrier	반송파
modulation	변조
redundant	리던던트
interchangeability	상호교환성
steerable	조향
compression	압축
truncation	절단
depression angle	하방각도
beacon	비콘
moving platform	이동형 플랫폼
high-resolution resolver	고해상도 리졸버

synchronization 동기화
direct spread spectrum 직접 확산 스펙트럼
frequency hopping 주파수 호핑
emulation 에뮬레이션

제 14 장 데이타 링크 마진

margin 마진
proessing gain 처리 이득
antenna gain 안테나 이득
transmitter power 전송 출력
radiation 복사
illmination 조명
directive gain 지향성 이득
isotropic pattern 등방성 패턴
beam width 빔폭
main lobe 메인 로브
parabolic reflector 포물형 반사경
driven 구동
excited 여진
parasitic dipole 기생 다이폴
lens antenna 렌즈 안테나
dielectric 유전체
lunberg lens 룬버그 렌즈
refractive index 굴절율
lucite 루사이트
cutout 컷아웃
zoned lens antenna 구획 렌즈 안테나
side lobe 사이드 로브
null 널
masking 가림
pseudo-noise modulation 유사-잡음 변조
instanataneous RF signal 순시 RF 신호
modulator 변조기
demodulator 복조기
frequency hopper 주파수 호퍼
dwell time 체류시간
front end 전단부
fingerprint 핑거프린트
vulnerability 취약성
side-lobe cancelling 사이드 로브 상쇄
scramble 스크램블
swept jammer 주파수 연속변경 재머
fade margin 페이드 마진
steerable null 조향 널
power budget 출력 버짓
elevation angle 고도각
fractional bandwidth 비대역폭
power contest 출력 대결
dual-simplex 이중 단방향
duplex 양방향
waveguide 도파관
half-integral multiple 반정수 배수
atmospheric absorption 대기 흡수
precipitation loss 강우 손실
isotropic radiator 등방성 복사기
noise figure 잡음 지수

제 15 장 데이타율 감소

bandwidth 대역폭
data rate 데이타율
raw form 미가공 형태
jam resistant 전파방해 저항
data compression 데이타 압축
data truncation 데이타 절단
raw data 미가공 데이타
flicker 깜빡임
jerkiness 급작스런 움직임
partition 분할
frame 프레임
gray scale 회색조

digitization 수치화
redundancy 리던던시
differential coding 차분코딩
difference 차분
distortion 왜곡
fidelity 정확도
displacement space 변위공간
frequency space 주파수 공간
transformation 변환
encoding 인코딩
frame rate 프레임율
observer 관측자
vantage point 유리한 지점
coarse slewing 대략적인 회전
precision slewing 정밀회전
lock on 록온
multiple node 다중 노드
continuous 연속
bang-bang 뱅뱅
break point 분기점
multiplicative factor 증배 계수
non-video 비디오 이외
target identification 목표물 식별자
coherently 동기적으로
aperture 조리개
refresh-rate 재생율
system engineering 시스템공학

제 16 장 데이타 링크 트레이드오프

step function 스텝함수
continous variable 연속변수
hierarchy 계층구조
calibration 보정
discrete change 불연속적 변화
object data link 목표 데이타 링크
tolerance 허용
high/low mix 하이/로우 혼합

제 17 장 론치 시스템

tare weight 테어 중량
stroke 스트로크
elastic cord 탄성코드
bungee cord launcher 번지코드 론처
overshoot 오버슈트
purchase line 당김줄
cradle 크레이들
dolly 돌리
flywheel catapult 플라이휠 캐터펄트
rail launcher 레일 론처
pneumatic launcher 공기압 론처
pulley 풀리
latch 래치
zipper sealing 지퍼 실링
sealing strap 실링 스트랩
shock load 충격하중
back pressure 배압
tape spool 테이프 스풀
slipper 슬리퍼
reeving 리빙
crosshead 크로스헤드
pre-tension 프리텐션
release mechanism 해제 메커니즘
impulse 임펄스
motor grain 모터 그레인
specific impulse 비추력
propellent 추진제
perchlorate oxidezer 과염소산염
polybutadiene binder 폴리부타디엔 바인더
cast composite 주조 복합재
ammonium nitrate 암모늄 질산

smoke generation 연무 생성
processability 공정성
insentivity 둔감도
plenum volume 플레넘 체적
axial 축방향
canted 경사방향
pressure vessel 압력용기
initiator 기폭장치
percussion primer 타격식 뇌관
electric squib 전기식 기폭관
dual-bridgewire 이중 브리지와이어
filter pin-initiator 필터-핀 기폭기
shock-tube ignition 충격튜브 점화
jettison 이탈
shear line release 전단라인 해제
ballistic cutter release 탄도식 커터 해제

제 18 장 회수 시스템

flare 플레어
tail hook 테일 후크
deck pendant 데크 펜던트
rotary hydraulic brake 회전식 유압 브레이크
water turbine 워터 터빈
run-out 런아웃
purchase element 당김줄
vertical net 수직네트
pole 기둥
shroud 셔라우드
reeving 리빙
purse string 주머니끈
retarding force 제동력
sweet point 스위트 포인트
multiple element net 다중 엘리먼트 네트
impact bag 충격백
cross parachute 십자형 낙하산
deployment 전개
differential riser 차동식 라이저
homing beacon 호밍 비콘
haul down 깃발 하강
sea state code 해상 상태 코드
vectored thrust 추력 벡터링
capture 확보
deck 데크
hangar 행거
store 격납
retrieve 출고
tether line 테더 라인
snag line 스내그 라인
auxiliary pod 보조 포드
shipboard recovery 선상 회수
battleship 전함
frigate 프리깃함
bow 선미
stern 선수
listed 기울어진
superstructure 상부구조
bubble 버블
rigging 리깅
barrier net 방벽 네트

제 19 장 론치 및 회수 트레이드오프

subjective 정성적
folding cylinder 접이식 실린더
footprint 차지면적
skid 스키드
belly 배면
sortie 쏘티
formation 편대
ditching 수면 불시착
compromise 절충